工业设计研究 2023

陈文雯　何思俊　周红亚　周　睿　主编

燕山大学出版社

·秦皇岛·

图书在版编目（CIP）数据

工业设计研究. 2023 / 陈文雯等主编. -- 秦皇岛：
燕山大学出版社，2024.8
ISBN 978-7-5761-0618-3

Ⅰ．①工… Ⅱ．①陈… Ⅲ．①工业设计－研究 Ⅳ.
①TB47

中国国家版本馆 CIP 数据核字(2024)第 050159 号

工业设计研究 2023
GONGYE SHEJI YANJIU 2023
陈文雯 何思俊 周红亚 周 睿 主编

出 版 人：陈 玉

责任编辑：刘馨泽 　　　　　　　　　策划编辑：刘馨泽

责任印制：吴 波 　　　　　　　　　封面设计：刘馨泽

出版发行：燕山大学出版社 　　　　　电　　话：0335-8387555

地　　址：河北省秦皇岛市河北大街西段 438 号　　邮政编码：066004

印　　刷：廊坊市印艺阁数字科技有限公司　　经　　销：全国新华书店

开　本：889 mm×1194 mm　　1/16　　印　张：23.25

版　次：2024 年 8 月第 1 版　　　　　印　次：2024 年 8 月第 1 次印刷

书　号：ISBN 978-7-5761-0618-3　　字　数：510 千字

定　价：98.00 元

前　　言

　　本书聚焦工业设计前沿发展和学术探索，着眼于生态设计、服务设计、用户体验设计、数字媒体与动画设计等交叉热门领域研究。本书所辑 44 篇文章，内容涉及设计理论探讨、艺术与科技、装备制造、生态设计、用户体验及可用性、服务设计、文创设计、传统文化传承、工业设计人才培养等，选题多样，内容丰赡。在此感谢"工业设计产业研究中心"老师的辛勤工作，感谢组稿专家不辞劳苦以及认真严谨的学术态度，感谢各高校及企事业单位一直以来对"工业设计产业研究中心"的大力支持。

　　本书作为四川省教育厅人文社会科学重点研究基地"工业设计产业研究中心"的年度成果，得到了西华大学科学技术与人文社科处（军民融合处）和西华大学美术与设计学院的鼎力帮助，以及燕山大学出版社的编辑同人的辛苦工作和努力付出，在此一并致谢。

　　近年来，随着设计产业的迅速发展，设计学已经成为中国学术界的热点。"工业设计产业研究中心"立足于本土工业设计应用研究，旨在为专业学者和设计师提供一个分享和交流学术的平台。感谢多年以来给我们热情反馈和积极建议的热心读者，欢迎广大学者不吝赐稿，你们的支持一直是我们坚持做好学术研究的重要动力。

工业设计产业研究中心

孟凯宁

2024 年 4 月

目　录

达州鲁家坪村"三生空间"探析

李强，周静，徐澜婷

（西华大学 美术与设计学院，四川 成都 610039）

摘要：通过对鲁家坪村村落文化和村落空间的田野调查，发现村落分布在浅丘缓坡上，村落独特的景观元素、文化精神和社会历史等构建了以丘陵、水体为主的生态空间，以旱地、农田、树林和堰塘等为主的生产空间，以民居、院坝、街道等为主的生活空间；并发现其"三生空间"具有同心圆和交叉融合的特征。分析"三生空间"的形成原因发现：移民文化塑造生活空间，地域特征塑造生产空间，历史与政策塑造生态空间。本研究以乡村振兴战略为指导，探析鲁家坪村落"三生空间"特征与形成原因，目的在于为此类传统场镇村落保护与开发提供参考。

关键词：传统村落；三生空间；场镇村落；鲁家坪村；湖广填川

传统村落是指形成较早，自然与文化资源丰富，选址和格局保持传统特色，传统建筑风貌完整，非物质文化遗产保持活态传承的部分村落。[1] 在乡村振兴的背景下，受到旅游经济的驱动，鲁家坪村作为传统村落受到各级政府的重视，但是在村落空间的保护与革新的过程中，仍然是简单的归纳与提炼，缺乏对村落"三生空间"的整体把握。"三生空间"是一套完整的系统，生活空间是生产空间与生态空间过渡的纽带；生产空间为生活空间和生态空间提供经济

_____

基金项目：四川省哲学社会科学重点研究基地——四川革命老区发展研究中心 2023 年度项目（项目编号：SLQ2023SB-25）。

第一作者简介：李强（1995—　　），男，达州人，西华大学美术与设计学院硕士，研究方向为人居环境。

通信作者简介：徐澜婷（1979—　　），女，西华大学美术与设计学院副教授，研究方向为景观设计与工程。

保障；生态空间为生产和生活提供自然资源。[2] 生活空间是指供人们居住、消费、休闲和娱乐等的空间；生产空间是指生产、运输、商贸、公共服务等生产经营活动的空间；生态空间是指为宏观状态稳定的物种生存繁衍所需的环境空间。[3] 在"三生空间"的导向下，理清鲁家坪村"三生空间"的构成特征，分析"三生空间"的形成因素，对于正处在旅游开发中的达州传统场镇型村落的保护与利用具有重要意义，不仅可避免此类村落陷入同质化、商业化的开发困境，还可助力达州传统场镇村落活起来、美起来、富起来。本研究以四川省达州境内的鲁家坪村为例，以点带面探讨达州传统村落"三生空间"特征，旨在为此类传统村落的空间保护与更新提供研究基础。

1 鲁家坪村概况

鲁家坪村（如图 1 所示）位于四川省达州市石桥镇西北角，辖区面积 3.5 平方千米，人口 3 025 人。地处"川东平行岭谷"区，民居聚落分布在浅丘槽谷，为丘陵聚落，亚热带季风气候显著。村落内各种物质文化元素散布在浅丘溪流、农田林地等村外空间，以及民居、道路等村内空间。该村以文化旅游、农田耕作、堰塘养殖、农田种植为主要的生计方式；该地区延绵的丘陵地貌和潮湿多雨的亚热带季风气候，造就了其穿斗式建筑和清晰疏朗的村落空间。2013 年 11 月，鲁家坪村被住建部列入第二批中国传统村落名录。其中，鲁家坪村列宁主义街全长 1 200 米，由太平街、新场街、鲁家坪街三条老街串联组合而成，具有川东北清代场镇民居特色。

图 1　鲁家坪村整体空间形态

鲁家坪村位于古驿道之上,往北可到巴中和汉中,往南可到重庆,自古以来都是南来北往的商客中途歇脚之地,成为连通秦巴、货物集散之地,在镇上形成贩卖各种货物的专门街区。场镇是鲁家坪传统村落的核心所在,村落因场镇而生、循场镇而建,场镇基底孕育出多样的村落格局及独特的建筑外观。

2 鲁家坪村"三生空间"构成特征

场镇空间、梯田、丘陵等是鲁家坪村的表现形式,历史人文则是村落的灵魂。本研究以达州鲁家坪村为例,按照村落"三生空间"系统构成田野调查,分析其村落构成(如表1所示)。

表1 鲁家坪村"三生空间"构成

空间分类	空间组成	特征
生活空间	街巷、檐廊、院坝、场口等	生活空间以街巷为中心,采用道路将各个空间相连,布局相对紧凑
生产空间	梯田、旱地、堰塘、树林等	在生产空间中,梯田、旱地交错,竹、树成林,堰塘有机分布;按照就近原则分布在民居附近
生态空间	丘陵、水体等	生态空间景观肌理丰富,村前有堰塘,溪流连通堰塘,村落被农田旱地环绕,浅丘形成生态屏障

鲁家坪村的生活空间由场镇外部空间与内部空间构成。场镇空间由街巷、檐廊、院坝、场口组成,通过乡道—街巷—村道—次路—支路把各类空间串联起来,具有布局紧凑的特征。街巷空间是鲁家坪村的"脉络"与"骨架",是交通、商业、文化活动的中心,也是村民主要的公共活动空间;檐廊空间是居住和商业相结合的空间;院坝空间是聚会、娱乐、民俗活动的公共空间;场口空间有进入场镇的标志性景观,鲁家坪村以石牌坊作为场口的象征性构筑物。鲁家坪村生活空间的民居建筑主要以一至两层的穿斗式建筑为主,具有用料节省、结构精简、适用多种地形的特点。建筑平面多为"一"字形、"L"形、三合院型、四合院型、"台"院型;墙体多采用竹编夹泥墙或木板壁;宅院联建,前店后宅,建筑纵深较大,形成"住宅—店铺—檐廊—街道"的模式;屋顶多为两坡悬山式,铺以冷摊青瓦,具有出檐较大的特点。小型的家庭接待与娱乐活动以村民家的堂屋为主要场所,堂屋是村民迎接客人、社交的场所。

鲁家坪村的生产空间,兼具农业生产和旅游休闲两种特性。梯田、旱地、堰塘等作为农业生产资料,既能为村民提供农产品和渔业产品,又丰富了村落自然景观肌理。其中一部分院子较为分散,拥有较广的地域,院子被农田与竹林环抱,农林渔产业发展丰富。靠近场镇的村落受到旅游业的影响,村民利用地理优势,充分挖掘村落中的物质文化遗产,如打造列宁街吸引游客、发展经济,已经成为鲁家坪村主要的景点。

鲁家坪村的生态空间普遍是由浅丘、水体等为主要元素构成的村落外部空间形式。村落被浅丘环抱,拥有独特的浅丘型景观风貌,由于地势平缓,河流水体较少,村落场镇周围植被茂密,自然生态较好。

连绵的浅丘地貌和分散的水体使得该村落空间具有川东北地区的自然特征，丘陵、河溪，以及环绕的茂密森林构成了村落的生态空间；沿着浅丘而上的梯田围绕着村落，其间有机分布的堰塘与生态涵养林，形成了村落的生产空间；以场镇为中心的民居建筑、街巷、院坝等构成了村落的生活空间。综合来看，鲁家坪村的"三生空间"具有如下特征。

首先，鲁家坪村的"三生空间"呈现出以街道为中心的同心圆的特征（如图2所示），以街巷、檐廊、院坝、场口等构成的生活空间是整个"三生空间"的内部核心；梯田、旱地、堰塘等形成的生产空间环绕着生活空间；生态空间位于整个"三生空间"的最外层，既是生活空间、生态空间的延续，又对整个村落生态环境起到支撑作用。其次，鲁家坪村的"三生空间"具有交叉融合的特点（如图3所示），因此"三生空间"的边界并不是固定的。如院坝等空间，一般来说靠近民居，在农业生产时节具有生产功能，如脱粒、晾晒等；农闲时节又成为生活空间的一部分，村民多在此地聚会社交，是村民的生活娱乐空间。最后，鲁家坪村的"三生空间"既具有场镇的商业性，又具有传统农耕村落的特性。其商业性不仅体现在有定期性的货物交易市场，而且最近几年当地旅游业的发展也给村落赋予了新的旅游商业功能。其农耕村落的特性体现在生产空间的耕作和加工两部分。作为生产空间的农田，栽种有水稻、小麦、油菜等；堰塘既养殖鱼类，又灌溉农田，具有独特的农业生产空间特征。加工空间多靠近民居，院坝用于农作物的脱粒、晾晒，谷仓成为粮食的储存空间，磨坊则是粮食的加工碾磨空间。

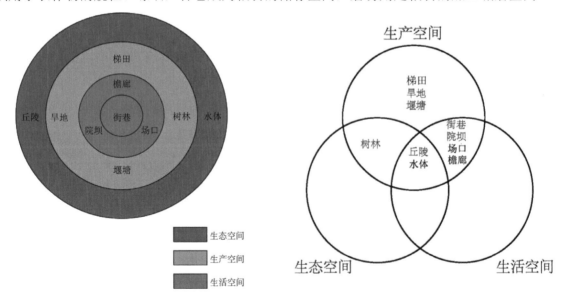

图2 鲁家坪村空间格局   图3 鲁家坪村"三生空间"的边界关系

3 塑造鲁家坪村"三生空间"的因素探析

鲁家坪村"三生空间"的形成与发展，受到诸多因素的影响。首先，移民群体在定居鲁家坪村后，为谋求在当地的发展，地缘与业缘塑造了鲁家坪村的街道骨架。同时，当时官府的教化与理学风气的兴盛，使得村落内部出现不少以石牌坊为中心的生活空间。其次，川东地区的浅丘地貌和气候特征，使村民因地制宜地开发出各类水田，塑造出以农耕为主的梯田景观。同时，在旅游经济的驱动下，当地政府利用村落文化遗产，打造出旅游生产空间。最后，鲁家坪的生态空间受到历史和政策因素的影响，生态空间经历了由自然发展到主动保护的过程。

3.1 移民文化塑造生活空间

首先，从移民文化与村落空间来看，村落生活空间的形成，同移民文化有着千丝万缕的联系。明末清初，大规模的移民沿着长江进入川东地区，鲁家坪村汇聚了各地移民，结合当地复杂的自然地理环境，以及多元的社会文化环境，为了凝聚力量，当地庙宇林立，分布在场镇街道的就有四宫、四庙、一馆、一堂，如禹王宫、万寿宫、龙母宫、文昌宫、神龙庙、楼子庙、地母庙、灵官庙、老会馆、天主教堂（由于历史原因，大部分被毁），吸引了不同的社会群体，如船帮、香客和同乡聚集，久而成市或成集，因此有"街庙合一""先馆后场""多馆兴镇"的说法。[4] 有地缘认同的湖广移民不仅修建庙宇，也修建聚居的街道。"五方杂处"的移民以志愿移民为主，在迁徙的过程中，结下深厚友谊，奠定了同乡关系的基础，在迁入地需要借助同乡之力在当地扎根，形成同乡聚居的街道，如鲁家坪村的抚州街（今红卫路一段）是由江西抚州市移民所建，广东街（今花式街）由广东移民所建。同时，除了地缘认同外，业缘认同也塑造了村落空间。随着鲁家坪村的商贸发展，部分移民通过商业谋求发展，为了维护同行利益，发展出同行认同，往往集资修建专门售卖某类货物的街道，如卖棉花的花市街、卖粮食的粮市街，以及烟市街、糖市街等，业缘认同从而塑造了同行业聚居的街道生活空间。

其次，场镇是移民社会生活的中心地，是村民买卖活动的集散地，也是官府集中实施教化的地方。[5] 鲁家坪村的湖广移民多是来自朱熹确定儒教体系的湖南、湖北和江西等核心区域，儒教强调忠孝的思想，也深刻影响了鲁家坪村。鲁家坪村从东向西，依次分布着四座牌坊：许氏节孝牌坊、郭氏节孝牌坊、李氏节孝牌坊和汪氏节孝牌坊。清朝时期，湖广移民的原籍地理学之风盛行，随着江西、湖广等地的移民迁入鲁家坪村，理学风气在该地区进一步延续。村落牌坊作为表彰功德、维护地区社会秩序的重要手段，反映了湖广移民对忠孝节义传统道德的推崇，成了当地盛行的公共生活空间建筑。

3.2 地域特征塑造生产空间

鲁家坪村的生产空间，兼具农业生产功能和旅游休闲功能。鲁家坪村村落外的农业生产空间，主要是以堰塘—梯田—生态涵养林为中心的农耕生产空间结构。鲁家坪村的河网较为稀疏，降水不均衡，夏秋容易形成洪涝灾害，冬春容易形成旱情。村民在溪流的下游或山体汇水处，常常开挖堰塘，收集夏秋降水，形成水源点，以灌溉周围农田。此外，在一部分无堰塘的区域，村民通过囤水、收集秋雨和借助梯田随地形跌落之势，分别开发出"囤水田""冬水田""冲冲田"等农田技术，既较好地缓解了浅丘地区水源较少、降水不均衡的农业生产矛盾，又形成了以堰塘、农田等要素组成的丰富的大地景观，是具有地域特色的智慧营建。

旅游生产空间也是鲁家坪村生产空间的重要组成部分。鲁家坪村先后被各级单位列为第一批历史文化名镇、国家级重点文物保护单位、川陕渝红色经典景区、国家级传统村落。最近几年，鲁家坪村村民充分利用村落历史，挖掘历史文化遗产，在旅游市场需求和政府强势推动下，鲁家坪村对传统生产、生活空间更新改造，形成了"产－居"融合的复合空间。

①在列宁街两侧集中改造和修缮了建筑，增加了旅游观光功能（如商业文化街区和民俗文化展示馆），形成了生活－生产功能。

②重新更新改造了村落公共空间，在红星广场附近新建了大量旅游基础设施（新建人工湖、火龙广场、游客接待中心、红军文化展陈馆），形成旅游生产空间。

③在旅游的带动下，村民疏通溪流与堰塘，提升村落生活空间结构，利用村落附近农田，形成农业景观，形成农业同旅游复合生产空间形态。

3.3　历史与政策塑造生态空间

首先，鲁家坪村四周由低缓丘陵环绕，一直以来植被覆盖率非常高。在 20 世纪 50—90 年代，受到政策与人口增长的影响，周围丘陵的植被受到破坏，水土流失严重，生态空间呈现收缩之势。改革开放以来，不少村内青年普遍外出求学和务工，不少无人耕种的土地撂荒，这也促进了生态空间的恢复和发展。21 世纪以来，鲁家坪村实行退耕还林等政策，周围浅丘植被得到恢复，植被向村内斑块化发展。最近几年，在乡村振兴战略与"两山"理论的指导下，美丽乡村与绿水青山所包含的生态价值得到重视，一部分生产空间转换为生态空间，村落的点状、面状生态空间共同形成系统的网络生态空间。

其次，村落生态空间保护与发展纳入区域组团发展。根据《达州市达川区石桥副中心控制性详细规划》，石桥镇的区域规划分为：石桥老镇区、公共服务区、南部居住区、东部产业区以及山水休憩区，打造宜居宜业的现代小城镇，推动石桥、石梯等区域发展，建设巴河水乡生态组团。

最后，村落的微观整治促使村落生态空间变成宜居空间。长期以来，鲁家坪村由于缺乏集中式垃圾处理设施，生活垃圾被抛弃在村落四周，造成了严重的环境污染，遍地的垃圾和产生的不良气体不仅影响了居民的正常生活，也破坏了生态环境。地方政府的介入改变了鲁家坪村的村落环境，如开展农村人居环境整治，开展厕所革命、垃圾转运处理、生活污水无害化处理，提升了村落人居品质，构建了良好的生态宜居环境。

4　结语

达州鲁家坪村是具有湖广移民特色的村落，村落环境受政治、人口迁徙等诸多因素影响。当地人民在长期的生活实践中积累了独特的物质、精神和社会文化；并由此构建出以浅丘为主的生态空间，以梯田、堰塘等为主的生产空间，以街巷、檐廊等为主的生活空间。同时其村落的"三生空间"的生活空间，受到移民文化影响较大，来自各地的移民因地缘与业缘关系修建馆庙与街道。地域特征影响下的生产空间，考虑降水和地形因素，村落开发出"囤水田""冬水田""冲冲田"等农田技术，既满足农业生产又形成独特的农业景观；考虑旅游因素，当地抓住机遇，打造特色旅游生产空间。由于历史因素和政策的影响，生态空间由自由发展向主动保护转变，生态空间不断优化。本研究紧随美丽乡村建设的步伐和传统村落旅游的发展需要，以达州鲁家坪村为例，探析其村落"三生空间"的构成和影响因素，旨在为此类传统村落保护与开发提供参考。

参考文献

[1] 潘鲁生，李文华. 中国传统村落文化保护与发展探析：基于八省一区田野调查的实证研究 [J]. 装饰，2017（11）：14-19.

[2] 刘燕. 论"三生空间"的逻辑结构、制衡机制和发展原则 [J]. 湖北社会科学，2016（3）：5-9.

[3] 牟彪，张锋腾. 广西红瑶民族村寨"三生空间"的建构及特征探析 [J]. 家具与室内装饰，2023，30（3）：139-143.

[4] 陈蔚，胡斌，张兴国. 清代四川城镇聚落结构与"移民会馆"：人文地理学视野下的会馆建筑分布与选址研究 [J]. 建筑学报，2011（Suppl.1）：44-49.

[5] 龚义龙. 清代巴蜀场镇社会功能研究 [J]. 长江师范学院学报，2017，33（1）：25-30.

乡村振兴背景下古镇文旅商业空间开发策略研究

胡静，王崇东

（西华大学 美术与设计学院，四川 成都 610039）

摘要： 为了推动古镇文旅商业空间的可持续发展，本文立足于乡村振兴背景，利用古镇商业空间开发的逻辑推导，以福宝古镇为案例进行了探讨，通过对古镇文旅商业空间开发现状和问题的分析，总结出古镇文旅在商业空间开发方面的普适性策略。随着全球旅游业的快速发展和人们对文化遗产的重视，文化旅游成为我国乡村振兴发展战略中的重要组成部分。对古镇文旅商业空间的开发研究，一方面可以促进古镇商业空间升级，振兴古镇经济；另一方面推动古镇地域文化的可持续发展，实现古镇保护与商业优化的良性互动，同时也能提升用户文旅体验。

关键词： 乡村振兴；古镇文旅；商业空间；地域文化；可持续发展

乡村振兴战略对乡村地区的发展提出了新要求，其重点是恢复和振兴乡村地区，包括其自然和文化资源、社会经济结构以及基础设施。古镇的空间整合应以社会、经济和自然环境的协调发展为前提，借助商业、技术和管理等手段，促进传统空间功能意义的现代拓展，改善古镇的生活环境质量，实现古镇可持续发展的目标。[1]古镇文旅的商业空间开发应顺应这一发展趋势，以提高当地居民的生活质量，营造社区自豪感，促进文化旅游的可持续发展。不仅要对乡村旅游市场进行分析，重视游客对旅游体验的需求，关注传承与推广古镇独特的

第一作者简介：胡静（1997—   ），女，四川泸州人，硕士，研究方向为地域文化与创意设计研究。

通信作者简介：王崇东（1973—   ），男，四川成都人，硕士，西华大学教授，研究方向为地域文化与创意设计研究、工业设计研究。

文化遗产，积极构建以旅游为主导的商业空间，推动文化创意产业的发展。还要加强对商业空间的整合和规划，注重商业空间的布局、设计和功能，增强商业空间的差异化和特色性，打造更加吸引人的商业形象。

1 古镇文旅商业空间开发概述

1.1 古镇商业空间概述

商业空间即人类进行商业活动的环境，从广义上可以把商业空间定义为所有与商业活动有关的空间形态。从狭义上则可以把商业空间理解为经济活动的场所，而经济发展趋势导致了消费模式及购物场所的转变。[2] 旅游行为是一种消费行为，旅游者带来了交通、住宿、饮食、商品交易等多种商业需求，商业空间就在这个过程中产生了。[3] 政府、旅游开发商、游客、居民、商铺等共同作用而形成了古镇文旅的商业空间发展（如图 1 所示）。其中，政府在古镇文旅中不仅能起到增强古镇文化保护监督、引导商业业态布局等作用，还能提升其在整个文旅系统中的宏观调控作用，合理调整古镇文旅发展中的盲目商业化、自发性经济秩序等。同时，居民也可以通过向政府争取权益参与商铺经营来增加就业机会。

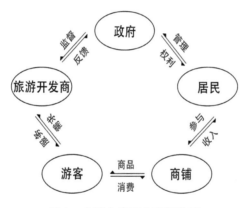

图 1　古镇文旅商业空间分析

因此，古镇商业空间设计应注重整体规划和协调，让商业空间的建设更加有序和协调，以制定全面的规划和方案，来加强各个相关方的协调和合作，实现商业空间设计与乡村振兴战略的无缝对接。同时，商业空间设计的最终目标是提升用户的文旅体验感。政府等相关部门应从用户需求出发，在保护和利用古镇文化遗产、打造独特的商业形态、创造优质的空间体验、构建可持续发展的商业模式等角度分析开发可行性，提出合理的设计方法与路径。

1.2 古镇文旅商业空间开发问题分析

第一，历史文化与商业价值的平衡问题。一方面，在文化保护视角下，古镇的历史文化是该地区的重要资源，这不仅涉及文化遗产保护，也涉及地域文化传承。在保护与传承过程中，不仅要注重外在形式，更应从文化内核和精神价值出发进行挖掘和传承。如果商业开发过于激进，容易对古镇的历史文化造成破坏，使其失去魅力。另一方面，商业活动可带来经济利益和就业机会，促进古镇经济发展。若将地域文化特色结合现代商业运营模式进行开发利用，可形成符合地域文化特点和商业需求的发展路径。例如，福宝古镇是一个以古建筑、古街巷、古桥等建筑文化与民俗文化为特色的古镇，其商业开发的前提是保护福宝古镇的历史文化资源。因此，如何平衡两者之间的关系，避免历史文化被商业化削弱，是古镇文旅商业空间开发所面临的问题之一。

第二，文旅资源和商业发展的平衡问题。旅游资源是旅游业赖以生存和发展的基础，古镇旅游资源大多是我国历史文化的珍贵遗存，是一方地脉、文脉的载体。[4]对于这个问题，需从资源保护和合理开发两方面展开探讨：一方面在旅游资源保护方面需要加强政策制定和执行，建立健全保护机制，以保障旅游资源的原生态和独特性。在商业发展中通过有效的规划和管理，加强对商业发展的引导和监管，避免商业化过度发展对旅游资源的破坏和削弱。另一方面要加强旅游资源开发的研究和创新，探索文化旅游的可持续发展模式，促进旅游资源的可持续利用，如推广文创参与、文化体验式的旅游模式等。在四川，像尧坝古镇、福宝古镇、毛浴古镇等都拥有得天独厚的文旅资源，但长期以来对旅游资源的不合理利用，导致商业化发展与旅游资源利用并不平衡。因此，如何在商业发展的同时，保持旅游资源利用的本真性，提高古镇文旅的吸引力，是古镇商业空间开发的急需解决的问题之一。

第三，环境保护和经济利益的平衡问题。随着文旅产业的崛起，古镇的旅游资源得到了广泛关注，为避免旅游开发商以牺牲生态环境为代价及不合理的推旧建新，就需要在古镇文旅发展中加强规划和管理，注重资源的保护和合理开发，以实现经济、文化、环境等多方面的可持续发展。同时，在政策制定、监管和公众教育等方面综合考虑。一方面，加强对旅游开发商的监管，引导旅游开发商树立环保意识，规范开发行为，减少对自然资源的破坏。另一方面，对当地居民计划性地进行环保知识推广，以提高其基本环保意识，鼓励他们参与到环境保护行动中来。因为环境保护与经济利益之间的平衡是可持续发展的关键，这些问题需要在不同利益相关方的协调合作下解决。

2 古镇文旅商业空间开发分析——以福宝古镇为例

2.1 古镇文化旅游发展现状

2012年，纪录片《中国古镇》以"一镇一传奇，一镇一风情"为主题，讲述了105个古镇的故事。这部覆盖了中国28个省（自治区、直辖市）的纪录片播出后，引起了人们对古镇的兴趣，激活了遍布全国各地的古镇旅游热。[5]在当下的古镇文旅开发中，有享誉中外的西塘、同里、乌镇、周庄、黄姚等5A级历史名镇，这些古镇或曾因独特的地理位置而成为军事重镇，或有独特的环境资源而产出精致的手工艺品，或因富有地方特色的美食而名闻天下。也有因修缮不足而流失地域特色、过度开发导致商业同质化，以及地域特色文化未被传承和开发利用的历史古镇，这些古镇因地处偏远地区，受限于交通条件和基础设施建设，导致古镇的文旅商业空间发展程度较低，商业配套设施不完善，商业空间利用率低下，文旅产品单一，缺乏多元化的旅游产品供给，难以满足游客的多样化体验需求。福宝古镇就是后者之一。以具备古镇发展共性的福宝古镇为例，聚焦分析其发展过程中文旅商业空间开发现状与问题，以提出古镇文旅在商业空间开发方面的普适性应对策略。

2.2 福宝古镇文旅商业空间分析

福宝古镇坐落于四川省泸州市合江县东南部，古镇主街名叫回龙街，是全镇现存最完整的古街。古镇建在起伏的山脊之上，围绕主街三面蜿蜒流淌的是回龙河。古镇始建于元末明初，当时这里寺庙众多，香火兴旺，之后逐渐发展成了集市；到明末清初，全镇已"积众数百家，可为川南巨镇"，并发展成为大漕河流域的政治、经济、文化交流中心。[6] 这里不仅是"湖广填四川"时期的湖广地区迁至福宝大姓居民的家庙兴起之地，还是当年川黔商贸往来贵州的必经之道。由于建镇初期地势环境影响，交通不便，居民谋生困难，而以庙宇兴场，曾经取名为"佛保场"，在新中国成立后又更名为"福宝场"，因此现在人们常把福宝镇也称为佛宝镇。

福宝古镇是川南建筑风格典型代表之一，兴镇至今已有 600 多年的历史。在 2018 年，福宝镇被列入泸州市政府第二批特色小镇创建名单，得到了国家和省级政府的支持与资助，如文物古迹的修缮和保护、旅游设施建设、生态环境改善等。福宝古镇作为泸州市重要的文旅资源，吸引了大量游客前来观光游览。不仅有川南传统的建筑文化，还有非遗传统民俗文化，其中极具特色的非遗唢呐锣鼓演奏，被著名美学家王朝闻誉为"难得的民间文化艺术珍宝"[7]，这种独特的民间艺术形式至今还广为流传。特色美食有福宝豆腐干、福宝酥饼、福宝烤鱼、梅子酒、叶儿粑等，其中"福牌"福宝酥饼的传统制作技艺还是市级非遗。

经过实地考察与访谈，发现福宝古镇回龙街和双河商业街的商业性店铺集中在日常生活需求上，其中餐饮类有 9 个，住宿类有 2 个，休闲娱乐类有 15 个，日常百货店铺有 24 个。这种商业空间结构单一化和分散化的现状会限制古镇文化旅游的吸引力和竞争力，且居民各自经营模式和经营水平不一，缺乏整合和规划，部分商业空间缺乏特色和差异化，并不能体现福宝古镇的文化特色和地域特点。目前，我国的历史文化名镇已经推出了六个批次。福宝古镇在 2008 年就被纳入第四批中国历史文化名镇，以保护古镇文化遗产、维护古镇特色促进古镇旅游发展、扶持古镇企业推进古镇经济发展、完善公共服务设施加强古镇保护管理几方面为主。

2.3 古镇文旅的商业空间开发价值

2023 年 2 月,"古镇之间"中国古镇文旅发展交流会在高都举行,该会议表达了对古镇文旅事业发展的支持以及对实现乡村振兴美好前景的展望,并围绕旅游、古建、文创等领域进行交流。[8] 在乡村振兴的背景下,古镇文旅商业空间有着较大的开发价值和发展潜力。多元形态的文化资源以及在历史演进中形成的动态文化结构,为旅游业发展提供了较为强大而优质的内核。[9] 福宝古镇就是典型的资源独占型古镇,悠久的历史、深厚的底蕴、完整保留的建筑和街道,古镇的文化氛围和历史沉积为文艺工作者的创作提供了一定的素材和灵感,成为以四川风土人情为题材的影视作品的绝佳拍摄地,闻名于美术创作、摄影和影视等领域。例如,《傻儿司令》《世纪人生》《死水微澜》《雾柳镇》《钢铁年代》等电影、电视剧的拍摄都曾在福宝古镇取景。但在文旅发展背景下,现阶段对福宝古镇旅游资源的挖掘和开发在某种程度上都只停留在表面,其古宅民居和街道,空有其形而无其神,影响了古镇的整体形象和发展。

因此,为了推动古镇文化旅游的发展和促进整个古镇的振兴,需要在商业空间开发策略上加强创新。不仅要完善古镇商业配套设施、提升商业空间利用率、打造多元化旅游产品供给等,还要通过科学规划、设计和管理,实现古镇的保护传承和可持续发展。

3 乡村振兴背景下古镇文旅商业空间开发策略分析

3.1 加强生态景观的管理与维护

我国古镇大多是依山而建或傍水而居,因此对生态景观的管理与维护是对当地环境保护的基础。古镇景观生态具有繁杂的系统性特征,其景观结构与动态变化是由自然因素与人为活动在长期的相互作用过程中演变而成的。[10] 因此,可推进景区形象、生态保护和管理维护,以实现古镇的可持续发展。

首先,在提升景区形象方面,商业空间设计应与福宝古镇整体形象相协调,通过增加景观元素、合理设计商铺和特色街区设计等方式,打造更美观、舒适的商业空间。同时,应在建筑风格和材料上作出改进,使其更贴近当地的自然和人文环境,并营造出浓郁的地方特色。其次,在推动生态保护方面,应注重生态环境的保护和可持续发展,采取措施保护自然生态,加强街道清洁和安全管理等工作,以提升游客的安全感和满意度,如加强垃圾分类、推广低碳生活等,以减少对环境的负面影响。最后,在加强管理和维护方面,商业空间的卫生、安全和环境保护等方面应符合规范,应与生态保护相协调,实现环境友好型商业空间。政府应建立健全管理机制,与旅游开发商合作,共同推动古镇商业空间的发展。这不仅有利于商业空间的可持续发展,也能提高游客的满意度,促进福宝古镇旅游产业的繁荣。

3.2 重视地域文化的保护与传承

第一，保护古建筑和文化遗产是实现可持续发展的重要前提。在多数名镇都在选择发展旅游时，内部的传统建筑被异化为现代旅游功能，经济利益的诱惑容易超出主体认知，使传统文化的长效保护被忽视，文化凋零现象突出。[11]古镇的核心在于其历史文化和古建筑，因此保护古建筑和文化遗产非常重要。政府可加强对古建筑的保护和修缮工作，同时推广传统文化和文化遗产的保护意识，以提高居民和游客对古镇文化的认知和尊重程度。通过修复历史建筑、街景和公共空间，不仅可以为文化旅游创造更具视觉吸引力和真实性的环境，也可以推动文化遗产的可持续利用。

第二，合理规划古镇开发是实现可持续发展的重要保障。古镇的开发应该在尊重历史文化和环境的基础上进行规划，避免过度开发和对古镇的历史文化产生破坏。合理的规划包括旅游资源的整合和利用、旅游设施的配套和布局、游客流线的规划等，以科学合理的方式打造古镇文化旅游的品牌形象，如围绕地域性民俗文化和传统手工艺品的古镇文旅资源，打造具有地方特色的商业空间。既能够增强游客的文化体验和地域认知程度，也能让古镇居民感到文化自信。

第三，开展地域文化活动是推动古镇可持续发展的重要手段。政府和相关旅游开发商可以加强对地域文化活动的规划和组织，不断丰富和创新地域文化活动的内容和形式，提高地域文化活动的质量和水平，让更多的游客感受到古镇文化的独特魅力，如在商业街区域可以增设文化广场，开展民俗文化表演和手工艺品制作等活动，可以增加游客的文化体验，使其更好地了解古镇的文化和历史，为古镇带来更多的旅游经济收益，从而推动古镇的可持续性发展。

3.3 完善商业业态的品牌化建设

在如今盛行的体验式消费背景下，消费主义主导下的空间建设看重"创新、易变、即时、转瞬即逝和偶然意外"的空间特质，来满足资本对于创新运用和快速流动的追求。[12]古镇的商业业态发展需要企业加入，以文旅行业带动经济提升来推动文旅品牌化建设。

第一，引进创新型企业，促进产业升级。随着社会的发展和变化，商业空间开发的创新创业已成为越来越重要的因素。古镇可以通过引进创新型企业，为这些企业提供办公和展示场所，为其发展提供条件，实现产业升级和经济转型。例如，福宝古镇可以引进一些数字科技企业，如涵盖人工智能、数字化产业、文化创意产业的新兴企业，这些企业不仅可以为福宝古镇带来新的商业模式和商业理念，还可以提高人才素质和技能水平，为经济发展注入新的动力。

第二，加强产业集群建设，提高经济效益。福宝古镇的传统手工艺品和农副产品有着较高的市场价值，可以建立产业集群，通过品牌建设和营销推广，提高经济效益。根据这些产业的特点，为其提供展示和销售的商业空间。例如，福宝古镇的主街居民商铺，可提供集中展示和销售的场所，并在特定区域提供集中文创设计的展示中心和销售中心。同时，还可以通过与当地居民合作社和工艺品生产基地合作，与福宝古镇周边的玉兰山风景区、天堂坝风景区等协同发展，联合推广和销售地域特色文创产品，扩大产业覆盖和传播。

第三，强化品牌推广，提高知名度。商业空间开发要通过各种途径进行品牌推广，提高古镇的知名度和影响力。跟上数字化发展的快车，通过线上宣传、社交媒体营销、文化活动推广等方式进行品牌推广，吸引更多游客前来参观、购物和旅游。同时，要聚焦福宝古镇的特色产品开发，对美食文化、民俗文化、地域人文等古镇文化进行创意品牌建构，将"无形变有形"。例如，福宝古镇的商业区域中可开设当地特色餐厅、古镇特色小吃伴手礼店、豆腐干制作体验馆等，以美食为阶，提升游客的地域性文化认同。

3.4 营造文旅体验型的空间布局

当空间变为多元性、异质性和杂合性空间时，更需要关注全要素协调发展，实践和研究需要从关注"空间外壳"过渡到"空间里的空间"，重视"空间纵深"发展意义，在经济广泛增长的基础上关注居民利益，并达到友善的增长和共享式增长。[13] 历史城镇场所氛围最浓郁的时候往往是赶集日、节日庆典等，因此可适当增加人文活动，加强承载空间场所感塑造，通过开展各种活动来强化街巷交往功能，推动场所精神的再塑，实现历史城镇文化精神的延续。[14]

第一，建立"体验+购物"模式。商业空间的设计应该考虑到游客的需求和兴趣。为了提升游客的旅游体验，应注重充分融入福宝古镇的民俗文化和历史元素，打造出富有地方特色和文化内涵的商业空间，为游客提供独特的文化体验。以"福宝古镇商业街"为例，商家可以设置"古韵茶香""梦回古镇"等主题的产品和服务，让游客在购物的同时，感受到浓郁的历史文化氛围。同时，在商业街区域增设餐饮、住宿、卫生间等基础设施，提高游客的满意度和留存率。

第二，加强场景营造，提高旅游吸引力。商业空间的场景营造也是提高旅游吸引力的关键因素之一。商家可以利用数字化技术，结合景观、灯光、声音等打造出具有吸引力的旅游场景，无论白天观光还是晚上夜游，都增加游客的参与感和代入感。例如，在"福宝古镇商业街"中可以设置古色古香的门楼等传统的特色装饰，增加游客的视觉体验。此外，商家还可以结合节日和季节变化等因素，进行相应的场景布置和开展主题活动，为游客提供更加丰富多彩的文化体验。

第三，提高旅游服务质量。古镇旅游业的发展应注重服务人员的培训和管理，提供全面的旅游信息和公开透明的服务流程，以保障游客的旅游安全。商家可以借助智能导览系统、AR/VR 等技术手段，提升游客的参观体验。例如，线上可以开发"福宝古镇文旅"App，为游客提供便捷的导览、订票、咨询等服务，提升游客的旅游体验和满意度。此外，商家还可以通过互联网、社交媒体等多种途径与游客进行互动和交流，了解游客的需求和反馈，为提升旅游服务质量提供更多的参考和依据。

4　结论

本文在乡村振兴背景下分析了古镇文旅商业空间开发的现状与路径，以具备古镇开发受限共性的福宝古镇为案例，总结出古镇文旅商业空间开发是一个系统性、复杂性、长期性的过程，需要政府、企业、社会各方的共同努力，更需要注重促进当地经济发展和改善居民生活质量。通过提高文旅体验的整体质量和创造经济新入口，吸引更多游客，推广文化的保护与传承，以期实现促进古镇经济发展、提升居民美好生活的幸福指数、完成可持续发展的目标。

参考文献

[1] 李红，周波，陈春华. 历史古镇空间整合分析：以福宝古镇为例 [J]. 安徽农业科学，2010（20）：10963-10964.

[2] 王琪. 商业空间设计中视觉语言的应用 [J]. 产业与科技论坛，2021（18）：29-30.

[3] 彭乙健. 基于商业业态提升的古镇风貌整治 [D]. 南京：东南大学，2016.

[4] 刘雪春. 福宝古镇旅游与环境生态安全的耦合 [D]. 重庆：西南大学，2008.

[5] 张吕，张乃午. 文旅视域下中国古镇的影像故事与现代传播 [J]. 中国电视，2020，408（2）：87-91.

[6] 甘振坤. 川南地区民居营造特点分析：以福宝古镇为例 [J]. 古建园林技术，2015，129（4）：31-33.

[7] 赵逵，张钰，詹洁. 四川合江县福宝古镇：国家历史文化名城研究中心历史街区调研 [J]. 城市规划，2012，36（1）：97-98.

[8] 泽州县融媒体中心. "古镇之间"中国古镇文旅发展交流会在高都举行 [EB/OL].（2023-02-08）[2023-06-05].http://www.zezhou.gov.cn/zwzxljrzz/202302/t20230208-1743965.shtml.

[9] 王微. 四川省合江县文化资源开发和旅游产业融合发展策略研究 [D]. 贵阳：贵州师范大学，2021.

[10] 唐晓岚，包文渊，贾艳艳，等. 太湖风景区古村古镇景观生态风险分析 [J]. 南京林业大学学报（自然科学版），2018，42（2）：105-112.

[11] 鄢惠敏. 西南山地历史文化名镇中的乡村收缩现象及其价值影响研究 [D]. 重庆：重庆大学，2021.

[12] 张文力，朱喜钢. 古镇旅游空间的"迪斯尼化"现象研究：以成都市黄龙溪古镇为例 [J]. 建筑经济，2022，43（Suppl.1）：1096-1102.

[13] 郭文，王丽，黄震方. 旅游空间生产及社区居民体验研究：江南水乡周庄古镇案例 [J]. 旅游学刊，2012，27（4）：28-38.

[14] 赵万民，朱柯睿，孙爱庐. 西南山地历史城镇空间形态保护策略研究 [J]. 小城镇建设，2022，40（2）：21-28.

红色经典读物再版书籍装帧创新研究

段海洲，周睿

（西华大学 美术与设计学院，四川 成都 610039）

摘要：红色经典读物是促进红色文化影响力传播的重要载体，本文对不同出版社历代再版的红色经典书籍进行了研究，探讨其在书籍装帧设计中的创新。通过对红色经典读物再版所处现状进行分析，以《青春之歌》的多个再版版本为代表进行样本研究，从代际性、封面构成、色彩上对不同时期的视觉设计进行差异性比对，论证不同时期下红色经典读物再版书籍视觉封面的规律性特点；着重研究红色经典读物再版书籍装帧设计的具体应用思路和方法，结合案例进行总结。红色经典读物再版书籍的装帧设计随时代的发展在继承中不断创新，促进了红色文化向不同层次的受众的传播。

关键词：红色经典读物；书籍再版；装帧设计；创新转换

红色书籍包含着中华民族艰苦奋斗、不屈不挠斗争、坚持不懈向前的精神，展现着特定时期的思想和政治表达，对现代社会的建设有着重要作用。[1]对于红色经典读物的再版就是将根植于中华民族基因血液中的文化精华固定地记录在书籍载体中，使其能够代代相传，生

基金项目：四川省社会科学重点研究基地——四川革命老区发展研究中心 2021 年项目（项目编号：SLQ2021SB-12）；西华大学产品设计教学团队支持项目（项目编号：05050034）；西华大学师资支持计划项目。

第一作者简介：段海洲（1998—　），男，四川遂宁人，西华大学美术与设计学院在读硕士，研究方向为信息交互与体验设计研究。

通信作者简介：周睿（1981—　），男，西华大学美术与设计学院研究生导师、教授，主要研究方向为设计历史及理论、设计产业研究、产品创新系统等。

生不息，并为中华民族优秀文化的传承与发展提供新的积累性的基础。随着国家大力推进红色文化的传播，对红色经典读物再版需要通过创新其装帧设计，转变自身书籍设计理念，重构红色书籍再版体系，使其能在竞争激烈的书籍市场中脱颖而出。

1 红色经典读物再版装帧的挑战

1.1 红色再版读物的延续性

无论是什么年代的再版红色经典读物，我们总能在其装帧设计上找到那个时代的烙印，书籍的装帧设计是一个时代的附属物。对红色经典读物的不断再版，是打造红色文化品牌的重要手段，也是对红色出版资源的深度开发。红色经典读物的再版装帧创新上，更为重要的是能否在继承初版优秀视觉语义的前提下，结合当下和领悟时代进行设计创新。如今的再版红色书籍大多忽视了继承与创新的结合，摒弃初版传统的装帧艺术性，以吸引读者眼球为设计着力点，无法使读者感受红色经典读物再版后的历史价值。受时代背景的影响，红色经典读物初版在视觉上多以简单的线条勾勒并配以简洁而粗犷的版画，用对比使读者产生强烈的视觉冲击。而当下对其再版时需要在继承其强有力的视觉效果的同时，结合现代装帧艺术思想将文字和图画进行搭配。红色经典读物在再版装帧上要合理地继承好初版优秀的装帧设计元素，传达书籍中的思想情感，使得读者能够通过浏览书籍的封面就能够获取再版书籍延续的艺术特色和思想情感。另外，在信息数字媒体的冲击之下，新媒体形势下的电子版书籍崛起，更加立体化的读书形式冲击着红色经典读物再版装帧设计。新媒体时代下的电子书籍往往图声并茂，价格更加便宜，阅读更加便利，因此红色经典电子书籍也更容易俘获读者的芳心。如何通过对红色经典读物进行深度开发，提升再版书籍的装帧设计，适应社会的进步与红色经典的不断延续，对于红色经典读物的再版迫在眉睫。

1.2 红色经典的用户性

可以说，红色经典读物再版后，其崭新的生命刚刚开始。检验再版书籍成功与否的关键在于，新的版本是否与新老读者建立了好的连接。随着时代发展，往往会出现众口难调的情况，一方面新版书籍的读者一度认为，"一版一印"的书籍，其印刷、装帧、材质都要优于原版，老气的旧版无论是封面视觉效果还是装帧方面都明显过时，难以吸引自身前去购买。另一方面旧版书籍的忠实读者却担心新版的书籍内容上和价格涨幅上变化过大，难以接受。同时红色经典读物的再版是否能够迎合不同年龄层次的读者，如针对青少儿读者和成人读者是否需要在内容、视觉、版式方面作出一定的修改。读者的阅读需求越来越倾向于体验的优质化、品位的个性化、选择的多元化，因此在读者尤其是青少年读者心中建立起品牌认知和品牌信任，是当前传播推广的必然途径。[2] 在主体内容不变的前提下，如何针对不同人群输出红色经典读物所传达的优秀精神品质，这也是值得出版方和再版书籍编辑人员深思的问题。

1.3 书籍装帧的时代性

当下，书籍种类品目繁多，如何使红色经典利用现代书籍装帧手段提升书籍整体艺术性，进而吸引读者的目光并且迎合大众审美，这是摆在书籍装帧设计人员面前的主要难题。改革开放以来，随着国际间的交流不断深入，我国的书籍装帧从业者有了与国际书籍装帧从业者更多交流的机会，在不断继承前代书籍装帧书籍风格的同时，也吸收了国外设计风格的艺术性。但纵观整个书籍市场，红色经典读物的书籍装帧上依然存在以下几个问题：第一，同质化严重。红色经典读物同行之间、风格之间互相效仿，各出版社之间设计缺乏创新性。第二，封面视觉化单一。市场上红色经典读物书籍封面依旧以红色为主要基调，同时配上对比度高的革命英雄形象剪影的版画风格，使得封面过于单调无味。第三，缺乏对不同层次受众的关怀。书籍目标市场集中在主要受众中，忽略了对残障人士和儿童进行特殊的书籍装帧设计，忘记了红色经典读物的主要任务是向全社会所有群体传播优秀价值观，而非营利。

2 再版书籍红色视觉体验研究

本文以杨沫的著名小说《青春之歌》为例，收集了从 1958 年第一版开始到现在市面上再版的主要销售的小说版本，并根据其再版的时间以及封面的视觉特点进行排列，试图作一些有规律的总结，以作参考。

2.1 视觉语言代际性

对人民文学出版社出版的《青春之歌》的 4 个版本进行分析，由图 1 可见人文社的《青春之歌》经历了 3 次再版。从视觉语言上看，3 次对封面再版的改动都有保留在最初版本右上方的《青春之歌》版画视觉设计。在中国的革命美术发展中，版画被视为最具革命性、思想性，并具有光荣革命传统的艺术形式。[3] 版画被大量地运用在红色经典视觉封面上，以此来表达红色经典读物具有深度的内涵。对比 4 个版本的封面，1958 版封面古朴典雅，有文化气息，运用大红色表现青春的朝气与活力，同时也表达了一种积极向上的感觉；1978 版封面

图 1　人民文学出版社出版的四个版本的《青春之歌》（从左到右为 1958 版、1978 版、2005 版、2018 版）

视觉张力比较强烈，在字体的造型和色彩运用上，结合书籍内容所表达的情感，辅助于或者将文字与图画设计为一体，展现出不一样的装帧设计；1978 版之后的版本延续了版画的风格，并强调空间布局构图的作用，说明这一时期的封面设计开始向国外优秀的视觉风格学习，简洁成为后期封面设计的主要设计语言。

2.2 视觉封面构成

除了人文社的《青春之歌》的四个版本，笔者还选取了 1958 年以来 7 个主要出版社出版的 26 个再版版本的《青春之歌》，从构图形式上进行分析。由图 2 可以发现，该书的主要构图是以符号、文字、元素型的图案为主要视觉形式。相对较多的再版版本以绘画（特别是版画）为主要的视觉形式，其中绘画主题最多的则是文中青年男女主人公形象绘画，这不仅是对本书题目"青春"二字的最好体现，同时也是对书籍内容的表达。值得注意的是写实风格的再版风格中，更多地以作者杨沫的老照片作为主要的视觉形式，如写实型分区中的 1992 版和 2015 版，这也表达了设计者对作者的崇高敬意。另外，从总体时间分布上看，20 世纪末到 21 世纪初的视觉风格更偏向于绘画风格，到 2010 年以后，简洁的空间版式构图成为该书的主要视觉形式。

2.3 色彩分布

通过对 26 个《青春之歌》的版本进行色彩比较研究，如图 3 所示。由图可以发现该书籍视觉颜色分布上呈现集中分布的规律。作为红色经典读物再版的代表，无论是初版还是再版版本，其视觉色彩都主要集中在了红色、白色、蓝色这 3 个区域。其中书籍封面以红色作为主要视觉元素的占绝大部分，这反映

图 2 《青春之歌》封面版式构图分类

了红色本身具有强大张力，也更能够很好地反映作品表达的红色精神。同时还发现，在 2010
年之后，该书籍的再版版本较多地以白色作为
其主要的视觉颜色，书籍封面的色彩分布也变
得更加简约，这反映了红色经典读物受到了当
下书籍简约风格大浪潮的影响。视觉封面的设
计不单单只是版式构图的设计，同时色彩对比
带来的视觉冲击感对于红色经典读物封面也会
产生广泛的影响。

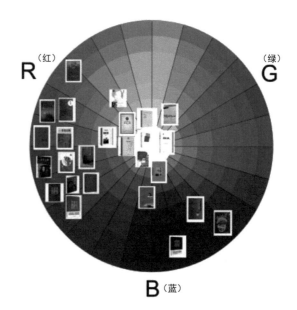

图 3 《青春之歌》封面版式色彩构图分类

3 红色文化的装帧设计创新性转化

为了进一步分析红色经典读物再版书籍的
装帧设计，更好地引导再版书籍设计方向，同
时基于上文中对《青春之歌》案例的分析，希
望总结出再版红色经典读物装帧设计策略的创
新发展方向。同样以《青春之歌》为例，从视觉升级、官能通道、版式设计、材质转换等方
面进行论证。

3.1 再版读物封面视觉升级

现代书籍的封面装帧与工艺主要由文字、图形、颜色和材质四类视觉元素构成。优秀的
书籍封面设计源于对其功能性和实用价值的考量，同时在一定程度上进行艺术性的延伸，前
者是后者存在的基础和前提，两大概念相互结合、相互作用。[4] 对于红色经典读物来说，其
封面视觉的艺术性具有表达信息和唤起读者阅读兴趣的作用，将封面中的图形、文字、色彩
和材质进行组合设计，以醒目的书名、精美的工艺、强烈的视觉感引起读者的注意。由人民
文学出版社再版的《青春之歌》（如图 4 所示），再版以经典朴素的面貌进入大众的视野，封
面设计大气、沉稳、经典，既体现了书籍的写作风格，又是早期视觉封面风格设计的延续。
人民文学出版社 1978 版本的视觉表现是以版画为主，再现那个时代的进步知识青年对国土沦
丧的忧虑之情，展现了青年人应有的青春活力和激情。而再版之后，对老版版画主视图进行
了缩小，对青春之歌标题进行了二次设计，同时将整体封面材质采用 UV 印刷工艺处理。保
留原书的主要视觉元素、色彩元素，在维持原图书的大众识别度上，再作恰到好处的精致设
计处理，体现细节之美。因此，对红色经典读物的再版，需从视觉上的不断创新，才能使出
版的红色资源能得到深度的开发与利用，提升红色经典读物的使用价值。

3.2　书籍官能通道的创新

　　为提升红色经典读物再版后的阅读体验感，可以在传统红色经典读物书籍装帧设计的交互性上下功夫。这不是指在视觉传播载体方面下功夫，而是通过载体的变化，运用人的整体官能（视觉、听觉、味觉、触觉）进行创新，提升读者的全方面阅读体验，强化红色经典读物的交互功能，使读者切身感受到书籍的奥妙。江苏凤凰文艺出版社出版的《青春之歌》电子版图（如图 5 所示），在对其电子版本进

图 4　人民文学出版社《青春之歌》（左为 1978 版
右为 2018 版）

行设计时，保持了视觉走向的自然和舒适性，遵从人体的视觉规律进行书籍的上下滚动换页，打破人在使用机器时冷冰、距离的固有意识。界面中常用的网块状的布局构图方式，将文字、图像、动画、音乐等多个板块结合起来，采用相对比较容易更换和变动的排版模式，在电子书的视觉表达上更加新颖、灵活，并符合时代发展的气息。书中更添加二维码电子朗读功能，使得读者能够更加沉浸式地从视听上感受红色经典的魅力。

3.3　强化版式设计

　　提升版式空间的布局设计，借助图像处理技术和优秀的排版，能给红色经典读物的读者带来赏心悦目的视觉效果。红色经典读物再版书籍的版式不仅要考虑读者的阅读流畅感，同时书籍的图标、文字、小元素也要符合红色经典读物书籍的核心思想和主体内容。从书籍装

图 5　江苏凤凰文艺出版社《青春之歌》电子版

帧设计的空间定义来看，其通常存在着不小的难度，这种难度源自视觉元素之间存在着显著的差异性。由光明日报出版社再版的儿童版《青春之歌》（如图 6 所示），在书籍版面设计中充分考虑文字版面构成对儿童群体的影响，改变了传统读物枯燥的全文字排版形式。在版面设计中考虑文字、色彩、符号等元素，并添加同名电影《青春之歌》的电影剧照，使得构图和色调给人欢快明亮的感觉，图文结合，令儿童读者更易接受，促进红色思想的传播。书籍装帧设计人员必须在装帧设计过程之中，先行对书籍的布局情况加以把握，确保能够借助精巧的布局，让其显现出简约的特质；再通过对书籍的扉页、封面、内页等作精巧搭配，在文字设计、色彩运用以及图案搭配等方面均秉承简约主义设计理念，尽可能运用简约化的设计元素。[5]

图 6   光明日报出版社《青春之歌》儿童版

3.4 装帧材质的转换

红色经典读物传递给读者的不仅有优秀的红色文化内涵，还有书籍装帧设计在精心考究下的视觉艺术效果。随着印刷技术的逐步成熟，许多新的材料也广泛运用到了红色经典读物再版当中，材料的改变也影响着读者的审美意识。书籍设计人员运用材料给予书籍更强的生命力，通过不同材料的组合丰富书籍的造型语言，给读者带来除内容外的更多感受。由江苏凤凰文艺出版社再版的《青春之歌》（如图 7 所示），在书籍装帧上将艺术与技术结合，创作出有层次的凹凸纹理的封面，使视障儿童能够在辅助设计的帮助下欣赏红色经典，感受红色经典的魅力，而不是只有简单枯燥的盲文阅读，体现了高度的创意和人文关怀。材质不仅仅是对内容的保护，更应该使读者从材质中感受到红色经典读物所带来的文化内涵，尤其是不同类型的纸张材料，使读者能够体验粗糙、柔软、光滑等不同触感。例如：增加红色经典读物的材质的厚重感，给予读者历史的坚定和稳重的感觉；采用光感材质增强书籍的视觉语言冲击力，使读者有红色精神常驻的感觉；通过增加书籍封面的肌理，向读者传递历史的沉淀。大胆的材质创新转换，在继承初版设计风格的同时结合时代风格精华，对书籍工艺作不断探索，不断赋予红色经典读物再版的新语言。

4 结语

对红色经典读物的再版不是一种简单、孤立的文化现象，其中体现的是读者对先进文化的渴求，与社会主义精神文明建设的时代要求有关。在红色经典读物的再版下，对装帧设计的创新既是书籍谋求更大规模读者群体的重要手段，也是弘扬红色文化的必要方法。随着时代的发展，红色经典读物不应当只有一种面孔，而应当以新的面孔展现出新时代下的元素与气息。

图 7 凤凰文艺出版社《青春之歌》

参考文献

[1] 王瑾 . 探究装帧艺术在红色书籍的应用 [J]. 中国民族博览，2021，6（11）：174-175.

[2] 吴茜 . 青少年红色经典书籍阅读调查及出版建议 [J]. 中国出版，2017（2）：16-19.

[3] 李苏丹 . 图像学视域下的中国红色书籍封面图像研究（1949—1966）[D]. 北京：北京印刷学院，2019.

[4] 彭景，齐志辉 . 书籍封面装帧的艺术设计 [J]. 中国造纸，2022，41（8）：137-138.

[5] 沈莹洁 . 现代书籍装帧设计的创新研究 [J]. 大众文艺，2022（1）：32-34.

傩舞面具在文创设计中的视觉表现研究

王娇，凡建秋

（西华大学 美术与设计学院，四川 成都 610039）

摘要： 为了更好地理解白马藏族的傩舞面具文化，在田野调查和文献分析法的基础上，本文以傩舞面具为研究对象，对傩舞面具的文创产品现状进行了梳理。同时，分别从表层文化、中层文化和深层文化三个层面对傩舞面具进行解读，进一步探究了其深层含义。基于研究结果，提出了傩舞面具的文创产品创新策略，旨在将非遗文化与设计相结合，让更多人了解和关注这一文化遗产。

关键词： 白马藏族；傩舞面具；视觉表现；文创产品设计

1 傩舞面具的综合考量及文创开发现状

傩舞是四川九寨沟地区传统的面具舞蹈，"傩"的白马语意为"舞蹈"。傩舞在不同地方也有不同称谓，如"麻昼""鬼面子"，汉语民间俗称其为"十二相舞"[1]。傩舞是头戴动物面具的祥瑞面具舞，服饰的纹饰与色彩都与对应的动物面具相统一。2006 年，四川省九寨沟县向国家提交了申报材料，傩舞成功列入第一批国家级非物质文化遗产名录。傩舞表演通常在每年正月初二到十六举行，一般由七、九、十一人进行表演，作为春节最主要的民俗文化活动，主要用于宗教祭祀，同时也具有娱乐的功能，成为九寨沟地区白马藏族民俗文化的重要组成部分。

第一作者简介：王娇（1996— ），女，四川巴中人，西华大学硕士，研究方向为地域文化与创意设计。

通信作者简介：凡建秋（1978— ），女，四川宜宾人，西华大学副教授，主要研究方向为艺术学。

在大力提倡非遗文化的背景下，傩舞、傩面具文创产品设计层出不穷，各地区推出了不同傩文化的文创产品。对于傩文化要素的转译案例中，多为挂件、丝巾、摆件等方便携带、方便制作的产品，且对于傩文化采取直接复刻与使用的方式呈现，文化要素的提取过于简单与直白，面具中的象征寓意、文化含义都未进行叙述，视觉表现设计中缺乏一定的创新性与趣味性。通过对于以上问题的分析得出，傩舞面具文创产品设计需要注重梳理白马藏族九寨沟地区的傩舞面具表现形式及其研究成果，对傩舞面具的视觉艺术、表征意象和文化内涵进行挖掘和阐释，突出傩舞面具的地域性，使得傩舞文化内涵能够与现代设计相结合并转化。

2 傩舞面具的分层解读

著名文化史学家庞朴将文化结构分为三个层次，提出表层文化、中层文化与深层文化的概念。[2]表层文化由物质文化构成；制度文化，即关于自然和社会相关的组织与程序理论的制度文化构成了中层文化；由表征文化心理状态的精神文化，包括价值观念、思维方式、审美趣味、道德情操、宗教情绪、民族性格等共同构成深层文化。在傩舞面具中，表层文化包含了面具造型、色彩特征；中层文化表达了面具的生产工艺、仪式以及节日特征；深层文化是文化的核心，代表着傩舞文化背后的历史存留、文化信息构成和精神内核。

2.1 傩舞面具表层文化解读

2.1.1 凸目符号

面具的文化特征首先表现在感官外形上。傩舞面具作为九寨沟地区最具有代表性的图腾符号，整个面具以强烈的色彩、怪异的造型凸显出白马文化的神秘感，而双目眼球强烈向外突出的造型——"凸目"成为其典型特征。《山海经·海外西经》中描述："刑天与帝至此争神，帝断其首，葬之常羊之山，乃以乳为目，以脐为口。"其中"以乳为目"体现的便是其凸目特征。通过描述刑天被砍去脑袋，但以乳为目，奋起反抗，突出刑天难以磨灭的精神意志，并将其作为民族精神不灭的象征，刑天凸目造型特征也成为氏人图腾意义上的造型符号。此外凸目并非傩舞独有特征，"奇肱之国在其北。其人一臂三目，有阴有阳"[3]，其中"奇肱"自古都是氏人聚集繁衍之地。四川北部的"跳曹盖"、傩舞和陇南的"池哥昼"等傩戏造型都具有凸目特征，而四川北部、甘肃等地区正是氏族南下活动的区域，由此证实凸目是氏族人民传承下来的图腾符号，是氏族文化象征的一种视觉文化，表现氏人顽强不屈的精神意志。

傩舞的动物面具中，每一个面具都有不同程度的凸目形象特征。根据傩舞面具的继承人班文玉老先生介绍，九寨沟地区的傩舞面具主要由狮子、牛、虎、龙、凤凰、豹、熊、大鬼、小鬼、男鬼、女鬼组成。其中狮子面具的凸目特征最为明显，如图1左侧所示，狮子在"十二相"中地位最高，作为百兽之王，通常第一个出场，双目凸起的程度是最为明显的。其次凤凰面具的凸目形象也比较明显，如图1右侧所示，凤凰作为汉文化中典型的图腾符号，额头还出现纵目特征。

图 1　狮面具和凤凰面具

2.1.2　色彩特征

余永红先生在《陇南白马藏族美术文化研究》一书中阐释，白马藏族的服饰色彩受到羌族、藏族的影响，以青、白、红为基本色调，尤其崇尚白色，所以白色往往被用在最重要的部位。[4] 随着时代的发展与民族文化的融合，受到羌族、藏族、汉族的影响，颜色逐渐变得丰富多彩，但也不难看出以青、白、红为基础的传统色彩审美观。

随着旅游文化盛行，民族文化遗产业逐渐倾向于商业化，制作者为了猎奇，对伫舞面具进行一些商业化改动。为了使面具更能吸引眼球，颜色也更为丰富，较少采用白色，常用黑、红、黄和绿色。动物面具大多采用固有色加上中间色进行调和，以突显每个兽面的特色。对于伫舞中的动物面具进行颜色提取和整理后，可得到如图 2 所示的结果。通过分析可以发现，整体用色明度较高，具有民间艺术的美感，而且使用夸张的色彩表达以凸显颜色

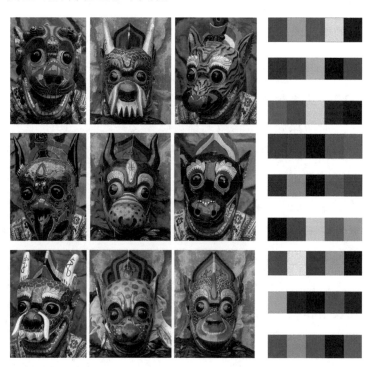

图 2　色彩分析

和造型结构，形成强烈的对比，使得动物面具生动而又活泼。

2.2 伤舞面具中层文化解读

2.2.1 制作工艺

白马藏族面具的制作一般由村寨中的木匠来完成，有些村寨则有专门的文化传承人或者民间艺人。傩舞面具代表了他们最崇高的信仰，因此整个制作过程是极为圣洁的，面具的数量、颜色、造型几乎都是代代相传。面具的制作过程大致分为选材、敬神祷告、雕刻、染色、祭神五道工序。[5] 敬神祷告在雕刻前完成，根据天干地支选择良辰吉日，同时要烧纸点香烛祷告，以示雕刻过程的神圣性。雕刻完成仍要举行祭神仪式，类似于汉民族宗教绘画的"招神"或"开光"仪式，有些白马人也将这种仪式称为开光。祭神仪式中要点香、蜡、纸，洒酒，口中还要念咒语祷告，咒语的内容是一些具有强烈功利色彩的祈求吉祥平安的祝福语，而非藏族佛教文化内容，是借助开光仪式祈求神灵对村寨的护佑，体现出白马藏族社会受农耕文化的影响颇深。

伤舞面具的制作一般采用轻便的桐木、椴木或者麻柳木，目前保存下来的面具都比较沉重。为了商业化的发展，许多商家采用塑料制品来制作面具，使其流失了"原生态"的特质。

2.2.2 节日特征

九寨沟地区的伤舞一般在每年正月初二到十六举行，有时遇到重大的祭祀节日也进行表演。对于动物崇拜的观点白马藏族人历来都有，根据伤舞传承人班文玉老先生的介绍，人们通过模仿动物舞蹈祈求风调雨顺、人畜兴旺，也体现出白马人崇尚万物有灵，崇尚一切有生命的物体，崇尚自然、珍惜生命的信仰。

2.3 伤舞面具深层文化解读

2.3.1 民族融合

白马藏族位于"藏羌彝走廊"交界之处，由于地理位置的特殊性，使得白马藏族形成了多民族融合的白马文化。川北九寨沟地区与陇南文县地区都出现了"十二相"的面具舞，川北地区是本文叙述的"伤舞"，陇南地区称为"麻昼"，两者都与传统十二生肖文化有着密切的联系。《白马藏族"十二相"考略》中明确阐述了"十二相"与传统文化"十二兽"的关系，表示川北白马藏族的"十二相"是古傩仪的继承，是"十二兽"的遗迹。[6] 伤舞面具中身为百兽之王的狮子为第一相，代表十二兽中的鼠和羊；第二相的牛，代表牛和马；虎为第三相，代表了虎和狗；龙为第四相，代表龙和猴；鸡为第五相，代表鸡与蛇；猪为最后一相，代表猪和兔。由此可见，十二相舞与汉文化的生肖同宗同源，白马藏族文化受到了汉文化的影响。

白马人认为万物有灵，他们崇拜自然神灵，以动物为崇拜对象。在藏族苯教中也有万物有灵的信仰，山神、水神、动物占据着极高的地位，在祭祀仪式与服饰上均有许多相似之处，因此白马藏族的宗教文化与藏族原始宗教的苯教有着千丝万缕的联系。除此之外，白马藏族文化还与羌族文化相互融合。许多学者认为氐族是从羌族衍生出来的分支，因此氐族与羌族有着密不可分的联系。羌族文化中有对于动物神灵的崇拜，将羊、猴、马等动物视作图腾符号，与"十二相"的动物面具基本一致。[7] 白马藏族长期与藏族、羌族毗邻而居，各民族之间相互融合、相互交流，形成了极具特色的白马藏族文化。

2.3.2 民俗文化

白马藏族的㑇舞是集敬神、驱魔、娱人为一体的傩舞表演形式，与其他白马藏族文化现象一样，具有民族文化融合带来的多重含义。[8] 氐族先民信仰万物有灵，在这种观念的指引下，白马藏族"十二相"形成了以动物崇拜、先民崇拜为核心的民俗文化。

"万物有灵"信仰最早起源于原始宗教，当时人类缺乏对自然界的客观认识，因此产生了这种宗教信仰，将山神、水神、动物等作为崇拜对象。这些人类所崇拜的动物多为凶猛的神兽，具有护佑百姓生活、祈祷风调雨顺的寓意。白马藏族流传的十二相傩舞的渊源来自氐族部落的十二神兽傩舞，同时保留了其动物图腾崇拜的象征，并融合了汉文化中的十二生肖的形象。川北的十二相由六个动物、两个大鬼（酬盖和池母）、两个小鬼（阿里尕）组成，其中动物面具分别对应着十二生肖中的两个生肖。这种舞蹈反映了当地人民对动物、自然和信仰的崇尚，是一种重要的文化遗产。

白马藏族在动物崇拜之外，还有一种共同的祖先崇拜信仰，即崇拜"白马老爷"。据传，"白马老爷"的形象是"三神目"，双眼向外凸出，额头上方有一只竖立的纵目。在白马藏族的傩舞面具中，基本上保留了"白马老爷"形象中的凸目造型。由此可见，在白马藏族中，祖先崇拜占据核心地位。

3 㑇舞面具文创产品设计策略研究

通过对㑇舞面具的表层文化、中层文化、深层文化三个层次进行提取与转译，总结出㑇舞面具的文创产品设计策略。分析㑇舞面具表层文化，提取面具凸目特征与独特的色彩系统，根据中层文化决定其节日符号的属性，深层文化表现出㑇舞面具的万物有灵、动物崇拜的民俗信仰。将㑇舞面具的研究进行信息可视化，将其文化性、历史性与时代性相结合，将㑇舞面具与文创载体相结合，使符合传统宗教文化和民族审美意识的㑇舞面具能够满足当下的审美需求，完成㑇舞面具在文创产品中的转化与创新。

3.1 表层文化的提取

白马藏族是一个无文字记载的民族，㑇舞表现形式与面具的特征都是通过代代相传、口述流传下来的非物质文化遗产，在如今同质化严重的情况下，真正了解㑇舞的人数少之又少，因此在伫舞文创产品中更应该保留其基本特征，呈现其独特性、地域性与辨识性。[9] 而在面具中，伫舞面具的纵目与凸目特征是必不可少的，但并非简单的复刻。伫舞面具造型各异，有的造型简单，有的造型复杂，可以在保留其动物崇拜的文化内涵之上，运用归纳与整理、解构与重构的方法，对其具体的特征与纹饰进行提炼、归纳、总结，通过元素的重构、隐喻、象征等，使其与文创产品的主题相符合，并着重突出其纵目与凸目的特征。在伫舞面具的表层文化分析中，独特的色彩系统也是其一大亮点。伫舞是九寨沟地区的民俗文化，配色符合大众审美，颜色对比强烈，色彩鲜明，视觉表现力较强。在其文创产品的设计中，提取其鲜明的配色，进而提高其辨识度。

3.2 中层文化的提取

伫舞是在春节或者重要节日期间表演的一种傩戏，具有一定的节日符号特征。伫舞面具承载着人们祈求福祉、驱魔辟邪的寓意，而祈福纳吉、驱凶辟邪的功能可以运用在同类产品中，如春节伴手礼、祈福文化的衍生品等，通过文创产品的表现形式突出伫舞面具的节日特性，表达人们的美好夙愿。此外，伫舞面具的制作都为木制，可以传承其工艺特征，但不可局限于此，应增加其表现形式，推广伫舞面具的运用。

3.3 深层文化的提取

伫舞的深层文化主要为动物崇拜、图腾崇拜等民俗文化。伫舞具有祭祀、娱乐等功能，通常会在逢年过节等重要场合才会表演，且整个过程是神圣且不可亵渎的，因此相关文创产品的设计不能太过商业化，其形式不能太过于泛化，不能用于日常生活用品，可以用于祈福文化的相关文创产品设计中，使其伫舞面具的功能性与产品特点相契合。通过分析其中层文化的内涵与文创产品功能和构架之间产生紧密的联系，借助伫舞面具的功能设计出与祈福文化的红包、香囊等产品，表达出祈求福祉的含义。

伫舞面具文创产品的设计策略分为三部分，如图3所示。通过对伫舞面具的表层文化分析，提取出凸目特征与独特的色彩系统，从而确定文创产品的基础造型与视觉效果。伫舞面具的中层文化决定了面具与文创产品结构之间的关系。面具的制作工艺与节日特征的自身特点对标文创产品的功能与表现形式，采用具有祈福文化含义的文创载体。伫舞面具的深层文化表现出动物崇拜、万物有灵的民俗文化，通过民俗文化决定文创产品的寓意与风格，表现面具驱邪纳福的寓意。

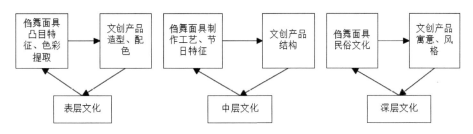

图 3　伲舞面具文创设计办法

4　结论

伲舞面具凸目的特征、额头正中的纵目、独特的色彩系统与神秘怪异的精神意味，方方面面都体现出传统文化的深远性与文化内涵的丰富性，更突出非物质文化的可研究性。通过从表层文化、中层文化、深层文化三个层面对伲舞面具的基础特征、工艺符号、节日符号的探究，深挖其背后的民俗文化与信仰，将其文化内涵理念融入文创产品设计思路，有助于发挥伲舞面具的真正文化价值，凸显其地域性，进而加深人们对伲舞面具的认识与理解，提升消费者对于伲舞面具的文化认同，使得伲舞面具文创产品有更好的发展前景。

参考文献

[1] 余永红．陇南白马藏族"十二相"的文化渊源 [J]．南京艺术学院学报（美术与设计版），2011（5）：124-127.

[2] 庞朴．文化结构与近代中国 [J]．中国社会科学，1986（5）：81-98.

[3] 余永红．陇南白马藏族的"目文化"造型符号研究 [J]．文化学刊，2012（3）：117-123.

[4] 余永红．陇南白马藏族美术文化研究 [M]．北京：中国社会科学出版社，2016.

[5] 余永红．白马藏族木雕傩面具的民族特色 [J]．雕塑，2012（3）：58-59.

[6] 于一．白马藏族"十二相"考略 [J]．西南民族学院学报（哲学社会科学版），1992（6）：90-92.

[7] 胡颖，王天如．古傩仪中"十二兽"的内涵与嬗变新解：以白马人"十二相面具舞"等为例 [J]．兰州大学学报（社会科学版），2021，49（1）：134-141.

[8] 蒲向明．陇南白马藏族傩舞戏源流及其层累现象 [J]．文化艺术研究，2011，4（2）：193-199.

[9] 魏琳．无文字民族非物质文化遗产的保护与传承研究：以白马藏族舞为例 [J]．文艺理论与批评，2013（5）：139-142.

面向全民阅读的社区闲置图书共享模式研究

祁娜[1]，张子煜[1]，张珣[2]

（1. 西华大学 美术与设计学院，四川 成都 610039；2. 四川大学 机械工程学院，四川 成都 610065）

摘要：中国居民家中存在大量闲置图书，如何挖掘闲置图书的价值、加快其流转，对促进全民阅读、实现资源总量管理与循环利用有重要意义。通过文献综述与针对性调研，明确进行闲置图书共享的可行性与社区居民进行共享模式阅读的积极意愿，进而在共享经济背景下进行面向社区闲置图书的共享模式研究。通过大量用户研究、角色模型与用户旅程图分析，构建了线上线下"智能书柜硬件＋微信小程序软件"相结合的社区闲置图书共享模式，具体包括图书来源、鼓励居民阅读方式、书籍编码方式、书柜投放点策略、收费方向等具体细节，以及系统交互流程等，并在此基础上进行了包括智能书柜、书柜屏幕界面、微信小程序界面的设计。研究成果为创新阅读模式、推动全民阅读、实现社会绿色与可持续发展提供了新的思路与较为具体的借鉴细节。

关键词：闲置图书；社区居民；全民阅读；共享模式

《中华人民共和国国民经济和社会发展第十四个五年规划和 2035 年远景目标纲要》第三十九章明确提出加快发展方式绿色转型，坚持生态优先、绿色发展，推进资源总量管理、

基金项目：四川省大学生创新创业训练计划创新训练项目"社区二手书捐赠与交换装置创新设计"（项目编号：S202110650059）、四川省教育厅人文社会科学重点研究基地——四川基层公共文化服务研究中心项目"公共图书馆儿童自主学习空间设计模式研究"（项目编号：JY2020B02）、四川省哲学社会科学重点研究基地——中国攀西康养产业研究中心项目"智慧医疗背景下康养机构健康管理服务系统设计研究"（项目编号：PXKY-YB-202101）、四川省高等学校人文社会科学重点研究基地——农村幼儿教育研究中心项目"农村社区幼儿园艺术教育发展研究"（项目编号：NYJ20190605）。

第一作者简介：祁娜（1981—　），女，河南周口人，博士，副教授，硕士生导师，研究方向为工业设计及理论、服务设计等，发表论文 60 余篇，E-mail：happylife8183@163.com。

科学配置、全面节约、循环利用。 随着时代变迁、消费观念升级、物质生活丰富，人们的闲置物品大量增加，其中也包括个人拥有的不具备较大收藏价值的二手书。图书是人类社会进步的重要媒介，通过阅读，我们可以增长见识和知识。一本书的价值，也在于它能被阅读的次数。只有非常经典的图书才能一直被留在书架上，而有些书值得一看却不值得收藏。闲置图书（俗称二手书）该向何处去？除了直接卖废品，那些已经看过的书籍，能否有更好的渠道让更多人受益？

2012 年，"开展全民阅读"被写入中国共产党十八大报告，而从 2014 年至今，倡导全民阅读连续多年被写入中国政府工作报告。[1] 社区文化是城市建设的灵魂与核心，而社区阅读无疑是社区文化建设的重要抓手之一。社区阅读从本质上说属于一种家园文化，具有社会性、群众性与开放性特点。[2] 深入开展全民阅读能有效提高社区居民科学文化素质与思想道德素质，这对于增强中国文化软实力、建设社会主义文化强国具有重大意义。[3] 但是当前的社区图书馆等社区主流阅读模式由于图书数量相对少、图书种类更新慢等原因制约了居民阅读的积极性。

党的十九大报告明确提出打造共建共享社会治理格局，共享的同义词为分享，指把某一信息或物品的知情权或使用权和其他人共同拥有。[4] 共享是无数分享的集合，可以实现社会资源的最大程度利用，实现社会资源的绿色生态与可持续发展。[5] 共享经济作为一种资源循环利用模式，近些年发展迅速。目前，就图书阅读领域而言，在飞机场、火车站、学校、医院等公共场合已出现了智能书柜，实现了图书的自助流通，有效提高了民众阅读量，但专门面向社区居民的图书阅读模式研究还比较少，而且图书来源普遍都是新书，极大地制约了新模式的可持续性与公益性。[6-7] 因此，面向社区居民和社区使用场景，基于共享思维和资源循环利用模式，进行社区闲置图书共享模式研究，对充分发挥图书的价值、实现居民家中闲置图书资源的有效二次利用、促进全民阅读、繁荣阅读文化将产生较大的社会效益、经济价值与实践意义。

1　社区闲置图书现状

《中国家庭发展报告 2014》指出，中国家庭数量居世界之首，达到 4.3 亿户。在如此庞大数据关联下，家庭书籍拥有量可想而知。近年来，中国从多个方面倡导全民阅读，民众的阅读氛围日益浓厚，阅读理念逐渐普及，综合阅读率和图书消费量日益增加。易观分析联合当当网发布的《2021 中国书房与阅读现状洞察》专题分析显示：2019 年全国图书零售市场规模达到 1 023 亿元，同比增长 14.4%；大多数居民家庭存书量一般有 50~200 本，有的家庭书房的存书量有 100~300 本。然而书多却不一定都看过。如图 1 所示，大部分家庭书房中的图书只有 30%~60% 被阅读过，而有一半以上图书没被看过的家庭占比高达 73.5%，沦落为闲置图书。

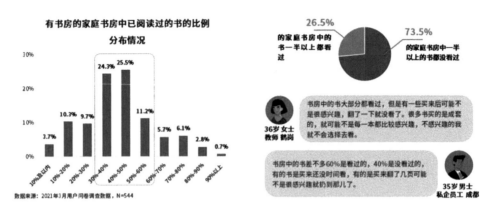

图1　家庭书房图书阅读量分析（来源：易观分析）

调查分析，当前闲置图书主流的处理渠道有四种：（1）作为废品处理；（2）直接作为垃圾丢弃；（3）被传统的二手图书回收商"低收高卖"；（4）借助新型互联网平台流转售卖。可是当代社会的快节奏生活，使人们在闲暇之余很难有时间去处理看过的旧书，烦琐复杂的旧书处理方式，让闲置书籍的浪费成了一种社会普遍现象，社区里这一现象尤为突出。

2　闲置图书共享可行性分析

通过 QQ、微信、网址链接等多种移动方式，面向全国开展线上问卷调研，了解纸质图书阅读影响因素，共计获得 140 份有效问卷。结果显示，70.91% 被访者选择"便携因素"，58.18% 选择"价格因素"，54.55% 选择"时间因素"，46.36% 选择"内容因素"。这说明纸质图书的不便携性、图书价格以及时间是影响阅读的三个重要因素。

纸质图书阅读来源调查结果显示，74.55% 被访者选择"图书馆借阅"，62.73% 选择"网上购买"，74.24% 选择"书店购买或邮寄订阅"，44.55% 选择"同事或朋友处借阅"。这说明纸质图书的阅读来源还是以相对固定的方式为主，无法实现随时随地借阅，且需要耗费一定量的时间或金钱，这给纸质图书的借阅带来了较大不便，一定程度上制约了居民的阅读意愿与图书阅读量。

身边是否有闲置纸质图书调查结果显示，高达 92.73% 的被访者选择了"身边有闲置纸质书"，说明拥有闲置图书的用户比例非常高。而通过问题"您愿意和他人互换分享图书吗？"对于闲置图书分享意愿的调查结果显示，仅有 12.73% 的用户选择了不愿意，剩余 87.27% 的被访者均希望通过将自己的闲置图书分享给他人，从而给别人带来帮助、创造更多价值。[8]

因此，进行闲置图书的共享设计与研究具有客观的闲置图书数量基础与主观的居民分享意愿基础，具有较强的可行性，且具有重要价值：（1）在减轻居民购书经济负担的同时增加旧书的循环与利用率；（2）积极响应中共二十大报告中"深化全民阅读""建设全民终身学习的学习型社会、学习型大国"的要求；（3）顺应时代要求，推动循环经济和共享经济，从当代文化消费观问题入手丰富居民精神世界；（4）提高图书资源利用率，促进资源合理配置，与时代潮流与绿色低碳生活相契合。

3 面向社区的闲置图书共享模式

3.1 居民图书阅读意愿研究

目前不少社区均建立了如社区图书阅览室、全民阅读点、农村社区的"农家书屋"等，面向居民开放，为推广全民阅读奠定了良好基础，但是由于社区图书馆数量少、藏书有限、图书资源不够丰富、图书更新太慢、基础条件差、管理或服务人员专业性不够等原因，难以满足居民多元化的阅读需求。

通过面向社区居民的用户访谈发现，社区居民对一些新模式的共享设备接受程度普遍较高，对社区在这方面的规划与建设也比较看重，同时，新模式公益设备对小区发展也有一定促进作用。全民阅读理念已大范围覆盖社区类区域，居民的阅读热情比较高，但当前的社区娱乐活动多以体育、肢体类娱乐为主，精神层面的休闲娱乐活动相对较少。专门针对光顾社区图书共享设备的意愿调查显示，仅有 6.41% 的被访者表示没有兴趣，93.59% 的被访者均表示会经常或者偶尔光顾。以上现状均表明社区共享阅读具有较好的市场前景。

3.2 社区闲置图书共享模式

（1）用户研究、角色模型与用户旅程图：通过对社区居民阅读需求、阅读痛点与期望点等用户研究、角色模型构建与用户旅程图分析，确定闲置图书共享模式采用线上线下"智能书柜硬件＋微信小程序软件"相结合的系统，偏公益化的运营模式，将随时借阅、随时归还、随时捐书等功能进行整合，为居民提供新的借阅与共享模式，方便居民借书与看书，促进全面阅读。图书共享模式细节如图2所示。

（2）共享模式：智能书柜＋微信小程序。

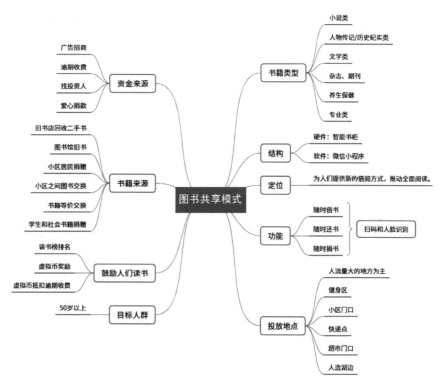

图 2　图书共享模式

（3）图书来源：①社区居民捐赠的闲置图书；②图书馆、社会捐赠的旧书；③旧书店或旧书平台采购的图书；④书店或出版社捐赠的新书。

（4）鼓励居民捐书的方式：通过捐书排行榜的形式和捐书虚拟币抵扣的方式，鼓励社区居民捐赠自己家中的图书。

（5）鼓励居民读书的方式：读书榜排名、虚拟币奖励、虚拟币抵扣逾期收费。

（6）智能书柜主要功能：借书、还书、捐书。

（7）书籍编码：书柜中书籍根据书籍分类进行编码，一层书架为一类书籍。系统识别书籍中的超高频 RFID（Radio Frequency Identification，射频识别）标签，后台会自动更新借还书情况。[9]

（8）书柜投放点：以人流量大的地方为主，如社区的健身区、小区门口、人造湖边、快递点、超市门口等。这样可以快速地吸引人群借读书和方便人群借读书。

（9）登录方式：书柜上的人脸识别、微信小程序中的二维码识别。

（10）图书借阅模式：临时性阅读、长时借阅。临时性阅读指借阅半小时以内，可以免费阅读，适合在社区活动、短时等待时，该模式主要鼓励居民利用碎片时间进行短时阅读；长时借阅指借阅时间超过半个小时，一般适用于借回家阅读。

（11）收费方式：智能书柜的图书，免费借阅的时间为一周，逾期一天收费为 0.88 元 /本。为了吸引社区人群的关注和鼓励捐赠书籍，捐书者捐赠一本书，相对的小程序上可以获得 100 个虚拟币，小程序中的虚拟币可以与逾期天数进行相互抵扣，逾期一天可抵扣 10 个币。

（12）资金来源：广告招商、借书逾期收费、爱心捐款等。

（13）书柜管理：招聘社区工作人员志愿者进行简单的智能书柜管理工作，志愿者可以免费借阅书籍，同时能获得相应的工作报酬。

3.3 智能书柜与小程序交互系统

3.3.1 系统交互流程

如图 3 所示，借书的时候，借阅者需打开柜门取出想要借阅的书籍然后关上柜门，此时显示屏上会显示系统识别的借阅者借阅的书籍，后台记录相关信息。还书时，扫码后，柜门打开，借阅者根据系统指示将书放回指定书架，关好柜门，系统自动识别所还书籍信息，还书成功。

捐书包括前台用户与后台管理人员两套流程，如图 4 所示，捐书的时候，借阅者需要进入自己的账号，点击捐书，然后再将图书放入捐书口，此时显示屏上将会自动识别捐赠的书籍并后台记录。管理人员每隔一定时间需将捐赠的书进行筛选分类，再贴上高频 RFID 标签，录入信息，定期在书柜中更换图书。

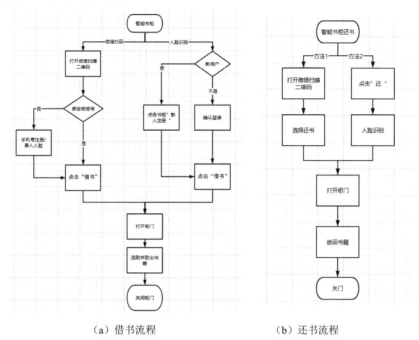

（a）借书流程　　　　　　（b）还书流程

图 3　智能书柜借书与还书流程

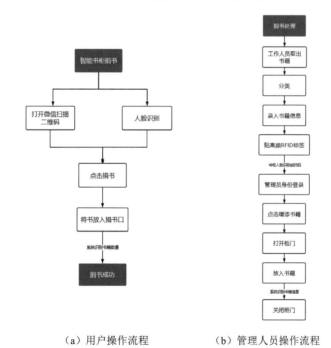

（a）用户操作流程　　　　（b）管理人员操作流程

图 4　捐书流程

3.3.2　智能书柜设计

充分考虑人机工学，可以设计智能书柜尺寸为 180 cm×60 cm×200 cm，柜门采用单开门结构，屏幕尺寸为 30 cm×40 cm，柜体外壳采用镀锌钢板，柜门材质采用全透明钢化玻璃，具体功能分布与细节如图 5 所示。

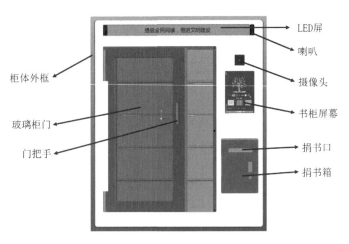

图 5　智能书柜功能细节

3.3.3　智能界面设计

　　闲置图书共享系统相关功能可以通过智能书柜屏幕和微信小程序操作完成，具体操作流程如图 6 所示。智能书柜屏幕部分高保真界面如图 7 所示，微信小程序部分高保真界面如图 8 所示。

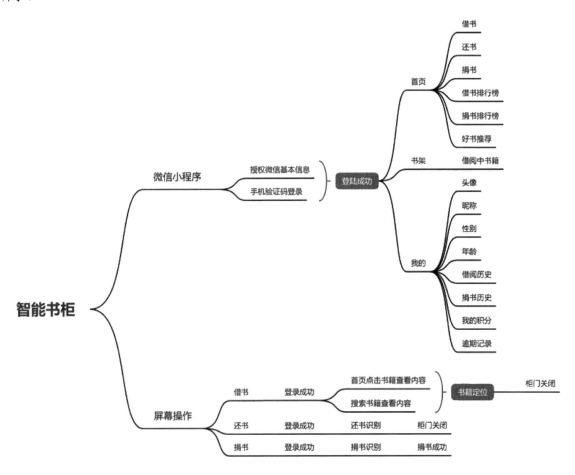

图 6　智能界面操作流程

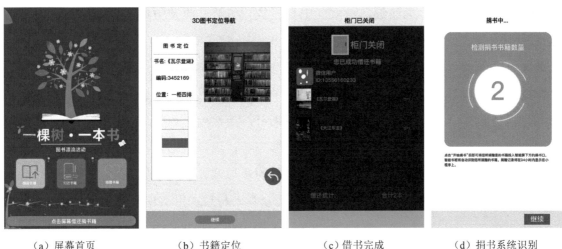

|（a）屏幕首页|（b）书籍定位|（c）借书完成|（d）捐书系统识别|

图7　智能书柜屏幕高保真界面（部分）

|（a）用户主页面|（b）借书主界面|（c）还书主界面|（d）捐书系统识别|

图8　微信小程序高保真界面（部分）

4 结语

　　开展全民阅读能有效提升居民文化素质、增强中国文化软实力。提供丰富、便捷、免费或者低廉的图书借阅方式能有效提升居民的阅读意愿和阅读频率。中国家庭拥有大量的闲置图书，通过对社区闲置图书资源的共享，可以实现对图书的循环利用，更好地发挥图书的价值，同时还能实现图书资源的科学配置，实现绿色转型。本文通过文献综述和有针对性的调研，明确了进行闲置图书共享的可行性与社区居民进行共享模式阅读的意愿，在此基础上构建了"智能书柜硬件＋微信小程序软件"相结合的社区闲置图书共享模式，具体包括图书来源、鼓励居民阅读方式、书籍编码方式、书柜投放点策略、收费方向等具体细节，以及系统交互流程等，并在此基础上进行了包括智能书柜、书柜屏幕界面、微信小程序界面的设计。研究成果为创新阅读模式、实现社会绿色与可持续发展、实现政府主导＋社会力量参与的社区"协同治理"理念、促进社区全民阅读提供了新的解决思路，为公益组织或企业进行社区图书共享服务模式开发提供了较为具体的借鉴细节。当然由于篇幅原因，很多研究过程与依据未在文中一一说明，一些技术细节考虑得不够完善，用户捐书后的书籍整理、上架等具体流程合理性还需进一步优化。但是调动社区居民的参与度、增加闲置图书的循环再利用率具有非常重要的社会与经济价值，也具有较强的民众基础与技术可实现性，值得大家共同努力。

参考文献

[1] 王君，姜勇峰．高校图书馆参与社区文化治理探索 [J]．传媒论坛，2021，4（21）：138-140.

[2] 文毅．让书香飘满社区：苏州发展社区阅读的实践 [J]．唯实（现代管理），2014（7）：32-33.

[3] 谭成华．社区图书馆推广全民共享阅读策略分析 [J]．智库时代，2020（1）：80-81.

[4] 司霞，孙菲菲．数字资源共享平台建设在青少年教育中的作用 [J]．山东青年政治学院学报，2014，30（3）：80-84.

[5] 邱佳佳．基于共享意识的公共阅读产品服务系统设计研究 [J]．工业设计，2018（11）：146-147.

[6] 冯银花．高校智能书柜应用场景探讨 [J]．图书馆学研究，2021（16）：44-50.

[7] 王毓婧，李波涛．自助阅读共享系统设计 [J]．设计，2020，33（17）：11-13.

[8] 朱静．社会化图书分享平台设计研究 [D]．徐州：江苏师范大学，2017.

[9] 乔笑．面向智能书柜的书脊检测与识别关键技术研究与实现 [D]．南京：南京理工大学，2020.

德阳文庙棂星门石雕装饰艺术解析

陈洋，王丽梅

（西华大学 美术与设计学院，四川 成都 610039）

摘要： 棂星门是文庙建筑布局中的第一道大门。德阳文庙棂星门整个建筑皆施雕刻，装饰纹样题材丰富、手法多样，有极高的艺术与文化价值。通过田野考察和对比研究发现，德阳文庙棂星门上装饰了二龙戏珠、麒麟吐书、一路登科等吉祥图案，灵活运用了浮雕、圆雕、透雕、线刻等装饰工艺，丰富了视觉感受和文化内涵。整个棂星门的石雕装饰艺术体现了左右对称、对比协调、节奏与韵律和谐等形式美法则，呈现了棂星门尊孔、重学、求贤的象征功能和贫苦百姓在儒、释、道三教合一的社会背景下对"福、禄、寿、喜"美好生活愿景的期盼。

关键词： 装饰艺术；石雕；德阳文庙；棂星门；儒学文化

棂星门源于"灵星门"，"灵星"指主管五谷丰登的"天田星"，故棂星门最早是作祭天之用，祈求来年风调雨顺，丰衣足食。随着儒学在封建社会的地位越来越高，自宋仁宗开始在孔庙设棂星门，表示尊孔如尊天。后来的儒生为了区别于祭天的"灵星门"，因其门形如棂窗，遂将"灵"改为"棂"，也就有了"棂星是天上文星，意指孔子是天上文星下凡，主管文人才士的选拔，主宰科举文运"[1]的传说。四川棂星门多为石构冲天柱牌坊或牌楼样式，一般为单座或并列三座两种形式，坊心或坊柱有精美雕刻，题材内容和雕刻手法求同存异，各

基金项目：地方文化资源保护与开发研究中心基金资助项目"清代宜宾地区会馆建筑牌坊门的装饰艺术研究"（项目编号：2022DFWH015）。

第一作者简介：陈洋（1999—　），女，四川广安人，在读硕士，研究方向为地域文化与创意设计研究，发表论文1篇。

通信作者简介：王丽梅（1977—　），女，四川雅安人，教授，博士，研究方向为视觉传达设计理论及实践研究。

有千秋。德阳文庙棂星门建于清咸丰元年（1851年），由三座冲天式红砂石牌楼组成，与四川其他三座楼牌式棂星门不同：整个建筑皆施雕刻，题材内容丰富，雕刻手法多样，颇具特色，有极高的艺术和文化价值。[2]同时也寄托了文人志士一心向学、用知识改变命运和提升个人修养的追求，蕴含了人们对于美好生活的期盼，是了解儒学思想和中国传统文化的重要研究对象之一。

1　棂星门在文庙中的作用

关于孔庙前设置棂星门的作用和由来要从以下三个方面分析：其一，皇帝在祭天时，要先祭棂星。南宋时，在皇室太庙和孔庙之前设置棂星门，象征着孔子及其思想与棂星一样重要。其二，棂星亦被称为天镇星，古人认为："天镇星主得士之庆，其精下为灵星之神。"孔子作为春秋末期的杰出政治家、思想家和教育家，是儒家学派的奠基人，享有"万世师表"的崇高称号，因此，选择棂星作为孔庙的正门，寓意着孔子能够与天上的天镇星一同致力于教育的传承与英才的培养。其三，棂星门的门扇是由棂子结构而成，以展现其通透的含义。孔庙曾经有碑文记载："置棂星门，取其疏通之意，以纳天下士。"在古代，门扇通常使用木板制成，而古代君王则使用了棂子结构，错综复杂，纵横交错，观之犹如星辰，这样的设计寓意着辟门求贤之意，但只有文庙得以采用，以彰显对圣人的至高崇敬，孔庙以此象征着疏通与求贤之意，吸引天下文人学士纷至沓来，统一于儒学的门下。[3]

南宋文庙设置棂星门后，元、明时期也有不少文庙开始陆续添建，作为祭祀孔子的建筑有划分空间和表示文庙建筑在当时社会中合法地位的作用。清朝统治者作为少数民族，通过武力推翻明朝后继续将儒家思想作为统治思想以巩固政权、稳定民心。作为宣传儒家文化的文庙则是重点关注对象之一。明末的战火导致多数文庙建筑被毁，各地在清朝重建文庙时，规模和格局上均有扩大，棂星门作为文庙的大门在这一时期几乎成为必设的建筑。因其象征意义大于实用意义便拆除了门扉，后来规定没有出过状元的地方不能开正门，棂星门则退居到庙内。[4]德阳文庙棂星门便是在这一时期修建于庙内的一座具有纪念意义和象征意义的冲天牌坊式建筑，在纪念和崇敬我国古代伟大思想家孔子的同时起着传播儒学思想、引导民众通过学习改变命运报效家国的教化作用。

2　德阳文庙棂星门石雕装饰纹样

德阳文庙棂星门为三座五间，如图1所示。中间一座为三层，旁边两座为两层，正、背、侧面皆有石雕装饰，主要体现在横坊和抱鼓石柱上，具有一定的规律和准则。面对正门的装饰主要为龙，背面为凤，辅以其他动植物组合成有一定寓意的吉祥图案，讲述着孔子与后人的精神追求和对美好生活的期盼。正面第一层有三个纹样，如图2所示。单个吉祥纹样解析如表1所示。

（a）德阳文庙棂星门正面图

（b）德阳文庙棂星门背面图

图1　德阳文庙棂星门全景图

（a）大象图　　　　　　　　（b）二龙戏珠图　　　　　　　（c）三狮戏球图

图2　正面第一层纹样图

表1　正面第一层装饰纹样解析

方位	图例	装饰纹样解析
正面第一层	图2（a）	"象"谐音"祥"，寓意吉祥
	图2（b）	龙是中华民族的图腾，是权力、吉祥和智慧的象征，珠子象征着财富，二龙戏珠则寓意为了追求更高的目标而努力奋斗，获得更多的成功和荣耀
	图2（c）	谐音"三世戏酒"，能戏酒者必富，"三"有多、全之意，寓意"世世富裕"

　　正面第二层有五个横坊共十二个纹样，每个牌坊的正中间均为二龙戏珠，两边辅以七种动植物组合纹样，如图3所示。单个吉祥纹样解析如表2所示。

（a）麒麟吐书图

（b）鱼化龙图

（c）猫戏牡丹图

（d）飞黄腾达图

（e）杞菊延年图

（f）莲蓬图

（g）鹿鹤同春图

图 3　正面第二层纹样图

表 2　正面第二层装饰纹样解析

方位	图例	装饰纹样解析
正面第二层	图 3（a）	麒麟在中国古代传说中为"仁兽"，有吉祥之意。相传孔子在出生时，其母梦见麒麟吐书，因此孔子又称麟儿，有旺文和增添人丁之意
	图 3（b）	鲤鱼跨过龙门寓意着只有通过努力与磨炼才能升入朝门，走入仕途，功成名就，福禄俱全
	图 3（c）	猫和牡丹寓意招财纳福，正午盛开的牡丹又象征着富贵全盛
	图 3（d）	两匹马并肩齐飞，寓意"飞黄腾达"
	图 3（e）	枸杞和菊花组合，有祝人长寿之意
	图 3（f）	莲蓬多子，寓意多子多孙，子孙满堂
	图 3（g）	鹿为瑞兽，鹤为仙禽，此纹样组合意在颂扬春满乾坤、万物滋润的美好情景

正面第三层有四个横坊，"飞黄腾达"与正面第二层相同，其余三个纹样如图 4 所示。单个吉祥纹样解析如表 3 所示。

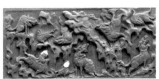
（a）九世同堂图

（b）福禄寿喜图

（c）三麒麟图

图 4　正面第三层纹样图

表3　正面第三层装饰纹样解析

方位	图例	装饰纹样解析
正面第三层	图4（a）	九只狮子组合，寓意家族兴旺
	图4（b）	蝙蝠、鹿、狮子、喜鹊的组合，寓意"福禄寿喜"
	图4（c）	三只麒麟，分别寓意"吉祥、祥瑞、安宁"

背面第一层横坊与正面相对也有三个纹样，如图5所示。单个吉祥纹样解析如表4所示。

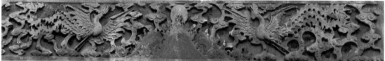

（a）麒麟献瑞图　　　　　　　　　（b）双凤朝阳图　　　　　　　　　（c）太师少师图

图5　背面第一层纹样图

表4　背面第一层装饰纹样解析

方位	图例	装饰纹样解析
背面第一层	图5（a）	麒麟和蝙蝠都是祥瑞的象征，又因孔子被称为麒儿，所以麒麟又被视为儒家的象征
	图5（b）	此纹又名朝阳鸣凤，出自《诗经》"凤凰鸣矣，于彼高冈，梧桐生矣，于彼朝阳"[5]，比喻贤臣遇明君时的场景
	图5（c）	一只大狮子带着一只小狮子，用来比喻位高权重、世代高官之意

背面第二层有五个横坊，除去左右两座独立横坊中心的双凤朝阳图，还有六个不同的题材，如图6所示。单个吉祥纹样解析如表5所示。

（a）喜上枝头图　　　　　（b）连生娃娃图　　　　　（c）四合富贵图

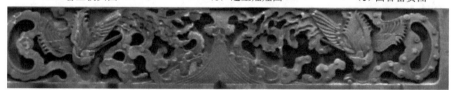

（d）仙鹤祥云图

（e）年年有余图　　　　　　　　　（f）苍龙教子图

图6　背面第二层纹样图

表5 背面第二层装饰纹样解析

方位	图例	装饰纹样解析
背面第二层	图6（a）	喜鹊站在一个花枝头上，谐音"喜上枝头"，有报喜之意
	图6（b）	青蛙和莲花的组合，谐音"连生娃娃"，有祝福连生贵子的寓意
	图6（c）	"四合"寓意五湖四海，可代指寰宇，有天下太平、和谐美满之意
	图6（d）	仙鹤是长寿和吉祥的象征，同时又是一种高洁、高尚的鸟类，也象征着人们对高尚品质的追求
	图6（e）	四只鲇鱼组成的纹样，寓意"年年有余"
	图6（f）	苍龙教子寓意望子成龙、吉祥美好

背面第三层有四个横坊，如图7所示。单个吉祥纹样解析如表6所示。

（a）海屋添筹图

（b）麒麟吐书图

（c）三鱼夺魁图

（d）八骏图

图7 背面第三层纹样图

表6 背面第三层装饰纹样解析

方位	图例	装饰纹样解析
背面第三层	图7(a)	衔着筹棒的仙鹤和海屋，具有长寿和对子孙后代高官厚禄的向往
	图7(b)	麒麟和叼着书卷的仙鹤，寓意杰人降生
	图7(c)	鱼、荷花、荷叶，比喻科举考试前三的人争夺魁首
	图7(d)	八匹骏马，寓意马到成功

其他石雕装饰纹样在棂星门侧面的石狮抱鼓石柱上，如图8所示。单个吉祥纹样解析如表7所示。

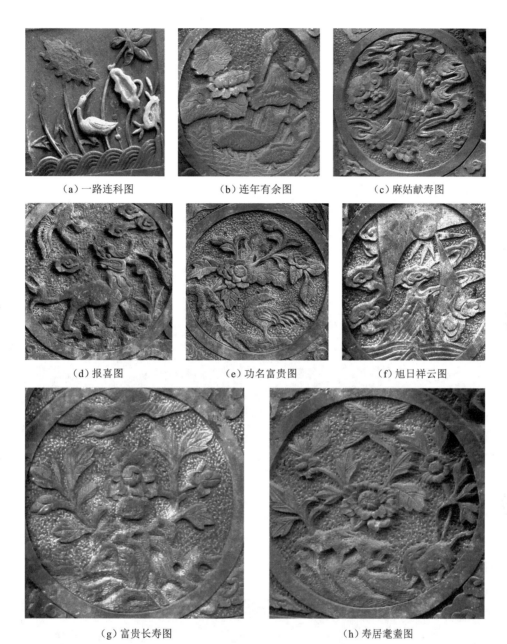

(a) 一路连科图	(b) 连年有余图	(c) 麻姑献寿图
(d) 报喜图	(e) 功名富贵图	(f) 旭日祥云图
(g) 富贵长寿图		(h) 寿居耄耋图

图 8 侧面抱鼓纹样图

表 7 侧面抱鼓装饰纹样解析

方位	图例	装饰纹样解析
侧面抱鼓	图 8 (a)	白鹭和莲花，寓意"一路连科"
	图 8 (b)	两只鱼和莲花，寓意"连年有余"
	图 8 (c)	麻姑献寿纹，寓意长寿
	图 8 (d)	豹子与喜鹊，寓意"报喜"
	图 8 (e)	牡丹和雄鸡，寓意"功名富贵"
	图 8 (f)	太阳和祥云，寓意祥瑞、朝气与希望
	图 8 (g)	仙鹤与芙蓉，寓意"富贵长寿"
	图 8 (h)	猫、蝴蝶、寿石和菊花，寓意"寿居耄耋"

象征皇权的龙出现在文庙棂星门上可以看出清代对儒学的推崇，具有传统道德象征意义的奇禽珍兽、繁花异草构成了装饰中永恒的主题。古代由于生产力水平的限制，人们对于安稳富足的生活格外向往，至明清时期达到顶峰，"福、禄、寿、喜"在当时的社会环境下是大众的普遍追求。民间流行苍龙教子、鱼跃龙门的传说都体现了在清朝科举制度下以入仕为目的的教育和人们渴望用知识改变命运、报效家国的情怀。

3 德阳文庙棂星门石雕装饰工艺

德阳文庙棂星门雕刻精细，整个建筑均施雕刻，是南方孔庙石刻中的精品，二龙戏珠、双凤朝阳以及祥云仙鹤均采用高浮雕工艺，雕刻的图案纹样高凸出底面，龙与卷草纹缠绕交叠，在平面的二维空间里塑造出了二维半的视觉效果，拓展了空间的深度，增加了层次感，使表现对象更加饱满、形象逼真，有利于表现视觉中心的主体纹样，如图9所示。

图9 高浮雕图

其余凸出横坊上的装饰纹样，较正中间的浮雕雕刻手法略浅，更浅一层的浮雕装饰层次，分布在凹进去的横梁边框里，雕刻了暗八仙、卷草纹、几何纹样等，与阴刻的"棂星门"三个文字相得益彰，如图10所示。

图10 浅浮雕与阴刻文字图

圆雕多用于德阳文庙棂星门的抱鼓石狮、冲天柱和坊顶正中间的日月火石饰构件。圆雕是雕刻工艺中难度系数最大的一种表现形式，对工匠的造型和经验有极高的要求。棂星门上的石狮呈向下俯冲状态，如图11所示，昂首张口，头部轻轻偏向正中间的大门，憨态可掬，神态各异。

图 11　抱鼓石狮图

透雕是以突出表现图案花纹为实、花纹之外底部凿空为虚的雕刻手法。德阳文庙棂星门的透雕主要体现在坊顶一层，如图 12 所示，不仅减少了底座承受的重量，也在天空和下面的石坊中间起到了很好的过渡作用，呈现出更加丰富的视觉效果。

图 12　透雕图

线刻作为一种细节装饰手法在浮雕、圆雕和透雕的应用中皆有呈现，因为其灵活细致的特点能够结合其他雕刻手法将作品做到细腻精致。如抱鼓石狮采用圆雕的技法塑造，再辅以阴刻的线刻手法表现狮子身上的毛发，对石狮的雕刻起到点睛之笔的作用。

各种雕刻手法同时呈现在德阳文庙棂星门上，能够使观众有更丰富的视觉体验感受，更好地塑造对象，达到以形写神的艺术高度。

4　德阳文庙棂星门石雕装饰形式

左右对称是造型秩序中最古老和常见的形式，同时也是中华民族中轴线美学观念的最直接体现。[6]棂星门上对称的坊心结构决定了这一构图形式。所有文庙棂星门的装饰纹样都遵循了对称与均衡的原则,无论是正中间动物组合的单个纹样(双龙戏珠、双凤朝阳),还是以中轴线为基准的吉祥图案组合都是左右对称的构图方式,使棂星门更加沉稳大气。

对比与协调是指在统一均衡的布局中通过局部对比增强视觉感受的传统构成法则,这一法则并未被四川所有棂星门所采用。四川渠县棂星门对称构图上的图案一模一样,而德阳文庙棂星门"双凤朝阳"是对称协调图案,两侧的吉祥纹样表现内容不同,使棂星门在对称统一中表现出了一丝活泼。

节奏与韵律是指作品中的元素有序重复或具有一定变化规律的美学构成法则。这一特点体现在文庙棂星门的装饰面积、装饰题材、装饰手法和装饰位置上。由坊心向两端、由上到下的装饰纹样面积逐渐减小,是所有文庙棂星门共同遵循的特征。表现题材从龙凤到鱼蟹、由繁到简,也是文庙棂星门装饰变化的主要特征,不同的是富顺文庙棂星门现存题材中仅有人物、龙凤和蝙蝠,渠县文庙中仅有龙凤、麒麟、鱼和蛹,纹样造型上的视觉韵律变化较小。德阳文庙棂星门上的装饰动植物纹样更加丰富,狮子、大象、猫、羊、鸡等与我们生活中息息相关的动物造型与菊花、牡丹、荷花等植物造型搭配,在中间大两边小的构成形式上丰富了视觉感受。装饰手法由高浮雕到浅浮雕,圆雕到透雕也呈现出由强到弱的视觉变化,四川现存装饰纹样精美的几座文庙中,仅有德阳文庙棂星门的雕刻手法最为多样,呈现出的节奏与韵律最为丰富。

德阳文庙棂星门图案纹样在对称均衡、对比协调和富有节奏韵律的形式构成中呈现出静中有动、变化丰富、有趣耐看的视觉效果,充分体现了中国传统美学张弛有度、和谐统一的特点。

5 德阳文庙棂星门石雕装饰文化内涵

文庙是传播儒学思想的圣堂,"苍龙教子"和"鱼跃龙门"等装饰纹样在棂星门上的运用体现了儒家"人知向学"的教育观念,强调个人应该不断追求知识和智慧,通过学习提高自身修养。在儒家思想中,"人知向学"是"格物致知""明德""修身齐家""治国平天下"等思想的基础,儒家认为人类的本性是可以改变的,只有通过不断学习,才可以成为具有高尚品德和卓越才能的人。"一路登科"则是在此基础上提倡入朝为官,将个人的学识才能奉献给国家和社会,实现自我的人生价值。凤凰的五色在《山海经》中有"德义礼仁信"的寓意,与儒学代表董仲舒扩展后的"仁义礼智信",后称"五常"的五条伦理极为相似,被儒家理想和美化为"德"的最高代表。麒麟、石狮都被视为"仁兽"的代表,其形象体现了儒学思想"仁、智、勇"的"三达德"。[7]

此外,植物纹样中出现的松树、菊花和竹子等元素常被儒家的文人学士用来作为坚贞、高洁情操的象征；器物纹样中呈现的"琴、棋、书、画"更是直接反映了儒家修身四课的内容。

道教作为我国古代的本土教，在民间装饰中的影响无处不在。德阳文庙棂星门上对道家文化最直接的体现为"暗八仙"装饰纹样的使用。此外，象征富贵的牡丹花、象征长寿的桃子和仙鹤都与道教传说有着千丝万缕的关系，通过对自然界中美好事物形象的谐音和假借体现了"道法自然"的哲学观念。

佛教文化源自印度，吸收中国传统文化后发展成熟于中国，历史悠久，作为中国传统文化的一部分对中国古代人民有着深刻影响。大象、莲花和"卍"字形纹样是佛教文化吉祥、圣洁和万福的象征。

德阳文庙棂星门的石雕装饰集儒家文化、道家文化与佛教文化于一体，共同呈现了多元文化下大众对于学习、入仕、为官和富裕生活的追求。

6　结论

德阳文庙棂星门以精湛的石雕工艺和丰富的构成形式体现了儒释道多元文化的融合与传播，反映了当时人们对学习、教育的重视，以及对入朝为官的理想和对大富大贵、长寿多子的美好追求；表达了人与自然和谐发展的美好愿景，是我国文化发展历程中的缩影，极具历史、文化和艺术价值。其中强调的"人知向学"的教育观念、刻苦学习报效家国的精神和尊重自然的思想，在现代社会中有利于促进正确价值观的形成。此外，德阳文庙棂星门上精美的石雕装饰和丰富的文化内涵对当代的设计创新和艺术创作具有借鉴和指导意义。

参考文献

[1] 彭蓉 . 中国孔庙研究初探 [D]. 北京：北京林业大学，2008.

[2] 高大伦，陈显丹 . 四川文庙 [M]. 北京：文物出版社，2008.

[3] 李翠，孔勇 . 孔庙之棂星门 [J]. 走向世界，2013（33）：85.

[4] 孔喆 . 孔子庙建筑制度研究 [J]. 中国编辑，2019（3）：98.

[5] 柳萍 . 诗经：彩色插图本 [M]. 北京：民主与建设出版社，2020.

[6] 魏瑛 . 关于明式家具艺术风格和构造元素的思考 [J]. 兰台世界，2015（5）：118-119.

[7] 郎维宏 . 安顺文庙石雕装饰艺术 [J]. 装饰，2007（11）：78-80.

集体记忆视域下的城市公园景观更新设计研究

周瑜[1]，唐莉英[2]

（1. 四川轻化工大学 美术学院，四川 自贡 643000；2. 西南交通大学 设计艺术学院，四川 成都 610000）

摘要： 城市公园在发展中一直不断被改造与更新，关注历史、文化的集体记忆理论对其更新有着重要的参考价值。本文基于集体记忆的视角研究城市公园景观的更新，对集体记忆要素进行阐述并分析其在西堤公园景观中的重构，总结出在景观更新中可以首先通过空间记忆的建构打造集体记忆的载体，其次通过植入记忆符号营造出特色的场地氛围，最后通过再现体验式场景恢复集体记忆的生机与活力，并借助互动活动让集体记忆得到延展。本文旨在探索城市建设发展与集体记忆延续之间矛盾的解决办法，丰富集体记忆及拓展城市公园更新的相关研究内容。

关键词： 景观设计；城市公园；集体记忆；景观更新

近几十年来，我国城市建设发展迅速，但忽视了城市的地域文化和历史内涵，致使城市景观同质化现象严重，在城市景观中探究不到历史发展的轨迹，景观意象中也无法体现城市精神，文脉得不到延续，集体记忆也随之丢失。城市公园的建设是对原有历史地位进行的角色转换，作为记录城市历史发展的场所，记忆主体在原有记忆的基础上不断建构与变化，这种在传承中潜移默化的更新，在不同地域、不同群体中形成了独特的集体记忆，这种独特性也成为维系群体稳定的纽带。在城市公园的更新中，探讨集体记忆视域下的景观更新设计，通过景观这一媒介，对物质文化记忆进行展示与提升，对非物质文化记忆进行转译展现，激

第一作者简介：周瑜（1988—　），女，江苏南京人，硕士，研究方向为环境设计。

通信作者简介：唐莉英（1978—　），女，四川成都人，副教授，硕士生导师，研究方向为公共艺术设计、环境设计等，发表论文46篇。

活各个尺度、区域的集体记忆，使原有文化记忆具有可读性，营造文化生活网络与自然生态网络的双覆盖。集体记忆体现了群体深层的价值取向和情感表现，探讨集体记忆视域下的城市公园景观更新设计，尝试在景观环境之中融入集体记忆的感知，以满足大众的情感需求，也促进形成新的城市意象。

1 集体记忆概述

莫里斯·哈布瓦赫（Maurice Halbwachs）对集体记忆作出了很深的研究，认为记忆是与社会、环境和他人相关的社会文化现象，记忆既是一种社会建构，也是一种集体行为。[1-2]集体记忆不应是抽象的，它是立体的、可被感知的，是现实的缩影，与我们的生活紧密相关。[3]国内早期对集体记忆的研究主要关注群体认同、社会记忆等方面，自1994年冯骥才先生发起保护历史文化古街的活动后，各地开始陆续开展"记忆工程"活动，集体记忆的研究逐渐关注到空间及城市，并有学者探究集体记忆、景观之间的作用关系，也有学者尝试总结集体记忆相关的设计方法和理论。[4-6]随着时代的发展，信息化、大数据技术不断成熟，集体记忆的研究方法不断丰富，或与GIS结合，或探索数字时代的记忆研究。[7-8]

集体记忆与来自现实的事实密切相关，如书面、口头的传承，各种物质文化（包括建筑、视觉形象等），不同种类的记忆场所（包括博物馆、纪念碑等），以及非物质表现（包括各种纪念仪式等），这些都是集体记忆的表现形式。[1]集体记忆的要素可分为物质记忆要素与非物质记忆要素两种，物质记忆与非物质记忆的媒介为记忆主体。[9]城市公园物质要素可以分为分区布局、山形水系、景观设施、标志性建筑四类，前两个要素主要是公园的综合特征与内容如何形成总体氛围以及使人产生情感；后两个要素侧重于主体对客观对象的理解，不同的社会角色由于已有知识经验背景的不同，对符号化景观要素有不同的理解，并由此产生记忆认同。[10]非物质记忆要素基于特定区域内文化、感知及信仰、宗教等主观的情感，其种类丰富，包括名人轶事的社会感知、精神意识、重要事件、人文节日、传统生活等。

2 城市公园景观更新设计

2.1 设计现状

城市公园是城市发展的象征。在西方，随着工业革命带来了城市环境的破坏，许多国家纷纷开始建设城市公园，并随着城市不断发展和公园老化现象的加剧，城市公园不断进行着改造和更新。19世纪中叶，为改善城市环境质量，美国开始对城市中的老旧公园进行更新改造，如布莱恩特公园的更新和纽约中央公园的更新。之后，法国也出现大量以小规模修复为主的城市公园更新工程，其中布洛涅林园、万森纳林公园的更新项目有较大影响。[11]

在我国，城区老旧公园的改造运动与其所处的时代背景息息相关，新中国成立后，城市公园建设多以恢复、整理原有公园为主；20 世纪末，旅游业的发展促进了城市公园的建设；到了 21 世纪，为满足不断提高的人居环境要求，"城市双修""生态文明建设"等理念迅速发展。2012 年起至今，国内出现大量城市公园更新提质工程，同时引来众多学者的关注研究。崔文波的《城市公园恢复改造实践》是公园改造的代表性专著之一，作者将城市公园的更新视作再设计，在更新中融入生态性和节约型等理念。[12] 吴良镛教授提出了"有机更新理论"，其理论经过北京城的成功实践，被认为是激活老旧公园的有效手段。[13] 随后，刘源、王浩将"有机更新"理论引入公园绿地更新，提出了公园发展应具备整体性、生态性、特色性、双赢性及可持续性。[14] 也有学者从不同视角探索城市公园更新，钱金辉[15] 从人文关怀出发对烟台福山区河滨公园实施全面改造与提升；杨宇峤[16] 在西安东郊长乐公园改造中将生态景观与人文景观相互融合，探究新的更新方法；戴代新[17] 利用网络和调研文本数据构建历史公园空间特征和文化服务感知词库，去量化测度公园更新前后的文化服务感知。

2.2 案例分析

　　1991 年建成的广东省汕头市西堤公园在修建礐石大桥时，被借用为工程用地，桥建成后，公园便荒废了，直至 2014 年公园开始改造升级。1860 年开埠后，汕头港（西堤）成为华侨漂洋过海出国谋生的重要门户。西堤公园所在地见证了汕头从渔村发展到商埠的时代变迁，是汕头人民的集体回忆。改造后的西堤公园（如图 1 所示）再现了华侨先辈的"过番史"，让人感受到先辈背井离乡奋斗的艰辛，唤起了曾经的集体记忆。

图 1　汕头西堤公园①

---

① 落榜进士 . 广东汕头西堤公园，独具特色的侨批纪念地，隐藏着尘封的记忆 [EB/OL]. [2024-07-24]. https://k.sina.com.cn/article_1249458720_4a793a20020016zfp.html.

2.2.1 保留与转译旧有的记忆元素符号

侨批是华侨寄回来的家书和银钱合一的纸质凭证，也是华侨传递感情的纽带。西堤侨批（如图2所示）是对于原有物件的保留，同时把博物馆里的历史文物资料展示在户外公共空间，不同于橱窗里的冰冷文物，它成为看得到、摸得着的记忆。

地图广场的地面被铺装成一幅"老城区旧地图"（如图3所示），人们可以从地图中找到历史街区名和曾经侨批局、商号的位置。通过对旧有元素的保留、还原与再现，触发人们的情感，主动探寻城市记忆。

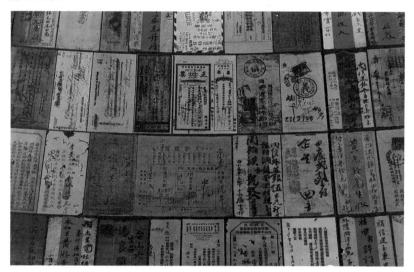

图2　侨批[①]

图3　地图广场[②]

[①] 风浮说星座. 西堤公园：一个有故事的地方 [EB/OL]. [2024-07-24]. https://k.sina.com.cn/article_1249458720_4a793a20020016zfp.html.

[②] 微乐邦. 汕头西堤公园：一次奇妙的侨批文化之旅 [EB/OL]. [2024-07-24]. https://www.toutiao.com/article/6487729405417226765.

2.2.2 塑造空间节点重点展示

大、中、小三个环形相套的"记忆之流"（如图4所示）是公园的内核，也是重点展示集体记忆的空间。平静的水面下，是一张张依然带着温度的侨批，镌刻在石壁上的侨批墙，述说着海外华侨的奋斗故事。这里不仅能吸引老一辈汕头人寻找昔年繁华的残迹，追忆以前老市区的生活，也便于年轻人了解过去的历史文化。走在其中，仿佛走在记忆森林中，兜兜转转却总有出口，将过去、现在和将来相连。

图4 "记忆之流"①

2.2.3 打造景观小品的记忆符号

通过一些景观小品等象征性符号来展示集体记忆，如过番纪念柱（如图5所示）由三角形水泥墩层叠构成，墩面镌刻着从西堤码头到海外不同国家的距离，三角指向相应方位，简单的数字，是旧时记忆的符号提取，让人回忆先辈们"过番"谋生的艰辛。

图5 过番纪念柱②

---

① 落榜进士. 广东汕头西堤公园，独具特色的侨批纪念地，隐藏着尘封的记忆 [EB/OL]. [2024-07-24]. https://k.sina.com.cn/article_1249458720_4a793a20020016zfp.html.

② 敏在旅途. 汕头西堤公园，是世界记忆名录侨批纪念地，也是过番码头遗址 [EB/OL]. [2024-07-24]. https://baijiahao.baidu.com/s?id=1707122408934254700.

2.2.4 功能引入

西堤公园的更新改造除了保护记忆外，也增加了新元素。礐石大桥的座桥墩立柱分别手工绘制了多幅墙绘作品（如图6所示），有描绘潮汕人乘船"过番"和潮汕人与亲人告别的场景。通过墙绘项目的引入，增添了公园的文化艺术体验，将集体记忆以新的方式传承。

图6　礐石大桥桥墩墙绘 [①]

集体记忆视域下西堤公园的更新，有机地将古出海口的历史遗存物质记忆要素和"侨批文化"这一独具地域性的非物质记忆要素建立记忆的多点转译，在改造中通过增加记忆走廊、地图广场、过番纪念码头等不同的设计元素对记忆进行多种重构展示，并借助动态游览路线读取整个公园的核心记忆，让游客亲身了解先辈那段背井离乡奋斗的艰辛历史，使得记忆载体与原有的文化生活联系更为紧密，从而塑造公园整体的记忆意象。

3　集体记忆视域下的城市公园景观更新设计策略

城市公园的记忆表达通过保留展示物质记忆要素、转译非物质文化记忆要素、场景嫁接编排等方式对原场地中的记忆要素进行加工提升，从而形成多样、连续、可感知的整体记忆。集体记忆视域下城市公园的景观更新就是运用现代的设计手法和技术手段，唤起大众逐渐淡忘的记忆并又促进新的集体记忆形成，从而重新激发场所精神，使空间具有新的活力。[18]

3.1　记忆体系的空间建构

通过景观承载城市公园集体记忆，将城市公园的记忆转化成为可供游览的文化资源，并以此构建集体记忆的体系，有利于大众唤醒与识别城市公园的记忆，从人与城市的互动中传

---

① 余丹. 桥墩换"新妆"五一来西堤公园看墙绘 [N/OL]. [2024-07-24]. http://static.nfapp.southcn.com/content/2017 04/29/c398030.html.

承与保护城市文脉，记忆体系的空间建构在公园更新建设中的体现，一方面通过建设与原有山水格局相对的节点群，以节点设计对公园进行"针灸"，在不同的场地上展现集体记忆的要素，从而在现代建设中建构多点转译的记忆空间，实现集体记忆的网络覆盖；另一方面在城市公园景观更新中，在明晰主体记忆路径的基础上，梳理相关记忆要素之间的相关性与表达方式，使各个记忆要素可以相互有机关联，从而形成完整的集体记忆体系。在城市公园的记忆空间的建构中，还要结合自然环境与社会风貌，统一规划设计园路的设施、标识、小品等，布置集体记忆转译后的座椅、垃圾桶等设施，以强化动线上的记忆属性，突出集体记忆的属性。

3.2 唤醒记忆的符号植入

景观中的元素以一种符号的方式被认知，从而形成经过历史集体记忆筛选与提炼的景观符号。景观符号是对历史集体记忆的一种符号化转化，同时，又是形成集体认同的构成元素，是群体表达认同的载体。[19] 城市公园是大众活动的场所，对城市公园发展中的遗存进行抽象和艺术处理，在保留原有特征的基础上，选取易被大众识别与理解的符号作为构成元素，并将提取的元素应用到景观设计中，其景观更能被大众叙述、记忆与感知。符号化要素的主要作用在于通过较为外在形象化的事物，如文字、图形、实物等，让一种视觉符号反复出现，通过不断重复的记忆强调，逐渐形成具有特定文化意识形态的符号，或是将一种可视符号以艺术化的形式表现，对其意义进行隐喻与象征，以此营造出特色的场地氛围。

3.3 场景再现的体验参与

场景主要是由空间环境和生活事件构成的，通过客观场景再现和人们主体的场所体验去营造记忆空间，由记忆场景触动情怀，唤起集体记忆，这样的场所往往是延续、衍生集体记忆的地方，是感知认同的演绎空间。[20] 同样，集体记忆也能够为情景空间的营造提供多样的思路与遐想。场景的再现并不是相关事物的简单置换，而是基于地方文化底蕴与社会关联度的深度挖掘与展现，在遵循真实性的原则下，通过建筑和空间形态呈现记忆空间中的"故事"本色。如今在虚拟现实、传感器、人工智能等智能技术的加持下，可以通过技术的应用创造出视觉可见、听觉可闻、触觉可感的互动性体验，使大众在身临其境中不断深入感知历史记忆的变迁，重新激活集体记忆的活力。

3.4 互动活动的记忆延展

为构建可以感知的事实来回应大众的记忆想象，集体记忆还可以通过和社会的互动和相关实践活动不断地展演。在城市公园更新中注重不同年龄段的群体特征，通过鼓励公众参与集体记忆的相关社会、文化活动，来加深记忆要素的储存，并达到对集体记忆的传承与巩固。从青少年与老年群体来看，青少年是最具活力的人群，他们是不可低估的记忆群体，在城市公园中可以举行培养记忆信息保护意识的活动，不仅激发公园活力，也加强青少年的记忆传承，有利于城市的文明建设；老年群体是集体记忆的见证者，可通过口述、图文、影像等形式的集体记忆传承方式，建立老年群体与大众之间的社会联系。另外，对于记忆主体的个体差异，可以通过社会团体或相关部门的协调介入，确保以客观公正的态度审视历史。使用者与场所互动可以增进使用体验，不断加深储存原有的集体记忆，并建构形成新的集体记忆，使集体记忆在不断地互动实践中得到展演与再生。[21]

4 结论

在城市公园的更新改造中，应根据公园的地域、形态、特色等，对物质文化记忆进行展示提升，对非物质文化记忆进行转译展现。通过对空间、符号、场景等方面进行解析，以若干彼此关联又发散的记忆片段去构建一个新的景观整体，并赋予生长和延续的可能性，形成场地新的文化记忆。本文探讨集体记忆视域下的城市公园景观更新设计方法，创新性地提出在空间建构、符号植入、场景再现与互动活动的设计表达上探索集体记忆的重构，展现了一种具有物质文化内涵的景观新趋势，最终使集体记忆脉络得到清晰的梳理及展示，去影响城市的可持续发展与人们的公共生活品质。然而，基于集体记忆视角研究城市公园景观的更新，还应考虑经济发展资本、权力制度等力量的参与，这些均需要进一步关注。同时，还应结合更多的设计案例，不断进行更多的实践尝试与更细致全面的研究，努力寻找具有可操作性的景观更新设计方法。

参考文献

[1] 李娜. 集体记忆与城市公众历史 [J]. 学术研究，2016（4）：118-129.

[2] 莫里斯·哈布瓦赫. 论集体记忆 [M]. 毕然，郭金华，译. 上海：上海人民出版社，2002.

[3] Wagner-Pacifici R. Memories in the making：the shapes of things that went[J]. Qualitative Sociology，1996（19）：301-321.

[4] 孔翔，卓方勇，苗长松. 旅游业发展状况对古村落文化保护的影响：基于对宏村、呈坎、许村居民的调研 [J]. 热带地理，2016，36（2）：216-224.

[5] 刘宇. 基于类型学中"集体记忆"的旧城更新研究 [D]. 重庆：重庆大学，2017.

[6] 朱蓉. 城市记忆与城市形态：从心理学、社会学角度探讨城市历史文化的延续 [J]. 南方建筑，2006（11）：5-9.

[7] 周玮，黄震方. 城市街巷空间居民的集体记忆研究：以南京夫子庙街区为例 [J]. 人文地理，2016，31（1）：42-49.

[8] 牛力.数字时代的城市记忆研究 [M].北京：中国人民大学出版社，2020.

[9] 闫芳，黄明华，杨辉，等.基于集体记忆的老工业区更新改造策略研究：以洛阳涧西区为例 [J].城市发展研究，2022，29（12）：19-24.

[10] 朱冰淼.集体记忆视角下齐齐哈尔龙沙公园历史变迁研究 [D].哈尔滨：哈尔滨工业大学，2019.

[11] 刘源.城市公园绿地有机更新研究 [M].北京：中国建筑工业出版社，2018.

[12] 崔文波.城市公园恢复改造实践 [M].北京：中国电力出版社，2008.

[13] 吴良镛.人居环境科学导论 [M].北京：中国建筑工业出版社，2001.

[14] 刘源，王浩.城市公园绿地有机更新的思考 [J].中国园林，2014（12）：87-90.

[15] 钱金辉.城市公共绿地改造与提升初探：以烟台福山区河滨公园为例 [J].现代园艺，2018（21）：123.

[16] 杨宇峤，崔迴璟.西安城市综合性公园改造研究：以长乐公园规划为例 [J].西安科技大学学报，2016，36（4）：522-527.

[17] 戴代新，陈语娴.基于情感计算的城市历史公园更新改造文化服务感知评价：以鲁迅公园更新改造为例 [J].同济大学学报（社会科学版），2022，33（3）：81-90.

[18] 何明，刘小佳，陈路松.成都西村大院的集体记忆空间重构解析 [J].工业建筑，2019，49（10）：75-79.

[19] 刘朦，郭芮彤.历史记忆、景观符号与民族认同建构研究：基于贵州仡佬族村寨的景观符号考察 [J].广西民族大学学报（哲学社会科学版），2021，43（3）：108-116.

[20] 曾岳.基于集体记忆延续的社区情景性空间与设施研究 [J].包装工程，2017，38（14）：116-119.

[21] 钱力成，张翮翾.社会记忆研究：西方脉络、中国图景与方法实践 [J].社会学研究，2015，30（6）：215-237.

基于生活共同体理念的住宅区阅读推广体系构建

李强，孟欣，徐澜婷

（西华大学 美术与设计学院，四川 成都 610039）

摘要： 阅读是提升全民素质的重要方式，对民族发展和社会文明进步起到关键的推动作用。住宅区公共空间构建的阅读环境，在推广全民阅读、创新阅读方式、提高阅读效率、构建和谐文明社会方面具有重要意义。本文针对目前住宅区阅读空间资源短缺、空间闲置、活力不足等问题，提出基于生活共同体理念，强调住宅区居民社会活动的共同合作，从阅读环境的构建、阅读资源建设、管理、运营四个方面进行梳理，并从组织、资源、用户三个维度探索住宅区阅读推广体系构建，以期形成微观的、精准化的、根植于民的住宅区阅读推广模式，促进其长效发展。

关键词： 全民阅读；住宅区阅读体系；生活共同体；阅读推广

阅读是提升全民素质的重要方式和手段，它是民族发展和社会文明进步的驱动力，是社会持续稳定发展的重要支撑力，对国家和民族文化的传承、创新与发展起着关键作用[1]，唯有实现全民阅读，方能提高全民族文化水平。智慧的民族和发达的国家无不大力推广和促进全社会阅读，我国相继发布全民阅读相关规划条例，极力鼓励政府主导、社会力量参与全民阅读推广，从公共图书馆的大力兴建，到"世界读书日"的全面推广，再到各种图书阅读活动的积极开展，显示出国家政府与人民对阅读重要性的认识，各社会团体、相关企业纷纷聚

基金项目：2021 年西华大学"大学生创新创业训练计划"（项目编号：S202110650071）。

第一作者简介：李强（1995—　），男，达州人，西华大学美术与设计学院硕士，研究方向为人居环境。

通信作者简介：徐澜婷（1979—　），女，广安人，西华大学副教授、硕士生导师，主要研究方向为地域文化设计、人居环境设计。

焦全民阅读，建立诸多阅读空间，致力于阅读下沉，形成人人皆读、处处能读、时时可读的全民阅读文化之风。

公共图书馆作为社会阅读的主要场所，在阅读推广中起着重要的驱动作用。国际图联与联合国教科文组织发布的《公共图书馆服务发展指南》中明确要求"在城市和近郊，利用私人交通工具到达最近的图书馆时间不超过 15 分钟"[2]，但随着城市化进程的加快，高楼林立，越来越多的人口聚集在城市，社区人口剧增以及占地面积变大，与图书馆的距离一般都超出 15 分钟的路程。并且在市场经济环境下，市民处于快节奏的生活环境之中，阅读时间碎片化，公共图书馆囿于地域空间可达性因素，其使用率较低。如何让市民在有限的时间内做到阅读的便捷化、全民化与普及化，这是全民阅读事业首先要考虑的问题。以阅读便利性、资源共享最大化、根植于民的住宅区阅读空间悄然兴起，成为公共图书馆服务的有益补充，让居民在家门口就能享有普惠、便捷的公共文化服务。

住宅区阅读作为一种新型的阅读空间，学术界对其阅读推广体系构建研究较少，鉴于此，本文在住宅区阅读空间实地调查的基础上，从阅读环境构建、阅读资源建设、管理、运营四个方面进行梳理。从组织、资源、用户三个角度探索住宅区阅读推广体系构建，以期形成微观的、精准化的、根植于民的住宅区阅读推广模式，旨在促进全民阅读事业的便捷化、全民化与普及化。

1　住宅区阅读推广体系构建的重要性

1.1　丰富全民阅读推广模式，是公共图书馆服务的有益补充

以住宅区公共空间为主、以"唯美＋生态＋体验＋便捷"为特征构建的全民阅读环境，将住宅区公共空间变为居民身边的优雅书房。为居民提供开放性、便捷化、普惠化和知识性的公共文化服务空间，将阅读与生活紧密联系，引导人民群众利用碎片化时间进行阅读，有效推动全民阅读活动的开展，这种微观的、精细化的、根植于民的住宅区阅读推广模式，丰富了阅读推广模式的多样化、可操作性，对全民阅读推广的研究作了有益的补充。区别于公共图书馆地域空间、营业时间限制，它极大地拓展和延伸了阅读服务的空间和时间，让居民在家门口就能享有高效、便捷的公共文化服务；同时盘活了社会资源，成为公共图书馆服务的有益补充。

1.2　承担社会教育职责和提升经济价值

便捷的住宅区阅读空间为居民阅读提供了认识自然和社会、获取知识信息的场所，是一个开展社会教育的适宜场所，很好地扮演了社会教育的角色，并形成了良好的学习阅读氛围。近年来，市民对"学区房"的追捧，显示了家长急于寻求优质的学习环境以及氛围。住宅区

公共阅读空间营造了良好的学习氛围，提升了住宅区品质，对住宅区的销售具有良好的推动作用，具有提升经济价值的作用。

1.3　建立阅读推广长效机制，构建全龄友好社区

阅读空间根植于住宅区，它与居民生活容易发生紧密联系。阅读行为通常承载着"以书会友"的内涵，有助于满足居民对高质量精神生活的需求，促进邻里交往；同时让居民参与公共阅读空间事务的管理和运营，有助于培养居民主人翁的责任感，将其视为自己的精神家园，并能促进全龄友好社区的构建。住宅区阅读环境为人们提供了长效的阅读基地，人们更能便捷、快速地到达，同时居民的自主管理参与，让他们真正地成为图书馆的用户，保证阅读推广长效机制的建立。

2　住宅区阅读推广体系现存问题

住宅区阅读空间建设之初是房地产开发商为提高住宅区品质打造的文化空间，利用公共绿地以唯美为特征构建的阅读环境空间，品质较好的住宅区都有此类型空间，笔者对成都市市区住宅区楼盘进行实地调查，发现住宅区阅读空间普遍存在资源短缺、空间闲置、活力不足等问题，主要由以下三方面原因导致。

2.1　缺乏资金保障，阅读资源匮乏

资金是公共阅读服务体系建设、运营的根本，是阅读空间长效发展的保障，阅读空间是住宅区公共空间的一部分，属于住宅区居民共同所有，前期一般是由房地产开发商进行建设。但此类空间属于公益空间，免费向住宅区居民开放，无经营项目、零利润，因此后期运营维护缺乏专项资金投入，导致空间配套设施不齐全、阅读资源匮乏、书籍的种类单一、藏书量有限、更新速度慢，尤其缺乏新书，无法受到借阅者的喜爱，空间吸引力不够，因此多出现空间闲置、浪费等问题，甚至改变空间属性挪为他用。

2.2　管理缺位，阅读推广宣传不足

住宅区阅读空间通常利用住宅区会所、架空层、室外休闲空间等公共空间进行选址建构，区别于公共图书馆专业人员管理，住宅区阅读空间管理直接隶属于住宅区物业管理公司。作为公共附属空间，管理人员多为物业工作人员兼职，缺乏配备专业的管理人员；物业管理按照普通公共空间进行管理，通常安排保洁人员以打扫清洁为主，阅读空间长期出现管理缺位等问题。阅读推广也处于放之任之状态，宣传活动严重不足。

2.3　运营模式单一，空间活力不足

作为非营利公益公共阅读空间，其功能、活动、运营模式单一，最初开发商建设目的是

为住宅区居民打造公共优雅书房，以期提供文化阅读空间，形成良好的文化氛围，提升住宅区经济价值。设计之初为形成较好的视觉效果，多采用唯美的、艺术化的空间处理方法，追求简洁的空间形式，从而忽略了住宅区居民多样化的文化生活需求，缺乏多元化的空间类型，无法满足住宅区不同年龄人群心理需要。同时，由于建设者对后期运营、管理维护缺乏预判，从而导致阅读资源匮乏，服务内容、活动形式单一，空间人气不够、活力严重不足，无法发挥阅读交流、社群交往效能。

3 全民阅读下的住宅区阅读推广体系构建的有效途径

德国社会学家斐迪南·滕尼斯在《共同体与社会》中提出"共同体"概念，他认为共同体主要是在建立在自然的基础之上的群体里实现的，是建立在有关人员本能的中意或者习惯制约的、适应的或者思想有关的共同记忆之上的。[3]马克斯·韦伯进一步推动它的内涵和外延，提出"邻里共同体"[4]。20 世纪 30 年代，日本相关学者继续丰富深化拓展其理论，提出"生活共同体"[5]，重点强调私人领域的自主与公共空间的协调合作，这一观点与住宅区阅读空间构建完美契合。住宅区是指聚居在一定地域范围内的人们所组成的社会生活共同体，公共空间是人们日常生活活动的主要场所，以阅读空间为公共空间聚集点，强调一定社会活动的交流与共同合作，能够有效促进公共资源的流动和利用，使居民在情感上获得认同感和幸福感，推动住宅区阅读空间持续发展。本文结合生活共同体理念从阅读环境的空间构建、阅读资源建设、管理、运营四个方面进行梳理，寻求住宅区阅读推广体系的构建途径。

3.1 共生共享住宅区阅读空间构建

有别于开发商为提高住宅区品质自发的、随意的、偶然的文化服务空间建造，形成以政府为主导的国家相关规范强制执行的公共文化服务建设策略，将阅读空间环境的构建纳入住宅区设计条例规范内，构成公共共生空间。以住宅区公共空间为例，在住宅区会所、架空层、室外休闲空间、屋顶花园等区域建设的，可以"唯美＋生态＋体验＋便捷＋普惠"的空间设计为目的来进行阅读空间的构建，结合住宅区环境设计，将阅读空间与住宅区公共空间连接起来形成整体感，以艺术化的处理构建独特、环境优美、生态的阅读空间；将室外景观纳入室内空间，形成半封闭、半开敞的通透视觉效果；走小而精、少而全的发展路线，满足多元化的空间需求；强调以人为本，注重阅读体验为主，回归公共服务本色。根据住宅区不同年龄层的不同需求，构建复合型文化共享空间（如图 1 所示），如适合老年人的饮茶看报赏景空间，成年人办公聚会休闲空间，学龄儿童做作业、阅读空间，学龄前儿童亲子阅读空间，让居民能参与其中、享受其中、乐在其中，从而激发阅读空间环境活力，提升空间品质，形成全龄友好公共生活共同体活动空间、阅读空间。

图1 住宅区复合型文化共享空间

3.2 建立共建共享阅读资源机制

　　阅读资源的存量和更新是阅读空间活力的前提条件，可通过政府主导、社区参与、业主合作共建、社会资源共享等多种建构方式来完善丰富阅读资源的建设，一方面采用省市图书馆、社区图书馆资源共享的方式，促进公共图书馆阅读资源流动到住宅阅读空间，并进行定期轮换；另外一方面设置专项基金投入，可设置专项资金用于购买书籍，居民共同列出购买书籍清单以满足实际的阅读需求，同时提倡住宅区居民共同捐赠，发挥家庭阅读资源共享原则，将业主家庭所拥有的多余阅读资源通过一定的方式进行共享，使家庭阅读资源进入社会，有效地循环起来，建立共建共享机制。此外，还可通过图书流动来增加资源：一是加强与社区、住宅区之间阅读资源的相互流动，扩大阅读资源增量，促进社区社会交往；二是侧重于图书的流动以及交流，采用"信用＋阅读"模式，引入完善成熟的第三方信用机制，将读者信用纳入第三方征信平台，以重视用户体验为出发点，建立相应的用户信用体系，培养读者信用意识。[6] 这种模式巧妙地将图书馆服务与基于互联网的信用体系结合在一起，使得图书馆借阅免除押金、免除罚款；可结合互联网生成阅读平台，对每本书生成独特的二维码，二维码包括独特的捐赠者、阅读者、阅读感想等内容，从而促进阅读的交流、互动。[7]

3.3 协同管理、共同合作的管理机制

住宅区阅读空间的管理区别于公共图书馆，所有权不同，管理机制不一样，结合生活共同体理论，采用"物业＋业主＋志愿者"三种主体的协同经营管理方式。将物业管理部门作为阅读空间的直接管理者，建立数据收集与统计机制和意见反馈机制，并将阅读空间管理评估纳入物业管理考核中。业主作为阅读空间的所有者，发挥他们主人翁的责任感，共同合作，让其参与到日常管理、运营的过程中，特别是退休的老年人，利用他们的闲暇时间参与日常的管理；推广志愿者队伍，建立志愿服务长效机制，不断吸引住户参与到阅读推广志愿者队伍中，志愿者的主体可聚焦到住宅区的青少年人群，这有利于维护志愿者队伍的稳定，促进志愿服务的长期发展。一方面青少年通过专业培训、建立激励机制，增强志愿者的归属感和认同感，使他们获得社会经验并能增长社会见识；另一方面培养他们高度社会责任感，是服务社会、体现自身价值的好途径，有利于在社会形成"我为人人，人人为我"的良好氛围。阅读空间与居民建立共同体，居民不仅是重要读者群体，而且是阅读体系建设的重要参与者。另外采用自助借书机为辅，有利于延长阅读空间营运时间，增强管理的灵活度、便捷性。

3.4 生活化、多元化运营模式

生活化、多元化的运营模式可有效解决住宅区阅读空间活力不足的问题，一方面为满足住宅区居民多样化生活需求，将阅读空间发展成公共生活空间，开展各种服务内容，将阅读、茶饮、聚会、休闲交流等多种活动揉搓在一起的运营模式，为阅读空间聚集人气；另一方面为丰富居民精神文化需求，以住宅区居民为主体，组建阅读推广人队伍以及定期举办主题读书活动，如老年人养生主题、学龄儿童教育主题、学龄前儿童早教主题等，有效地与居民生活密切联系，同时发挥阅读社群交往的效能，构建出一个活跃、生活化、多元化的阅读主题空间。

4 结语

住宅区阅读空间的构建是一项复杂的系统工程，它需要形成政府作为主导、社区单位为重要补充、住宅区居民共同参与的长效机制，"生活共同体"为阅读空间持续发展提供了一个视角，在资源有限的背景下，利用居民的凝聚力和主人翁的责任感，激发其内在建设动力，推动住宅区阅读空间长效发展，最终形成微观的、精细化的、根植于民的住宅区阅读推广模式，促进全民阅读事业的便捷化、全民化与普及化，实现文化"服务全民""全民乐读"的目的。

参考文献

[1] 黄晓新. 试论全民阅读的社会学研究：兼论阅读社会学 [J]. 出版发行研究，2017，28（6）：21-26.

[2] 夏立新，李成龙，孙晶琼. 多维集成视角下全民阅读评估标准体系的构建 [J]. 中国图书馆学报，2015，41（6）：13-28.

[3] 滕尼斯. 共同体与社会：纯粹社会学的基本概念 [M]. 林荣远，译. 北京：商务印书馆，1999.

[4] 马克斯·韦伯. 社会学的基本概念 [M]. 胡景北，译. 上海：上海人民出版社，2005.

[5] 内山雅生. 二十世纪华北农村社会经济研究 [M]. 李恩民，译. 北京：中国社会科学出版社，2001.

[6] 王军飞. 信用借阅服务的实践与探索：以台州市图书馆为例 [J]. 河北科技图苑，2022，35（3）：41-45.

[7] 阮可. 公共图书馆"信用＋阅读"：开启中国阅读新时代 [J]. 图书馆学刊，2018，40（1）：8-12.

在知觉规律影响下的产品设计研究

吴名立

（黄山学院 艺术学院，安徽 黄山 245021）

摘要：本文主要研究知觉规律在产品设计之中的运用。知觉规律在产品设计中有着举足轻重的作用，从知觉的规律以及其定义着手，分析产品设计中知觉规律的应用以及其对于产品设计起到的重要作用，探讨知觉规律在产品设计中应用的演进，研究知觉规律的应用方式。本文对知觉规律在产品设计中的表现以及作用进行了解析，明确知觉规律的重要性，进而归纳出更富实用性的应用方式，更好地为现代产品设计实践提供理论基础。并以知觉规律的分类为依据，分别研究和分析知觉规律在现有的产品设计之中的应用，最终得出知觉规律在产品设计实践中起着极其重要的指向性作用，能为产品设计不断提供新的思考方向。

关键词：工业设计；产品设计；格式塔；知觉规律；视觉形象

评价生活质量好坏的标准包含很多部分，其中最基础的评价标准是物质生活水平的高低，在物质生活的基础上还需要提高人们的精神生活，这些在马斯洛的需求层次论之中有比较详细的陈述；不管是物质生活还是精神生活，现代（工业）产品是其主要的承载物，这些产品全都需要（或是出自）精良的设计，其中关怀精神（情感）生活的设计占比越来越大。产品设计的本质是"设计产品服务于人"，在经历了实用主义和极简主义的洗礼后，设计师开始认真反思人们（消费者）真正需要的是什么样的产品，开始将注意力放在产品与人的情感互动上，因此研究感知觉与人心理的设计心理学作为新独立学科越来越受到设计师的重视。其中

作者简介：吴名立（1989—   ），男，山东省滕州市人，博士，研究方向为工业设计、产品设计、医疗器械等。

对感知觉的研究占了较大的比重。

1 知觉的定义和规律

1.1 感觉与知觉

人类的感觉与知觉是相辅相成的两个探知和认知外部世界的重要功能。用户对产品的感知也是基于自身的感觉和知觉，研究清楚感知觉的特性与规律，对产品设计有着重要的意义。

感觉是大脑直接作用于感觉器官的客观事物不同属性的反应，是最初级的认识过程，是一种最简单的心理现象。[1]人类对客观事物的认识就是从感觉开始的，如颜色、声音、味道、温度等。

知觉是人类对事物的整体反应，能较全面地反映事物的特性，并不是单纯地反映事物的外观或外形，而是对事物的内在情感和更深层次含义的反映。[2]它是对客观事物各个属性综合的整体反映，是比较复杂的心理过程，体现了事物多重属性与各部分之间的相互关系。感觉与知觉两者的关系：两者同属认识活动的初级形式，感觉是较直接的反映，知觉则是经过人们思维（大脑）加工的结果；知觉的形成需要感觉输入作为基础，但是基于感觉输入的基础之上机械相加而得到的结果却并不是准确的知觉（如图1所示）。

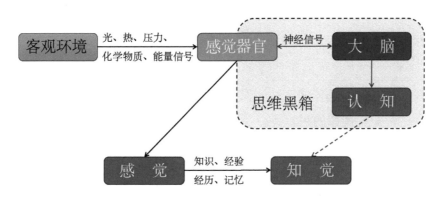

图1 感觉与知觉关系图

1.2 知觉规律

知觉的整个过程一般可分为三个阶段：感觉输入、知觉组织、辨别与识别客体。[2]其中知觉组织是将感觉信息组织到一起使人们能形成连续知觉的过程，而知觉组织的组织规律就是知觉规律知觉的特征（整体性、选择性、理解性、恒常性）。由于知觉的一大基础是感觉，而感觉的种类又分为视觉、听觉、化学感觉（嗅觉和味觉）、皮肤感觉、本体感觉等，目前基于感觉种类对知觉的研究大部分集中在视觉相关领域，还有许多方面需要深入研究。现阶段知觉规律的研究之中大部分主要也是针对视知觉的研究，其他的类型研究偏少，还没有全面地体现出知觉规律对产品设计的影响。

目前较为主流的知觉规律总结如下：

（1）简洁律；

（2）恒常律；

（3）整体特征优于局部（即接近性和相似性）；

（4）图与底（连通性和连续性）；

（5）错觉轮廓（闭合性）；

（6）深度知觉。

知觉规律有些部分是源于格式塔心理学的研究，这也侧面体现了其中许多部分与格式塔心理学的内容互相印证，是互相不可分割的理论依据。

1.3　格式塔心理学

"格式塔"一词的源头是德语的"Gestalt"，可以直译为"形式"或"整体"，但与我们所说的形式的意义并不完全相同，所以一般被译为"完型"，因此格式塔心理学又被称为完形心理学。格式塔心理学诞生于 1912 年，韦特海默（Wertheimer）创立西方现代心理学派，代表人物还有考夫卡（Kurt Koffka）和苛勒（Wolfgang Kohler）。格式塔心理学起源于视知觉方面的研究，但并不只限于视知觉，其应用范围超出了感知觉的限度，包括了学习、回忆、情绪、思维等诸多领域。[3] 格式塔心理学的核心理论提出"整体"这一概念，认为整体并非各个组成部分的简单相加，其具有各个部分所没有的特性，能把原本各自独立的局部讯息整合成一个整体概念。[4]

心理学家经过对知觉的整体性进行研究，总结出知觉是按照一些特定的规律组织形成的。这种规律原则（这是知觉规律的另一种分类和表述形式）大致有如下几条：

（1）接近性。在有限的范围之内，某些区域或部分在时间上或空间上非常接近，它们比较容易被认知为一个整体。

（2）相似性。在有限的范围之内，其他相关条件相同的情景之下，其中近似的部分容易被认知成一个整体。

（3）完整倾向性（闭合性和连通性[5]）。知觉的印象随着环境情况而出现可能有的最完善的形式。（知觉倾向于形成一个闭合或完整的图形。在一定范围内，实际上不完整的图像倾向于被视作一个整体。[5]）

（4）完美倾向性（对称性）。在可感知的适中范围内，部分区域体现出简单（纯粹）的、规则的、对称的图形（信息）等特性，它们比较容易被认知成为一个整体。（知觉倾向于将元素知觉组织为一个中心两边的对称图形，导致更为自然对称或平衡的整体。[5]）

（5）连续性。当一些部分之间相互能构成一个连续平滑方向感时（看起来在同一方向上的元素[5]），它们更容易被认知成一个整体。

（6）共同命运性。在有限的范围之中，当某些部分向着趋同方向变化（运动），它们将更容易被认知成为一个整体（基于相似性应用于移动的元素[5]）。

（7）共同区域性。在同一个空间区域的元素更容易被认知为一个整体（基于完美倾向性和相似性在大量元素之中的应用）。

（8）定势性。心理学中心理活动的准备状态被称为"定势"，某个知觉的组织形式的影响效果会对紧接着的知觉认知产生相同或近似的影响。

（9）经验性。知觉是基于个体经验慢慢定型的，因此，知觉个体过去获得的经验（包括学习和训练）对知觉整体化影响较大。

2 知觉规律在产品设计中的重要性

产品的设计是对产品的整体、部分或使用方法进行设计优化的过程，这使得产品的设计可以影响使用者对产品第一时间的认知和长时间使用后的反馈，对产品设计能否成功起着至关重要的作用。无论科学技术与人类文化如何发展，都需要坚持对知觉的不断研究，可以有效地改进人类对原有人造物创新的操作，提升产品使用的效能。[6]从宏观上看，知觉的研究对产品设计方法提出了一些新的思路，也为研究产品设计的设计趋势提供方向性的支撑。

从微观上来看，产品设计包含了形态、色彩、纹理和材质等，用户可以从第一次接触一个产品时通过这些元素大致了解到该产品的功能和使用环境；反过来，在产品设计之初，设计师也需要考虑产品的功能、使用环境以及目标用户人群等因素，这之中关于知觉的规律的研究亦占了较大的比重。关于知觉的规律的研究就是从用户认知一个产品的过程出发，得出结论，反哺给设计师反向应用在之后的设计之中。知觉规律的研究作为基础研究，起到了思维工具的作用，在现代产品设计的整个流程中起着极其重要的作用。

3 产品设计之中知觉规律的应用分析

在产品设计之中，产品设计的好坏或者说是否能够获得用户（产品使用群体）一个好的认知结果，取决于产品的功能、外观、色彩、材质和纹理等非常多的细分模块，但都是需要通过人（用户）的感知觉来达成的，其中也包括印象和记忆等。因此，分析感觉规律在产品设计中的应用，为产品设计提供一些思考方向和产品生产企业明确发展方向起到应有的作用。

3.1 简洁律在产品设计中的应用

人类的知觉天然地有一种"简化"的倾向，该"简化"并非仅指物体中包含的成分变少或成分与成分之间的关系变简单，而是一种将任何刺激以尽可能简单的机构组织起来的倾向（几乎不会损失主体潜意识认为的信息）。知觉简化的特性对人的认知会产生正反两个方向的影响：其一是简化自身的力使人呈现出趋向简化的结构或向紧张感减少的状态发展的倾向，体现为人们对简洁、对称、规则事物的喜好；其二是简化、规则的倾向使人们的活动变得简单、程序化，这会有相反的力对它起到抑制作用。

这种简化性在产品设计之中的存在非常广泛（尤其是视知觉）。比如，产品的按键和按键指示符号的设计（除部分特殊风格以外）大部分都在一次次地趋向极简，即可以减去干扰元素只留下想要突出的信息符号，这使得用户可以更方便地分辨每个按键的功能和更快速地记住初次见到的符号信息。另外，产品的外部形态的极简化设计，做到了设计语言的简化，让产品的功能性在外部形态的表现上更加明显，这对用户了解熟悉一个新产品也产生了非常重要的影响。

3.2　恒常律在产品设计中的应用

恒常律是指客观事物本身不变，虽然其给人的感觉刺激由于某些外部条件的变化而在一定程度上发生变化，但人对其的知觉不变。例如，一个成年人与观测者离得较远，在观测者视网膜上的像虽然相较近处的儿童在视网膜上的像要小，但也不会把成年人知觉为儿童。知觉恒常性可分为很多种类：大小恒常性、形状恒常性、颜色恒常性、距离恒常性、速度恒常性等。

设计师利用恒常的特性通常需要了解目标用户群体的后天经验，对于设计师利用起来有些难度，每个方向都需要大量数据支持。从设计实例来看，经常会被归类为利用（或反向利用）惯性思维的设计。实际设计中通常会反向利用恒常性，通过改变某些产品的外部结构，以符合某种知觉恒常的条件，而达到设计目的。如图 2 所示，苹果公司的一体机 iMac（27 英寸 2020 年）的外观设计，为了达到让用户对这台电脑的纤薄程度惊艳的效果，基于硬件技术需求不可能整体都这么纤薄，设计师将产品屏幕的四边框厚度设计得非常窄，而背部中心高的产品外观，且经过多次形态研讨，最终达到在大部分使用场景和摆放场景下都可以使用户将这款产品认知为一款极为纤薄的产品。

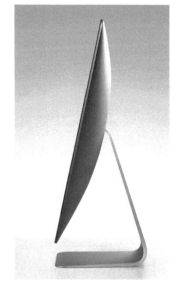

图 2　苹果公司 iMac 27 英寸 2020 年款

这种设计思路不仅在苹果全线产品中比较常见，在许多其他类型的产品之中同样有着不凡的表现。

3.3 整体特征优于局部（即接近性和相似性）在产品设计中的应用

整体特征优于局部本质上与格式塔心理学之中的接近性与相似性的结合特征，是简化和整体化知觉对象的组织原则，即人们在倾向于简化认知对象的同时，也倾向于将近似、接近的元素组合起来作为一个整体来认知。

在产品设计的商业实践中，设计师往往并不能随心所欲地对产品的一切元素进行大刀阔斧的设计，如出现有散热孔不能去除需要通过设计解决的情况，此时设计师最常用的设计方式就是利用更多的或者有特定排列组织形式的孔形成产品的纹理来弱化或者隐藏突兀的散热孔。

如图 3 所示，该产品应用了整体特征优于局部的特性：其一，LED 灯珠显示时间的方式利用的便是这一规律；其二，通过大面积规律的孔的排布营造出独立的显示区域，并且里面同样应用了该规律将几个不同的功能孔位隐藏在了孔的阵列之中（图中箭头所指示位置隐藏了一个功能孔位）。

图 3　Nulle 智能控制面板

3.4 图与底（连通性和连续性）在产品设计中的应用

"图"是被认知成为一定范围内的主体的区域（在视知觉的范畴内可以理解为前部区域），"底"是被认知为陪衬的区域（背景图形）。"图"是比底轮廓更为完整、连续，形状更为规则，最重要的是能够被认知到一定的意义或含义的区域。

在产品设计中常常会反向利用该规律，将产品的部分或者整体设计成无法区分主次的形态、颜色等元素，在不影响使用的情况下提升使用过程中的趣味性。正向应用的方式常常运用在规避过度拟人（避免恐怖谷效应）或者有计划的拟物情况。

3.5 错觉轮廓（闭合性）在产品设计中的应用

错觉轮廓（Illusory Figures）也被称为"主观轮廓"，是指那些没有直接刺激而产生的轮廓知觉。其原理与格式塔心理学中的"闭合性"一样，是知觉在处理周边被视为外轮廓感觉信息后，对不存在或者不完整的区域产生的知觉认知。

该特性同样在产品设计之中被广泛应用，尤其在电子产品上几乎都有应用，如用浅槽、深浅开孔或不同纹理和材质来营造某些图案，就是应用的这一特性。

3.6　深度知觉在产品设计中的应用

深度知觉本质上是知觉的经验性，设计会不由自主地感知目标提供的深度线索并与自己的知觉经验进行对比，得出深度感知。

在产品设计的实践中往往会利用这一特性，设计出一些误导性深度线索来达到实际产品无法达到的知觉认知，这对设计师应对许多条件有限的设计项目时提供了一个较为合适的解决办法，对产品设计起到了重要的推动作用。

4　结论

产品设计涵盖的学科范围非常广阔，是可以与很多交叉学科碰撞产生新火花的专业，同时也需要其他学科的辅助，不论是设计心理学还是更加细分的感知觉的研究又或是格式塔心理学，它们都是富有活力的研究方向，可以为产品设计提供层出不穷的解决方案或是提供一些新颖的思路。通过对现有产品设计应用和理解知觉规律等的表现，可以看出知觉规律虽然还没有被完全发掘利用，却已经对产品设计起到了质的帮助。产品设计不能只关注产品本身，应该更多地放在研究使用产品的用户身上，包括但不限于心理、生理、文化、传统等。知觉规律在产品设计中的影响越来越大，对设计心理学的研究尤其是对感知觉的研究也越来越需要更新突破。

参考文献

[1] 哈维·理查德·施夫曼. 感觉与知觉 [M]. 5 版. 李乐山，译. 西安：西安交通大学出版社，2014.

[2] 理查德·格里格，飞利浦·津巴多. 心理学与生活 [M]. 王垒，王甦，译. 北京：人民邮电出版社，2003.

[3] 柳沙. 设计艺术心理学 [M]. 北京：清华大学出版社，2006.

[4] 李理，刘畅，康俊峰，等. 基于格式塔心理学的工业产品渐消面设计研究 [J]. 包装工程，2015，36（14）：46-47.

[5] 张孝伍. 知觉组合规律的概率分布及信息熵 [J]. 数学的实践与认识，2023，53（1）：239-256.

[6] William W Gaver. Technology affordances[C]. New York：Proceedings of CHI'91，1991：79-84.

生成式人工智能在用户体验设计中的应用

——以 ChatGPT 生成用户访谈问题为例

刘成洋

（哈尔滨学院 艺术与设计学院，黑龙江 哈尔滨 150086）

摘要： 通过探讨 ChatGPT 的原理、定义、核心能力，理顺 ChatGPT 在用户体验设计中所能发挥的作用，分析了利用 ChatGPT 协助设计师生成用户访谈的路径、可能性及注意事项。本文以 ChatGPT 生成用户访谈为实例研究，以"饲养宠物"这一主题为例证，实践了利用 ChatGPT 生成 12 ～ 15 个高质量访谈问题，包含宠物与居住环境、宠物与健康、饲养宠物与法律问题等多个方面；探讨了利用生成式人工智能生成访谈问题时的路径、优缺点和更多的可能性，以期为后续生成式人工智能与用户体验设计的研究提供思路。

关键词： 生成式人工智能；ChatGPT ；用户体验设计；用户访谈；用户研究

随着人工智能技术的飞速发展，生成式人工智能（如 OpenAI 的 ChatGPT 系列）已经开始在各个领域发挥作用。在用户体验（User Experience，简称 UX）设计领域，ChatGPT 等生成式人工智能可以帮助设计师更高效地集思广益、提炼关键信息、优化设计结果，如在用户体验设计领域，ChatGPT 可以帮助用户体验设计师生成有针对性的用户访谈问题，从而提高用户调研的效率和质量。本文将以 ChatGPT 生成用户访谈问题为例，探讨生成式人工智能在用户体验设计中的应用。

作者简介：刘成洋（1989—　　），男，黑龙江哈尔滨人，讲师，硕士，研究方向为用户体验、交互设计、数字媒体等。曾获 EI 会议最佳论文奖 1 次，发表论文 2 篇。

1 生成式人工智能与 ChatGPT

生成式人工智能是一种基于机器学习和自然语言处理技术的人工智能技术，它能够生成各种类型的内容，如文本、图像和音频。这类人工智能通常采用深度学习方法，在大量数据中进行学习，从而能够生成具有一定程度创意性和连贯性的输出。OpenAI 的 GPT 系列（如 GPT-3 和 GPT-4）是生成式人工智能的典型代表，可以生成连贯、自然的文本内容，广泛应用于聊天机器人、自动回复和内容创作等方面。

ChatGPT 之所以具有创造力，依赖其机器学习模型、Transformer 架构以及强大的数据集。GPT-3.5 的模型参数量就有 1 750 亿个，训练数据量达到 45 TB。[1] 最新的 GPT-4 的参数量更是 GPT-3.5 的 10 倍。[2]Adamopoulous 和 Moussiades[3] 从沟通渠道、许可权、人工辅助、回复生成方式、目标、所提供服务、知识领域分析了 ChatGPT 的特性，如表 1 所示。

表 1　ChatGPT 生成式人工智能的特性分析

	类型	特性
沟通渠道	文字	√
	语音	×
	图像	×
许可权	开源	×
	商业性	√
人工辅助	人工介入	×
	自动	√
回复生成方式	基于规则	×
	基于抽取	×
	生成式	√
目标	主动提供信息	×
	基于对话	√
	基于任务	√
所提供服务	人际的	×
	个人的	√
	机器间的	×
知识领域	通识类	√
	开放领域	×
	封闭领域	×

2 ChatGPT 具备的核心能力

ChatGPT 有别于其他对话式人工智能的第一个能力，就是其具备理解对话意图的能力。这是 AI 具备思维链能力的体现，能够通过上下文，进行逻辑推理。[1] 不仅如此，用户还可以对 ChatGPT 进行追加提问，ChatGPT 理解对话内容，给出符合逻辑并且具有创造性的回答。ChatGPT 在文字创作类任务的表现极为优异，可以根据提示词，进行符合用户需求的写作。

总结 ChatGPT 的核心能力，包括三方面的内容：（1）对话，ChatGPT 可以通过聊天，理解用户意图，并且能够在不同语种的语义库中，寻找信息；（2）创作，ChatGPT 能够进行文本生成、改写、总结等任务；（3）学习，ChatGPT 能够进行穷举、分类、推理等任务。这些特性，使得 ChatGPT 可以很好地辅助用户体验设计师，广泛收集意见并将问题细化。特别是在用户调研阶段，ChatGPT 的核心能力可以辅助用户体验设计师进行用户访谈问题的生成和修改。

3 用户访谈与用户体验设计

用户访谈（User Interviews）是一种在用户体验设计（UX）中常用的定性研究方法。它涉及与目标用户进行一对一或一对多的交流，通过提问和收集用户反馈来了解他们的需求、期望、痛点以及在使用产品或服务时的行为和感受。访谈可以是面对面的，也可以通过电话、视频通话或其他远程沟通工具进行。访谈问题通常事先设计好，但也可以根据用户回答的情况进行调整以获得更深入的见解。[4]

用户访谈在用户体验设计过程中具有重要作用，主要体现在以下几个方面：（1）需求发现，用户访谈能够帮助用户体验设计师发现用户的真实需求，了解他们在使用产品或服务时所关心的问题以及期望解决的问题，这有助于用户体验设计师为用户提供更符合实际需求的解决方案；（2）痛点识别，通过用户访谈，用户体验设计师可以识别用户在使用过程中遇到的困难和不满意的地方，从而优化产品或服务，提高用户满意度；（3）建立共识，用户访谈可以帮助用户体验设计师与其他团队成员（如产品经理、开发人员等）建立共识，确保团队在理解目标用户需求和优化产品方向上保持一致；（4）验证假设，用户访谈可以用于验证用户体验设计师的假设和预测，从而确保设计决策基于用户真实的需求和期望，而不仅仅是用户体验设计师的主观判断；（5）迭代优化，用户访谈可以作为产品或服务迭代过程中的重要参考依据，用户体验设计师可以根据用户反馈对设计进行调整和优化，以实现更好的用户体验。

用户体验设计师在进行用户访谈时，要经过如下步骤：（1）明确目标；（2）招募目标用户；（3）设计访谈问题；（4）预约访谈；（5）进行访谈；（6）记录与分析；（7）分享与讨论；（8）迭代与优化。值得一提的是，用户访谈并不仅仅局限于概念设计阶段，在整个设计过程中，都可以运用用户访谈的方法获得用户的反馈。

4 ChatGPT 在用户访谈中的作用

Kocaballi 指出，ChatGPT 在协助用户体验设计师工作时可以发挥五方面作用：（1）提供项目的总体目标和方法；（2）通过用户角色模型生成虚构用户；（3）进行用户研究的模拟访谈；（4）通过"脑写法"进行创意构思；（5）评估虚构用户的用户体验。由于 ChatGPT 具备庞大的语义库，使得用户体验设计师在用户访谈的过程中，能够实现由"人人互动"到"人机互动"。但是 Kocaballi 也分析总结了使用 ChatGPT 目前还存在的问题，如在理解一些具体问题和要求中存在偏差、当拓展到多轮对话时联系不了上下文、提供反馈信息还不够丰富等。

ChatGPT 具备的"拟人化"[2] 特点，使得用户可以与机器进行高度互动。这大大降低了用户访谈中的成本与动机因素，对于新手用户体验设计师来说，ChatGPT 给他们提供了一个非常好的获得用户访谈路径的方法。新手设计师可以利用 ChatGPT 提供的海量信息，在指定主题和用户背景的情况下，获得用户访谈的问题列表，这大大降低了新手用户体验设计师设计访谈问题的难度。

在应用 ChatGPT 辅助生成用户访谈的问题时，要注意以下几点：（1）ChatGPT 具有强大的理解语义功能，但是 ChatGPT 理解的只是通识知识，它并不天然具备用户体验设计师的知识结构。用户体验设计师在应用 ChatGPT 辅助生成用户访谈问题时，要结合自身知识结构，确保 ChatGPT 生成的问题符合用户体验设计中的关键点，如用户基本信息、用户引言、用户目标、性格特点、动机偏好、日常行为、爱好活动、技术背景等。[4]（2）ChatGPT 是根据提示词（Prompt）来回答问题的，在借助 ChatGPT 进行用户访谈问题的设计时，一定要精心设计提示词，确保提示词中的要求与用户访谈目标相一致。（3）ChatGPT 回答的信息有一定的错误率，在某种特定的情况下，ChatGPT 会出现答非所问的情况。在利用 ChatGPT 生成访谈问题时，一定要充分确认和验证，可使用提示词，类似"你确定你的信息是正确的吗？"来与 ChatGPT 进行对话，以确定它给出的信息是正确的。

5 应用 ChatGPT 设计用户访谈问题实例

5.1 确定选题范围

用户体验设计师在用户体验项目中，首先要做的就是明确选题范围。本文以"为宠物做设计"为主题，尝试使用 ChatGPT 生成用户访谈问题，选题陈述如下。

"陪伴是人类的普遍需求，能够满足人类的归属感和心理预期。动物在人类社会中发挥着重要作用，从提供稳定的食物来源和劳动力到保护人类和与人类建立友谊。在独居人群增多和孤独感流行的时代，宠物猫、宠物狗等家庭宠物数量的激增证明了人类对情感和陪伴的渴望。然而，许多人面临着与动物一起生活的问题，涉及卫生、健康、噪声、交通、出租房产等。现代人忙碌的生活也增加了饲养宠物的困难，如许多猫主人就曾陈述，担忧自己在上班时间，猫独自在家产生心理问题，继而产生噪音或破坏家具。解决这一痛点，就变成了用户体验设计师亟待解决的问题。"

5.2 确定访谈对象

在开始用户研究之前，首先要对该主题设定一些假设，也就是要进行调研前的准备，预判从用户中要获得哪些方面的信息。在这个阶段，可以借助与 ChatGPT 对话的形式，梳理几方面的信息，具体执行如下。

设计师："猫主人与猫之前存在哪些互动形式，它们又有什么样的影响？"

ChatGPT："第一，猫和主人有多种形式的互动，如玩耍、喂食、抚摸和语言交流。第二，猫和主人之间的互动会影响双方的福祉，包括他们的身心健康。第三，性格、环境、经历等不同因素可能会影响猫和主人之间的互动动态。第四，互动的质量和频率可能会对猫与其主人之间的关系产生不同的影响。"

通过与 ChatGPT 的对话，得出了这个主题的设计中涉及三类利益相关人。

·猫主人：有兴趣了解与宠物的互动动态并寻找改善双方关系或福祉的方法的个人。

·家庭成员：与猫主人生活在一起并在与猫的互动中分担部分责任的个人。

·兽医和专业人员：可以利用研究结果为其客户和患者提供更好护理和指导的专业人员。

5.3 生成访谈问题

根据三类利益相关人，设计 ChatGPT 的提示词，目标生成 12～15 个访谈问题，尽可能多地涉及各个方面。

设计师："根据如下这个提示，设计 12～15 个用户访谈问题，访谈对象是猫主人、猫主人家庭成员、宠物医生（许多人面临着与动物一起生活的问题，涉及卫生、健康、噪声、交通、出租房产等。现代人忙碌的生活也增加了饲养宠物的困难，如许多猫主人会担忧自己在上班时间，猫独自在家产生心理问题，继而产生噪音或破坏家具）。"

ChatGPT："（1）作为猫主人，您在日常生活中遇到过哪些与猫咪共同生活的挑战？（2）您是否认为猫咪在您不在家时会产生心理问题？如果是，这些问题会表现为何种行为？（3）您是否遇到过因为猫咪产生的噪声或破坏家具等问题而与邻居发生矛盾？如何解决？（4）在寻找租房时，您是否因为养猫而遇到了困难？您是如何解决这些问题的？（5）您是否担心猫咪对家庭卫生造成负面影响？您是如何保持家庭卫生的？（6）作为猫主人家庭成员，您觉得与猫咪共同生活带来了哪些积极和消极影响？（7）您是如何平衡繁忙的工作生活和照顾猫咪的需求的？（8）您是否寻求过宠物医生的建议来解决与猫咪共同生活的问题？（9）您觉得猫咪在交通工具上可能产生哪些问题？您是如何解决这些问题的？（10）作为宠物医生，您认为猫咪在独自留在家中时最常见的心理问题是什么？（11）对于猫咪在家破坏家具的行为，您有什么专业建议供猫主人参考？（12）您是否了解有关猫咪噪声问题的法律法规？如何遵循这些规定来避免邻里纠纷？（13）您认为猫咪在日常生活中需要哪些特殊设施或改变，以减轻与人共同生活的负担？（14）作为宠物医生，您建议猫主人如何在繁忙的生活中养成良好的照顾猫咪习惯？（15）您有没有什么实用的建议，可以帮助猫主人在面对与猫咪共同生活的挑战时保持积极的心态？"

从访谈问题中可以看出，ChatGPT 具备一定的理解意图的能力和创造力，比如，在 15 个问题中，有 8 个问题关于饲养猫咪与居住环境，有 1 个问题关于猫咪与日常出行的关系，有 3 个问题涉及宠物医生、法律法规等专业性问题，有 1 个开放式问题。在设计访谈问题中比较合理。但是，ChatGPT 也具有一定的缺陷，如问题设计没有一定的连贯性和逻辑顺序。

6 结论

生成式人工智能 ChatGPT 在辅助用户体验设计师进行用户访谈的设计时，具有很重要的意义。它可以帮助设计师集思广益，利用庞大的语料库和人工智能模型，设计出用户访谈的相应问题。但值得注意的一点是，目前人工智能存在着大量的黑箱问题，关于怎样设计提示词，已达到获得更好的输出结果，还亟待进一步的研究。

参考文献

[1] 李紫菡，周双双，唐国恒，等 . ChatGPT 概述及应用研究 [J]. 债券，2023（6）：70-75.

[2] 于水，范德志 . 新一代人工智能（ChatGPT）的主要特征、社会风险及其治理路径 [J]. 大连理工大学学报（社会科学版），2023，44（5）：1-7.

[3] Adamopoulou E，Moussiades L. Chatbots：history，technology，and applications [J]. Machine Learning with Applications，2020（2）：100006.

[4] Goodwin K. Designing for the digital age：how to create human-centered products and services [M]. Indianapolis：John Wiley & Sons，2011.

城市休闲驿站服务设计策略研究

廖诗奇，宋祥波，李宇祥

（成都东软学院 数字艺术与设计学院，四川 成都 611844）

摘要： 为提升城市休闲驿站的使用体验，本文结合定性定量研究方法进行了驿站的服务设计探索。首先，通过问卷调研与用户访谈法进行资料搜集与用户洞察，了解了当下人们对城市休闲驿站的认知程度及驿站的实际应用现状。其次，运用服务设计方法构建了城市休闲驿站用户画像、用户旅程图，明确了服务接触点的现实问题及优化方向。最后，提出了城市休闲驿站服务设计策略，包括搭建动态服务网络、年轻化旅行体验、数字经济赋能。城市休闲驿站承载着城市便民服务设施与城市旅游服务站点的双重属性，运用服务设计方法洞察用户的全流程使用体验，能够为城市休闲驿站设计提供更加系统的设计思路。

关键词： 工业设计；设计策略；服务设计；城市休闲驿站；用户体验；智慧文旅

在构建智慧城市、推进基础设施建设的时代背景下，城市休闲驿站在服务内容与智能化体验上进行着不断的实践与探索，逐渐成了便民、利民的城市公共基础服务设施。[1] 新冠疫情之后，旅游业热度回升，出现了更加多元的新型消费心理及行为特点，在为城市带来新鲜活力的同时，也为城市公共基础服务设施的建设与发展提出了新的挑战。

通过服务设计分析方法优化城市休闲驿站的服务接触点、创新用户旅程，不仅能够提升

基金项目：乡村公共文化服务研究院 2022 年度课题研究重点项目（项目编号：GYSJ2023-12）；四川省高校哲学社会科学重点研究基地——工业设计产业研究中心课题"'智慧文旅'背景下的城市驿站服务设计研究"（项目编号：GYSJ2023-12）。

第一作者简介：廖诗奇（1996—   ），女，四川达州人，硕士，研究方向为工业设计、服务设计、用户体验等，共发表论文 3 篇。

本地市民及外来游客的城市生活体验，也能拓展城市休闲驿站的服务领域。

1 服务设计与城市休闲驿站

1.1 城市休闲驿站

"驿站"在古代是为来往官吏提供中途休息、补给的站点，而当下的驿站已经承载了更为丰富的功能。城市休闲驿站更加重视城市"休闲文化"。休闲学研究者马惠娣[2]认为休闲文化是指人在完成社会必要劳动时间后，为不断满足人的多方面需要而处于的一种文化创造、文化欣赏、文化建构的生命状态和行为方式。

目前，从休闲行为类型出发，城市休闲驿站逐渐发展了两种主要的运营模式，一种是提供单一、针对性服务内容的驿站，常出现在城市的绿道、公园、广场、街道、小区等公共场所中，如"绿道驿站""自驾游驿站""智慧养老驿站""警务便民服务驿站""智慧健康驿站"等主题鲜明的驿站类型；另一种是更加综合的驿站类型，根据特定场所提供更加全面、高效、便民的服务内容，如景区的"生态驿站"、城镇的"园艺驿站"、高架桥下的"城市共享驿站"等。

1.2 服务设计定义与方法

服务设计是一个全新的、整体性强、多学科交融的综合领域，重视消费者的有意义体验，是一种关注行为的设计思维方式。辛向阳[3]在《交互设计：从物理逻辑到行为逻辑》一文中，将交互设计解析为"人、目的、行为、手段、场景"五要素，而服务设计中的用户旅程地图、服务蓝图等系统分析方法则围绕着物理触点、人际触点、数字触点进行资源的整合与创新。

本文主要运用了用户画像、用户旅程图两种服务设计分析工具。其中，用户画像（Persona）用于描述用户需求，利用用户调研的数据，总结用户的习惯、特征等，组合并搭建出的一类用户的虚拟模型；用户旅程图（User Journey Map）则根据主要用户画像构建用户的全流程体验，以增强设计者对服务整体情况的理解，为设计提供解决问题的机会点和思路。

1.3 服务设计思维下的城市休闲驿站

服务设计思维方式能够以更加整体的体验视角为城市休闲驿站提供优化方向。

城市休闲驿站作为城市公共基础服务设施不仅服务于本地居民，在旅游业热度回升的现阶段，也服务着广大外来游客。他们在为城市休闲驿站带来流量的同时也带来了新的服务内容与体验问题。城市旅行与城市休闲驿站的跨领域研究课题不仅能为"智慧城市"的建设发展提供新思路，也能提升大众对城市休闲驿站的理解与认知，让城市休闲驿站成为城市文明的窗口，提升城市文明形象。

2 城市休闲驿站的服务设计探索

2.1 城市休闲驿站需求分析

本次用户研究类型为探索性调研，因此在前期资料搜集时主要采用了定性研究方法。研究目的包括了解大众对城市休闲驿站的认知与了解程度、明确城市休闲驿站在实际应用中的现实问题与用户诉求、探索城市休闲驿站与游客服务进行融合的可能性三方面。具体调研过程如下。

首先在不违反公共秩序、不涉及用户隐私的情况下，对不同景区的游客进行观察，寻找合适的用户进行线上或线下问卷调研。然后在问卷调研的基础上，选择比较配合的用户进行深入访谈，单次访谈约 30 分钟，以访谈内容基本达到饱和、不再出现较为明显的新观点为判断依据终止调研。最终获得有效问卷 130 份，用户访谈样本 20 份。

2.1.1 问卷调研

在收回的 130 份问卷中，线上有效问卷以 30 岁及以下的年轻群体为主（主要集中在四川、重庆及其周边城市，也有沿海城市以及云南、新疆等地区的少量样本），基本符合当下我国城市休闲驿站的建设区域范围，能够较为有效地提取不同城市驿站的相关信息，以下为主要结论。

第一，在对驿站的认知程度上，调研发现公园驿站、景区驿站的使用频率排在前两位，分别占 60.77%、46.92%；街道、广场以及绿道驿站使用相对较少，仅占 30% 左右；社区驿站、桥下驿站的使用率更低。结合定性访谈资料，用户对驿站类型的了解程度不高，有部分用户使用过驿站的功能却不知道是"驿站"，认为"驿站"没有存在感，反映出目前驿站功能定位不清晰、场景属性不强的问题。

第二，在驿站现有的休闲功能上，用户常用功能排名前三的是等候小憩与取暖纳凉、使用自助零售贩卖机、租借雨伞与充电宝等共享产品，分别占 66.15%、63.85%、58.46%；其次是茶水、咖啡厅等舒适休闲环境的需要，占比 45.38%；而使用无线网络、阅览文化宣传项目、体验非遗文化项目占比不到 30%，说明人们对于驿站休闲功能的需要还停留于基础层面。

第三，在便民服务中，大多数人对于干净卫生的洗手间、盥洗室、母婴室以及第三卫生间的需求较高，占比 74.62%；其次是行李寄存和使用停车场的需要，这与用户将驿站作为临时落脚点的生活场景相契合，两个功能分别占比 53.08%、34.62%。在与当地居民生活息息相关的功能，即便民服务中，接水、热饭的占比最高，占 40.77%；其次是自助打印、投诉报警、请求人工援助以及应急医疗等服务需要；共享淋浴间与水电气交款服务暂时不在大众的考虑范围之内，占比不到 10%。

第四，在咨询服务中，问路以及咨询景区门票、路线等信息，分别占比 63.85%、

65.38%，说明及时准确的信息咨询服务对于本地居民、外来游客以及城市流动人口来说都很重要。此外，询问当地旅游政策及优惠活动也是外来游客的关注重点，占比 43.08%。找导游以及跟拍、租借相机等服务需求量较少，占比 18.46%。

2.1.2 用户访谈

综合访谈结果，一方面，城市休闲驿站的实际使用人群主要为时间较为宽裕的本地中老年居民，是不同类型休闲驿站的主要受众，他们对于城市休闲驿站的基础性功能需要更高，如有年龄较长的用户认为现在的驿站功能已经比较完善，希望能多建一些带厕所的驿站。另一方面，不熟悉城市的流动人口、外来游客以及本地居民对公园、景区、广场的驿站印象更深，但仅停留在使用卫生间、租借充电宝、使用自助零售贩卖机等基础功能。其中，在景区驿站的访谈样本中，有用户提出对新闻中看到的带有 AR、VR 体验的驿站非常感兴趣，认为景区可以提供更多文化体验项目。

综上，城市休闲驿站正处于发展与转型的初步阶段，虽然不同城市相继推出城市"智慧驿站""智慧文旅驿站"等新型驿站，但普遍存在智能化不足、功能搭建不齐全、广告太多、场景定位不清晰、宣传不到位的情况，存在运营困难与用户体验不佳的双重矛盾。

2.2 构建用户画像与用户旅程图

在需求分析的基础之上，构建了用户画像，如图 1 所示。

主要用户画像为暂居城市的流动人群，相较城市当地居民，他们对于融入城市有着更加强烈的需求。此类用户主要为城市上班族。他们工作、生活在自己向往的城市当中，乐于深入了解城市文化，用脚丈量城市的尺寸，体验人文风俗。同时，他们工作节奏较快，休闲时间有限，更加需要及时了解城市信息，也需要更多的实用的便民服务。

图 1 用户画像

次要用户画像为大学旅游群体，他们时间灵活，拥有独特的年轻化旅游行为习惯。此类用户的信息搜集能力更强，具有说走就走的出游习惯以及爱自由、爱冒险的探索精神，热衷于打卡热门景点、购买小众且具有特色的旅游纪念品，希望在旅行中留下自己的独特纪念。但也因为这些特点，常常出现行李负担过重、行程中计划赶不上变化、旅行流于表面无法深入了解当地文化等问题。因而，他们更加需要获得行李寄存等便民服务的支持，以及深入了解当地特色文化、及时获取实时旅游咨询的信息渠道。

结合研究目的，针对两类用户画像对城市休闲驿站进行了完整的使用流程分析，如图 2 所示。

城市智慧驿站面向的用户面较广，多为临时受众，因此，该用户旅程将模拟用户第一次了解、寻找、使用以及评价驿站的完整使用流程。从图中可以看出，首先，在第一阶段"驿站使用前"，两类用户在有意向寻找驿站承载的相关功能时，缺少相关的宣传材料，以提醒用户前往驿站；在决定寻找驿站时，手机导航软件为主要的电子触点，而大多数导航软件都缺少较为完整的驿站信息，进一步阻碍了用户与驿站的接触。这与目前驿站建设的现实问题息息相关。驿站体验不佳，人流量不足，商业价值难以拓展，驿站发展规模将进一步受限。

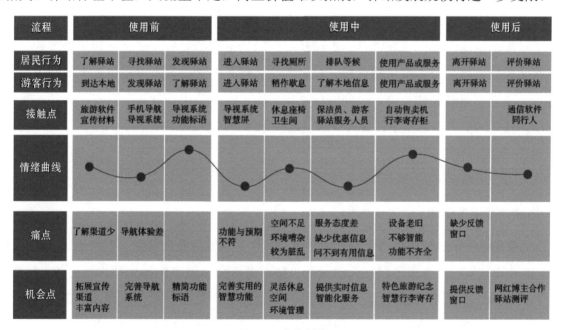

图 2　用户旅程图

其次，在第二阶段"驿站使用过程中"，用户进入驿站后的第一时间将看到驿站内的导视系统以及智慧显示屏，并根据个人需求使用驿站内提供的系列产品。此时，驿站内智慧显示屏幕的展示内容为主要的电子触点，驿站内等候区的座椅、卫生间、共享充电宝、自动贩卖机等产品为物理触点，而驿站内的其他用户、保洁员以及景区等驿站的服务人员为主要的人际触点。综合前期调研结果，当用户第一次看到驿站外部导视牌上标注的丰富功能以后，带着较高的期待进入驿站，却发现目前一些新建的智慧驿站并未开放所有智能化功能，某些AR、VR实际体验与心理预期差距较大，且智慧屏里的信息多为广告，此时将产生较大的心理落差。同时，在某些小型驿站中，存在空间内休闲空间不足、行李寄存柜不够、使用卫生间需要排队的问题；在传统驿站中，存在设备老旧、不够智能的情况；在大型综合驿站中，人流量较大且周边环境嘈杂；在景区驿站中，用户打算咨询旅游相关问题却遭遇服务态度冷漠或咨询不到有用信息等问题。这些因素将进一步降低用户的体验。

最后，在第三阶段"驿站使用后"，用户的情感体验将通过手机通信软件、同行的朋友进行交流传播，这将影响用户本人的后续使用意愿以及他人的初次使用体验。而大多数驿站缺少用户反馈窗口及合理的反馈机制，用户真实诉求难以得到及时的回应。

结合用户需求，考虑功能在现有驿站上实施的可行性，提炼出以下设计机会点：首先在使用前的"了解"阶段，需要强化驿站的话题度与曝光度，通过渠道增加用户触点，让用户有需求时能够第一时间想到"驿站"。其次，在"寻找"阶段，需要不断完善城市休闲驿站的线上地图，提供更加精准详细的相关信息，如驿站的地理位置、功能模块以及当前人流量等信息。再次，在"使用"阶段，对于城市常住人口，可以提供更多的便民服务；对于外来游客，则可以逐步完善行李寄存、城市特色文化体验等内容。例如，可在智慧驿站中引入智能化的电子服务设施，提供行李寄存、进行驿站之间的中转等服务，结合新型纪念方式，引入数字藏品等新兴概念，丰富精神体验。最后，在"离开"阶段，可以设置线上或线下及时反馈窗口，或者利用新媒体传播，与网络自媒体合作，对驿站进行测评与推荐，带动流量的同时推动驿站之间形成良性竞争，通过快速迭代优化用户体验。

3　城市休闲驿站服务设计策略

3.1　搭建动态服务网络

"全域旅游"发展战略提出，将一个区域整体作为功能完整的旅游目的地来建设[4]，这与"城市休闲驿站形成游客服务网络"的建设思路不谋而合。城市休闲驿站的多功能、轻量化、惠民性产品属性使其成为城市动态服务网络中的重要物理触点。首先，驿站的搭建场所并不固定，内部空间模块组合灵活，且搭建成本较低，可以快速形成规模化，在城市任何地方为人们提供便捷、实用的个性化服务，成为城市景点之间的信息与文化的传递枢纽。同时，驿站外观造型可塑性强，可以承载更多鲜活的城市文化元素，在单方面传递视频、图文的传统展现方式的基础之上，通过内容互动增强外来游客与当地居民的双向情感联结，提供新的人文体验视角。

其次，面向未来的城市旅游体验将更加重视旅行的整体体验。通过整合城市基础公共服务的设施设备，联通城市景区之间的数据信息资源，促进当地居民、合作商等利益相关者组成的人力资源进行价值共创，进而搭建动态服务网络，能够为城市外来游客带来更加高效、实用的全域旅游体验，提升城市整体印象。此外，在资源整合与信息互联互通的基础上，整合小众、冷门景点的闲置资源，也能缓解热门景点的运营压力，为城市旅游提供更加灵活高效的解决方案。

3.2 年轻化旅行体验

年轻群体依然是带动旅游经济的主力军，也兴起了更加年轻化的旅行方式。例如："City Walk"，选择漫步一座城市感受人文风情；"户外游"，深度参加户外活动，观赏自然风光；"躺平式旅游"，找一个环境舒适的民宿或酒店放松身心；也有比较极端的"特种兵式旅游"，一天打卡多个景点。

这些新型旅游方式与人们的生活方式与消费观的转变密切相关，从这些行为特点中可以发现，"旅行"拥有了更加丰富多元的含义，旅行目的地不局限于以往的热门景区，更贴近"全域旅游"的发展趋势；出游方式与行程安排更加灵活，游玩内容更加重视深度参与带来的精神体验，追求轻松、自由、充满探索冒险的"签到式"游戏化旅行是较为明显的旅行心理特征。这类游戏化旅行方式可以提升当地居民与外来游客或者城市流动人口的深度互动与交流，成为城市情感记忆的一部分。

综上，将城市休闲驿站作为游客的城市补给站，在服务内容、使用体验上融入更多的年轻化设计，如驿站作为城市景点的信息中心，提供更有仪式感的"盲盒出游路线活动"，将更加吸引年轻人前来打卡，进一步带动"智慧文旅""智慧城市"的发展。

3.3 数字经济赋能

"十四五"规划进一步提出要坚定不移建设数字中国。近年来，数字经济飞速发展，国内外数据应用中间件、数据智能分析工具和大数据应用领域的市场规模不断增长，"元宇宙""数字藏品""ChatGPT（Chat Generative Pre-trained Transformer）"等人工智能技术不断得到新的突破，加之人们对于新技术的了解渠道更加丰富、体验热情高，城市休闲驿站也可以与更多的新兴事物进行合作，让城市驿站成为体验中心，在吸引流量的同时推进产品迭代与技术发展，形成价值共创的良性循环。

4 总结

城市休闲驿站作为城市居民的休闲活动场所之一，以丰富多样的产品形态与服务内容逐渐融入了人们的日常生活。虽然现阶段综合体验有待提升，但在全域旅游、年轻化旅行方式以及数字化经济赋能的时代发展趋势下，城市休闲驿站将朝着更加智能化、规模化、集成化的方向发展，成为当地居民的实用生活助手、城市居民与外来游客友好互动的活动中心以及城市旅游信息枢纽与行程中转站，为城市居民与外来游客提供高效、便利的个性化服务。

参考文献

[1] 严贝妮，程雪荣 . 我国智慧文旅平台的数字化创新服务研究：基于对 40 个智慧文旅平台的调研 [J]. 图书情报导刊，2023，8（1）：47-53.

[2] 张白露 . 基于当代城市休闲驿站的创意设计思考 [J]. 名作欣赏，2019（36）：180-182.

[3] 辛向阳 . 交互设计：从物理逻辑到行为逻辑 [J]. 装饰，2015（1）：58-62.

[4] 陈雾霞，王景景，李新颖 . 全域旅游视角下自驾游驿站设施探研 [J]. 河南科学,2019,37（6）：1005-1013.

非遗视域下泸州油纸伞的传承与可持续发展研究

张琳薇，肖丽

（西华大学 美术与设计学院，四川 成都 610039）

摘要：非物质文化遗产的传承与发展研究是提高国民文化素养的重要举措之一。以非物质文化遗产之一的油纸伞作为研究对象，对其进行文化溯源分析，探析油纸伞所蕴含的物象和意象文化。通过搜集油纸伞代表性产地的历史分布和传承人技艺移民的资料，讨论中国油纸伞产地的内在联系。以泸州分水油纸伞为例，探究非遗视域下其特色工艺及美学传承价值；从社会、高校、非遗传承人等方面探讨促进泸州油纸伞可持续发展的策略，从而丰富民众的精神生活、提升民众审美素养并推广泸州油纸伞的品牌文化。

关键词：泸州油纸伞；可持续发展；文化溯源；技艺移民；美学价值

非物质文化遗产是中华民族精神文化的重要组成部分，研究其美学传承价值和可持续发展策略，不仅有助于中华民族特色美学文化的延续，还具有增强民众文化自信的重要意义。油纸伞制造工艺历经了 400 多年的传承与发展，具有浓厚的历史文化底蕴，形成了独具一格的工艺特色和美学价值。2008 年泸州分水油纸伞正式被纳入国家级非物质文化遗产名录。[1]伴随经济全球化进程的不断推进，现代化工艺和多元化材料的发展以及油纸伞制作工艺的繁复和高成本都制约了油纸伞的传承与发展。对油纸伞的历史文化溯源和美学价值进行研究，

第一作者简介：张琳薇（1998— ），女，湖北武汉人，西华大学设计学专业硕士，主要从事地域文化与创意研究。

通信作者简介：肖丽（1982— ），女，四川成都人，西华大学美术与设计学院副教授、硕士生导师，主要从事地域文化与创意研究。

可进一步提升民众对非物质文化遗产油纸伞传承与发展的重视程度。

1 油纸伞文化溯源

伞具在历史发展中发生过多次名称、样式的变化，如有伞盖、油纸伞、油布伞、绸伞等。从油纸伞的意向和物象两方面入手，追溯"伞"字形的起源，探究油纸伞所承载的民俗观念和造物观念，以期明确油纸伞的美学价值以及传承与发展研究的必要性。

1.1 观之取象

汉字是中华民族文化基因的重要载体，体现古代人民的独特造字思维和认知发展理念，是了解古人思想和观念的重要途径。观之取象是古代象形文字独特而又严谨的造字方法，"伞"的简体形式和"繖"的繁体形式都是极其经典的象形文字，直观地展现了伞文化的形成，并辅助探索伞的历史文化发展的精髓。根据历史上伞的外形特征的更新迭代，其字形历经甲骨文、金文、秦汉小篆到现代简体字的多次转变。"伞"字最早起源可以追溯到"笠"，接着演变为有伞柄但不能张合的"簦"，又变为可自由张合的"繖"，随后逐渐演变成简洁且具有便携功能的"伞"，形成现代固定的简体字形。[2] "伞"的物象基本结构有伞柄、伞骨、伞面以及连接的丝线，字形上半部分部首为"人"，下半部分是"十"，中间的"丷"相当于使用者的手，体现以人为本的民族传统造字思想，是中国传统哲学思想文化的再现，如图1所示。

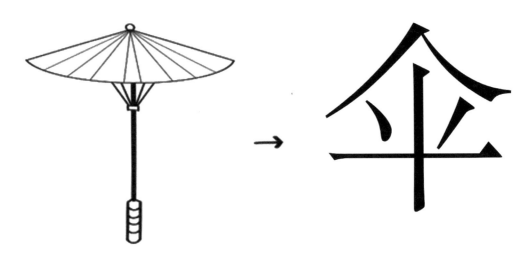

图1 "伞"字与形对照图

1.2 物以载道

油纸伞的功能特点不仅体现于其日常的工具属性，还体现于非遗传承人通过物质材料的显性特征所传达的民俗和造物思想。油纸伞是民族传统文化的显性表达，其外形结构和图案表达都蕴含着深厚的寓意，使得民众可以通过油纸伞的材料、图案、颜色、工艺等方面了解其发展历史和美学文化。

1.2.1　吉祥寓意的民俗观念

在社会发展演变中，各民族逐渐形成独特的民俗观念和工艺风格，地域传承人继承发扬地域传统文化观念并运用于日常用品、服饰的制造中，反映到工艺品的材料、色彩、造型等视觉表现上。在中国的传统民俗观念中，吉祥寓意是实现幸福生活的固定观念，民间工艺品多蕴含着明显的吉祥寓意的设计形式。油纸伞的图案、结构、渡线方式等形式设计是民众对美好生活憧憬的诠释，如二龙戏珠的图案寓意多子多福，渡线形成的方胜纹寓意同心相连。繁体字"伞"中包含五个"人"，表达古代祖先对多子多福的期盼，也有五子登科、五福临门的寓意，上部分"人"使字体外形圆满，是中华传统吉祥寓意的显性表现。[3] 同时，油纸伞的谐音为"有子"，伞骨选用的竹子也代表平安与节节高升的吉祥寓意，所以油纸伞较常用于婚嫁、赠礼等重要场合，表达对他人的祝福。

1.2.2　天人合一的造物观念

天人合一是传统哲学文化的核心思想，作为造物观念的基本内核，天人合一的思想潜移默化地影响着非遗传承人的造物观念。在油纸伞制作过程中，就地取材是制造工艺的核心思想，油纸伞的伞架选取天然的竹木，伞面是手工制造的油皮纸，渡线网线选用丝线，同时多余材料依据长短裁减，制作成竹筷等商品，对地域自然生态系统起到循环作用，保证油纸伞工艺的可持续性发展。此外，油纸伞的图案选择也多倾向于花、竹、牡丹、梅等自然植物，体现人对自然的憧憬之情和情感沟通的需求。在造型上，油纸伞的整体外形圆满且伞骨与丝线集合于同一个轴点，便于民众使用，体现人与自然融合一体、天人合一的造物观念。综上所述，油纸伞的手工制造、就地选材、设计思想，都体现了油纸伞制造工艺中人的主体重要性和自然环境对工艺制造的重要影响，人应该尊重自然并与自然和谐相处，体现天人合一的造物观念。

2　非遗视域下油纸伞代表产地的技艺移民文化

非物质文化遗产的传承与发展是地域民众对文化资产的保存和赋能，民间工艺传承人作为非物质文化遗产传承与发展的主要力量，在历史上由于多种原因产生了地理的迁移变化，他们携带自身所传承的工艺与迁入地发生工艺文化交融，丰富了非遗文化的多样性。油纸伞工艺随着传承人的地理流动，打破了地域性文化发展壁垒。通过搜集历史文化资料，研究油纸伞产地的分布情况，了解油纸伞民间手艺的传承人的技艺移民历史与发展情况，从而分析产地之间的内在联系。

2.1 贵州印江、福州油纸伞源于江浙

贵州和福州作为油纸伞的重要出产地，在历史上都有油纸伞传承人从江浙地区移民而来的历史，从而形成新的油纸伞重要产地。贵州印江油纸伞的历史最早可追溯到明朝的中叶弘治年间。那个时期经济发展较为稳定，一名覃姓商人从江西、浙江一带将家传的油纸伞工艺带入贵州，从而形成印江油纸伞。福州油纸伞则可追溯至五代十国时期，油纸伞的制作工艺随中原与江浙一带民众迁移南下入闽，从而流传至福州，随后福州油纸伞逐步发展成形，且于清代开始盛行。

2.2 陕西汉阴油纸伞源于湖南

陕西作为丝绸之路上重要的经济据点，文化、经济交流活动十分丰富。陕西油纸伞的特色形成离不开历史上多元的移民文化。清初康熙年间，湖南、广东等多省数以百万计的民众迁移至陕西，湖南、湖北、广东及江西、福建等地多样文化在此交汇融合。乾隆年间，湖南孙氏从益阳喜花门楼迁移到陕西汉阴，由于汉阴孕育着丰富的竹木、桐油、皮纸等资源，便在陕西开始以油纸伞技艺为生，到晚清时期，孙氏油纸伞逐渐开始名声大震，在陕西汉阴形成一定的生产规模。[4]

2.3 泸州油纸伞历史源起

四川泸州分水油纸伞于 2008 年正式被纳入国家非物质文化遗产目录。[5] 四川泸州作为千年古城有着"泸州三迁"之名，历史上经历过六次大规模的人口迁徙。在商周时代，曾经帮助武王伐纣打先锋的巴蜀人迁移至此，后受唐代"安史之乱"的影响，大批关中及中原地区的人民开始转移到蜀中。宋末元初时期，川蜀之地受到战争影响，人口总量减少，由此开始第一次湖南、广东等地人民迁移至四川地域，后来清代时期的政策也鼓励南北各省人民迁移到四川耕种，历史上多次的人口迁徙为泸州注入了大量的劳动力。同时四川泸州与云南、贵州两省接壤，有天时、地利、人和的优势，依靠沱江、长江的水运和多种交通方式，使经济和文化多元发展。泸州油纸伞最早起源于明末清初，在清代开始广泛传播。结合泸州地区的历史人口变化和地理优势，因此泸州油纸伞的技艺形成是多方面因素促成的。

3 非遗视域下泸州油纸伞的美学价值

四川泸州分水油纸伞作为非物质文化遗产，是泸州地域民间文化的物质载体，将泸州的民俗文化、人文情感、地域风情等多方面因素融合于工艺设计物象之中，具有独特的美学特征。经过历史的传承与发展，泸州分水油纸伞价值属性发生从功能价值向美学价值的转变。对泸州分水油纸伞的美学价值深入研究，为传承与发展油纸伞文化提供有效的理论支撑。

3.1 渡线"满穿"的结构美和功能美

泸州分水油纸伞内部的渡线工艺是视觉美和功能美的集中体现,"满穿"渡线的技艺是其不同于其他地区的油纸伞的特别之处。渡线是指用针穿线穿插于伞骨穿孔,使之整体构成相互关联而又独立的层级关系。泸州油纸伞的渡线结构按照一定顺序穿成多个层面,每个层面的颜色、图案、针法各不相同。油纸伞的"满穿"渡线使线与线之间交织、重叠形成有规律的三角纹、菱形纹、椭圆纹等基础纹饰,同时这些基础纹样的多样化组合形成具有吉祥寓意的方胜纹、盘长纹、水波纹等,表达地域民众对同心相连、多子多孙等美好寓意的追求[6],如图2所示。"满穿"渡线工艺使油纸伞的整体与局部有机地结合,形成视觉上的结构美感,丝线交叉也产生视觉节奏美感。此外,"满穿"渡线的形式让油纸伞结构变得更为稳固,释放出功能性的美学价值,彰显出泸州油纸伞特色"满穿"渡线工艺的美学价值。

图2 泸州油纸伞"满穿"渡线

3.2 石印伞面的形式美

石印伞面工艺是泸州分水油纸伞的核心制作工艺之一,具有强烈的民族色彩。石印伞面工艺流程主要有伞面切纸、石印、切纸方等,其中在伞面的图案选择上,多选用圆形,以对称、C形构图和S形构图为主,符合传统观念中的美满团圆的吉祥寓意。例如:瑞兽祥禽、神仙人物等吉祥寓意图案常采用对称的构图形式,具有平衡伞面视觉效果作用,左右对称和中心对称构图形式是泸州油纸伞最常采取的构图形式;花草树木题材的图案常采用C形构图形式,画面留白与图案产生对比效果,使得伞面动感十足;阴阳对比、仙女散花、百鸟朝凤等图案常常用S形构图形式表达,以回旋的形式使图案之间相互呼应,使得伞面表达圆满的感情色彩。虽然泸州分水油纸伞石印伞面有多种构图形式,但画面以圆形构图为主,蕴含着古代天圆地方的哲学思想,整体视觉效果呈现多样性与统一性结合,传达和谐、圆满的形式美感。

3.3 色彩搭配的民族美

色彩作为视觉语言中不可或缺的重点,在泸州油纸伞设计中不仅起到渲染整体视觉效果的作用,还增强其民族情感的表达力度。泸州分水油纸伞的丝线颜色运用丰富,每层丝线之间的色相、明度差别明显且颇具层次性，是其视觉审美重点。泸州油纸伞色彩搭配融合吉祥寓意的民族观念，在色彩选择上多数以红、黄色等民族的代表色为主调，表达吉祥、喜庆的寓意。且油纸伞多选用颜色鲜艳的丝线，几乎没有选用黑色的丝线，因为传统观念中黑色代表"漏水"，不适合出现在具有遮风挡雨功能的油纸伞上。泸州油纸伞的色彩搭配主要体现在丝线和伞面图案的色相、明度和纯度的表现上，融合民族美学特征和哲学美学文化思想，表达中国独有的传统民族美，再现泸州人民的美学价值观念。

4 非遗视域下泸州油纸伞的可持续发展

在国家政策大力推动非物质文化遗产保护和传承的时代背景下，宣扬泸州油纸伞的美学传承价值，能更好地提高人们的关注度，从而促进泸州油纸伞的传承和可持续发展。笔者从社会、校园和传承人三个方面分析了泸州油纸伞的可持续发展策略，以期促进泸州油纸伞更好地传承与发展。

4.1 社会媒介建设——丰富大众精神生活

随着 2021 年国家政策明确对非遗文化的保护规定，政府越来越重视非遗文化的传承工作，举办了非遗博览会、美食节、比赛等多样的社会性活动，进一步丰富了社会大众的精神文化生活。泸州分水油纸伞具有丰富的文化内涵和美学价值，融合新媒体技术和媒介，建设传承非遗文化的媒介平台，挖掘并宣扬分水油纸伞的历史文化和特色美学价值。在新媒介语境下，建设数字博物馆是传承与发展泸州油纸伞的有效手段之一，通过对泸州分水油纸伞的特色工艺的归纳、整理并生成有意义的信息平台，以图像、文字、视频等形式向社会展示泸州分水油纸伞的历史文化和美学文化，并在社会层面开展油纸伞的设计比赛活动，引导大众对泸州油纸伞进行再设计，进一步传播泸州油纸伞的美学价值。同时，灵活利用社交媒体平台，如抖音、微博、小红书等，宣传分水油纸伞的美学特点和价值，与社会民众保持良性互动，丰富民众了解泸州油纸伞的途径，强化民众对油纸伞的好奇心和关注度。除此之外，还可以通过邀请网络红人参与油纸伞宣传活动，从而扩大受众人群，提升泸州油纸伞的传播影响力。在泸州分水油纸伞的传承活动建设中，以多媒介、多渠道的方式展开社会文化活动，是与时俱进的可持续发展的观念的体现，不仅丰富社会民众的精神生活，还促进多民族的文化交流，使社会民众产生满满的民族美学文化自豪感。

4.2 学校教育培养——提高学生审美生活

学校开展泸州油纸伞可持续发展的教育活动，不仅能提高学生的地域性民族认同感，还可以培养更多可靠的泸州油纸伞传承人，从而推动油纸伞文化的可持续发展。在学校里开展泸州油纸伞的特色宣传教育活动，可以通过课堂教学、社团活动、板报设计等多样化活动，强调泸州油纸伞的趣味性从而调动学生了解的积极性，辅助他们理解泸州油纸伞的深刻文化底蕴。如四川省八年级美术下册的义务教育教科书中就有《泸州油纸伞》的文章，详细地介绍了泸州分水油纸伞从选材到制造的全过程，有效地引领学生认识泸州油纸伞工艺文化。[7]也可以在高职院校教育中纳入泸州分水油纸伞制作工艺教学，有目的性地开展油纸伞美学价值的教学活动，有针对性地培养泸州油纸伞的传承人。[7]还可以尝试通过MOOC等在线教学课堂等多元手段，探索课外教学形式，推进泸州油纸伞非遗教学资源共享，探索泸州油纸伞开放式技能工坊，构建多年龄段的开放式的非遗工艺教育范式。[8]面向高校学者和专家展示泸州油纸伞的制作工艺，激发他们对泸州油纸伞的美学价值理论性研究和文化创意设计的热情。鼓励高校的专家学者结合人工智能技术等新技术，在人工智能、VR、AR等领域开展应用研究，将传统的泸州油纸伞工艺文化向新科技、多元文化等多领域拓展，形成泸州油纸伞文化基因的再造和活化，促进泸州油纸伞的可持续性创新发展，为泸州油纸伞的发展输送高素质的人才和技术手段。学生作为国家的希望、民族的未来，是中华优秀传统文化传承的主体力量，因此在学校里开展非遗文化特色教育，是促进非物质文化遗产长远发展的重要举措。

4.3 传承人意识创新——发扬地域非遗品牌

非遗传承人树立品牌创新意识是发扬泸州油纸伞品牌的必备要求，将泸州油纸伞的工艺美学特色作为品牌核心塑造，帮助其在同类商品的市场竞争中脱颖而出。泸州油纸伞现有代表性传承人有毕六福、许学明、余万伦等，他们不仅是分水油纸伞技艺的传承者、文化的传播者，还是油纸伞产品的生产者，因此传承人应该要学会从市场发展和受众的角度思考品牌问题。泸州油纸伞具有得天独厚的品牌深度和美学价值，传承人可以积极寻求多种形式的跨界合作，打造独一无二的泸州油纸伞品牌IP，如近年来以联名形式不断"出圈"的好利来推出的具有展览性的四川特色熊猫、京剧变脸等限定甜品，赋予了四川传统文化新活力，如图3所示。泸州油纸伞传承人可以尝试与好利来等知名度高、美誉度好、消费群体较为年轻、粉丝黏性强的品牌合作，紧跟社会潮流风向，洞察目标用户的兴趣

图3　好利来四川限定甜品

喜好，跨界推出联名产品，实现产品的"出圈"，这样不仅强化泸州油纸伞的品牌形象，还赋予了更为丰富的品牌附加价值，对泸州油纸伞的传承与发展起到积极的作用。[9] 同时，传承人也可以将泸州油纸伞的传统图案、颜色等特点和现代审美风潮结合，创造与时俱进的油纸伞基础图案。利用新媒介、影视、社会热点、节日等热门话题，丰富泸州油纸伞的宣传形式，提高泸州油纸伞的热度和新鲜感，从而进一步发扬泸州油纸伞品牌文化。泸州分水油纸伞特色工艺和美学价值是古代劳动人民智慧的浓缩，传承人不断与时俱进、推陈出新是助力泸州油纸伞品牌可持续发展的不竭动力。

5 总结

非物质文化遗产反映着地域特有的人文情感和审美意识，是传承与发扬地域文化的基本依据。油纸伞拥有独特的工艺技术与美学价值，是地域的重要物质文化资料和价值观念的外在表现。追溯油纸伞的起源发展，其所蕴含着天人合一的造物观念和吉祥寓意的民俗观念潜移默化地影响着人们对油纸伞的材料、造型和图案的选择。同时，油纸伞技艺的传承发展受到多方面因素的影响。历史上代表性油纸伞传承人的居住地迁移使得不同地域的油纸伞工艺具有不同程度的相似性和多样性。以泸州分水油纸伞为例，提炼其特色工艺和美学特点，强调泸州油纸伞的作为非物质文化遗产的特殊性和传承的必要性。为促进泸州油纸伞的可持续发展，以社会、学校、传承人三个层面，结合现代新媒体传播技术，提出提升泸州油纸伞的热度和传播广度的发展策略，正确处理好泸州油纸伞传承与发展之间的关系，促进泸州油纸伞的可持续发展，使泸州油纸伞拥有不竭的生命力。

参考文献

[1] 李静，李进，王会京. 工艺美术类非物质文化遗产创意产业化发展研究 [M]. 北京：北京工业大学出版社，2018.

[2] 张璇. 四川泸州分水油纸伞穿工工艺研究 [D]. 重庆：重庆大学，2015.

[3] 丁凡倬. 传技·守艺：探究福州油纸伞的民俗底蕴与美学价值 [J]. 美术大观，2018，362（2）：70-71.

[4] 王秀丽. 技艺移民与工艺差异可视化：以陕南传统油纸伞为考察中心 [J]. 艺术设计研究，2020，87（1）：73-79.

[5] 郝雯婧，王雪梅，许志强，等. 四川非遗文化整合与传承 [M]. 成都：西南交通大学出版社，2021.

[6] 赵雅丽. 泸州分水油纸伞特色工艺美学研究 [D]. 成都：四川师范大学，2022.

[7] 罗佳. 非遗视角下泸州分水油纸伞的当代传播研究 [D]. 成都：成都理工大学，2020.

[8] 张小彤，田静雯，周洪涛. 中华传统手工艺非物质文化遗产创意开发与高校传承人培养机制研究 [J]. 包装工程，2022，43（S1）：391-397.

[9] 温鑫淼，刘宗明，李麟. 基于非遗文创的品牌构建与探究：以湘西地区土家织锦为例 [J]. 家具与室内装饰，2021，271（9）：55-59.

九叠篆在实验性字体设计中的运用

杜祎冉

（南京师范大学 美术学院，江苏 南京 210000）

摘要： 九叠篆是一种较为特殊的篆体，其笔画外形兼具了黑体的现代设计语言。通过研究九叠篆在实验性字体设计中的运用，可以对实验性字体设计的形式、意蕴以及内在精神有更深层次的理解。通过收集、整理大量的九叠篆字体应用案例，从九叠篆实验性字体设计应用主题和应用创新的角度出发，继而对字体笔画和字形架构、材质的表现、图形化的语言等形式进行演变，详细阐述了九叠篆实验性字体设计的方法。由此发现可将九叠篆实验性字体的形式表现与象征意义这两者联系起来，从而传达实验性字体设计作品新的想法与概念，创作了形式优美且有内涵的系列字体设计作品。

关键词： 艺术设计；字体设计；实验性设计研究；平面设计；九叠篆

汉字发展历史源远流长，从最初原始社会的结绳说、刻契说、画图说等，到甲骨文、金文、篆书、楷书、草书、行书，经过了历史时代的变迁。中国的印章文字字形发生了多次变化，在宋金时期，印章文字出现了重叠笔画，史称九叠篆。[1]九叠篆在最初是以小篆为基础的，在宋代开始流行，作为一种较为特殊的篆体形式，主要用于印章篆刻。在古代，九叠篆大多出现在官印和玺印之上，可以说是权威身份的象征。

直至今日，九叠篆逐渐消失在大众的视野中，虽然如今九叠篆印章已经较少使用，但仍有部分设计结合了九叠篆的外形元素，将九叠篆字形框架运用在设计中。著名民艺家张道一先生解释传统时认为："'传'即传布和流传，'统'，即一脉相承的系统。"[2]将九叠篆的传

作者简介：杜祎冉（1999— ），女，安徽合肥人，在读硕士，研究方向为视觉传达设计，研究生期间参与国内外设计展累计获奖 70 余项，作品在土耳其、迪拜、韩国、美国、科索沃、乌克兰等地展出。

统视觉元素结合当下的时代语境，可以赋予传统元素新的活力。随着时代的迁移，市场的细化，资讯的发达，媒介的壁垒不断被打破。在当下这个数字媒体的信息时代，人们迎来了一个信息化的沟通时代，在这样的趋势下，各门学科之间的交叉融合随之而来，这些外在条件的聚集会给九叠篆运用设计带来更多的可能性。

1 九叠篆的运用

1.1 古代九叠篆的运用

在宋代，叠篆制度有着一定的规范，一般运用在玺印和官印中，是王公贵族以及官员权力的象征，是区别于普通百姓的标志，同时也是行使权力的重要凭证，如皇帝玺印、爵位印等。靖康之变后，北宋印玺被劫，官印多散失民间，现存世的不多，如"内府图书之印"，其中"之"字十三叠，"印"字九叠，都是笔画少的字被多次重叠。再如，"中书门下之印"，如图1所示。

图1 内府图书之印（宋代）、中书门下之印（宋代）

明代，叠篆制度相比之前得到了进一步的完善。明代的官印文字基本继承了宋代的叠篆制度。首先在字形上，明代的叠篆严格遵守小篆的字形架构，摒弃了宋金官印较为难写的字形写法，在某种程度上具有一定的时代特征。其次在章法布局上，每个字笔画密度统一，占据的空间相等，减少了大小字间的错落，在字体的排版布局上更加整齐划一。明代的九叠篆官印已经成为一种模式，如从明代的"灵山卫中千户所百户印"就可以看出明代的官印文字相较于宋代官印的文字已经精致许多，如图2所示。

且九叠篆官印在当时已形成一种固定模式：印章四周外沿较宽、九叠篆文字笔画呈细线条状态且均匀排满印面。总之，发展到明代，九叠篆的字形规范性

图2 灵山卫中千户所百户印（明代）

得到了很大的提高。

1.2 当代九叠篆的运用案例

把九叠篆当成一种"纹饰"，结合时代语言与字体进行重新设计，可以赋予传统元素新的时代感和活力。当下运用九叠篆进行设计的成功案例有：上海世博会的中国馆外挑檐口的纹饰、首都博物馆的标志、渣打银行发行的一百元港币上的印章等，如图3所示。

图3 上海世博会中国馆外挑檐口、首都博物馆标志、渣打银行发行的一百元港币

分析和总结这些设计案例可以帮助设计师丰富当代汉字字体设计语言，让更多的人了解九叠篆这种字体。当人们把目光从这些应用案例重新回归到九叠篆字体本身上，观之字体结构，笔画横竖同粗，横平竖直，并且字形端正，无衬线。九叠篆字体本身兼具了黑体的现代设计语言。

有关当代九叠篆的应用案例，不仅在建筑设计元素和标志设计中涌现出优秀的范例，还在高新科技领域，如航空航天领域出现了九叠篆的身影。2021年"祝融号"火星车探索火星的同时，有一个酷似中国官印的车标，同样备受关注。航天设计师最初的计划是借鉴传统文化元素去装扮火星车，这一想法出现后，设计师将目光定格在书法上，决定提取书法中的一个汉字："火"。联系了艺术家苏大宝先生帮忙设计字体，苏先生在收集资料的过程中，发现一枚宋代篆体官印"桓术火仓之记"，如图4所示。

图4 桓术火仓之记

其中火字的造型很有意思，为了避免与汉字笔画数量存在明显差异的问题，在印章的制作过程中，对笔画较少的字符采用了曲折复杂的处理方法，以实现字符之间的平衡。这个方案图案饱满、装饰性强，稍加想象，不但包括了中国火星四个字的意象，具有很强的中国文化特征，还具有一定的象征寓意。除了方案寓意好，在制作工艺上，工人师傅们也觉得笔画平直，实现起来更容易控制，故而达成了共识，如图5所示。

图5 九叠篆"火"字（苏大宝设计作品、国家航天局发布）

当下的九叠篆字体设计可以利用空间的重组，将字体进行重新解构，实现图像化的效果。中国古代汉字虽在当今社会应用范围有所缩小，但依然给当代设计师很多启发，甚至一度引起了研究的热潮。除了带有装饰性的文字，现代字体设计更加关注信息传递功能，在信息化时代的语境中，字体设计如何更好地传达信息是当代字体设计的主要课题。

2 九叠篆实验性字体设计新探

2.1 何为实验性字体

要想在九叠篆原先的基础上进行实验性的创新，首先需要厘清何为实验性字体。实验性字体就是力求通过实验的方式，从而找到一种新的视觉传递形式。实验性字体设计是对文字表现形式进一步开发的实验性设计过程，要用一种科学的态度和研究方法来剖析人们现在所使用的文字。[3] 就像科学家在一次次实验中，不断有了新的科学发现，这是实验性字体设计的本质。《说文解字》讲"依类象形""形声相益"，在造字的过程中，先有理念，然后作构形的思考，最后才落实到视觉上。[4] 在实验性字体设计中，设计师不应该陷入一个怪圈，无视原有的字体基础，尤其是包裹在"文化"外衣里的空虚，这类话题会与时代脱节，也会与人类生活感受脱节。设计师应该结合图形语言，让这类语言成为表达人类情感的传播媒介，最终在实验性字体设计上形成视觉冲击。

实验性字体在某种程度上成了表达和呈现新概念或是新想法的载体，即使没有投入实际运用，但在这过程中，它可能产出结果或是迸发出其他实验，由此进一步帮助设计师拓展平面设计的维度。实验性字体设计发展至今，很多公司开发应用实验性字体，其更多的是商业目的，但设计师并不满足于此，他们将自身的想法和从日常生活中得到的灵感收集起来，大胆地假设并且运用到设计实践中。

2.2 九叠篆实验性字体设计运用主题与创新

九叠篆实验性字体设计以《二十四画品》为内容。《二十四画品》为清代黄钺所撰写，是一部绘画论著，文本内容基本上是对绘画风格的一种描绘和鉴赏。例如，位列第一的"气韵"，在魏晋时期谢赫的《古画品录》的六法论中就有涉及，这一直是中国古代推崇的绘画的最高境界，也是当时士大夫文人的审美取向。对于设计而言，"气韵"一词又被赋予了新的含义，让对于设计美学的探讨有了新的标榜。又如，在《二十四画品》中提到的"简洁"，这里可以理解为"厚不因多，薄不因少"，这个观念可以说与现代主义设计的主张有异曲同工之妙。作为实验性字体，设计更多的不仅仅局限于字本身的含义，而是借助新媒体、新材料传达新的理念，通过作品的形式与内容呈现出设计者的设计理念。不同时代，设计理念也在发生变化，人类生活的多样性与复杂性足以表现出设计对于人类而言不可能仅仅只满足于功能。"形式追随理念"的理论是对"形式追随功能"的修正，"理念"本身这个概念具有高度的概括性，不受时间和地区的限制。[5] 当下，字体设计师通过实验性设计的形式向观者传达一个新的理念。

承其魂，拓其体。[6] 不摹古则饱浸东方韵味，不拟洋又焕发时代精神。设计师应该先读懂时代的内涵，然后了解什么是美，实验性字体设计也不例外。例如，在字体设计中，要考虑设计的合理性、美观性、创新性，因此除了构思以外，还要在设计的细节上进行反复推敲，在创新的基础上也要体现设计的合理性。艺术的创新不可能无根无蒂，创新是建立在传统基础上的，它承继了原有的文化遗产。九叠篆作为一种传统的艺术形式，在实验性字体设计的实践过程中如何去创新？九叠篆字体设计在材料的表现上，采取了菲林胶片的手法，正负底片的明暗光影，在灯光下的反射，会给观者一种与传统的平面设计不一样的视觉观感。

其一，发掘生活中的多元化素材。设计不同于绘画，在于它多了一个"转化"的过程，它可以打破二维的空间与三维结合，不要将思维局限于常见的事物，可以延展到其他学科，如编程、雕塑、几何、木材、植物纤维、玻璃、肢体语言等，如图6所示。

这样的媒介可以是从宏观到微观，如将篆书字体与水滴

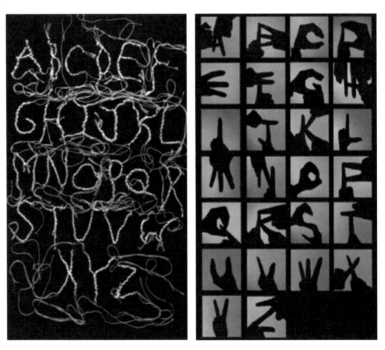

图 6　耶鲁大学 HvAD 负责人 Henk van Assen 实验性字体

的反射相互结合，这就可以为设计开拓一种新思路，扭曲的笔画和字形架构都使得字体发生了新的变形，如图 7 所示。

图 7 《二十四画品》九叠篆实验性字体设计

其二，空间构造多元化。当篆书字体设计与图形设计相结合时，字体也就成了一种新的表现形式。可以利用空间的重组，也就是所谓的笔画解构、构成等形式，将字体进行二次布局，实现图像化的效果，这种结构性的构成也为字体设计带来了多种可能性。作品中所运用到的元素都是设计作品表现的手段，就是设计师对于设计语言和素材的选择，设计师将这些元素收集整合，创造出新的题材，这样所形成的设计也具有一定的实验性。

3 九叠篆实验性字体的设计方法

3.1 笔画和字形架构的演变

在此实验性字体设计工作中，以篆书为范式进行实验性字体设计。首先，前期设计工作中以徐冰的《天书》为参考。《天书》采取了书法英文的表现形式，将书法与英文结合是一种较为独特的设计表现形式。设计师在设计《二十四画品》九叠篆实验性字体时选取自然界中植物肌理纹样与汉字相结合。将自然界中植物的外形和肌理元素作为一种形式语言介入另一种形式语言，更像是自然元素的一种"符号""引子"，以特有的思考形式呈现在九叠篆实验性字体设计中。其次，使用九叠篆为原型的原因是九叠篆本身具有很强的装饰性，设计后期以传统的篆刻形式为创作角度，笔画设计参考了针叶树叶子的外形。针叶植物通常四季常青，意在向观者传达一种刚劲、春意盎然的意义。笔画外形突出了针叶这一植物的特征形态，在方寸间迂回，横平竖直，字体架构具有纤细挺拔的形态，如图 8 所示。

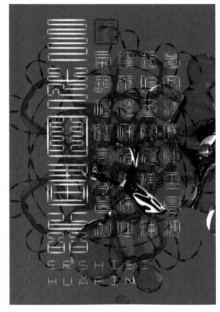

图 8 《二十四画品》九叠篆实验性字体设计

设计重新调整了字体框架结构,将关注点放在九叠篆的字体重心上,九叠篆层层叠绕,笔画较多,负空间相较于简体字而言减少许多。在设计中需要谨慎考虑字体重心的问题,因为人的眼睛存在视错觉,如若按照物理上的中心去设计字体,会产生往下坠落的感觉,所以大部分设计会把视觉重心放在物理中心点之上,这样更符合人眼的视觉习惯。字体的重心也会影响着字体的气质,重心越高,字体越高挑优雅;相反重心越低,字体越厚重敦实。

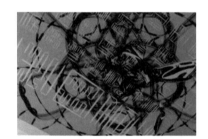

3.2 材质的表现

当下,许多字体设计通过计算机软件将不同的材质、肌理、质感、色调等融入进去,经过设计的字体变得更加"真实"。在九叠篆实验性字体设计中,丰富纹理表达的语言是探索设计创造力的源泉,利用自然界植物的自然形态和纹理,合理地突出其内容和形式感,创造出特殊的视觉效果。设计师需要注意观察生活中的点滴,将生活中的"烟火气息"转化成设计的源泉,注入设计的概念,最后通过创新运用到实验性字体的设计中,如图 9 所示。图中字体背景投射以肌理线性元素,与字体相互衬托对比,用胶片的材质和喷墨法来展现明暗变化下的字体,图片中央设计了水滴气泡的元素,展现了自然角度观察下字体形态的变化。

图 9 《二十四画品》九叠篆
实验性字体设计

设计师从多角度着手,突出"实验性"三个字。"实验性"是一个开放性的理念,带给设计师以及观者很多丰富的、不确定的文字形态,由此设计师从自然人文中汲取元素,提出大胆的假设。

3.3 图形化的语言

将文字与某种图形形式相结合,可以用于填充文字外轮廓也可以用于填充文字结构内部,是增加文字视觉感受的一种方式,赋予文字美感。九叠篆字体本身趋于复杂化、艺术化,如若字体设计趋向于图形化、装饰性的设计语言,那么最终的字体设计效果就会有吸引视觉、强调画面的作用。因此,设计师会在一定程度上把图形元素与字体有机地整合在一起,组成完整的新的字体形象;利用视觉图形的象征性传达设计观念,用观念的传递达到与观者之间沟通的目的,创造出一种新的视觉语言。文字与图形之间是相互依存、相互影响的关系。随着图形化时代的到来,文字与图形的关系在设计领域有着举足轻重的作用。文字经过图形化处理后,可以让文字形象变得情景化、视觉化,起到强化视觉语言的效果,对提升设计品质和视觉表现力发挥了极大的作用。例如,将九叠篆的字体笔画以植物叶子的形式替代,背景以肌理构成的植物图形元素进行图案化处理,用以解释、说明《二十四画品》主题文本蕴含的相关内容。九叠篆字体与图形的巧妙结合能够很好地表达字体创意和趣味性,前提是需要设计师找准九叠篆字体与图像在文化内涵和造型特征上的共性,并在此基础上将字和图像组合起来形成个性。如图 10 所示。

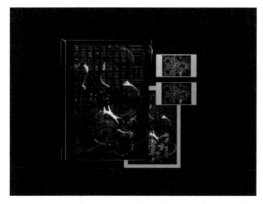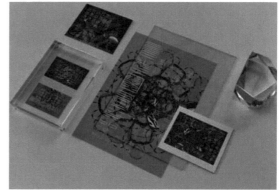

图 10 《二十四画品》九叠篆实验性字体设计

4 结论

字体设计对于现代平面设计师来说既是基础技能,又是附加技能。对于实验性字体设计而言,不应局限于字的本身的含义,而应借助新媒体和新材料的表现去呈现、传达新的想法与新的概念。这些都是可以通过实验性方法实现的,为字体设计寻找新的表现形式,找到所有可能的创新领域,并最大限度地发挥文字和图形的作用。在这个过程中,材料媒介仅仅作为表现载体,最重要的是设计师所要传达的观念。由此,设计师可以通过对不同材质进行跨界尝试，在共性中找到自我的个性表现，对字体创意产生新的认识，最终以视觉符号呈现出来。从简单到复杂，由概念到实践，为字体设计领域提供了千变万化的形式与内容。这些字体创意洋溢着艺术的美感和设计的独特逻辑，成为字体设计一种新的风向。

参考文献

[1] 陆锡兴 . 九叠篆的来龙去脉 [J]. 南方文物，2009（1）：143-148，134.

[2] 奚传绩 . 设计艺术经典论著选读 [M]. 南京：东南大学出版社，2002.

[3] 张闻箫 . 实验性字体设计：字体设计的实验性研究 [J]. 艺术科技，2014，27（9）：156-158.

[4] 赵毅平，李轶军，汪文，等 . 传承与超越：新技术与数字媒体背景下的字体设计 [J]. 装饰，2022（5）：69-77.

[5] 李立新 . 形式追随理念：理论及验证 [J]. 南京艺术学院学报（美术与设计），2020（6）：1-3.

[6] 岑边，吟春 . 承其魂，拓其体，从"装帧"迈向"书籍设计"：访书籍设计大家吕敬人 [J]. 中国编辑，2011（5）：14-22.

基于扎根理论分析游客食物浪费原因及设计介入路径

陈梁怡，王崇东，广颖业

（西华大学 美术与设计学院，四川 成都 610039）

摘要： 食物浪费产生的温室气体对自然环境有害，研究旨在探究游客食物浪费原因及设计介入干预路径。首先，研究利用扎根理论获取游客食物浪费因素并构建游客食物浪费概念模型。其次，分别从消费决策视角和行为发生视角解析该模型，并提出设计介入的机会点。最后，结合案例给出具体的介入路径。研究发现游客前期决策和体验反思阶段相互影响、互为因果，且外部环境通过影响大脑系统的决策而影响食物浪费的程度，价值感知通过影响满意度而影响食物浪费的程度。设计介入干预游客食物浪费，一方面可通过对外部环境的设计来影响和支持游客决策，如信息设计、食物包装设计和服务设计；另一方面可通过对饮食文化体验价值感知进行重塑和创新来提升游客的满意度，如食物设计和社会创新设计。

关键词： 食物浪费；设计介入；扎根理论；游客

食物系统（Food System）为全球贡献了 34% 的温室气体排放[1]，其中被浪费掉的食物为全球提供了 8% 的温室气体[2]。供应链的各个阶段都有食物浪费发生，约有 35% 的食物损耗和浪费发生在消费环节。[3] 因生活水平的提高，越来越多的消费者以游客的身份在外就餐，

基金项目：四川省社会科学重点研究基地——川菜发展研究中心项目（项目编号：CC22W30）；成都市社会科学重点研究基地——美丽乡村建设与发展研究中心项目（项目编号：CCR2020-5）。

第一作者简介：陈梁怡（1997—　），女，河南洛阳人，在读硕士，研究方向为工业设计及理论研究，E-mail：cly_22718290302023@163.com。

通信作者简介：王崇东（1973—），男，四川巴中人，教授，硕士，研究方向为工业设计及理论研究，E-mail：81302285@qq.com。

游客在旅游情景下的食物浪费比日常外出就餐更为严重。剖析问题并挖掘问题本质才能准确解决问题，探究游客食物浪费原因及影响因素才能提出针对性的解决方案。扎根理论适合研究"是什么""为什么"的问题，并归纳出问题的底层逻辑。而如何解决问题、如何促进游客积极参与解决问题是设计学关注的重点。本研究尝试从设计思维切入游客食物浪费问题，分析设计介入的机会点和途径。

1　相关研究

食物浪费是由于人们不合理的主观消费意识所导致的可食用的食物损失。[4]游客在旅游过程中的饮食消费行为并非一直是极端状态，而是在"对日常的反叛逃离"和"对日常的舒适回归"之间转换。[5]因此，游客在旅游时因主观意识导致的食物损失都属于旅游食物浪费的范畴。

目前，受数据可得性的影响，探究游客食物浪费原因主要通过定性的方法获取数据。例如，Juvan 等人[6]通过实地访谈发现游客食物浪费是因为超需消费而导致食物过剩。张盼盼等人[7]使用问卷访谈和实际称重方法得出游客个人特征（收入、年龄、受教育程度等）显著影响食物浪费，其中年龄和受教育程度对食物浪费的影响呈"倒 U 形"趋势。Qian 等人[8]通过问卷访谈得出"面子问题""过度消费""寻求真实性"是引起食物浪费的原因。然而，这些定性研究并未探究影响因素之间的关联，仅有少部分研究构建了影响因素之间的概念框架。例如，Li 等人[9]通过半结构化访谈得出错过机会、炫耀性消费和饮食文化偏好会影响食物浪费，并开发了一个解释中国邮轮乘客食物浪费的概念框架。解释食物浪费的框架或理论将是制定减少餐盘浪费措施的最佳基础。因此，本研究致力于通过扎根理论剖析游客食物浪费原因和影响因素，并构建可解释该现象的概念框架。

2　研究设计

2.1　研究方法

扎根理论（Grounded Theory）由格拉斯和斯劳斯（Glazer&Strauss）于 1967 年提出，提供了一整套从现象中系统收集资料、分析资料，并发现和发展理论的方法。[10]扎根理论主张不作假设，从原始资料中归纳出核心概念后再上升到理论，只有从资料中获取的理论才具有生命力。它包括四个步骤：一级编码、二级编码、三级编码和理论饱和度检验。扎根理论对抽样的选取在精和丰富而不在数量多，在构建理论时应重点关注概念的密度和质量而非数量。理论抽样是扎根理论获取收据来源的重要方法，它强调边收集材料边进行编码和分析，在逐步形成概念化和理论化的过程中，不断对比和调整抽样的重点。本研究采用扎根理论的方法旨在构建解释游客食物浪费原因的概念框架，为设计介入解决游客食物浪费问题提供支撑。

2.2 数据来源

游客在不同旅游情境下的饮食消费行为存在一定差异性，研究以城市旅游为背景，将餐厅点餐的消费行为和浪费行为作为研究对象。艾瑞咨询研究发现，在线旅行用户年轻化趋势明显，年龄集中在 21~35 岁。[11] 该年龄段的游客具有较高的消费潜力，以未婚人群为主，本科及以上学历超过七成，在校学生和普通职员较多，更喜欢自由行而不是跟团游。与此同时，年轻游客的节俭意识较为缺乏，是食物浪费的高发人群。对食物浪费原因的看法具有广泛的代表性。因此，研究将目标群体界定为 21~35 岁的自由行游客。

研究采用半结构化深度访谈方式，采用最大差异的信息饱和法[12]对访谈对象进行筛选，以信息的丰富性和多样性为主要评价标准，旨在通过性别、学历、职业类别和城市饮食文化背景等进行最大差异化选择。访谈采取线上线下结合的形式，受访者的平均访谈时间约在30~60 分钟，每次访谈全程录音以保证准确性和完整性，之后利用文档进行转录整理。访谈超过 13 个对象后，初级编码的信息不再出现新概念，为保证数据稳定性，访谈延续至 20 个对象才结束，受访者基本信息如表 1 所示。

表 1　受访者基本信息

样本信息	项目	人数	所占比例
性别	男	8	40%
	女	12	60%
教育水平	高中及以下	1	5%
	大专	2	10%
	本科及以上	17	85%
职业	学生	10	50%
	公务员、国企、事业单位	2	10%
	公司职员	7	35%
	其他从业者	1	5%
城市饮食文化背景	东北饮食文化圈	1	5%
	中北饮食文化圈	3	15%
	西北饮食文化圈	1	5%
	黄河中游饮食文化圈	3	15%
	京津地区饮食文化圈	2	10%
	黄河下游饮食文化圈	4	20%
	长江中游饮食文化圈	1	5%
	长江下游饮食文化圈	1	5%
	西南饮食文化圈	3	15%
	东南饮食文化圈	1	5%
	青藏高原饮食文化圈	0	0%

访谈针对游客食物消费动机、消费决策、食物浪费情况以及从选择—就餐—结束消费过程中的体验等进行访问。访谈提纲主要包括：您在旅游过程中通常购买什么类型的食物？（饮食消费动机）您通过什么方式或途径选择想要购买的食物？（消费信息决策）您认为哪些因素会影响你的购买选择？（消费行为决策）您在品尝食物过程中是否存在不好的体验？（饮食消费痛点）您在旅游时是否出现过食物剩余的情况？（是否产生浪费）您认为导致产生食物

剩余的原因是什么？（为什么产生浪费）您在旅游时如何处理剩余食物？（是否真正浪费）在实际访谈中会根据情况进行追问，以保证数据的完整性和合理性。另外，在真实访谈开始前会抽取少量游客进行预访谈，以确保访谈逻辑的合理性。预访谈时间均在 10~25 分钟。经检验，该访谈提纲设计合理可用于正式采集数据。

3 实验数据编码

3.1 开放式编码

开放式编码是对原始访谈资料进行逐字逐句的编码、登录，研究尽量使用受访者的原话作为初始码号，一共得到了 129 条初始概念。由于初始概念非常庞杂且有一定程度的交叉，而范畴是对概念的重新分类组合。进行范畴化时，剔除与食物浪费不甚紧密的概念以及重复频次极少的初始概念（频次少于 2 次），仅选择重复 3 次及以上的初始概念，最后有 70 条概念用来进行范畴化。表 2 为得到的初始概念和 18 个范畴，为了节省篇幅，对每个范畴仅节选 3~4 条具有代表性的原始资料语句及相应的概念。

表 2　开放式编码范畴化

范畴	概念	原始语句
非理性的动机	非理性尝鲜、贪吃享乐欲望、美食诱惑	A13 我可能会多点一些，就算吃饱了我也还想吃一些没吃过的东西； A10 我点的时候我知道我肯定会吃不完，但我就想吃； A02 因为样数比较多，然后每一样都想尝的话，那肯定你也吃不完，吃不过来，就会有点浪费
个人心态因素	安全感考虑、尝鲜心态、预期心态落差	A14 所以还是去大家推荐去的比较多的一些地方，可能会更有安全感一些； A10 我觉得只是一种尝试性地去吃，而不是想着拿它来填饱肚子； A03 因为我以前一直觉得成都这边的美食非常多，期待值就很高
信息无效传递	信息接受误差、信息传达受阻、信息无效反馈	A16 因为我不吃内脏嘛，我那次跟店家说，产生了一点点信息误差，他应该就是没有注意； A03 他说得非常的含糊，对，很含糊，他说甜不辣，他也没说甜不辣是什么； A12 然后还没有推荐适合你们几个人的分量
信息内容模糊	食材信息不明确、信息量化模糊、信息的盲目	A01 没有很明确地给你标出这是什么东西，但是作为游客，尤其是外地人就会不知道这个鱼腥草； A12 但是你点餐之前你不知道它的量有多大，那就没办法； A02 主要因为你也不知道其他的地方好不好吃，因为你不懂，你不了解，对那个地方也不熟悉
价值获得感知	价值量感知、时间性价比、价值占有	A06 就是感觉剩的也不多，就丢了； A13 基本上吃饭真的就十来分钟，吃完就走； A12 但如果是两个人只点两个菜的话，就只能尝那两种，就很可惜呀
身体状态因素	生理承受极限、身体状态不适、持续的饱腹状态	A10 但它分量实在是太大了，我真的吃不完； A16 当时胃口不太好，我才会把没吃完的直接丢掉； A12 可能就是旅游的话就是边走边买，就会处于一种比较饱的状态
服务质量差异	包装不方便、就餐卫生环境差、服务态度问题	A06 还有感觉携带着不太方便，就给丢了； A03 街边小吃它可能旁边就有一辆垃圾车的话，你就吃不下去了； A10 就是吃的饭，你不知道咋吃，然后他也不跟你说

基于扎根理论分析游客食物浪费原因及设计介入路径

范畴	概念	原始语句
食物品质差异	食物不新鲜、食物饱腹感强、食物卫生问题	A08 还有就是食物不新鲜吧； A09 那个烧饼，就有比较强的饱腹感，你可能吃一两个就吃不下更多了； A17 食物上边有苍蝇就吃不下去了
容忍范围差异	食物忌口问题、个人口味差异、对食物的要求	A16 我以为牛肉就是那个味道，同伴跟我讲那是猪大肠，然后把它全部吐出来了； A10 就是口味的不同，就是吃的话我感觉不好吃； A20 不好吃就不吃了，现在又不是说吃不到什么好吃的东西
价值损失权衡	承担价值亏损、损失补偿反思、个体利益损失	A04 然后我也没有吃完，因为不是我付钱； A16 报复性的就会再去买其他的好吃的，要把吃食物的这个愉悦感提上来； A15 口感不适合，我一般就不吃了，因为那样吃下去我那天就废了，肯定肠胃不舒服
饮食文化差异	地方差异、区域文化差异、地域饮食习惯	A16 我在来成都产生了最大的食物浪费，我觉得是地方差异； A10 河南就是说那个芝麻酱荟比较稀，也不是比较稀，反正就是比较匀，然后武汉那边就感觉吃着干巴巴的那就黏稠； A08 反正也是一种面食做的那种小零食，其实味道的话也还行，但是感觉还是没有成都的好吃
信息缺失问题	商品信息不足、信息资源缺失、缺少特色信息	A10 去那种就是没去过的餐厅，你不知道那道菜到底是什么样子的，你也不知那道菜分量有多大，然后味道怎么样； A18 因为你要查的话，你只能查到这些呀，就是那些没有名气的，没有热度的，我查不到的，我自然也不知道呀； A03 太多相似了，没有突出的就不知道哪个好吃，哪个怎么样
信息认知偏差	原有认知偏差、概念模型误差、信息不对称	A04 因为我想着是连锁店都是一样的味道，没想到就是它还是会根据当地的地方特点有所调整； A03 当它摆到我面前的时候，我对这个东西就已经有了一点的失望，因为跟我想象的东西不是一个东西； A14 我们看到的是商家和运营平台提供的想让我们看的消息，我们看到了
社交压力因素	人情世故、社交分享、从众消费	A07 我们5～6个人一起出去玩的时候，我会问他们想不想吃这个，谁想吃我去买； A08 就朋友在的话，刻意地想多买一点，想分给朋友一起尝一下； A09 少数的人说不好，还有多数人人家说好，那肯定相信多数人
面子文化因素	人际关系影响、就餐人数影响、丢不开面子	A05 不过像这种都没人打包，因为大家好多都不认识嘛，都不好意思打包，剩了就剩了； A12 在人比较多的时候可能会有一点剩余，因为那个时候量不太好掌握； A18 因为大家都不是很熟悉，所以就不好意思要求别人把剩下的东西吃完
道德约束因素	缺少道德约束、无效道德约束、无能为力	A06 但我一般不带，回去也会忘，反正实在吃不下就算了； A13 连愧疚也没有，就是因为当时你只是想玩呀，玩得好或怎么样，他其实浪费了就浪费了； A10 会觉得很浪费，但是实在吃不下所以就没办法只能丢掉
消费心理因素	视觉锚定、占便宜心理、错过机会心理、预设经验锚定	A10 看起来花里胡哨，但吃起来好难吃，我们真的没有吃完，丢掉了； A16 其实为了卖得更好，它会定到满15元送半斤，它这个营销策略其实里面蕴含着一点食物浪费的因素； A09 因为你不吃的话，就不一定有机会再来吃了啊； A14 我预先设定就是它好吃，没有想我说它有没有可能会不合我的胃口
价值延长损失	价值无效延长、价值共享损失、后期价值减弱	A20 带回去其实有时候也不会再吃了，只是延长了放弃的时间； A02 和你一块来的人都出来吃得可饱了，又没有人吃； A15 在路上你颠颠簸簸，这些带回去可能也吃不了了，所以也不会选择打包

注：A** 表示第 ** 受访者回答的原话，每句原话括号后的内容为编码的初始概念。

3.2 主轴式编码

主范畴的编码是围绕某一轴心，将开放式编码阶段得到的范畴依据其各自的属性和维度，再次进行归纳整合。本研究将开放式编码得到的 18 个范畴进行分析整合，最后得到了信息环境感知、个体行为差异、文化体验落差、价值获得反思和社会文化因素这 5 个主范畴。各主范畴及其对应范畴的具体含义如表 3 所示。

表 3 范畴及范畴内涵

范畴	范畴内涵
服务质量落差	包装不便、服务态度以及极差的就餐环境等情况影响满意度，进而造成食物浪费
食物品质问题	食物不新鲜、不卫生和大分量等情况超出游客接受底线而产生不必要的浪费
饮食文化差异	地方饮食习惯和区域文化的差异通过影响个人的口味和饮食偏好在客观上造成食物浪费
身体状态因素	身体状态不适、超出生理承受能力和持续饱腹感，影响消费者对食物的承受能力
社交压力因素	游客受人情世故影响或有社交分享动机等出现过量购买的情况
面子问题因素	一方面认为食物浪费是常见的，另一方面又因好面子或不好意思而超量点餐
道德规范减弱	陌生环境下的匿名性和享乐心理，致使消费者放松自我道德约束
信息不足问题	商品信息不足、信息资源缺失影响了游客消费决策，导致实际与预期差别较大
信息内容模糊	饮食产品信息不明确等问题，致使消费者产生盲目购买行为
信息认知偏差	商品图文不符、信息不对称等导致游客决策偏差
信息无效传递	游客与商家之间因信息传递受阻、信息接受误差等，导致饮食服务和商品不符合消费预期
非理性的需求	贪吃享乐欲望、夸张饥饿需求以及饮食猎奇心理，使消费者放飞自我产生"超需浪费"
个人心态问题	旅行中消费者的心态问题决定了旅游的体验以及对食物的包容性
容忍范围差异	饮食忌口、对食物的要求以及个人口味差异等会影响游客对食物的容忍度
消费心理因素	占便宜心理、错过机会心理、过往经验和视觉锚定等导致游客产生不必要的浪费
价值获得感知	在就餐结束或停止时，食品、服务、体验等价值衡量结果会影响游客浪费行为决策
价值延长损失	就餐结束后，食品无打包价值、打包后浪费以及无人共享等致使食物价值无效延长
价值损失权衡	浪费导致非个人价值损失时，游客不存在个人利益损失，进而缺乏道德约束和愧疚感

3.3 选择性编码

选择性编码是在主轴编码的基础上，将主范畴以一定的逻辑联系起来，生成一种完整的"故事线"。研究以游客消费决策为"故事线"探究游客食物浪费影响因素及各因素间逻辑关系，各主范畴之间关系如图 1 所示。

游客往往先通过"信息环境感知"确定预期消费目标，"个体行为差异"造成的消费动机差异结合感知到的信息作出最终的消费行为决策，这两者构成了游客前期决策阶段。游客在实际消费体验中所产生的"文化体验落差"是导致浪费产生的导火索，"价值获得反思"则在大脑有意识决策或无意识决策后的权衡，是浪费产生的本质因素，这两者共同构成了游客消费体验反思阶段。前期决策阶段和体验反思阶段之间存在明显的因果关系，且在旅游饮食消费决策中循环出现。"社会文化约束"作为情境干预条件，既影响游客前期决策，也影响体验反思。

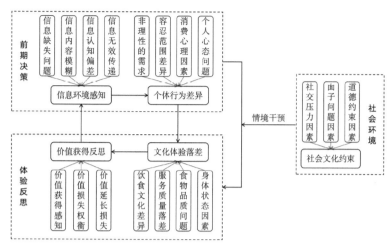

图1　游客食物浪费概念模型图

3.4　理论饱和度检验

游客食物浪费行为模型构建完成之后，利用预留的5份访谈材料进行理论饱和度检验。饱和度检验结果发现没有新的范畴，与主范畴之间也没有建立起新的关系。在判定该模型饱和时，本研究一方面重新梳理关于消费端旅游食物浪费原因和影响因素的文献；另一方面对一些信息量较大的访谈对象进行了补充采访，完善了一级编码的内容。这两方面的检验结果表明该理论模型不存在无法包容的情况。以上研究检验工作确保了该理论模型已达到理论饱和。

4　研究发现

4.1　从消费决策视角分析

人类大脑有两套决策系统，系统1和系统2配合工作，系统1通过经验或直觉判断可简单高效处理事情，而系统2则需要花费精力以处理复杂事情。

主观意识和错误的直觉或经验会影响游客作出正确合理的消费决策。从游客食物浪费概念模型中发现，前期决策主要是由大脑的系统1主导消费决策。例如：信息经验感知偏差，"因为我想着是连锁店都是一样的味道，没想到就是它还是会根据当地的地方特点有所调整"，因过度饥饿或非理性的尝鲜欲求而冲动性消费，"我点的时候可能就是当时胃口很大，就是啥都想吃，当当当点了好多，然后后面吃着吃着发现吃不下了"；视觉感官直觉错误判断，"看起来花里胡哨，但吃起来好难吃，我们真的没有吃完，丢掉了"；等等。这些均通过直觉、主观意识或过往经验负向影响饮食消费体验。

价值感知和利益权衡通过影响游客满意度而导致食物浪费。在体验反思阶段，由系统2发挥作用作出价值获得反思决策。例如：游客考虑是否承担价值损失，"然后我也没有吃完，因为不是我付钱"；考虑身体状态带来的影响，"口感不适合，我一般就不吃了，因为那样吃下去我那天就废了，肯定肠胃不舒服"；考虑是否存在延续价值，"和你一块来的人都出来吃的可饱了，又没有人吃"；权衡综合性价比，"一些汤汤面面的不值几个钱，就是感觉剩得也不多，就丢了"。说明食物品质、服务质量和饮食文化体验通过影响游客价值感知进而影响满意度。

4.2 从行为发生视角分析

大部分浪费都是受外部环境的影响而产生的。任何行为的发生都需要存在三个因素：能力（C）、机会（O）和动机（M），能力和机会通过影响消费动机进而影响行为。[13]研究利用COM-B模型分析游客食物浪费特征，发现18个浪费行为因素中仅有7个动机影响因素，而大部分浪费行为来自受外部影响的能力和机会因素，如图2所示。游客消费决策会受到习惯、情感和直觉的无意识自主系统的影响，因此易受到信息环境或物理环境的影响从而作出非理性的决策。[14]

图 2　COM-B 行为分析图

5　设计介入游客食物浪费的路径

根据废物管理的优先级，在预防阶段对食物浪费行为进行干预最为有效。[15]从游客食物浪费模型中发现，前期决策可影响体验反思相互影响。其中外部环境通过影响大脑系统1的决策而影响食物浪费，价值感知通过影响饮食文化体验满意度而影响食物浪费。因此，可从两个机会点考虑设计介入路径：第一，对外部环境进行有针对性的设计，以帮助游客通过系统1快速作出正确合理的消费决策；第二，对食物、服务和饮食文化体验进行价值重构，以提高游客价值获得感。

5.1 外部环境轻量化设计

外部环境设计旨在通过信息、食物储存和包装等进行有目的设计。轻量化设计或无意识设计以一种温和的、低成本的方式说服消费者改变行为。

5.1.1 信息设计支持消费决策

信息设计本质是对游客接收到的决策信息进行设计，使信息清晰可见、准确传递信息内容、减少信息不对称，为游客前期决策提供有效支持。研究发现，信息干预能帮助减少消费者的食物浪费行为。[16] 信息干预的效果会因为信息内容、信息的传递形式和传播渠道的不同而效果不同。游客接收到的决策按信息内容分包括：攻略信息、热度信息（线上排行榜和线下就餐人气）、点餐信息（菜单）和提示信息（点餐备注信息等）。游客往往因信息的全面性、及时性、透明性和准确性问题而作出错误判断。按信息传递形式可以分为：文字信息、语音信息和图像信息，游客在信息解码时会因认知偏差而出现"信息失真"。按信息传播渠道分为：线上移动传播、线下纸质传播和人际交流传播。现今互联网的飞速发展，大多数自由行游客通过移动在线信息服务平台进行旅程规划和消费，因其能承载大量信息、快速传播和便利性而被年轻游客所喜爱。信息可视化设计可将庞大信息整合并将其视图化，建立准确、高效、简洁、清晰的视觉信息沟通。[17] 在信息采集阶段为游客提供准确、全面、及时的信息，在信息呈现阶段以游客为中心利用可视化设计将信息内容透明化、清晰化展现出来，并减少游客认知负担和认知偏差。例如，韩国的设计师张成焕（SUNGHWAN JANG）将食物的食材、制作过程等信息内容通过设计美学的表达清晰地呈现出来，如图 3 所示。

 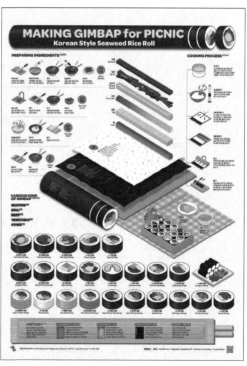

图 3　SUNGHWAN JANG 食物信息可视化设计作品图

5.1.2 食物分装设计和包装设计影响决策

受访者表示可以针对食物的分装进行改进，包括食物储存方式和食物种类的搭配。例如，"就是把小份的小吃再细分不同的分量或者将小吃那种一半一半拼起来，一份提供更多的种类搭配"。一些国外酒店品牌通过精巧的摆盘和餐盘设计来引导客人理性就餐，如凯悦酒店将酸奶盛放在容量相同的小杯里取代原有无限制的供应，并且将客人可自由切分的大蛋糕变成了大小相同的小蛋糕，避免了客人盲目获取过多的食材。另外，剩余食物无法打包或不便打包也是浪费的原因之一。例如，"因为还要再去赶下一个景点，所以肯定就是没有办法及时去处理剩下的食物，所以基本上都是扔掉""还有感觉携带着不太方便，就给丢了（汤汤水水的）"。优秀的包装设计可以为用户带来意想不到的便利性，旅游时的包装设计一定要轻便、节省空间。例如，Bloom Chips 薯片包装（如图4所示）。这款薯片的包装较为人性化，只需将缠绕在外包装腰部的束带解开，然后再对已有折纹折叠一下，包装就瞬间成了一个大开口的桶状容器，可轻松取食、快乐分享。与此同时，束带形的包装也便于携带，节省空间。

图4 薯片包装图

5.1.3 餐厅服务设计引导游客理性消费

餐厅服务设计可以是一个系统性的设计，也可以是一个服务触点的设计。例如，一个餐厅利用一个小小的服务系统设计，在游客进入酒店前台时为客人提供一份集邮册，集邮册上注明了食物浪费的影响以及如何减少食物浪费的说明，每当客人实现光盘行动之后则可以找服务人员在集邮册上盖章，并在集齐一定数量后可获得奖励。这种游戏化的服务设计可将餐盘浪费减少34%，并证明了在一个充满探索与乐趣的环境中就餐，既可以增加游客用餐的幸福感，也能够减少餐盘浪费。[18]索菲特酒店的 Mezz 餐厅在地球日时，让员工穿上印有减少食物浪费口号的衣服，并且在餐桌和档口摆放了减少食物浪费的标语，来倡导顾客理性用餐，这种有意识的提醒让酒店比之前同期减少了20%的食物浪费。

5.2 价值创新设计

设计从解决问题出发走向意义构建的方向，价值创新设计不仅要关注减少或避免浪费行为的产生，还要提升游客体验感和价值获得感。

5.2.1 食物设计创造全新感官交互体验价值

食物本身就具有"色、香、味"等感官体验因素，提升游客价值感和体验可从食物本身出发。通过对食物的拆解和重塑可为消费者创造全新体验或产品。拼图饼干（如图5所示）就提供了一种新颖的零食搭配方式，将不同种类的零食组合在一起既可以在吃的时候感受到不同以往的味觉体验，又可以在不断尝试搭配方式的过程中增强与零食之间的互动关系。食物设计就是"食物＋设计"，通过艺术的表现形式与创新思维来连接和探索食物与感官、自然、文化、科学、技术、心理和社会环境之间的联系，直接或间接地传递人们所想传达的价值观。例如，Chloé Rutzerveld 把植物的种子（孢子）混合酵母用 3D 打印技术制成一个可自然生长的全新食物，它自身就是一个小小的生态系统，只需要 5 天左右的时间自然生长、成熟，它的结构、外观、口感都是纯天然的。她希望通过这个作品（如图6所示）去探讨自然、人与食物的关系，让人们思考非法添加剂、转基因技术和可持续饮食等问题。

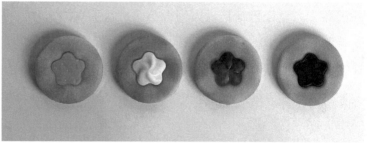

图5　饼干拼图

图6　Edible Growth 图

5.2.2 社会创新设计重塑饮食文化体验价值

价值创新可建立在价值重塑的基础上，改变游客作为消费者和被服务者的角色，减少游客对食物本身的关注，提高游客的参与感、沉浸感和归属感。研究发现，互动和参与是共同创造的组成部分，可增强游客的体验感，且游客与当地人或其他利益相关者的互动有助于价值创造。[19]EatWith 等社交餐饮平台创造了一种新型的餐饮服务模式，通过该平台本地人可邀请外地游客到家用餐，为游客提供沉浸式和个性化的饮食消费体验。目前兴起的美食旅游强调游客参与食物的生产过程，改变游客旁观者和被服务者的角色，通过参与当地饮食文化体验增加游客对食物的认知和情感联系。

6　结语

游客食物浪费不仅存在经济损失，还对目的地生态环境造成了严重破坏。本研究利用扎根理论的方法探究了游客食物浪费的影响因素并构建出游客食物浪费概念模型，且从消费决策和行为发生的视角解析游客食物浪费概念模型的重点，进而提出设计介入游客食物浪费的机会点和介入路径。

本研究发现游客食物浪费与消费决策和价值感知密切相关，且大多数食物浪费因素来自外部环境。设计思维是以人为中心的解决问题的方法。从行为发生的视角，分别从决策能力支持和价值机会创新寻找设计介入干预游客食物浪费的机会点。外部环境方面可通过信息设计支持消费决策、食物分装设计和包装设计影响消费决策以及餐厅服务设计引导游客理性消费，价值创新方面可通过食物设计创造全新感官交互体验价值、社会创新设计重塑饮食文化体验价值。

本研究的局限在于未能提供外部环境和价值创新结合的路径，未来的研究者和设计实践者们可进一步探究外部环境和价值创新设计的影响力大小以及两者结合的设计路径。

参考文献

[1] 冯适，张奕，陈新平，等 . 食物系统的温室气体排放及其减排策略研究进展 [J]. 食品科学，2022，43（11）：273-283.

[2] Dones R，Heck T，Hirschberg S .Greenhouse Gas Emissions from Energy Systems，Comparison and Overview[J].Encyclopedia of Energy，2004：77-95.

[3] Lipinskil B，Hanson C，Lomax J，et al. Installment 2 of "Creating a Sustainable Food Future"：reducing Food Loss and Waste[R]. Washington：World Resources Institute，2013.

[4] 王灵恩，成升魁，刘刚，等 . 中国食物浪费研究的理论与方法探析 [J]. 自然资源学报，2015，30（5）：715-724.

[5] 刘彬，阚兴龙，陈忠暖．支持性体验与高峰体验：旅游者饮食消费研究：以成都为例 [J]. 人文地理，2017，32（2）：23-29.

[6] Juvan E，Grün B，Dolnicar S. Biting off more than they can chew：food waste at hotel breakfast buffets[J]. Journal of Travel Research，2018，57（2）：232-242.

[7] 张盼盼，王灵恩，白军飞，等．旅游城市餐饮消费者食物浪费行为研究 [J]. 资源科学，2018，40（6）：1186-1195.

[8] Qian J，Shen H，Law R，et al. Examination of Chinese tourists' unsustainable food consumption：Causes and solutions[J]. Sustainability，2019，11（2）：3475.

[9] Li N，Wang J. Food waste of Chinese cruise passengers[J]. Journal of Sustainable Tourism，2020，28（11）：1825-1840.

[10] 陈向明．扎根理论的思路和方法 [J]. 教育研究与实验，1999（4）：58-63，73.

[11] 艾瑞产业研究洞察．2021 年中国在线旅游平台用户洞察研究报告 [DB/OL].（2021-06-22）[2022-11-04].https:www.docin.com/p-2690171494.html.

[12] 潘绥铭，姚星亮，黄盈盈．论定性调查的人数问题：是"代表性"还是"代表什么"的问题："最大差异的信息饱和法"及其方法论意义 [J]. 社会科学研究，2010（4）：108-115.

[13] Michie S，Van Stralen M M，West R. The behaviour change wheel：a new method for characterising and designing behaviour change interventions[J]. Implementation science，2011，6（1）：1-12.

[14] Mertens S，Herberz M，Hahnel U J J，et al. The effectiveness of nudging：a meta-analysis of choice architecture interventions across behavioral domains[J]. Proceedings of the National Academy of Sciences，2022，119（1）：2107346118.

[15] Paprgyropouloue，Lozano R，Steinberger J K，et al. The food waste hierarchy as a framework for the management of food surplus and food waste[J]. Journal of cleaner production，2014（76）：106-115.

[16] 张盼盼，白军飞，成升魁，等．信息干预是否影响食物浪费？：基于餐饮业随机干预试验 [J]. 自然资源学报，2018，33（8）：1439-1450.

[17] 鲁晓波，卜瑶华．信息设计的实践与发展综述 [J]. 包装工程，2021，42（20）：92-102，12.

[18] Dolnicar S，Juvan E，Bettina Grün. Reducing the plate waste of families at hotel buffets -a quasi-experimental field study[J].Tourism Management，2020（80）：104103.

[19] Carvalho M，Kastenholz E，Carneiro M J. Interaction as a central element of co-creative wine tourism experiences：Evidence from Bairrada，a Portuguese wine-producing region[J]. Sustainability，2021，13（16）：9374.

用户参与式设计在激光电视设计中的应用

黄立中

（成都东软学院 数字艺术与设计学院，四川 成都 611844）

摘要： 用户满意度是衡量产品设计成功与否的重要标准之一。为提高公司激光电视的用户满意度，将用户参与式设计方法引入长虹公司激光电视设计开发中，包括用户研究及需求分析、核心价值及概念产生、设计方案及测试、模型制作及测试等，并总结了符合公司的激光电视用户参与式设计方法。用户参与式方法能帮助企业以最优成本开发出符合用户需求的产品。

关键词： 用户参与式设计；激光电视；参与度；满意度

1 引言

随着显示产品技术的不断更替，大尺寸已成为越来越多用户的首选。近年来，一些家电企业不断加大在激光电视上的投入，以获得满意的市场份额。任何设计的最终使用者是人，所以艺术设计的组成要素就是科学技术、艺术以及人的需求。[1] 企业在开发新品时如何才能把握用户的需求？又如何才能把用户的需求与产品统一起来？用户参与式设计方法，很适合挖掘人的需求，并能将人的需求融入产品中。国内外部分大型企业已开始在产品开发上看重用户的参与，在设计过程中注重用户对产品服务和系统的综合体验感知。[2] 用户主动参与产品设计的过程，就是让用户最大化地接受产品的首要途径。因此，企业在激光电视设计开发中引入用户参与式设计的方法势在必行。

作者简介：黄立中（1976—   ），男，湖南益阳人，正高级工程师，副教授，硕士，研究方向为工业设计及 CMF 设计研究，发表论文 15 篇。

2 用户参与式设计的含义

用户参与式设计是"以用户为中心"的设计思想，它能激发用户的积极主动性，自觉参与产品设计开发的进程。它利用"将用户融入整个设计研发过程中"的设计思想，强调设计师、用户以及产品其他利益相关者联合参与设计的过程，在此过程中所有参与人员的地位和权利都是平等的，以达到所设计的产品最大限度满足用户需求的目的。[3]

老人手机刚出现时很受欢迎，就是因为考虑了这一特殊使用群体的需求，给老人提供了良好的傻瓜式体验方式，文字大、声响大、操作简约、待机时间长、价格便宜等。因此，用户参与式设计就是基于用户的活动以及活动中的不同体验而进行的，并最终完成基于良好用户体验的产品及服务设计。[4]现有研究表明，多用户的参与式设计能准确完整地定义需求[5]，使企业在开发新产品时规避风险，减少研发成本，最快且最大化地创造出符合用户需求的体验内容、产品功能和服务设计。

3 用户参与式设计的引入与实施

3.1 用户研究及需求分析

3.1.1 用户画像定义

确定用户画像是用户参与式设计的第一步。长虹激光电视的先锋用户为购买激光电视用户，其用户画像特征：（1）人口特征为 30~50 岁（中青年），三口之家，大平层 / 影音室，职场精英 / 小型私营业主；（2）产品使用诉求为乐于享受超大屏高品质影音家庭影院体验。

3.1.2 用户需求分析

发现用户痛点和用户需求是用户参与式设计的第二步。通过激光电视用户的上门访谈、用户使用体验等方式进行研究，得出以下急需解决的痛点：（1）现有坐式激光电视前后超出电视柜一大截（如图 1 所示）；（2）用户期望自动对焦；（3）音质音效体验差；（4）缺乏更美好的吊装体验。

图 1　激光电视主机超出电视柜示意图

3.2 核心价值及概念产生

3.2.1 核心价值

依据用户痛点和需求进行用户核心价值的研究是用户参与式设计的第三步，此阶段需完成概念共创和确定设计方向。在用户参与式设计方法的概念共创阶段，可通过工作坊产出具备适合家居风格、解决现有用户使用的痛点并能带给用户创新体验的激光电视设计。

1D 工作坊：各组进行研究分享与创新核心价值提炼，这一步非常关键，关系到用户的核心价值和设计方向的选择。

各组成员通过用户对激光电视关键活动和大屏使用经验的分享，围绕用户画像特性及其用户的痛点需求，完成对洞见的描述与分享，最后运用思维导图工具对各组的洞见进行聚类与发展，找出各组的价值共性点，提炼出本次目标代言人的核心价值为"创新享受百寸生活"，从高品质影音、大屏沉浸感、与家居匹配、新奇仪式感、自动对焦科技体验等 5 个价值进行发散思考。

2D 工作坊：各组再创新并分享，最后从用户核心价值中找出共性点，确定设计方向。

各组成员含用户从用户参与式设计方法里的人、物、境相互影响的三要素出发，对上述 5 个价值进行排序，并将结果分享讨论，确定以新奇仪式感、自动对焦科技体验、高品质影音这 3 个价值作为设计的重点维度。

结合家电家装一体化和无缝化的设计趋势，提出与客厅墙壁环境相融合的"科技艺术品"，作为本次激光电视的设计方向，即基于家居匹配空间合理的用户体验价值，让激光电视主机上墙，并与墙壁环境相融合，为中青年用户提供独特的开关机翻转仪式感的新型体验。

3.2.2 概念产生

依据用户核心价值和设计方向产生设计概念是用户参与式设计的第四步。结合上述核心价值与设计方向，确定本次激光电视的设计定义：

（1）音质好。加大音响发声面积，外置新型的 2.0 音响，使音质显性化，音效可视化。

（2）画质好。主机采用 4K 光机、匹配 100 英寸超大菲涅尔光学硬屏。

（3）体现情感愉悦科技体验。激光电视主机能自动调焦对焦，体现科技智能的良好体验。做到硬件与软件的有效统一，音随人动，音效可视化。

（4）体现家居匹配空间合理。激光电视主机能更好地融入客厅墙壁环境，紧凑贴墙。

（5）体现创新独特仪式感强。激光电视主机上墙翻转实现开关机的使用方式是独创，能带给用户尝鲜的独特感。情感氛围灯呈现优雅的仪式感，如开关机过程有氛围灯或语音伴奏。

（6）设计概念定义后，进入 3D 工作坊。各组快速用乐高模型构建出 1∶10 的概念场景模型并进行概念场景用户评估，然后完成 1∶1 的概念场景搭建。完善演练剧本情景，各组成员包括先锋用户模拟激光电视设计概念的使用场景角色演练，并进行用户测试评价。

3.3 设计方案及测试

3.3.1 设计方案

从设计概念转入设计阶段是用户参与式设计的第五步。用户参与式工作坊在完成激光电视的设计方向和概念后，转入设计阶段，再请用户评价，进一步细化设计概念，完成基于用户体验的设计方案。

（1）原理：利用激光电视反射图像的原理特性，光机发射图像面（A）与屏幕承接图像面（B）必须成一定角度（如图2所示）。A与B的角度是固定的，当A下翻至与地面垂直时，画面就无法投射在屏幕B，当A上翻至水平状态时，画面才能投射在屏幕B上。根据这个原理，可以设计A为水平状态时才能观看图像，A垂直于地面时，为播放音乐不显示画面状态。

图2　激光电视光机反射画面示意图

（2）方案：通过主机往上翻转同步开机，往下翻转同步关机，并将灯光和音响结合，音随人动，音效可视化。主机息屏成为音响状态时灯光会随着音乐的节奏有序跳动（如图3所示）。图3（b）为息屏播放音乐的状态。图3（c）为开机观影状态，图3（a）和图3（d）为关机状态。

（3）创新点：本设计带给用户很多实用价值，创新性地解决了用户特别头痛的产品与家居搭配性差、对焦调试难、吊装美观性差等问题，深受参与工作坊的用户喜欢。

本设计给用户提供一种新型的激光电视使用体验，将息屏音响和主机观影两种使用体验有机结合，突破了现有激光电视吊挂天花板或放置于电视柜上的方式，带给用户全新的优雅翻转开机仪式感和多种使用功能满足感。

它解决现有激光电视主机前后宽度超出电视柜、电视柜后部离墙远的违和感。

激光电视主机翻转能快速实现自动对焦，解决现有激光电视坐、吊装带来的不便。

模块化的设计，左右两边的音响根据用户的需要可加大加宽，匹配更大的音响视效，解决激光电视有大画面没有好音响的现状。同时可让激光电视秒变息屏音响，关机后听音乐，整体上变得更薄更贴墙，在客厅里具有很强的家居装饰感。

图 3   方案效果图

3.3.2 方案用户测试

把设计阶段产出的方案效果图进行用户测试是用户参与式设计的第六步。为进一步验证和完善设计方案，采用卡诺模型分析方法进行用户需求测试与评估。卡诺模型可分析用户需求与用户满意度之间的关系，有利于设计师充分了解用户需求。[6] 评判一个设计和产品是否符合用户的需求，是否具有一定的创新性，要重点关注卡诺模型中的期望需求和魅力需求。

本次共组织 38 位领先用户进行测试，其中男性 27 位，女性 11 位，平均年龄 40 岁，具有 3 年以上的超大屏使用经验。测试结果表明，方案能带给参评用户新奇感和完美仪式感，满足卡诺模型中用户满意和用户需求的维度。从魅力需求和期望需求这两个测试标准来看，分别有 36 个人和 34 个人选择打 9 分（满分 10 分），超出了用户的需求，这说明用户的满意程度和用户需求的实现度都比较好。在 38 位领先用户测试中，有 30 个人对设计方案比较满意，占 78%，有 8 个人觉得还需进一步优化，占 22%，个别用户觉得主机体量偏大，能否采用较小的光机实现主机体量的减少。

3.4 模型样机与测试

用户体验研究和分析用户对产品的体验，并在此基础上进行优化设计。[7] 根据设计方案完成模型样机制作，并把模型样机进行用户测试是用户参与式设计的第七步，目的是找到用户在可用性上可能存在的问题。

完成模型样机制作后，同样采用定性测试。邀请 33 个用户进行操作使用体验。测试结果用户满意度很高，期待上市。参与测评 11% 的用户对激光电视样机的体量提出需要进一步减小的建议，6% 的用户提出外观色彩和材质可根据自己家居环境自行选配的建议。

3.5 激光电视用户参与式设计流程

根据模型样机的用户测试结果进行优化，并转入量产阶段是用户参与式设计的第八步。用户参与式设计方法不仅可应用在概念共创阶段，还可应用在设计阶段和量产阶段。根据模型样机用户测评的建议，在量产设计初期将减少激光电视与音响部分的体量，视觉上做得更精致。在激光电视量产阶段，用户参与式设计方法照样可以适用，如结构跟踪、开模量产、上市跟踪、用户回访等开发流程，均应遵循用户使用建议、销售和市场端的反馈，及时调整设计，做好优化，提供给用户最完美体验的产品。

通过本次用户参与式设计在激光电视新品开发上的尝试，总结前面的激光电视设计过程，可得出一套适合长虹公司激光电视新品开发的用户参与式的设计流程（如图 4 所示）。

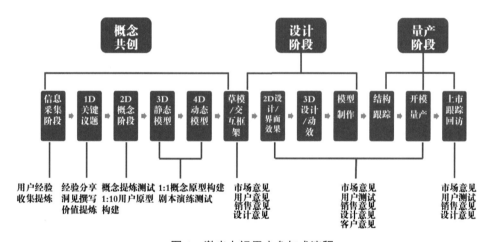

图 4　激光电视用户参与式流程

4　结束语

用户参与式方法重在产品设计开发的始终都应有用户经验，从产品定义到设计开发再到量产实施都离不开用户的参与。本文将用户参与式设计方法引入长虹公司激光电视新品设计开发中，完成上墙翻转实现开关机的设计方案，解决了用户坐装和吊装时遇到的各种痛点，并总结了一套符合长虹公司的用户参与式设计流程。经用户对本样机的使用测试表明，本设计符合用户需求，部分设计体验超出了用户的期望。因此，用户参与式设计方法能直接挖掘用户的期待和需求，可少走弯路，降低研发成本，将会被越来越多的企业所采用。

参考文献

[1] 诸葛凯 . 设计艺术十讲 [M]. 济南：山东画报出版社，2009.

[2] 蒋璐珺 . 参与式理念在儿童纸家具产品中的设计与实践 [J]. 设计，2017（17）：126-127.

[3] 门亮 . 参与式设计方法和模型 [J]. 计算机技术与发展，2006（2）：163-170.

[4] 杜宇，黄立中，黄龙 . 用户参与式工作坊在激光影院设计中的应用 [J]. 中国新技术新产品，2016（9）：140-141.

[5] Maiden N，Rugg G.Selecting Methods for Requirements Acquisition[J].Software Engineering Journal，1996，11（3）：183-192.

[6] 李永锋，刘焕焕，朱丽萍 . 基于卡诺模型与联合分析的老年人 App 用户体验优化设计方法 [J]. 包装工程，2021（1）：77-85.

[7] 吴轶弢 . 基于用户体验的智能健康管理服务设计 [J]. 设计，2021（19）：83-85.

成都博物馆资源在产品建模课程中的应用研究

韦小英

（四川工商学院 艺术学院，四川 成都 611745）

摘要：成都博物馆作为四川省内知名博物馆，其资源丰富，一度成为四川省内各高校师生开展课程实践及设计研发的研究对象。在成都博物馆馆藏文物资源调研的基础上，探讨成都博物馆资源融入高校产品设计专业产品建模课程教学的可行性问题，提出成都博物馆资源融入高校产品设计建模课程中的"访—实—创—扬"四步环节及"以学生技能训练为中心，以创新思维提升为灵魂"的两项原则，使学生在掌握产品设计基本建模工具及技巧的同时开阔视野，设计出具备审美性、本土文化传承性及创新性的产品。

关键词：成都博物馆；资源；产品设计；建模；文化传承

随着时代的发展，人们对于精神文化的需求逐渐增加。博物馆作为地域文化发展的缩影，是展示和传承文化的良好平台，在博物馆文创产业快速发展的同时也暴露出现有文创产品存在做工粗糙、千篇一律、样式陈旧、缺乏创意等诸多问题。[1]高校产品设计专业师生团队作为博物馆文创产品开发队伍的重要组成部分，在专业课程实施过程中，融入博物馆文化资源，一方面能为师生课堂教学增添适宜的教学案例，另一方面也能为地方博物馆文化产业的发展添砖加瓦。

1 高校产品建模课程现状

产品建模课程是高校产品设计专业重要的专业课之一，在该课程教学过程中师生常用的

作者简介：韦小英（1995—　），女，广西柳州人，助教，硕士，研究方向为工业设计、陶瓷产品设计等。

软件为犀牛软件（Rhinoceros，简称 Rhino），这款软件由美国 Robert McNeel 公司研发，其内存占用较小、运行顺畅，同时，犀牛软件具有非常强大的插件功能，还可以与 Keyshot、V-Ray 等渲染软件实现对接，更好地呈现产品设计方案的三维效果。产品建模课程通常开设在大二学年，在产品设计专业学生专业技能培养中起到良好的衔接作用，帮助学生建立起从产品平面手绘表现转换到三维建模表现的思维，形成更为系统的设计思路。

在实际教学过程中，各高校开展产品建模课程教学的模式各不相同，常见的有技能训练式教学、项目式教学、案例式教学等。然而，在各高校产品建模课程教学的具体实施过程中，也出现了一些共性问题。

1.1 基础命令烦琐——讲解枯燥

犀牛软件基本建模命令由点、线、面、实体四大块组成。[2] 课程初期往往都是由任课教师以讲授及示范为主，学生根据老师的示范一一了解犀牛软件中的各个图标及工具的作用，从而完成简单的点、线、面等成型操作。这个阶段，学生大多无法将建成的点、线、面与完整的产品联系起来，出现了教师知识点讲解枯燥、学生学习乏味的现象。

1.2 学习依赖性强——缺乏规划

在产品建模课程学习中，学生按照既定式教学计划参与课堂，由于学生每周要学习的课程数量多，每门课程都在讲授新的知识点，在这样的情况下，学生需要不断地回顾和预习，做到温故而知新，但对于自主学习能力和自制能力差的学生来说，由于缺乏课堂理论知识的复习以及上机实践操作设计的热情和练习，等下周再上课时，上周的学习内容已基本遗忘 [3]，这部分学生出现了在课堂学习及自主操作过程中，对老师的示范指导、建模案例及视频教程依赖性大，对自己的产品建模学习规划不清晰、畏难情绪明显的现象，从而对后期更深入、困难的建模学习失去了信心与兴趣。

1.3 建模思路局限——缺乏创意

产品建模课堂教学时间有限，通常持续在 8 周，大多以教师案例示范、学生跟做等方式培训学生犀牛软件基本使用技能为主，学生自主设计并规划建模思路的训练较少。同时，在产品建模教学过程中，学生个体存在差异性，对空间的理解能力不同，这就导致很多同学的建模效果远远不能对设计者的创意进行完善的表现。[4]

2 成都博物馆资源在产品建模课程中应用的可行性分析

成都博物馆自 1958 年开始筹备，选址于成都市风路大慈寺，并于 1984 年正式对外开放。2009 年新馆在天府广场西侧奠基，2016 年 6 月新馆建成并对外开放。馆内将成都历史划分为古代篇、近世篇和民俗篇等。馆藏文物类别丰富，造型、色彩各异，文化底蕴深厚，能为高校设计类专业教学提供大量教学资源。近几年来，成都博物馆以建设开发型文创产品平台为宗旨，以博物馆文物文化 IP 及文创服务区资源为引导，面向全社会吸引个人、企业和社会团体进行合作设计、生产、推广文创产品。多次举办成都博物馆文创设计竞赛，如 2016 年 12 月成都博物馆主办了首届"成博杯"文化产品创意设计大赛，2021 年举办了"这礼是成都"文化创意产品设计大赛等，为各高校设计类专业师生提供专业竞技的平台，同时也在一定程度上唤起高校学生传承及发展地方优秀传统文化的自觉性。

可见，成都博物馆资源在四川省内高校产品建模课程中应用的可行性较高，主要体现在以下几个方面。

2.1 促进课程思政目标的达成

立德树人是新时代教育发展阶段对高等教育提出的要求，也是新时代党中央领导下高校思政教育的发展目标。[5] 在高校产品设计专业产品建模课程的开展过程中，融入地方文化资源、国家政策等课程思政内容，可帮助学生树立正确的价值观、唤起学生作为设计师的职业担当，更好地学习我国优秀传统文化及造物精神，从而发扬创新精神及工匠精神。

成都博物馆馆藏文物丰富，其内容包括先秦、两汉、唐宋、明清等时期的精品文物以及成都民俗民风代表，可以从中挖掘丰富的课程思政元素，如在成都博物馆内展示的历朝历代匠人所制作的陶瓷器皿，各类器皿装饰丰富、器型多样，体现了历代匠人坚守工艺、不断创新的工匠精神，而部分器皿本身在装饰上，采用了中国传统纹样及人物故事进行造景，在美化物品自身的基础上也对我国倡导的为人处世之道进行宣扬，起到良好的教育作用。

2.2 形成课程基本知识点讲解案例

通过实地调研不难发现，成都博物馆内馆藏文物类别丰富，大多文物自身造型与装饰和产品建模课程中点、线、面、体等建模知识点形成呼应（如表 1 所示），其包含了平面纹样（如皮影、服饰纹样等）和立体造型（如四川省内出土的各个朝代的青铜器、陶瓷器具、兵器等），能较好地作为产品建模课程教学案例以供学生参考及练习。

表 1　成都博物馆资源类别及其产品建模课程中对应的知识点

资源类别	代表文物	对应的知识点
平面类资源	服饰纹样、皮影、面具等	点的绘制、线的绘制及调整、面的生成及变化
立体类资源	陶瓷器皿、青铜器等	直面模型、曲面模型

2.3 提供设计创新参考元素及灵感

高校产品设计专业产品建模课程在开展过程中，采用丰富的操作案例及视频等，目的是在培养学生建模基本技能的同时帮助其形成良好的建模思路及设计思维，为学生日后的设计方案创新及效果展示奠定基础，其实质仍是实现创新。从当前成都博物馆相关文创产品来看，其类别丰富，但在设计创新点上每个设计者的侧重点各不相同。例如，成都博物馆现销售的文创产品石犀系列——卡通石犀钥匙扣（如图1所示），作品以成都博物馆镇馆之宝——石犀为元素，将石犀形态及身体装饰纹样进行提炼和简化，将文物形态进行扁平化处理，设计的作品萌趣十足并带有明显的祈福寓意。又如，四川工商学院徐琪同学的作品——皮影包包（如图2所示），设计方案以成都博物馆馆藏品——皮影为元素，提取灯花皮影的轮廓特征及色彩，将其进行立体化组合，设计的作品雅致且具有现代感。除了以上案例中设计者将成都博物馆文化资源进行平面化、立体化设计处理外，常见的还有借鉴成都博物馆文物自身的寓意，进行语义转化设计、多元素融合设计等。

图 1　石犀系列——卡通石犀钥匙扣（作品来源：成都博物馆）

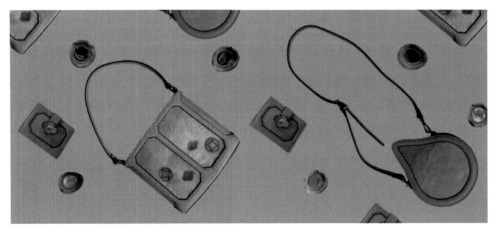

图 2　皮影包包（作品来源：四川工商学院　徐琪）

3　成都博物馆资源在产品建模课程中应用的思路

为使成都博物馆资源更好地融入产品建模课程，在具体的课程实施过程中，笔者认为可从"以学生技能训练为中心、以创新思维提升为灵魂"两项原则入手，运用"访—实—创—

扬"四步环节来实施教学。在教学过程中，突出软件技能教学与课程思政齐头并进的亮点，形成成都博物馆资源在产品建模课程中的应用思路（如图3所示）。在课程实施过程中，不同环节侧重点也各不相同。笔者以教学周为8周、每周8课时的进度为例，设计了成都博物馆资源在产品建模课程中应用环节时间安排（如表2所示）。

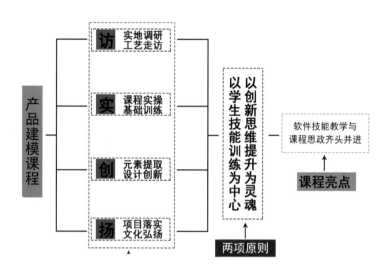

图3　成都博物馆资源在产品建模课程中的应用思路

表2　成都博物馆资源在产品建模课程中的应用环节时间安排

时间	环节	内容及预计成果
第1周	实地调研、工艺走访	实地调研、分析藏品建模特征 成果：完成调研报告
第2至5周	课程实操、基础训练	点—线—面—体绘制、直面模型建模、曲面模型建模、综合模型建模 成果：完成课程对应的产品建模练习作业
第6至7周	元素提取、设计创新	完成元素提取、设计方案确定及建模表现 成果：完成成都博物馆文创产品设计方案建模
第8周	项目落实、文化弘扬	完善设计方案效果图等 成果：作品参加专业相关比赛与展览或对接企业完成产品孵化

3.1　实地调研、工艺走访

开设于课程的第1周，任课教师下达课程任务并有目的地组织学生开展成都博物馆实地调研、工艺走访活动，以帮助学生更好地从产品三维建模的角度分析馆内藏品，了解藏品的形态特征及制作工艺，提升学生对课程及设计项目的兴趣。

3.2　课程实操、基础训练

开设于课程的第2至5周，采用讲授法、案例法等开展产品建模方法知识点教学，在任课教师讲解示范、学生跟做训练的基础上，更为深入地了解犀牛软件的工具使用方法。结合学生前期调研及分析，适当布置学生自主选择成都博物馆馆藏文物作为参考，独立完成课程知识点所对应的训练，进一步提升学生模型分析的能力，促进学生形成较为全面的建模思维。

3.3 元素提取、设计创新

开设于课程的第 6 至 7 周，学生自定设计参考元素，在任课教师的指导下确定设计方案的形态、材质与功能等，独立完成设计方案建模及效果图制作等工作，进一步摆脱对任课教师示范步骤及建模案例的依赖，加强学生设计元素提取与运用的能力，促进学生创新思维的形成，更好地帮助学生缓解其对产品建模的畏难心理。

3.4 项目落实、文化弘扬

开设于课程的第 8 周，这个环节要求学生整理及完善前期的建模训练及设计创新等工作，完成设计方案的效果图制作等，结合设计竞赛、校企合作项目完成设计方案的落实、参赛及布展等工作，进一步弘扬成都博物馆相关文化。

4 结论

高校教育承载着立德树人的使命，课题"成都博物馆资源在产品建模课程中的应用研究"结合实地调研案例，探索成都博物馆内中华优秀传统文化、地方文化等资源在产品建模课程中应用的可行性及思路，归纳出成都博物馆资源在产品建模课程应用中的"四步环节"及"两项原则"，以期能为高校设计类专业相关课程的开展提供参考。

参考文献

[1] 王畅. 基于地域文化的成都博物馆文创产品设计研究 [J]. 美术教育研究，2020（5）：58-59.

[2] 马豫伯. 艺术类院校产品设计专业犀牛软件课程教学改革初探 [J]. 美术教育研究，2016（14）：81.

[3] 钱真卿，邵梅芳. 计算机辅助工业设计犀牛软件课程教学探析 [J]. 现代商贸工业，2022，43（24）：256-257.

[4] 谷童飞，曹烨君. 产品设计专业三维建模软件教学研究 [J]. 湖南城市学院学报（自然科学版），2016，25（5）：156-157.

[5] 张文. 新时代文化自信视域下的高校育人机制研究 [D]. 兰州：兰州理工大学，2019.

基于审美需求的中国唱片封面设计方法研究

张鑫

（成都东软学院 数字艺术与设计学院，四川 成都 611844）

摘要： 唱片封面是唱片宣发的重要途径与有效推广方式。为促进中国音乐唱片封面设计与消费者之间互相的信息传递与心理交流，促使消费者产生购买行为或意向，本文以中国音乐唱片封面为研究对象，首先通过问卷调研，了解当下消费者对音乐唱片封面设计的审美需求；其次，通过消费者对唱片封面设计在主题呈现、民族文化体现和感性交互方面的需求分析，提出视觉元素主题立意、民族文化视觉转译及封面形态互动设计三类设计方法；最后，以《雄狮少年》唱片为例，对提出的方法进行可行性验证。

关键词： 艺术设计；设计方法；唱片封面；审美需求；视觉设计；封面设计

唱片是发行和推广音乐的载体之一，封面设计是消费者接触唱片的第一印象。21 世纪以来，数字媒体的发展让网络成为音乐传播的主要方式，传统的实体唱片产业也因此遭受了巨大的打击，并逐步被智能终端的音乐 App 所取代，但新的视觉传达方式的形成不代表平面设计基本规律的消亡，数字化形态也依旧需要设计出表征音乐内容的唱片封面。[1] 音乐唱片封面经历了从单纯的包装功能到信息传递功能的转变，从乐手形象到对社会意识的反映，不仅体现了使用方式功能性的变化，更体现出人们对唱片封面审美性的重视和追求。我国古代哲学家墨子早在两千多年前说过："食必常饱，然后求美；衣必常暖，然后求丽；居必常安，然后求乐。"人们的基本需求得到满足后，必定追求更高层次的需求——审美需求。消费者对唱

作者简介：张鑫（1997— ），女，四川泸州人，助教，硕士，研究方向为视觉传达设计、包装与 IP 设计。

片封面的审美需求是人们对于音乐唱片封面这一特殊的对象在形式上的情感意向与需要，唱片封面在消费过程中是与消费者建立联系、促使消费者产生购买行为或意向的最直接的方式，而审美需求的满足则是促使消费行为达成的重要条件。从消费者审美需求的角度上研究唱片封面设计，能够促进唱片封面与时俱进地发展，并且现阶段日常生活的审美化也说明了消费者的审美需求是消费者需求的主要趋势。所以更好地设计出符合消费者审美需求的唱片封面，具有刺激市场和促进消费，加快市场—设计—消费之间循环的现实意义。

1 审美需求与中国唱片封面设计

1.1 审美需求

审美需求，一般指的是一种情感意向、需求和欲望，它能直接或间接地激发消费者的购买欲望，从而导致消费行为和意向。美国心理学家马斯洛最早提出了审美需要的概念，认为审美需要是一种强烈的意识冲动。[2] 马斯洛认为，人类对美的渴望在所有健康的儿童身上就已经存在，这是一种人类积极的需求。之后，他在《动机与人格》中完善了原本的"五层次需求模型"，将审美需求融入其中，认为审美需求位于尊敬与自我实现需要之间。

审美需求作为人类精神需求的重要组成部分，对其概念的界定也有着不同的看法。根据各专家学者的观点，审美需求具有以下共同的特点。[3]

（1）审美需求的定义继承了人类"需要""欲望""欲求"等普遍需求特性，这是人类审美需求的实质。

（2）人是审美需求的主体，对象是客观存在的事物。

（3）审美需求的内容包括形式、结构、次序、规律和意涵，即客体对象事物具体的表现形式。

（4）审美需求作为一种心理需求，具有很强的社会功能，会受到社会因素的强烈影响。

1.2 当今消费者对中国唱片封面的审美需求

随着音乐品质的逐步提高，人们对唱片封面的审美需求也越来越高。不可否认的是，人们对于音乐的审美观念已经转向了对图像和视频的消费与审美，而在这一过程中，隐藏着一种对传统美学价值与精神的彻底颠覆。[4] 对当下的消费者来说，视觉表现在其对该产品的评价中成了主要因素，视觉设计也利用其特有的优势，在产品包装中发挥出越来越重要的作用，在与消费者审美水平的相互作用下，人们的审美需求也不断提高，在新的发展时期体现出了新的需求。

为了了解目前的消费者在对音乐唱片封面设计上存在的需求，笔者针对当下音乐爱好者进行问卷调研，并通过对这些需求的挖掘，转化为中国唱片封面的创新设计。问卷主要从对当下的设计形式是否满意以及希望做到哪些方面的创新进行设置，通过网络发放问卷 258 份，收回有效问卷 224 份，进行数据统计分析，可以归纳出消费者存在以下需求。

（1）清晰的主题呈现需求。对消费者认为当今唱片封面设计的缺点进行调研：64.1% 的消费者表示唱片封面图案与音乐主题关联性差；62.7% 的消费者认为封面设计太单一，存在趋同（如图 1 所示）。主要原因在于在政治环境开放、大众文化得到发展的当下，叙事题材由大环境走向小个体化、由崇高走向世俗、由文学化走向娱乐化、由反叛走向媚俗，其题材范围不断扩展。音乐创作主题变得多元，唱片封面作为音乐主题的视觉呈现，则需要更为丰富的视觉设计来细化音乐的主题，才能让消费者根据唱片封面锁定自己需要的音乐唱片类型。[5]

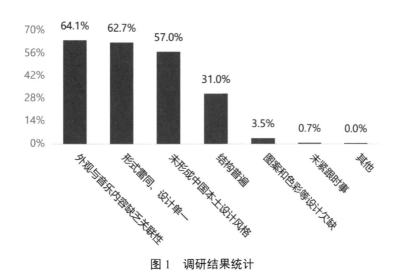

图 1　调研结果统计

（2）民族文化体现的需求。通过对调研问卷的数据进行分析发现，在被问及期望对音乐唱片封面设计进行哪些方面的创新时，除了对设计形式新颖的要求外，57.2% 的受访者表示期望音乐唱片封面的设计中适度体现中国文化（如图 2 所示）。中国是一个拥有五千多年文明历史的国家，具有丰富的传统文化资源，是我们文化发展的母体。在国家大力推崇文化自信的背景下，中国的文化软实力得到强有力的发展，越来越多的艺术家开始用不同的方式呈现中国的传统文化，消费者也开始热衷于国潮，但更多人提出需要思考传统文化的力量，将中国传统文化的精髓挖掘出来，并通过外在的表现形式传达给消费者。这是一轮新的消费浪潮，对外来艺术的包容度提高的同时，对传统文化、传统思想价值体系的认同与尊崇也更为热烈，而本土化音乐的生命也就在这广阔的生活中孕育。于是对民族文化元素进行视觉表现是当下消费者热切的期望，任何人都会对国家的优秀文化得以发扬和推广感到真切的开心。在唱片封面上对民族文化元素进行视觉呈现，让对优秀文化的欣赏更好地推动中国音乐发展成为当下消费者的审美需求之一。[6]

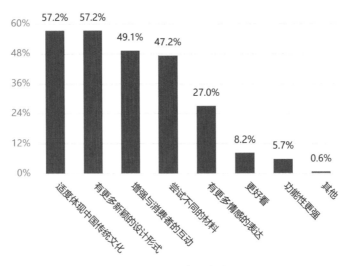

57.2% 57.2% 49.1% 47.2% 27.0% 8.2% 5.7% 0.6%

图 2　调研结果统计

（3）感性交互的需求。在消费者对音乐唱片封面设计创新的期望中：有 47.2% 的人希望尝试运用不同的材料；49.1% 的人希望能够增强与消费者的互动；27% 的人希望有更多关于音乐本身情感的表达（如图 2 所示）。归根结底，都是消费者对音乐唱片封面增加了越来越多的感性交互的需求。音乐本身是一种情感性极强的文化，具有很强的感染力，能够迅速与听者建立起情感上的共鸣。唱片封面随着互联网的迅速发展对音乐唱片市场产生了很大的影响，但是，实体唱片所带来的视觉和触觉体验却远远超过了冰冷的网络和计算机，人们对情感互动的需求是在数字音乐的潮流下实体唱片虽然低迷但依旧存在的原因。在信息爆炸的今天，人们已经从单纯的物质需要转向了感性的交互，需求也从单一到多样化。消费者对音乐实体唱片的购买更多是为了收藏，这种收藏行为本身就是一种音乐爱好者情感上的需求。对于音乐唱片封面来说，其情感互动的需求是众多消费者的需求，人们追求个性化、差异化，音乐唱片封面是以音乐唱片为媒介，通过对唱片封面的塑造表达出设计者和音乐家情感的艺术。当下的设计趋势更加强调以人为本，在唱片封面中体现互动性更能够满足消费者的心理需求。

　　音乐唱片封面作为一种特别的文化商品，消费者存在清晰的主题呈现需求、民族文化体现的需求以及感性交互的需求。在对当今消费者对中国音乐唱片封面审美需求的调研中，还可以看到比较突出的问题是消费者觉得音乐唱片封面的设计形式太单一。随着消费者审美需求的提高，人们对个性化的追求越来越高，怎样设计出满足消费者日益多样化审美需求的专辑封面，是亟待解决的问题。

2　审美需求下中国唱片封面设计策略

　　在当前的社会和文化背景下，经济快速发展，人民的价值和追求也在发生着变化，中国唱片封面设计必须以大众为核心，丰富和拓展自己的理念，找到合适的切入点，发出时代的声音。[7]结合当下消费群体的审美需求偏好，笔者提出了以下的设计方法，以此完善中国唱片封面设计，建立与消费者之间良好的关联性，流程图如下（如图 3 所示）。

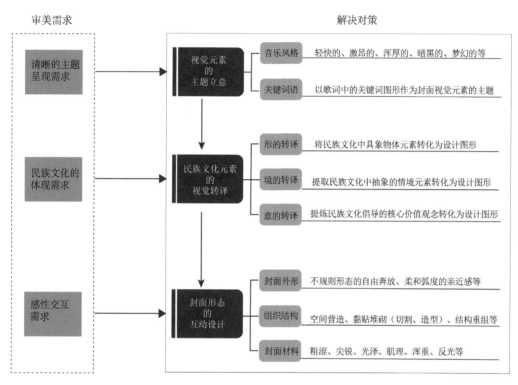

图 3　唱片封面设计策略分析

2.1　视觉元素的主题立意

唱片封面设计师需要对唱片封面设计所要使用到的视觉元素进行主题立意的思考，避免使用的视觉元素脱离唱片内部音乐的主题和内容。音乐作为社会问题的传声筒的时代已经过去。如今，音乐作为大众文化中的一种类型，创作主题更贴近人们的日常生活，在叙述主题受到宏大的时代主题影响时，唱片封面更趋于同化。为了解决当下音乐唱片封面对音乐内容辨识度越来越低的问题、满足清晰的主体呈现需求，首先就必然要针对音乐的内容作准确的理解，再针对此选择能体现其主题的视觉元素来作呈现。封面视觉元素主题的立意需要我们对音乐的创作背景、音乐风格等进行了解后，作出总结。当下音乐的叙述题材，无非是抒发爱情心理、描绘都市生活体验、叙述底层生活、描绘青春期、表达个人情感[8]，但是音乐的创作者往往是自由不羁的，对于同一个主题，不同的创作者有不同的表达方式。

对音乐唱片封面所使用的视觉元素进行主题立意，以求达到消费者需要唱片封面能够清晰地呈现音乐的主题的需求。在为音乐唱片封面的视觉元素进行主题立意的时候，首先可以从音乐的音乐风格方面入手来提取关键词，如轻快的、激昂的、重金属的、暗黑的、沉重的等，以音乐风格奠定唱片封面的整体氛围；其次根据音乐内容提取相对具体的关键词，这一关键词可以是歌词里面出现的事物或是根据对歌曲内容的了解而联想到的内容，如某个地点、某个人物、某件具体的物品等；最后进行筛选组合，总结出能够呈现唱片主题内容的元素和呈现方式，为接下来的设计奠定情感导向。

2.2 民族文化元素的视觉转译

对民族文化元素进行视觉转译是可供选择的方法，不是必需的步骤。因为唱片封面需要根据内部音乐的主题来进行设计，若是音乐内容对民族文化元素并无体现，便不必强加设计。在此提出有两方面的原因：一是从消费者的角度，越来越多的人偏爱民族文化，是一种趋势所在；二是从创作者的角度，存在许多有着民族文化偏爱的音乐制作人，或是对传统乐器的演绎，或是用方言进行的创作，这都让民族文化元素在音乐及其封面设计中有着强烈存在的必要。为了推动音乐的本土化发展，民族文化元素的视觉转译是将民族文化元素融入视觉设计系统完成再生产的转化过程。如今，音乐中所蕴含的创意已成为一个时代的主题，蕴藏着丰富的优秀文化内涵与精神素质，这既顺应了中国当下"文化大繁荣"的时代主题，也能促进传统文化不断发展，为传统文化注入新活力，是使当代生活和传统文化有机结合的有力手段。同样，音乐是从传统文化中汲取营养，经过创作者的反复加工，最终形成了一种文化产品、一种文化精神。

（1）形的转译。"形"的转译是将中国传统的或民族的文化转化为设计视觉元素的过程，利用图案、文字、色彩等视觉要素的设计，打造关于民族文化的视觉符号。在"形"的转译过程中，设计者要正确认识文化的内涵与外延意义，并充分掌握民族文化元素的艺术特征；并根据对唱片主题的形象思维理解，将民族文化的图案、造型、色彩、动态等视觉要素进行抽象化，在保持民族文化代表性的同时，找到符合音乐的形象思维的设计元素。这种形式在更大程度上突破了语言表达的限制，达到了快速传递音乐讯息的效果。

（2）境的转译。"境"在音乐唱片封面设计中的转译，是指根据"形"的转译，找到与音乐所要传达的情绪相匹配的造型要素，并以造型要素表现出普遍的精神形式，从而实现场景的重现，使观众进入情景。以视觉造型要素为基础的唱片封面所构成的场景，是情感传递的主要载体，而很多民族文化元素则承载着抽象的情感、风俗、礼仪、宗教信仰等。于是当我们想要表达某一特定的情感的时候，可以通过查阅记载的资料寻找和感情对应的造型元素来表达。

（3）意的转译。音乐唱片封面设计中对"意"的转译是其终极目的，是在"形""境"转换的过程中，融入了创作者的意象思维的集中与升华，是将音乐主题与时代精神有机地融合，传递价值观念、展示核心文化的过程。当今的唱片封面呈现出多样化的趋势，民族文化元素"意"的转译和音乐文化思想的形象化既要为音乐的传播与市场策略服务，又要顺应国家的文化战略与新的文化格局，加强文化的定位与顶层设计，将中国文化思想渗透到前面两层的视觉美学之中。在之前的转译中，创作者要把文化要素符号与音乐的中心思想价值联系起来，选择恰当的对比、夸张、比喻等设计语言来表现其思想的本质。

2.3 封面的形态互动设计

针对消费者存在的感性交互需求，封面的形态互动设计是针对实体唱片来讲的，指的是在结构上将唱片的封面与内页作为一个整体来设计，使得唱片封面不仅在视觉上对音乐内容进行呈现，在形态上也与内容相呼应。由于唱片封面的体量小，封面的设计巧思受到了极大的限制。但是当我们将封面与内页看作一个整体来设计，能够进行设计的地方就变多了。二者结合之后，封面不再单独负责信息呈现功能，而是和内部结构进行结合，不仅能够改变封面的呈现方式，还能进一步改变唱片的打开方式以及消费者的阅读方式。根据音乐唱片的特征，可以在以下三个方面对音乐唱片封面的形态进行设计。

（1）封面外形。外形的互动是通过运用合理的造型形式，从实现唱片功能的便利性和受众情感的体验性出发，对唱片封面的外部结构进行巧妙设计，起到对音乐内容的释义作用。唱片的外部结构呈现在消费者面前具有直观性和体验性的特征，也是唱片音乐内涵立意的一种表现方式，外形的改变也会间接影响唱片的打开方式。目前常见的唱片外形为正方形，打开方式多为抽拉式、翻盖式等。在基于对唱片音乐内容的整合分析后，我们可以用不同的外部形态表示内部音乐的属性，如用不规则形态呈现音乐的自由奔放，柔和的弧度展现娓娓道来的情绪，尖锐的角度展现创作者独特、刁钻的视角。

（2）组织结构。音乐唱片作为一种包装形式，其包装的组织结构可以是多变的，这也增加了让唱片封面实现与消费者互动的可能性，对组成唱片的相关部分进行组合和逻辑衔接等设计是必行之路。当下市场上音乐唱片的组成部分大多包括光盘、歌词本、写真、明信片等构件，在唱片内相互独立，且除光盘之外大多是造型可变度很高的纸品。由此，可以利用它们在材料上的共通性，在组织结构上增加互动性，将唱片封面与内部组织构件联合起来设计，主要包括以下内容：①空间营造，利用唱片封面的纸张结构将二维图形转变为三维立体结构，与生活中的实物空间结构一致，分为正方形空间、长方形空间和不规则空间；②粘贴堆砌，将多页纸张进行切割、造型，在单页结构上堆积，利用唱片内页的张力展开堆积部分而形成故事性场景；③结构重组，对唱片内部的构件进行设计，能够穿插结合、打乱重组，达到彼此之间能够抽拉、旋转、掀开等动作。

（3）封面材料。通过材料实现唱片封面的互动方法设计的不是材料本身，而是通过材料参与到封面设计中，并影响消费者触摸的体验过程。当拿到唱片的瞬间，消费者会与触摸到的封面材料产生互动，如粗糙的、光滑的感受都会在消费者心中形成反馈。[9]麻布的粗涩、塑料的可变性、砂纸的距离感、不同纸张的感觉，都可以成为设计者根据唱片音乐整体立意而作出的选择。

3 审美需求下中国唱片封面设计实践

音乐唱片《莫欺少年穷》是作为《雄狮少年》电影的主题曲发行的单曲唱片。原本是表达主人公阿民成长过程中想要外出闯荡的少年志向。电影《雄狮少年》讲述的是留守少年阿娟与同村好友阿猫、阿狗在不被看好的情况下，历经磨炼，终于凭着一腔热血，一往无前，从被别人骂"病猫"到最终成为自己心中的雄狮的故事。

3.1 元素的主题立意

通过对歌曲的了解与解读，把握音乐的主题，增强封面视觉元素与音乐主题的关联性。整张唱片的基调应是热血、激昂又带有渴望做出一番事业的野心，其中具体的物象有舞狮、雄狮、唢呐等（如图4所示）。在对唱片封面呈现的效果预想中，希望展示的是一种哀怨与火热的对比，是对"莫欺少年穷"的字面解读，一方面表示当下的不如意；另一方面表现出对美好未来有着强烈的渴望，是现实与理想的碰撞。通过音乐主题的分析，利用对比既能够强化唱片封面与音乐内容的关联性，还为之后的形态互动设计作了准备（如图5所示）。

图4 唱片封面视觉元素主题立意构思

3.2 民族文化元素转译

通过对唱片音乐内容中包含的民族文化元素进行视觉转译，在电影海报本身的基础上作变化，而不是单纯的元素组合。九连真人与《雄狮少年》的合作，是乐队第一次参与到国漫的制作中，他们发扬中国的传统文化和时代精神，用自己的作品来展示更多的国家文化。在对民族元素进行转译时，自然选择了最有代表性的舞狮进行形的转译，结合结构上的设计，将原本的写实形象转化为相对简洁的形状，这样更符合结构的穿插设计，也在唱片这一不同的载体上与电影原本的形象作形式上的区分（如图6所示）。在境的转译时，联系到慷慨激昂与肆意潇洒的情感，选择了书法笔画作为唱片封面的背景（如图7所示）。

图5 唱片封面视觉元素设计

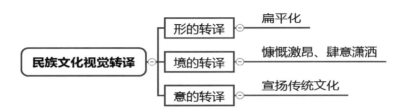

图 6　封面民族文化的视觉转译构思

图 7　封面民族文化转译设计

3.3　形态互动设计

利用形态互动设计增加与消费者的互动，满足感性互动的需求。由于唱片是电影和音乐二者的碰撞，于是在封面的外形上从打开方式上作了双开门结构的处理，一方是雄狮少年的磅礴，另一方是九连真人乐队厚重的特色，二者合为一体（如图 8 所示）。在封面形态的互动设计上，由于舞狮是特别具有代表性的元素，选择在内部组织结构上对舞狮进行立体的结构重组。将绘制好的舞狮狮头各部位拆分，用合适的结构穿插重组，基于封面的打开方式，以求消费者在翻开唱片封面的时候利用页面之间的张力达到立体的效果。右侧翻页也同样利用页面之间的张力立体呈现唱片名"莫欺少年穷"的字体样式，在 CD 的放置结构上也根据唱片主题作了调整，用半镂空的狮头形状和底部作粘连，中间留出空隙放置光盘，打破了常规的形式，也更能彰显主题（如图 9 所示）。

图 8　封面形态互动设计构思

图9 封面形态互动设计

4 结语

音乐唱片封面设计是一种极具吸引力与潜力的设计，尽管中国唱片封面设计行业仍处在边缘状态，但在不断的探索过程中，中国唱片封面的设计将随着不同音乐文化在中国文化资本积累得越来越丰富而不断成熟，以其独特的气质与文化内置的设计风格，发展出具有深厚民族精神的唱片封面设计。在数字音乐大势所趋的当下，实体唱片的收藏价值越来越大，互联网的音乐现在正脱离"唱片"这一体裁的限制，音乐走向平民化，发行音乐的流程变得简单，唱片封面也脱离了实体唱片体量、材质等的限制，具有更大的发展空间，但新的视觉传达方式的形成不代表平面设计基本规律的消亡。本文立足当下，处于实体唱片与数字唱片的交汇期，提出的方法既考虑了唱片封面最本身的功能性，也考虑了实体唱片的收藏性，盼望将来能有更多的方式，背靠互联网强大的技术支撑，开创中国音乐唱片新的纪元。

参考文献

[1] 唐宽欣 . 披头士唱片封面设计研究 [D]. 北京：中国艺术研究院，2017.

[2] 亚伯拉罕·马斯洛 . 动机与人格 [M]. 许金声，译 . 北京：华夏出版社，1987.

[3] 魏惠兰 . 微电影审美需求特征研究 [D]. 武汉：武汉理工大学，2017.

[4] 杨嵩 . 摇滚：时代与人心最朴实真挚的写照：中国现代摇滚音乐三十年感谈 [J]. 音乐创作，2016（11）：100-101.

[5] 郭晓晔，郑泽慧 . 视觉思维、抽象概念视觉化及其设计应用研究 [J]. 艺术设计研究，2019，84（2）：80-85.

[6] 王立雷 .《洄游》的数字专辑封面系列化设计研究 [D]. 济南：曲阜师范大学，2021.

[7] 冯玲 . 视觉文化时代的音乐"景观" [D]. 南京：南京艺术学院，2019.

[8] 李宇昂 . 整体性思维在独立音乐唱片包装设计中的运用与研究 [J]. 艺术与设计（理论），2018，2（10）：47-49.

[9] 邢沛瑶 . 流媒体环境下的唱片封面设计实践研究 [D]. 沈阳：沈阳师范大学，2021.

五育并举背景下成都大中小学美育融合发展路径探析

张鸶鸶，赖婷婷

（成都大学中国－东盟艺术学院美术与设计学院，四川 成都 61010）

摘要： 五育并举是新时代教育的战略要求，在此背景下，本文运用美育理论研究成果，充分调研成都大中小学美育实践现状，总结归纳了美育理念认识不全、师资力量不足、设施设备亟待完善、高校与中小学存在壁垒等四类问题，进而提出衍生拓展美育教学理念、加强合作美育教学科研、共建共享美育设施资源、纵向打通美育培养体系四条大中小学美育融合发展路径，从而达到全过程以美育人之目的。

关键词： 美育；五育并举；成都；大中小学；文创产品

"五育并举"是由教育思想家蔡元培于 1912 年在《对于新教育之意见》中首次提出的一种思想主张，即"军国民教育、实利主义教育、公民道德教育、世界观教育、美感教育皆近日之教育所不可偏废"。

2019 年 7 月 8 日，中共中央、国务院印发的《关于深化教育教学改革全面提高义务教育质量的意见》（以下简称《意见》）对外发布。[1]《意见》提出要坚持"五育"并举，全面发

_____

基金项目： 教育部产学合作协同育人项目（项目编号：220901208273811、220504643175030、220504643190000、220904643230126、201101311035）；教育部供需对接就业育人项目（项目编号：20230104796、20230104797）；四川省高等教育人才培养质量和教学改革项目（项目编号：JG2021-1091）；成都大学人才培养质量和教学改革项目（项目编号：cdjgb2022198、cdjgb2022319）。

第一作者简介： 张鸶鸶（1981—　），女，四川雅安人，教授，硕士，研究方向为文创设计、设计教育；发表论文 40 余篇。

通信作者简介： 赖婷婷（1986—　），女，四川成都人，硕士，研究方向为文创设计。

展素质教育。美育是"五育"的重要组成部分，与德育、智育、体育、劳动教育相互促进，具有以美育德、以美启智、以美促劳、以美育美的特殊价值和功能。为贯彻落实习近平总书记关于教育的重要论述和全国教育大会精神，进一步强化学校美育育人功能，构建德智体美劳全面培养的教育体系，2020 年 10 月 15 日，中共中央办公厅、国务院办公厅印发了《关于全面加强和改进新时代学校美育工作的意见》。[2] 美育是审美教育、情操教育、心灵教育，也是丰富想象力和培养创新意识的教育，能提升审美素养、陶冶情操、温润心灵、激发创新创造活力。

1 文献研究综述

笔者通过知网、万方等学术平台以及百度等搜索引擎查阅了大量有关"五育"并举、大中小学美育的著作、论文、期刊等资料。刘琉 [3] 认为，基于艺术的审美教育，是美育的基本手段，对培养通识之才发挥重要作用。陈含笑等 [4] 提出，中小学应积极开发和实施美育课程以推进美育，并对新时代中小学美育课程的目标、内容与实施路径进行论述。胡樱平 [5] 从实践层面出发，探讨了新时代中小学美育实践的三大实践路径：完善美育观念、构建多维美育课程体系、发挥评价的导向功能。殷世东和余萍 [6] 从中小学美育课程评价的价值、逻辑和路径出发，对中小学美育课程评价体系作出研究。黄兴刚和姜约 [7] 讨论了中小学实践性课程的美育功能，提出融入了审美教育的实践性课程的重要意义。王梦凡 [8] 从师资力量、课程结构、教育目标等方面分析中小学文创设计课程资源开发的误区，探讨其成因，并提出解决对策。

钱小华和杜伟 [9] 探讨了美育改革背景下艺术类高校美育实践的路径。李金平和何潇 [10] 从劳动美学的视角对艺术类大学生劳动教育的实践进行了探索。王小奎 [11] 论述了高校美育教育的意义和开展中存在的问题，对高校美育实践的路径进行了研究。秦大伟 [12] 针对艺术类大学生美育素养的培育从时代诉求、价值意义、现实困境、实践路径四方面进行了论述。周婷婷 [13] 认为非遗文化资源有丰富的教化功能和教育属性，在大学育人环境中要挖掘非遗资源，以文化人，构建文化育人机制。

2 实地调研分析

根据国家"十三五"规划中"加强艺术审美教育"的要求，2016—2020 年中国的大中小学校普遍在学校开设美育课程。据教育部的统计，截至 2020 年 12 月，全国有近 87% 的中小学生接受了艺术教育，65% 的学生参与了相关的艺术社团活动。

成都市作为西部地区重要的中心城市，认真贯彻落实了国家提倡美育的大政方针。截至 2020 年，成都市中小学共配备音乐教师 5 934 人、美术教师 5 940 人，共计 11 874 人，占全市中小学教师的 8.2%；在基础设施方面，有音乐专用教室 2 988 间、美术专用教室 2 808 间，达标率 100%，其他艺术活动室 2 422 间、艺术场馆 600 个，面积达 328 496 平方米。全市所有学校均按国家课程要求开足开齐美育课，基本实现艺术教育城乡"满覆盖"。

进入"十四五"时期，我国教育界继续深化素质教育改革。成都市教育局在国家"十四五"规划的指导下，结合"双减"政策和"五育融合"的指导意见，于 2022 年正式发布《成都市"十四五"教育发展规划》。其中包括了全面实施中小学生艺术素质测评制度，将艺术素质测评结果纳入初、高中学生综合素质评价；总结地方将艺术科目纳入中考的经验做法，推进中考美育改革试点；健全评价体系，将美育政策落实情况、学生艺术素质测评情况等纳入督导评估，把美育纳入高校本科教学工作评估和"双一流"建设评价指标体系。

笔者通过对成都市多所大中小学进行实地考察，对学生、教师进行访谈，获取其美育教学现状、模式等方面的资料，为研究提供了可靠的第一手素材。

2.1 代表高校

2.1.1 四川师范大学

2019 年，四川师范大学成立了四川非遗美育研创中心，在国内高校中率先提出"非遗美育"的概念，并成为四川省教育厅高校美育教育建设改革试点项目单位。四川师范大学下属的美学与美育研究中心，是以研究美学与美育为主的实体性学术机构。两者都是四川省社会科学重点研究基地，具有学术研究与交流推广作用，是成都市美育研究的重点基地和前沿标杆。

2.1.2 成都大学

2022 年，成都大学传统工艺研究院获批第二批四川省重点中华文化研究院。成都大学工艺研究院包括成都漆艺、蜀锦蜀绣、四川竹编、四川缬染、四川陶瓷、四川皮影、四川年画、古蜀青铜文创、传统造纸、藏羌彝传统工艺、传统工艺与现代设计、雕刻、锻造 13 个工作坊和传统工艺理论、东盟十国传统工艺、传统工艺文创 3 个研究所。传统工艺研究院是成都大学美育教育、研究的平台，自成立以来，多次与成都中小学进行合作交流，提供实践体验，融合非遗文化、传统工艺、设计实践进行美育工作。另外，研究院在彭州建立工作站，推动创意向现实转化、非遗与文创相融、增加彭州文创有效供给，提升文旅项目服务品质，进一步推动传统工艺振兴和以传统工艺为特色的文创产业集聚区发展。

2.2 中学典范

2.2.1 成都市第七中学

成都市第七中学高度重视美育对于弘扬中华美育精神、塑造美好心灵的作用，坚持以美育人，为美艺行。学校开展丰富的美育课程，其中书法与国画、装饰画制作、陶艺、木版年画等课程与文创设计有机结合，不限于技艺教学，亦着重培养学生创意、创新能力。学校开展了"美育视野下的诗歌教学"系列活动，课程以课堂讲座的形式分别以《诗探书意——从论诗书看苏轼的书法审美观》《"诗书共意"——步入诗书相合的艺术境界》《诗书合璧》为题目探讨了诗歌与书画之间的关系。2021 年 3 月学校新建了冠城文创中心，在馆内展示学生、教师的文创作品，提供教学、展示的平台，为推进和提升美育而提供更好的支撑和舞台。

2.2.2　成都树德中学

成都树德中学十分重视文创设计教育，其参与承办的"2020 成都数字文创论坛"，运用数字平台进行文创教育的美育活动，不仅运用数字技术、新科技，更是直接建立产业链接，是新时代美育的新形式。学校还持续开展树德文创校徽项目、"树德文化印记"传承项目等，支持师生进行文创开发，提升校园文化建设。2022 年，在"全面育人，五育融合"的教育理念催化下，学校诞生了跨校区跨学科的树德文创中心，集各学科教师、学生的专业特长爱好于一体，以美育人、以文化人。虎年新春之际，教师、学生们合力创作虎年新春福袋，包含春联、福字、红包等新春节庆用品。

2.3　部分小学

2.3.1　成都市建设路小学

成都市建设路小学开设仿景泰蓝艺术课程，在实践中进行审美引导、协作互动。课程沿用了部分景泰蓝制作的工艺流程，并对其进行了简化，抓住了掐丝的工艺和色彩以及图案的特点进行美术教学，教学中既传承了传统民间文化，也提升了学生的审美判断能力、动手能力和创造力。

2.3.2　成都高新区锦晖小学

成都高新区锦晖小学基于学校"全科阅读"特色开发瓷绘文创特色课程，主要通过美育同时渗透阅读教学，提升学生的阅读、思考能力和跨学科知识融合的学习能力，从而培养学生的核心素养。将中国各时期陶瓷文化进行梳理，借助阅读的手段，欣赏各种类别的陶瓷彩绘，了解其色彩搭配的知识与制作方法，再结合捏塑、刻印、绘画等美术技法，经过设计与再创造，最终形成风格鲜明、稚趣盎然的当代儿童瓷绘画文创作品。课程通过全校分学段实施，分为 6 个瓷绘内容板块"初始瓷绘、青花、五彩、红绿彩、唐三彩、彩陶"来进行课内拓展。

2.3.3　成都教科院附属学校（西区）

成都教科院附属学校（西区）校园文化根植于中华优秀传统文化，以培养现代优秀人才为目标，营造浓郁的校园"竹文化"氛围，弘扬竹文化，让学生识竹形、知竹性，以竹为师，进而学竹品、做竹人。学校通过美育特色课程与国家标准课程的双向融合发展，立足教育现状，结合学生身心教育特点，传承与创新的同时，植入融合理念，注重开发传统文化教育的多样化，开拓多元视角，巧妙融合教育资源，注重美育特色课程与现实生活的紧密联系，注重课程中师生的参与体验，实现传承、创新与融合并举，打造具有本校特色的美育特色课程。

2.3.4 成都高新区益州小学

成都高新区益州小学以本土文创课程为美育新载体，开发以创意美术和创意设计为主要内容的文创课程"唯益启梦"，着力于培养学生的创新实践能力；并以校园文化和天府文化为主题探索文创课程实践教学，加强学生对本土文化的理解与运用，培养具有天府文化特质和国际视野的现代小公民；还结合学校财经素养课程，以学科融合、整合创新为基点，以文创产品为载体，积极探索将本土文化进行创意转化的"一体型模式"；依托学校"多多益善加油站"（益小超市）的课程实践空间，定期在益小超市售卖学校原创文创产品，实施文创产品的推广。

3 成都市大中小学美育现存问题

3.1 美育概念还有待扩展

在调研中发现，虽然在理论和制度上，"五育"并举及美育的概念得到了充分的研究和重视，但在现实中大家对美育的理解仍集中在对传统艺术门类的学习上，美育培养方式多基于经典绘画、音乐、舞蹈、民间手工艺等艺术门类的审美叙事，缺少美学教育。美育不仅仅是某一种艺术技能的学习，更是人生观、哲学观、审美观的重新塑造，美育课程中应增加艺术鉴赏、艺术史、美学理论的学习，还要融入德育、智育、体育、劳动教育。在针对中小学的调研中，有学校提出手工工艺的技能技巧如何与科学技术连接，及新方法、新材料的创新应用上存在难点，这就是传统美育局限在单一艺术领域的缺陷。在高校，美育也易局限在艺术专业教育，在其他学科的普及与渗透还不够，美育概念还有待扩展和深化。

3.2 师资力量有待提高

调研发现，当前成都市中小学美术教师的缺口达千人以上，同时，教师的专业能力往往集中在某种单一的艺术技巧上，如美术教师仅擅长传统的架上绘画与书法。据调研，成都市中小学美育项目中涉及不少非遗文化。优秀的地方非遗文化是当地先民在一个地区的日常生活中创造、运用并流传至今的精神财富，其美育功能丰富，但是也对教师的能力有了更高的要求，运用非遗文化进行美育不仅要求教师要充分了解非遗文化的理论知识，对其涉及的工艺、技巧等也有比较高的要求。与传统的美术教育不同，非遗文创设计运用的材料品种和数量较多，在准备、整理方面，就需要额外占用不少时间，对材料的运用也不同于传统美术，这些都给教师们带来了新的挑战。同时，在跨学科融合方面，尤其是美育与科技的结合，教师们也深感不足。

3.3 教学设施仍待完备

传统的美育教学仍是在静态空间内进行，以教师的讲授为主，难以达成"德智体美劳一体化"的培养目标。教学空间中既要有高科技手段，还要有实物展示，使虚拟与现实、线上与线下教学有机配合，最终构成人机互动、技巧训练、教学应用的完整闭环。这样不仅要求在软件上的学术研究达到一定深度，还在硬件上要求场地、设备等的投入。在一般院校，特别是中小学，实现难度较大，在调研中，很多小学都反映硬件设施难以满足教学需求。

3.4 高校与中小学壁垒分明

由于高校与中小学的教育体制存在比较大的差异，学术研究与教材编撰等往往都是分别进行的。高校与中小学的美育在课程设置、师资力量、硬件设施等各个方面都存在差异。高校的美育课程专业性更强，大多是针对艺术学科学生；中小学的美育课程则因学生年龄的限制，更侧重于兴趣培养。此外，高校由于学生人数多、学校规模大、资源投入多，在师资队伍多元化、美育硬件设施建设等方面也较中小学优良。

由此可见，成都市的大中小学基本上完成了教育部、市政府文件要求的美育教学内容，美育方式多元、内容多样、教学涵盖面广，与传统的美术教育相比，确实呈现出了新的风貌，但也存在一些棘手的问题亟待解决。

4 成都市大中小学美育融合发展对策

4.1 衍生拓展美育教学理念

艺术设计教育是美术教育的一个方向，涵盖传统文化、美学设计、制作实践等，是符合五育融合的新时代美育课程。针对目前在实际教学中对美育概念认知不足的问题，可以运用文创设计类教学进行实践探索。成都市大中小学文创设计美育教学在文化传承、美感培养、技艺研习等多个方面较传统单一艺术技艺教学而言具有更高的融合性。"文创实践"在中小学校的推广，可以启发、培养学生的创新能力，推进现阶段国内中小学美育教育从传统的绘画、手工等技能教学转向艺术与科技结合的实用艺术教育。另外，在教学方式上也讲究融合扩展，加强高科技与新媒体应用，建设"智慧艺术教室"，即集材料技术、创作展示、高科技媒介为一体的体验式物理空间，是交互体验与审美教育兼备的跨学科综合性平台，具有教学与展陈的功能。物质实体和多媒体设备的应用，突破了传统教育模式的不足，触发学生视、听、触、味、嗅的全面感受，在沉浸式体验中感受传统文化的审美特点，通过立体化的方式进行美育教育，学生在"智慧艺术教室"中通过"理论学习—艺术实践—社会应用"的教学过程，成为具备综合素养的复合型人才，进而解决德智体美劳一体化培养的难题，也对应了中华优秀传统文化传承的现实要求。

4.2 加强合作美育教学科研

高校在美育科研教学方面有极大优势，关于课程体系、教学规律和模式、评价体系、师资培养等方面的研究成果，可以为中小学美育教育提供有力的理论支撑，加强大中小学的联系互动，有利于促进学术成果的高效转化。

四川作为非遗大省，传统工艺资源丰富、技巧精湛，具有浓厚的文化底蕴和地域特色，承载着四川民族文化艺术记忆，是中华优秀传统文化的重要组成部分，也是助力经济社会可持续高质量发展的重要抓手。成都市大中小学应着力创新美育课程形式，加强天府文化美育资源课程开发，突出川蜀文化特色，课程内容应集中在中国传统艺术精品、非遗技术和四川传统手工艺方向，这些都是得天独厚的美育教学范本，可以更好地弘扬中华优秀传统文化。新时代的美育有新时代的要求，对于美育的科研要充分调用高校研究能力，结合中小学实践经验，通过向不同需求的青少年设计不同类型课程，做到因材施教、因课施教，侧重对青少年创造力、艺术感受能力、分享精神、实践技能的综合培养，最终促成学生对中华历史文化内涵的新发现，使民族艺术得到传承，提升中华文化影响力。

4.3　共建共享美育设施资源

中小学在美育师资上面临短缺困难，应鼓励将高校的相关美育教师、博士生、研究生等优质资源引入中小学作专题讲座、实习实践，从而带动中小学美育师资力量，增强其在理论和实践方面的能力。反过来亦为高校进行美育科研提供充分的实践材料，促成良性互动。另外，高校专业设置广泛，不仅可以提供艺术类专业的师资，其他如电子工程、计算机、材料学等专业的学生也可以参与中小学美育的实践，可为解决美育中跨学科融合的问题提供新的思路。通过资源共享实践将大、中、小学三方联合在一起，进行大中小学生美育项目实践，可以由高校学生为中小学学生提供专业指导，提升其审美素养、陶冶身心，培养学生设计思维与能力，激发创新意识、提高创新能力。同时，中小学也为高校学生提供了实习、实践、就业的机会，使高校学生能提前适应新时代课程改革下基础美育对专业人才的需求。

同时，高校的美育硬件资源亦较为充足，可以利用高校艺术工作室、美术馆、博物馆、实验室等资源，为中小学美育提供实践场地、展示平台等，推动大中小学合作互补，亦可达到多方共赢。

4.4　纵向打通美育培养体系

因中小学培养的美育人才将来会走进高校继续学习，而高校美教等专业的学生大部分又会回流到中小学担任美育教师，因此迫切需要打通纵向培养体系，深化对青少年的美育一体化教育。成都大学在此方面已在探索，其广泛开展与成都市中小学的美育合作实践，通过课程研发、项目合作、美育论坛等一系列活动，对少年儿童美育教学体系的纵向构建已初显成效。2022 年 6 月，由成都大学牵头组建"成都传统工艺百校联盟"，探索高校教师与中小学教师双向交流、互助发展的合作模式，"成都传统工艺百校联盟传统工艺传承普及课程建设项目"组建了包含成都大学传统工艺研究院的专家教授、非遗代表性传承人和市区级美术教研员、中小学骨干教师在内的课程研发团队。经过长达半年的努力，团队成员围绕"天府文化"主题，开发了首批六门传统工艺传承普及课程，包括蜀绣、银花丝、竹编、邛窑、皮影、漆艺等课程的课件教案、演示视频、研习手册、实践体验等教辅材料。这些传统工艺项目既可以作为青少年普及型美育的课程，也可以在进入大学专业培养时作为专业研究方向，从而使美育教学更加深入。

5 结论

美育在青少年的审美启蒙、艺术感知、创意激发、文化传承等方面发挥着重要作用，在"五育"并举的时代背景下必须扩展传统美育的概念，做好融会贯通。大中小学的美育教育虽存在天然的区别，但可以通过纵向合作实现资源融合共享，人才培养共通，以美育人、以美化人、以美培元，从而构建德智体美劳全面发展的教育体系。

参考文献

[1] 中共中央，国务院.关于深化教育教学改革全面提高义务教育质量的意见 [N]. 人民日报，2019-07-09（001）.

[2] 中共中央办公厅，国务院办公厅.关于全面加强和改进新时代学校美育工作的意见 [N]. 人民日报，2020-10-16（004）.

[3] 刘琉.用艺术教育成就通识之才 [J]. 四川戏剧，2022（3）：197.

[4] 陈含笑，尹鑫，徐洁.新时代中小学美育课程的目标、内容与实施路径 [J]. 教育科学论坛，2021（10）：5-10.

[5] 胡樱平.新时代中小学美育的三大实践路径 [J]. 中国教育学刊，2018（10）：78-81.

[6] 殷世东，余萍.中小学美育课程评价的价值、逻辑及路径 [J]. 课程·教材·教法，2021，41（4）：12-18.

[7] 黄兴刚，姜约.试论中小学实践性课程的美育功能 [J]. 四川戏剧，2017（9）：190-192.

[8] 王梦凡.中小学文创设计课程资源开发的误区与对策 [J]. 美术教育研究，2022（7）：184-186.

[9] 钱小华，杜伟.美育改革背景下艺术类高校美育实践路径探赜 [J]. 四川戏剧，2022（8）：166-170.

[10] 李金平，何潇.劳动美学视角下艺术类大学生劳动教育的实践探索 [J]. 四川戏剧，2022（6）：153-156.

[11] 王小奎.高校美育教育实践路径研究 [J]. 四川戏剧，2020（5）：156-158.

[12] 秦大伟 . 新时代艺术类大学生美育素养的培育研究 [J]. 四川戏剧，2021（12）：150-153.

[13] 周婷婷 . 以文化人：大学育人环境构建中非遗资源挖掘与使用的着力点 [J]. 四川戏剧，2022（7）：186-188.

集成创新理论介入乡村公共空间艺术创作策略

万依依

（成都纺织高等专科学校，四川 成都 611731）

摘要：从集成创新理论的角度，研究村民对公共空间艺术品需求，以促进乡村公共空间艺术品的可持续发展。通过文献综述、网络与实地调研、跨学科思维和案例分析等，对乡村公共空间艺术品介入乡村建设的目的和村民对艺术品的需求进行研究；以集成创新理论为框架，得出四川省乡村公共空间艺术作品存在"公共性受限"问题；根据集成创新理论提出解决问题的"协同旋进"与"功能集成"创作策略，以期通过研究提高村民的生活品质、认同感和归属感。

关键词：公共空间艺术；集成创新；乡村；协同旋进；功能集成

引言

　　自党的十九大提出乡村振兴战略以来，四川美丽乡村建设呈现出快马加鞭之势；农村人居环境得到持续改善，一幅幅乡村振兴的多彩画卷徐徐铺展开来。[1] 随着"前半场的'大会战式'，采用雕塑、墙绘、艺术装置等艺术形式的乡村振兴工作取得阶段性进展"，乡村面貌发生变化，在一定程度上满足了游客的需求，但在后期出现了动能不足与可持续不强的问题，引起人们开始思考如何有效激活艺术的资源价值，为美丽乡村注入可持续发展的力量。美丽乡村国家标准起草人魏玉栋指出："美丽乡村建设是为了老百姓的利益，为了村民生产生活的需要。"为此，公共空间艺术品介入乡村建设根本的目的是满足村民生活的需求。

基金项目：四川省教育厅人文社会科学重点研究基地，工业设计产业研究中心项目（项目编号：GYSJ2023-09）。

集成创新理论作为当代创新管理领域的重要理论，强调不同领域之间的融合与跨界合作，提倡用多元整合与综合创新的方式解决复杂问题。它在促进科技创新、产业发展以及社会进步方面已经得到了广泛的应用。然而，在乡村公共空间艺术品创作策略研究方面，对集成创新理论的应用还相对薄弱，缺乏系统性和深入的探讨。但这种理论与乡村空间艺术品发展相契合，因为乡村公共空间艺术品的创作问题多样且复杂，需要整合各方资源，综合考虑各个方面的需求与利益，通过集成创新理论在乡村公共空间艺术品的应用有望成为一种创新发展的途径。

1 乡村公共空间艺术品的集成创新

集成创新是指将各创新要素进行优化、搭配和整合，注入创新性思维，促使创新要素之间相互融合、渗透，提高创新系统的整体功能，形成独特的创新能力和竞争优势。[2]

乡村公共空间艺术品的集成创新是将实用功能、审美功能与持续功能进行创造性的融合，使艺术品整体功能发生质的变化，形成独特的乡村公共空间艺术品，以满足村民的需求。集成创新是乡村公共空间艺术品创新的本质，是实现"功能集成"，即资源的节约和审美的提高，使艺术作品具有可持续性的创新方式。

2 乡村公共空间艺术品现状分析

笔者通过问卷调查、实地走访得出，目前的乡村公共空间艺术品只从游客角度去创作，注重与场地周边文脉的关系和观赏性，没有从满足村民需求的角度去设计，导致出现"公共性受限"问题。

2.1 理论研究现状

目前，乡村公共空间艺术品以村民需求为理论研究视角，探讨改善乡村公共环境，提高村民的生活品质，使艺术品具有可持续性的理论研究尚处于启蒙阶段。相关理论还只围绕公共艺术在乡村空间中的互动性设计、乡村振兴战略背景下艺术介入乡村空间设计、旅游产业导向下的乡村空间艺术创造、"艺术介入乡村"空间路径等进行研究。仍主要从游客的角度，研究游客与作品的互动、作品与环境的互动等。

2.2 项目实践现状

当前国内乡村公共空间艺术品主要从满足游客的"旅行打卡"行为的角度去设计。因为游客喜欢通过打卡一些地标性、经典的景点，在各种新媒体如微信、微博、抖音、小红书等App进行发送，以展示自我，放松身心。如图1所示，位于四川省彭州市九尺镇升平场的积谷仓农场，艺术品创作主要从审美与游客需要的角度考虑，依托农场所处的大片农田和独特的粮仓建筑，将土地和艺术结合，因地制宜地打造了以"美田弥望·守望乡愁"为主题的乡村公共空间艺术品。作品利用硬质的镜面不锈钢材料，通过镜面的反射与复制将现实中的人、栈道、稻田等元素，进行变形与发散，在延伸空间感的同时，营造出虚拟与现实同构的意境，激发人们的好奇心理，游客可以尽情与作品互动、拍照打卡。

图1　四川省彭州市九尺镇升平场积谷仓农场的乡村公共空间艺术品

乡村公共空间艺术品不仅是为了满足游客需求，更为主要的是满足当地村民的生活和文化需求，应该成为当地村民生活的一部分，从而提高他们的文化素质和生活品质。

2.3　村民需求现状

笔者通过网络与实地调查得出，四川省乡村公共空间艺术品介入乡村建设的目的与村民需求割裂，从而导致艺术的"公共性受限"问题，主要原因如下。

2.3.1　主观意愿导致的公共性受限

目前，乡村公共空间艺术品的创作主要体现艺术家个人的主观意愿，忽视了艺术公共性的本质特征，以"我赋予""我要改造"的思路进行艺术创作，这一出发点便与公共空间艺术品的本质产生了偏离。四川省成都市大邑县清源村艺术从业者在艺术品创作中只追求个性色彩，注重艺术本体及形式语言的呈现，如图2所示，艺术品采用木材进行渐变构成，以抽象的形式语言呈现作品，创造了一种"有意味的形式"，这一作品虽然对村庄起到了一定的美化作用，能够吸引一定的游客到该处打卡，但拉开了与村民之间的距离，未实现乡村公共空间艺术作品的公共性价值。

图2　四川省成都市大邑县清源村的乡村公共空间艺术品

2.3.2　功能单一导致的公共性受限

　　当今一些乡村公共空间艺术品过于注重审美功能，而忽略了其他的功能，使得这些艺术品无法真正满足村民的多样化需求，导致村民的参与和认同度较低。为更好地了解乡村公共空间艺术品的实际情况，笔者对成都市彭州市积谷仓、成都市郫都区战旗村、成都市郫都区三道堰镇青杠树村、成都市新都区新繁街道澜木社区、遂宁市安居区玉丰镇金鸡村、眉山市青神县青竹街道兰沟村和成都市大邑县清源村的当地村民进行了问卷调查。共发100份调查问卷，收回有效问卷92份。77.17%的村民对目前乡村公共空间艺术品不满意，94.57%的村民认为乡村公共空间艺术品只具有观赏功能，75%的村民认为乡村公共空间艺术品应具有审美功能、实用功能和可持续功能。

　　笔者通过以上数据得出，四川省乡村公共空间艺术品的问题是目标不够精准，主要目标是游客，艺术品基本上只有观赏功能；没有从服务村民生活需求的角度进行艺术创作，从而导致艺术的"公共性受限"问题。村民需要的是"功能集成"，即"审美性＋实用性＋可持续性"的乡村公共空间艺术品。

3 集成创新理论在乡村空间艺术品创作的介入策略

在乡村公共空间艺术品创作中，集成创新理论可以提供"协同旋进"与"功能集成"两种有益的策略。

3.1 协同旋进

"协同旋进"是指为实现共同利益，多方之间通过协调合作，并共同推进某个事物或目标的状态或集体行为。法国思想家皮埃尔·布迪厄（Pierre Bourdieu）的文化生存场域理论中提道："艺术作品是一种凭借集体信仰而存在的对象，是这种集体信仰意识到，并认可了艺术作品的合法性地位。"[3] 这一观点强调了艺术作品的社会性质，即艺术作品不仅仅是个体创作的产物，而是与社会、文化背景和观念密切相关的。艺术作品的存在和价值不仅取决于艺术家个人的创作意图，更取决于社会群体对它的认可与接受。对乡村公共空间艺术品而言，协同旋进主要是指艺术家、村民与政府通过共同努力、相互协调、互相支持，从而达到共同的目标，它是一种积极的合作模式。实施策略主要有以下两种方式。

3.1.1 艺术家与村民协同

艺术家与村民协同合作是一种重要的方式，可以促进乡村地区的文化发展、乡村凝聚力，以及乡村公共空间艺术品的质量与效果。[4]

第一步，加强政策引导。美丽乡村建设的主体是村民，需要村民自愿、主动地参与美丽乡村战略的实施。要坚持政治引领，在筑牢基层党组织战斗堡垒的基础上，充分强化村民主体意识，通过宣传让村民有知情权、选择权和监督权，以此打消村民对美丽乡村战略实施的顾虑，让村民思想、行为双转变，从而积极、主动地参与到美丽乡村建设中。

第二步，艺术家放下身段。从社会学和人类学来讲，正确处理艺术乡村建设中艺术家与村民的关系是相互尊重与认可，互为他者。为此，需要艺术家抛弃居高临下的孤傲姿态，把尊重村民意愿摆在首要位置，充分尊重村民的意见，逐步与村民拉近距离；并给村民讲解艺术助推乡村振兴的价值、作用与方法，让村民理解、认同和接纳艺术作品，逐步形成参与融合的局面。

第三步，建立合作模式。成立"空间艺术品共创工作团队"，邀请村民、村委以及当地文化研究者参与其中，形成一个多方协作的模式，共同寻找文化创意点，避免艺术家介入产生的主观性问题，同时也建立起彼此之间的信任和好感，真正让艺术介入乡村建设。[5]

总之，艺术家与村民的协同合作是推动乡村公共空间艺术品发展的有效方式，它能够增加艺术品的公共性，促进文化传承，增强乡村凝聚力，让艺术品更好地服务于村民。

3.1.2　艺术家与政府协同

在乡村公共空间艺术品创作与实施中，政府主要发挥着两个重要的作用：第一，政府的前瞻性统筹作用。乡村公共空间艺术品存在于公共空间之中，而公共空间秩序是由政府实施管理的，政府作为乡村的建设者和管理者，可以采用"艺术环境"的理念指导乡村建设和管理；因而任何形式的公共艺术，全都在政府作用范围之内。[6] 所以艺术家在创作艺术品之前要积极与政府协同，这对艺术品的形成和发展至关重要。第二，政府的导向作用。在乡村公共空间艺术品存在中，政府应营造开放的创新氛围，鼓励艺术家开拓创新，包容不同风格的艺术品存在于乡村公共空间之中 [7]，从而为艺术家提供更为自由的创作空间，以满足村民的多样化需求。

3.2　功能集成

乡村公共空间艺术品的功能集成是指艺术家在创作艺术品时，以满足村民的多方面需求为导向，将多种功能和目标融合在一起，使得艺术品不仅具有观赏性，还能为乡村提供实用性和可持续的功能。通过功能集成，使艺术品的整体功能得到提升，增加有效使用率与生命周期，避免重复投资，节约社会资源，更好地满足乡村地区的需求，促进乡村公共空间艺术品的可持续发展。乡村公共空间艺术品创作的功能集成方法如下。

3.2.1　尺寸与功能集成

乡村公共空间艺术品的尺寸与功能集成是指在创作乡村公共空间艺术品时，将其尺寸与功能融合，实现功能集成，以增加公共属性和服务功能。这种集成能够使艺术品在满足观赏性和审美性的同时，更好地服务于村民的生活需要，为公共空间增添社会价值。

乡村公共空间艺术品的尺寸一般在几米、几十米甚至更大。在尺寸与功能集成时既要考虑提高艺术品使用率、使用便利度，又要考虑艺术性。加入可持续功能需要，考虑如何提高资源利用率；加入实用功能需要，考虑如何为人的行为提供服务，如坐、立、行等。为了增加可持续与实用功能，需要以审美功能为主导、实用与可持续功能为辅助进行尺寸调整；并以人体尺寸为基础，确定一个围绕最优解合适的尺寸范围，对艺术品的尺寸进行调整，使艺术品的三个功能达到协调与风格的统一，增加其公共属性，让艺术品在满足村民生活需要的同时不失艺术格调。

例如，青神县是中国竹编艺术之乡，竹是青神之魂。目前，青神县兰沟村公共艺术品都是以竹文化为特色来美化乡村的公共环境的。超人体尺寸的公共艺术品——竹椅矗立在青神县兰沟村的公共空间中。竹椅整体高度为 3.3 米，座面到地面高度为 1 米，座面宽度 1.22 米，座面长度 1.83 米，如图 3 所示，虽具有一定的视觉冲击力、观赏性与艺术性，但不能满足村民舒适落座于椅子上进行停留、休憩、交流等的便利性要求。

图3 青神县兰沟村的公共艺术品——竹椅

乡村公共空间艺术品是展现美感的载体、表达思想的渠道，同时也应满足村民生活的实际需要，为此，兰沟村竹椅的整体尺寸可以在原基础上保存不变，座位尺寸可随着实用功能的需求发生相应变化。座位尺寸应参考人体坐姿尺寸，设计时考虑坐姿眼高、坐姿上肢最大前伸长、坐姿肩宽、坐姿肘高、坐姿下肢长等尺寸，以此用来确定座面高度与宽度的尺寸，再调整竹椅的座位尺寸，调整后的竹椅靠背尺寸加大，座面离地尺寸减小，这时竹椅与村民的互动和体验才相匹配，竹椅调整后的尺寸形成视觉上的反差更加吸引人，能给人留下深刻的印象。

兰沟村的公共空间艺术品竹椅通过尺寸与功能集成，保持艺术品的风格协调统一，赋予艺术品新的使用职能，使艺术品更好地融入公共空间，增加对村民的吸引力和共鸣，增强了公共属性，达到了审美功能、实用功能与可持续功能的集成。同时，这种集成也体现了公共艺术品的社会功能，使其不仅仅是艺术的表现，更能为村民带来实际的、有意义的体验，实现了资源的节约和审美的达成。

3.2.2　技术与形式集成

乡村公共空间艺术品的技术与形式集成是指在艺术品的设计中，以满足村民生活的多样化需求为导向，从可持续设计的角度出发，将先进的科技与艺术形式相结合实现功能的多元，以增强艺术品的表现力、实用性、可持续性和观赏性，充分实现艺术品的价值。[8] 技术与形式集成可以避免功能单一运用所造成的基础设施建设和后续维护造成的花费，避免艺术品在多数情况下处于冷清的状态，通过合理控制资源要素之间的比例与相互作用，使其优势互补，结构优化，实现艺术品整体功能协调共处，增加功能上的多样性与公共属性，实现资源的可持续利用。

例如，青神县兰沟村的公共空间艺术品路灯，利用当地绿色环保的竹材料进行设计。竹材料的路灯能较好地体现青神县竹文化，并具有一定的实用功能，使得村民夜间出行更加安全；路灯造型具有一定的审美功能，起到美化乡村的作用，如图4所示。然而，由于乡村道路照明路灯的费用较高，乡村往往缺乏资金，使得很多乡村仍然处于黑暗之中，因此，要解决照明问题与避免重复建设与投资等带来的资源浪费问题，可以灯杆为载体利用技术与形式集成方法，创作出集多功能为一体的智能灯杆艺术品。可以采用以下四种方法，增加公共属性的目的。

（1）光伏发电技术，是将太阳光能直接转换为电能的技术，利用这个可再生能源技术集成到艺术品路灯中，使路灯能够实现自给自足的能源供应，实现节能环保。

（2）通过嵌入式微型计算机控制技术进行路灯的光控与时控，减少资源的浪费，实现乡村的可持续发展。

（3）置入压敏电阻技术，可以实现在照明灯受损时及时发现并报警，避免额外影响。

（4）在路灯的灯杆中置入调频同步技术的无线广播，将有利于新农人发展的信息传递到田间地头，真正做到信息及时送达村落的角落。

通过技术与形式集成，乡村公共空间艺术品能够与当代科技紧密结合，创造出更具现代感和创新性的作品；而且能共享各职能部门设备的安装位置、综合管廊、电力电源、通信网络，节省国家财政资金；还能体现政府管理部门对乡村基础设施规划、建设、管理的高超水平以及政府各职能部门之间精诚合作、协调共进的优良传统。

4　结语

笔者通过实地、网络调查和深入研究，发现集成创新理论在推动乡村艺术品的可持续发展具有重要意义。首先，集成创新理论为乡村公共空间艺术品创作策略制定提供了新的视角。其次，村民、政府和艺术家的"协同旋进"是乡村空间艺术品创作策略成功的关键因素。最后，"功能集成"为乡村空间艺术品创造出功能多元、可持续、独特和富有创意的艺术品，为乡村地区的文化发展和艺术创新开辟更广阔的前景。研究的成果能为乡村空间艺术品创作策略制定和实践工作提供有益的参考，为乡村地区的文化振兴与艺术创新提供理论支撑。

图 4　青神县兰沟村超的公共空间艺术品——路灯

参考文献

[1] 于飞.乡村振兴战略背景下农村环卫发展问题研究 [D].泰安：山东农业大学，2022.

[2] 陈奕冰，张浩，于东玖.基于集成创新理论的城市主战消防车设计 [J].包装工程,2019（40）：118-122.

[3] 周易.艺术介入乡村建设到底要解决什么问题：基于艺术管理学视角对于"艺术乡建"的思考 [J].艺术教育，2022（3）：55-58.

[4] 岳淑文.乡村振兴视角下红色文化资源的保护和利用探讨：以聊城市莘县为例 [J].村委主任，

2023（3）：157-159.

[5] 王孟图 . 从"主体性"到"主体间性"：艺术介入乡村建设的再思考：基于福建屏南古村落发展实践的启示 [J]. 民族艺术研究，2019（6）：145-153.

[6] 刘玉宝 . 论历史文化名城的公共艺术设计 [D]. 景德镇：景德镇陶瓷学院，2008.

[7] 孙月珠 . 三角城市形象设计研究：以珠海城市公共艺术规划和创新实践为例 [J]. 艺海，2016（8）：154-155.

[8] 史嘉玲 . 基于集成创新理论的宠物用品整合设计 [D]. 秦皇岛：燕山大学，2016.

四川传统食器蒸笼的传承与创新设计研究

苏晓慧[1]，张凤琪[1]，郑黄昱缨[2]

（1.四川传媒学院 艺术设计与动画学院，四川 成都 611745；2.成都信息工程大学 文化艺术学院，四川 成都 610225）

摘要： 蒸笼作为四川传统饮食文化中重要的组成部分，蕴含着丰富的历史和文化内涵。然而，在当代生活中，传统蒸笼存在着造型单一、工艺落后、功能简单和使用不便等限制和不足，无法满足人们多样化的饮食需求。因此，对四川传统蒸笼进行传承与创新的探索尤为必要。本文通过深入分析其设计特点，提出传承与创新设计方法，包括对传统造型的解构与重塑、材料技术的更新与引入，以及功能应用的组合与改良。研究成果将为蒸笼在现代社会中的传承与发展提供有益的参考，进一步促进传统饮食文化的繁荣发展。

关键词： 四川地区；传统食器；竹制蒸笼；传承保护；创新设计

　　四川是中国著名的美食之都，以其独特的饮食文化而闻名于世。四川饮食文化是四川人民身份认同和文化认同的重要组成部分，通过饮食的方式传承和表达着四川的历史、地域和人文特色。在四川传统饮食文化中，蒸笼是一种不可或缺的器具，在四川人的日常生活中发挥着重要作用。然而，随着现代生活方式的改变和新型饮食文化的兴起，传统蒸笼面临着传承和创新的挑战，有些设计师和企业进行了创新实践，但相关理论研究较少，有很大的研究

基金项目：工业设计产业研究中心项目（项目编号：GYSJ2023-25）；成都大学传统工艺研究院项目（项目编号：CTGY23YB15）；四川传媒学院研究类青年教师专项项目（项目编号：X20220905）；四川传媒学院创作类重大培育项目（项目编号：X20220201）。

作者简介：苏晓慧（1997—　），女，四川成都人，助教，硕士，研究方向为工业设计、产品设计等，发表论文9篇。

空间。因此，本文将探讨四川传统食器蒸笼传承和创新的必要性。通过对蒸笼的设计分析和特点总结，提出传统蒸笼的传承与创新设计方法，为传统蒸笼注入新的活力和吸引力，促进其传承与发展，以满足现代人们对传统食器的需求。

1 四川传统食器蒸笼传承与创新的必要性

1.1 四川传统食器蒸笼概述

四川省位于中国西南地区，地理环境多样，气候湿润，物产丰富。这种地理环境为四川饮食文化的形成提供了得天独厚的条件，使得传统饮食器具得以保留和传承，其中蒸笼作为其中之一便延续了千年。[1]

蒸笼最初源于传统食器"甑"，南北朝时期，随着佛教文化的传入，人们对于面食的需求增大，面食的种类也大大增加，但甑的容量较小，难以满足大量的面食需求，因此，人们需要创造新的食器来烹饪发酵的面食等食物。[2]由此，蒸笼从甑演变而来，容量大且可叠放，专门用于蒸制面食等食物，并逐渐在全国范围内流行起来，成为四川传统竹制食器的代表。

1.2 传承与创新的必要性

传统蒸笼作为一种具有悠久历史和深厚文化价值的饮食器具，不仅是四川饮食文化的象征，更是人们对传统美食的向往和追求的体现。然而，随着时代的变迁和饮食习惯的改变，传统蒸笼存在着一些限制和不足之处。

第一，传统蒸笼的外观设计虽然具有传统美感，但在造型方面相对单一，缺乏个性化和创意的表现。第二，制作工艺相对落后，无法满足现代生产的要求。第三，传统蒸笼的功能相对简单，仅能进行简单的蒸煮，难以满足现代人们对多样化烹饪方式的需求。第四，在使用过程中也存在着不方便的问题，如拿放不便、控制蒸煮时间和温度困难，以及清洁烦琐等。

因此，为了适应现代人快节奏生活和多样化的饮食需求，蒸笼需要与时俱进，传承与创新成为保护和发展传统食器蒸笼的关键途径。[3]

2 四川传统食器蒸笼的设计分析

笔者选择四川省彭州市九尺镇老街直径 180 mm、高度 125 mm 的蒸笼作为典型案例，从设计学的视角来分析四川传统蒸笼的设计特点，主要围绕结构造型、材质工艺和功能使用三个方面进行探索。

2.1 结构造型分析

蒸笼是由多个圆柱状物体叠放而成的，整体为"桶"形，采用上下结构，纵向扩展，最上层则呈现帽子的形状。蒸笼主要由笼盖和笼屉两部分组成，如图 1 所示。

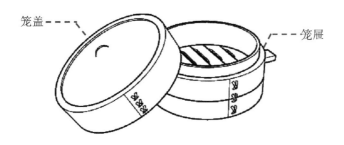

图 1　蒸笼的两个组成部分

　　笼盖形似帽子，由三部分组成，由上到下分别是提手、笼顶和蒸笼圈。如图 2 所示，提手由竹皮绳穿过盖顶制成，高度约为 15 mm，用于开合笼盖。笼顶由竹皮编制而成，纹样为斜纹，样式美观大方，略弯曲呈弧状，位于蒸笼圈内壁上方。蒸笼圈由两片竹片绕圈制成，内直径约为 165 mm，外直径约为 180 mm，高度约为 45 mm。边缘和接缝处通过竹钉、竹皮绳锁扣进行加固，防止笼盖松动。

笼盖：

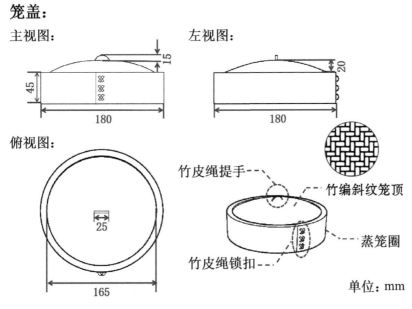

图 2　笼盖尺寸和结构示意图

　　笼屉组成较为复杂，由上到下分别是牙口、蒸笼圈、底盘和手柄。如图 3 所示，牙口和蒸笼圈的制作方式一样，均由竹片绕圈制成，只是两者的尺寸大小不同。蒸笼圈直径与笼盖一致，每层高度约为 80 mm，可多个叠放，接缝处用竹皮绳打结系扣。牙口位于蒸笼圈内壁，底盘上方，所以它的外直径与蒸笼圈的内直径长度一样，突出蒸笼圈部分高度约 20 mm。底盘又称蒸箅，由 7 个竹片拼成圆形并通过两个长度约为 135 mm、宽度约为 15 mm、高度约为 5 mm 的竹片进行串联，有数个轴对称的梯形镂空，用于蒸汽流通和沥水。手柄由横穿蒸笼圈的竹条制成，也叫"横梁"，位于底盘下方，其长度约为 290 mm，宽度约为 30 mm，高度约为 10 mm。除此之外，也有一些蒸笼没有手柄，但两侧有竹皮绳提手，便于拿取，增强安全性。

笼屉：

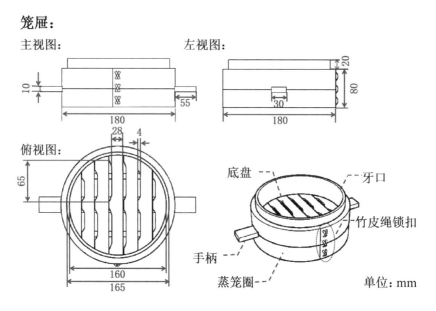

图 3 笼屉尺寸和结构示意图

综上所述，四川传统蒸笼的整体造型结构设计简洁大方，以实用为主，旨在服务于功能和使用的需求。

2.2 材质工艺分析

笔者调研所使用的蒸笼选用了上等的慈竹作为原材料。慈竹具有独特的优点，其竹质柔软而轻巧，韧性较好，容易进行弯曲和定型。同时，慈竹材质的蒸笼天然环保，具有独特的竹香味道，使人们能够享受到传统蒸笼所带来的典雅与清新。在四川省，慈竹的种植面积广泛，这使得它成为理想的食具材料。

蒸笼的制作工艺较为复杂，可分为四个步骤，如图 4 所示。

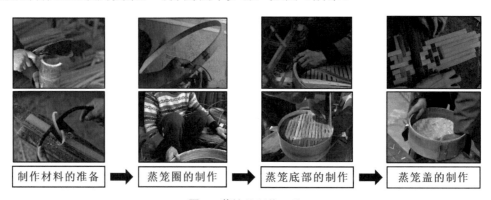

图 4 蒸笼的制作工艺

（1）制作材料的准备。工匠使用修边刀磨平竹筒竹节，再用竹刀将竹筒劈成各种型号的竹条、竹钉以及薄薄的竹片，作为制作蒸笼的主要材料。

（2）蒸笼圈和蒸内圈的制作。利用竹夹工具夹住竹片，绕成环状，使用手钻工具在接头处打孔，再用竹皮绳穿过各个孔中系紧扎牢。为了增加蒸笼的稳固性，在蒸笼圈的内壁放入由竹片制作的蒸内圈（制作方法与蒸笼圈类似，不用打孔穿绳），使用竹刀刀背敲击内壁，使其更加贴合蒸笼圈，并打磨边缘。

（3）蒸笼底部的制作。将若干小竹条依次排列呈对称的等腰梯形缝隙，用竹刀削去缝隙，使用手钻打孔，用两根长竹钉穿孔连接所有竹条，然后按照蒸笼圈内径画圆，削出圆形打磨边缘，然后放入蒸笼圈内。竹条削成适当大小，贴着底盘下方，从蒸笼圈两侧穿过，用作手柄。

（4）蒸笼盖的制作。工匠通过斜纹编织法将竹片编成两张竹席，按照蒸笼圈尺寸进行裁剪，在中心打孔，通过孔洞使用竹皮绳编制提手，放入蒸笼圈中作为盖顶。在竹席与蒸笼圈内壁交接处，放入蒸笼内圈，并使用竹钉固定，完成蒸笼的制作。

2.3　功能使用分析

四川传统蒸笼是可多层叠放的笼屉结构，可以同时将多种食材分层蒸制，并且易于收纳，这种设计不仅可以节省储存空间，还使得蒸笼在食材的烹饪过程中更加灵活和高效。笼盖形态与帽子相似，可以容纳体积较大的食物，增加蒸汽量。盖顶用斜纹编织法手工编织，纹样精致美观，简约大方，装饰方面以材质本身的纹理为主，呈现自然清雅的风格。竹片之间疏密有致，蒸汽不易回流。底盘有多个缝隙，便于蒸汽流通，蒸制食物速度较快。蒸屉的"横梁"设计符合人体工程学，便于拿取食物，提高安全性能。

蒸笼的用法较为丰富，在四川地区多用于早点小吃和特色菜的蒸制，包括四川特色糕类小吃（如以糯米为原料的叶儿粑、黄粑，以大米为原料的泡粑，以玉米为原料的玉米粑粑，以面粉为原料的燕窝丝等），以及四川特色菜粉蒸肉和八大碗等。[4] 蒸笼有多种规格，可以叠层放置，容量大，能适用于不同食物和场所，因此蒸笼在四川随处可见，并在四川饮食文化中扮演重要的角色。

3　四川传统食器蒸笼的创新设计方法

当前，一些设计师和企业开始注重对传统食器进行现代化创新，这使得传统食器在饮食器具市场上逐渐得到认可和重视。[5] 不论是传统蒸笼还是新中式蒸笼，它们都具备广阔的发展前景。在创新的同时，四川传统食器也需要确保传统元素的传承，以使传统食器融合精神文化内涵和现代创新特色，成为独具魅力的时代力作。

3.1 传统造型的解构与重塑

在传统食器的造型装饰方面，要求在保持传统食器的实用性的基础上进行创新应用，结合传统文化元素，体现深刻内涵。[6]

首先，通过对传统造型的解构，可以重新诠释传统食器的形态，并赋予其新的表现方式。这样的创新能够在保留传统韵味的同时，注入现代的审美感知。

其次，中式结构的重塑能够在传统的基础上进行优化和改进，使传统食器更加实用和便捷。通过重新设计和调整结构，可以提升炊具的功能性，满足现代人的需求。

再次，提取传统纹饰元素，将其巧妙地融入传统食器的装饰中。这样可以强化传统文化的表达，让人们在使用这些炊具的同时感受到传统文化的魅力。

最后，古典色彩的运用也是一种有效的创新方式。通过选用具有古典意境的色彩，如雅致的素色或典雅的传统色彩，使传统食器更具艺术感和品位。

通过以上方法的综合运用，能够实现传统食器造型装饰的创新发展，体现传统文化与现代审美的创新融合。

3.2 材料技术的更新与引入

在保留传统食器工艺与材质的基础上，充分理解不同材料的特性，可以用更优选的材料替代传统选材，以提高产品的性能和质量。通过运用现代工艺技术，可以将传统材料与现代材料巧妙地结合，创造出更具创新性和多样性的传统食器。

此外，现代新技术的引入也为传统食器的设计带来了新的可能。例如，利用先进的数控加工技术和注塑成型技术，可以精确制造复杂的部件，提高生产效率和产品的精细度。同时，还可以运用先进的表面处理技术，如防粘涂层、耐磨涂层等，提升产品的使用寿命和易清洁性。这样的改进将使传统食器更加适应现代生活的需求，并展现出更加先进与时尚的外观与性能。

3.3 功能应用的组合与改良

在传统食器原有的单一功能基础上，可以添加更多的功能，以满足人们对饮食的多样化需求，实现现代食器的多功能创新。

首先，可以通过对传统食器功能的组合和分离来实现创新。通过将蒸、煮、炖、卤等功能有机地结合起来，并提供独立操作的选项，消费者可以根据需要选择相应的功能，实现更为灵活和多样化的烹饪方式。

其次，针对使用体验进行改良和优化也是一种重要的方法。通过引入先进的科技和工艺，可以改善传统食器的操作性能和便捷性，使其更加易于使用。例如，可以采用触摸屏控制、智能化调节和预设程序等功能，让用户可以轻松地调整和设置烹饪参数，以满足不同食材的烹饪需求。

最后，可以注重智能化设计，使传统食器具备更高的智能化水平。通过集成智能传感器、联网功能和智能控制系统，可以实现智能识别食材、智能调节程序和智能提醒等功能，提供更加智慧化和便利化的烹饪体验。

通过以上的组合与改良方法，能够对传统食器的功能应用进行创新，使其功能更加丰富与多元，提升消费者的使用体验。这样的改进将使传统食器更加智能化、便捷化，并以更高的效率和灵活性满足人们多样化的烹饪需求。

4 结论

传统蒸笼作为四川饮食文化的重要组成部分，其传承与创新具有重要的意义。通过保护传统蒸笼的文化价值，提出传承与创新设计方法，以此进行设计创新，可以使传统蒸笼更好地适应现代生活需求，并得到更广泛的传播与应用。传统蒸笼的传承与创新不仅是对历史文化的尊重，也是推动传统饮食文化发展与创新的重要一环。只有将传统与现代相结合，传承与创新并重，才能让传统蒸笼焕发新的活力，持续传承下去，并为人们带来更好的使用体验和美食享受。

参考文献

[1] 方铁，冯敏. 中国饮食文化史：西南地区卷 [M]. 北京：中国轻工业出版社，2013.

[2] 苏晓慧. 西南地区传统蒸煮炊具的设计研究与创新应用 [D]. 成都：西华大学，2022.

[3] 吴玥，陈香. 文化符号转译视角下传统食器创新设计研究 [J]. 包装工程，2023，44（8）：331-338.

[4] 陈彦堂. 人间的烟火：炊食具 [M]. 上海：上海文艺出版社，2002.

[5] 孟凯宁，苏晓慧. 四川传统汽蒸炊具甑子设计研究 [J]. 装饰，2022（2）：124-126.

[6] 邹娟. 巴渝饮食竹器分类调查及研究 [D]. 重庆：重庆大学，2013.

诸葛亮形象的符号转译及文创产品设计策略研究

何鑫蕾，舒悦

（西华大学 美术与设计学院，四川 成都 610039）

摘要：诸葛亮形象经历了从魏晋南北朝时期至今不断的更迭和演化，承载着不同时代精神文化的需求与审美。在当代的文化语境中，诸葛亮形象需要根据更符合时代审美的需求进行传承和重塑。本文通过梳理提炼诸葛亮形象符号的生成与演化的核心逻辑，并运用符号学理论，从语义、语构与语用 3 个层面解读诸葛亮历史形象所包含的文化价值，探讨诸葛亮形象的转译模型及样本图样，挖掘诸葛亮形象当代转译的内涵和机制。同时借助案例探讨如何通过文创产品进行历史形象重塑与创新性表达，最后提出提升诸葛亮文创产品多元价值的设计策略，为传统人物形象的转译和设计应用提供参考和借鉴。

关键词：诸葛亮形象；符号转译；文创产品；策略研究

诸葛亮形象的塑造从历史形象到艺术形象不断变化，其作为传统文化的符号载体，承载着不同时代的文化内涵，是不同时代思想风潮的反映。由于史学家、文学家、戏剧家的审美观、价值观、伦理观不同，《三国演义》《三国志》及元杂剧"三国戏"体现出不同时代的精神面貌和审美需求。作为一个代表性文化符号，诸葛亮形象符号是诸葛亮文化的凝练，也是

基金项目：四川省社会科学重点研究基地——诸葛亮研究中心资助项目"文旅体验视角下诸葛亮品牌形象设计研究"（项目编号：22ZGL09）。

第一作者简介：何鑫蕾（1997— ），女，四川遂宁人，西华大学美术与设计学院在读硕士，研究方向为信息交互与用户体验研究。

通信作者简介：舒悦（1980— ），女，重庆江津人，西华大学美术与设计学院教授，硕士生导师，环境设计系主任，主要研究方向为地域文化与可持续设计研究、人居环境设计、交互体验与空间设计等，在 CSSCI、CSCD 及核心期刊发表论文 10 余篇。

其文化内涵和艺术价值的符号象征。其形象符号不仅可以用来解读其不同时代的审美观，还可以用来传达不同历史背景下的价值观。深入挖掘当代诸葛亮形象符号蕴含的独特文化内涵和象征意义，不仅可以增强诸葛亮文化的传播与转化途径、满足大众对传统文化的审美需求和精神需求，还可以为传统历史人物的转化与利用提供一种研究思路。因此，如何利用符号元素实现诸葛亮文创产品设计转化是本文主要探讨的内容。

1 诸葛亮形象转译的价值和意义

1.1 诸葛亮人物形象生成与演变历程

自诸葛亮去世以来，出于对他的历史伟绩、优良品格的怀念和推崇，民间开始流传其事迹。随着时间的推移，有关诸葛亮的故事从零星的野史片段走向系统化的完整故事，其形象也随时代背景的不同而产生变化，按时间大致可划分成：魏晋南北朝史实时期、唐朝唐诗赞颂时期、宋元明清神化时期[1] 以及当代多元发展时期 4 个关键时间节点。魏晋时期，陈寿编纂的《三国志·诸葛亮传》从历史背景入手较为客观地评述了诸葛亮个人能力和功绩，"少有逸群之才，英霸之器""然亮才，于治军为长，奇谋为短，理民之干，优于将略"[2] 都可以充分体现诸葛亮聪慧、忠君、安邦治国治军历史形象；在《晋书·桓温传》中提到大司马桓温行军到四川见到了诸葛亮用石头布置八阵图，虽识但不敢破阵法[3]，体现了诸葛亮聪慧过人、精通阵法。最早关于诸葛亮图像资料的记载也来自魏晋时期，东晋习凿齿在《襄阳耆旧记》中记载了诸葛亮死后，中书郎向充与步兵校尉习隆等人便上书要求绘制诸葛亮画像以供后人祭拜。[4] 相对于魏晋南北朝时期史料文献的客观评价，到了唐朝，随着唐诗唐碑的流行，诸葛亮形象地位在此时期进一步提升，并涌现出很多咏赞。诗词歌赋与碑文不仅体现了唐朝文人墨客个人审美价值与精神寄托，也成了他们对诸葛亮赞扬歌颂的主要载体。关于诸葛亮形象的记载大多出现在李白、杜甫、李商隐等大诗人的文章中。其中，杜甫作了《蜀相》《初冬》《诸葛庙》等 20 篇关于诸葛亮的咏赞诗词，诗人们都对诸葛亮的事迹与精神进行了赞美，表达了对他的敬佩崇拜之情。[5] 唐诗碑文的繁荣，在一定程度上让诸葛亮的形象得到了完美的提升，并促使其形象在后世的传播与发展，尤其是为明清诗人带来了深远影响。宋朝时期，由于历史背景与战争因素，诸葛亮形象在此时期的发展被赋予了更多的民族精神寄托，关注对象不再只限于文人志士，民间群众也开始关注。因此除了诗词、文献外，还出现了很多用来缅怀和激励明志的诸葛亮画像、故事传说等，这些作品都在民间广为流传。到了元朝，随着新兴的市民阶层的兴起，民间说唱艺术尤其是元杂剧极为繁荣。历史上元朝并不主张以文治天下，科举被长时间取消，大多文人无法通过科举仕进，这便让他们把自己的愿望寄托在元杂剧上，并开始编写剧本，这也成为元杂剧在元朝蓬勃发展的一个重要原因。诸多剧目都把诸葛亮作为智慧的化身，加以夸张化和神仙化[6]，《走凤雏庞掠四郡》《刘玄德醉走黄鹤楼》《诸葛亮博望烧屯》等剧目都可以证明。元杂剧中对诸葛亮神仙道士、隐士、神化的刻画，除了对其功绩与事迹的展现外，还采用外形视觉来丰富诸葛亮形象。如"披七星锦绣云鹤氅"就是诸葛亮作为道士的标志性服饰。[7]鹤氅、羽扇纶巾等元杂剧中对诸葛亮服饰的描写，让后来的文学创作中诸葛亮形象广泛以其为参照。后世广为流传的《三国演义》也深受元杂剧影响，罗贯中对诸葛亮在视觉形象刻画上也采用了纶巾、鹤氅等元素，诸葛亮出场时正是头戴纶巾、手持羽扇、身着鹤氅。同时还虚构了很多故事情节树立了诸葛亮胆识过人、无所不能的个人形象。同时明清时期出现了很多关于《三国演义》的插图本，虽然各版本存在差异性，但总的来说对诸葛亮及其他人物形象的刻画，基本遵循历代史料、民间传说、诗文、小说话本，尤其是罗贯中《三国演义》的影响。诸葛亮因此也被成功地刻画为忠毅圣贤、智慧谋士、神机妙算、无所不能等形象。到了当代，因影视、动漫、游戏的发展，诸葛亮的形象逐渐变得生动，并演化出以"白羽扇""通天冠""道袍""四轮车"为核心的视觉符号[8]，而"三顾茅庐""舌战群儒""草船借箭"等历史场景也使诸葛亮的形象符号化。

1.2 诸葛亮人物形象符号转译的价值和意义

诸葛亮形象的塑造经由历史形象、艺术形象、神化形象经历了多个朝代的演变，不同的人物与时代背景造就了诸葛亮不同的形象及地位。封建统治者、史学家对诸葛亮功绩的赞赏评议使其忠义贤士形象不断被强化，并衍生为正义、忠义、贤能等词语的符号化身；诗人、文学家对诸葛亮功绩的敬佩与向往，展示了人们对诸葛亮的精神崇拜；画作家则在自己的理解上对诸葛亮形象进行创作；戏剧小说家与民间大众对诸葛亮的故事不断地进行增饰创作，使其形象朝着无所不知、无所不能的神灵形象发展，形成了由"人"到"神"的转化。对诸葛亮形象的刻画不仅反映了不同时代下史学家、文学家、诗人、画家、戏剧小说家及民间大众的审美追求与精神向往，同时也体现了不同时代的需求与审美的差异。例如，赵孟頫所作的《诸葛亮像轴》与明代朱瞻基绘制的《武侯高卧图卷》，虽然都是对诸葛亮坐卧姿势的绘画，但对诸葛亮的人物形象从服饰、姿态、神态、性格上的绘制完全不一样，前者头戴葛巾身着大衫，神情泰然自若，后者衣衫袒露逍遥自在。因着绘画者个人理解与时代审美不同，诸葛亮的人物形象才有所差异。在新时代，诸葛亮的形象需要与时俱进，需要从视觉形象、人物故事、精神内涵3个方面挖掘诸葛亮的符号特征，以更加亲民的产品来传播符合当代人的审美需求和价值观的精神文化。因此，重新挖掘诸葛亮人物的价值并利用文创产品来表达其文化内涵，不仅可以实现其精神符号的重现，实现传统人物生命力的延续，同时可以让其文化与当代的生活产生联系，提升诸葛亮文化的当代价值与意义。

2 诸葛亮形象的符号转译方法

2.1 诸葛亮形象的符号转译与样本图样

符号是利用一定媒介来表现或指称某一事物，并可以被大众所理解的事物。人类所有造物活动与精神文化生活都是符号活动的产物，都是一种赋予与诠释意义的过程。符号是意义与对象世界之间的结构关系，这种结构关系使对象和意义融合为统一的符号系统。[9]美国的符号学家莫里斯系统地研究了皮尔斯的符号学说，拓展了符号学的研究范畴，并提出了符号学三分法理论：语义学、语构学和语用学。这种分类方法目前已经成了被普遍采纳的符号学科分类法。诸葛亮形象的演变从历史古籍、文学作品、图像资料到影像资料，经历了 1 800 多年的历史流变，让诸葛亮从一个历史人物逐渐演变成带有中国传统文化的符号。其形象从抽象到具象的演变过程，也就是诸葛亮形象转译的过程。因此运用莫里斯符号学理论，从语义、语构与语用 3 个层面解读诸葛亮形象所包含的文化价值，并构建诸葛亮形象的符号转译模型，如图 1 所示。解析后，将诸葛亮符号解析类型与特征简要归纳如表 1 所示。

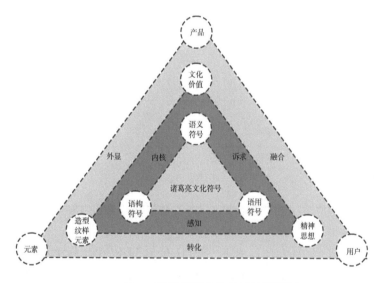

图 1　诸葛亮形象的符号转译模型

2.2 语义维度

本文主要从诸葛亮的外显语义和内涵语义表达的意义展开。外显语义指诸葛亮的人物造型，如服饰造型和颜色等。诸葛亮的服饰造型离不开历史背景和时代审美的影响，如代表当时儒士装扮的"羽扇纶巾"，虽然一开始是苏轼用来指代周瑜的，但在后世的流传中，受《三国演义》的影响逐渐成了诸葛亮的象征符号，而"纶巾"也被称作"诸葛纶"。大袖宽衫是东汉时期上至王公贵族，下到平民百姓都穿的服饰，因此，诸葛亮在此时期的服饰以大袖宽衫为主，而随着后世时代背景和审美变化，诸葛亮的服饰出现了鹤氅、道袍、八卦衣等造型，

表 1 诸葛亮符号转译与样本图样（部分）

名称	符号维度	符号类型	样本图样
诸葛巾	语义维度：外显语义	服饰造型	
白羽扇	语义维度：外显语义	服饰造型	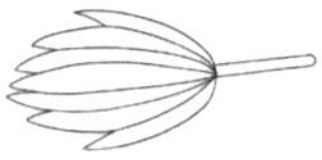
大袖款衫	语义维度：外显语义	服饰造型	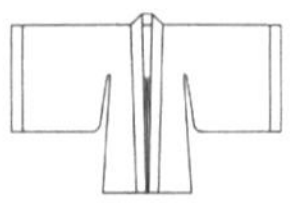
岐头履	语义维度：外显语义	服饰造型	
木牛流马	语构维度：造型元素	历史文化符号	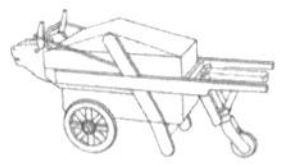
诸葛连弩	语构维度：造型元素	历史文化符号	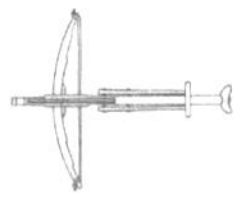
七弦琴	语构维度：造型元素	历史文化符号	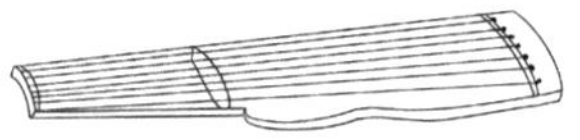
太极、八卦图	语构维度：纹样元素	纹样符号	 
如意祥云	语构维度：纹样元素	纹样符号	

而颜色大多以白色、灰白、灰蓝为主。诸葛亮文化符号的内涵语义分为象征语义、艺术审美语义。诸葛亮既是特定时代的作家塑造的一个艺术典型，又是一个世代积累和丰富起来的人物形象，他积淀着丰富的文化内涵，具有多层面的文化意义。[10] 在象征语义层面下，诸葛亮代表着维护正统和报知遇之恩价值观、追求仁义忠孝的传统道德、崇拜英雄豪杰的个人信仰。艺术审美语义层面下，文学创作、戏剧创作、书法艺术等领域的创作都把诸葛亮人物形象升华到完美人格的理想形态，同时，不同题材的个人美学理想，都体现着不同时代下的社会价值、文化价值，以及民族信仰。如图 2 所示，武侯祠文创产品通过挖掘文化特征，选择"智慧""谋士"作为产品的内涵语义，在服饰上选择符合历史时期与时代审美的造型，如大袖宽衫、岐头履等，整体造型定位为精巧可爱，颜色搭配也利用色彩语言来表示祈福需求，产品折射出对诸葛亮聪明才智的赞美与向往的社会价值倾向。

纹样符号：垂麟纹

造型符号：卷轴

服饰符号：诸葛巾

现代符号：扳手

现代符号：眼镜

现代符号：锤子

场景符号：木牛流马

服饰符号：大袖宽衫

服饰符号：岐头履

现代符号：书籍

场景符号：锦囊

纹样符号：太极图

图 2　诸葛亮文创产品语义解读

2.3　语构维度

语构维度的解析主要分析诸葛亮形象符号构成要素之间的结构关系，是元素意义与故事内涵的构成法则，也是语义的外显。诸葛亮文化符号的语构解析主要从造型元素和纹样图像两个层面展开。诸葛亮作为中国传统文化的文化符号，承载着特殊的文化记忆与深厚的内涵，大众对诸葛亮造型元素的塑造是对其典型性格的需要以及标志性故事进行创作的。例如，通过空城计、锦囊妙计等故事场景，木牛流马、诸葛连弩等发明物，衍生出七弦琴、锦囊、四轮车、诸葛连弩等历史文化符号、造型符号，并利用这些符号元素的组合来还原历史故事，塑造诸葛亮足智多谋的人物形象。诸葛常见的纹样符号常常出现在服饰上，如道袍上的如意云纹、太极图、八卦图等纹样。文创产品在造型设计上可以利用包含诸葛亮标志性故事和标志性符号的设计元素，把现代与传统不同寓意的符号元素与纹样结合，创造新的价值内涵。如图 3 所示，武侯祠文创产品把代表好运的锦鲤元素、银杏、云纹、水波纹图，与锦囊妙计、白羽扇等场景符号与造型符号组合而成新的故事，丰富了内涵语义，寓意着智慧与好运。

2.4　语用维度

语用维度是对语义和语构的感知与体现，对其解析主要是从功能语用与精神语用两个方面着手。在历史上，诸葛亮的人物形象从魏晋时期的客观评价，到唐宋时期文人的追崇向往，再到明清之后的美化和神话，诸葛亮逐步成为一个无所不能、道德高尚、通天彻地的完美符号。人们对能人志士、忠勇仁义等的美好精神的向往，通过三顾茅庐、鞠躬尽瘁、舌战群儒等经典故事场景，全部化身在诸葛亮身上。对诸葛亮功能与精神语用的解读可以从文学艺术作品入手并分为三类：一是祭祀敬仰，单纯是为了纪念诸葛亮本身而创作的；二是情感寄予，

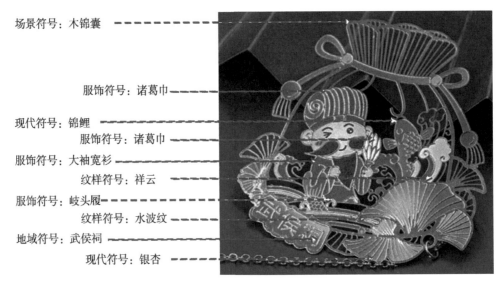

场景符号：木锦囊

服饰符号：诸葛巾

现代符号：锦鲤
服饰符号：诸葛巾
服饰符号：大袖宽衫
纹样符号：祥云
服饰符号：岐头履
纹样符号：水波纹
地域符号：武侯祠
现代符号：银杏

图3　诸葛亮文创产品语构解读

这类作品主要是用来表达对诸葛亮的赞美和向往的情感；三是精神崇拜，这类作品通过艺术创作来塑造一个完美人物，表达对诸葛亮的崇拜和对美好幸福的向往。诸葛亮视觉形象不论如何变化，其视觉形象可以严肃认真、夸张搞笑、活泼可爱，对诸葛亮精神内涵的塑造总是离不开时代文化和社会价值的。以上两个案例都从语义语构维度把诸葛亮人物造型、场景符号重新设计，以书签为载体把诸葛亮功能符号和精神符号呈现出来，寓意着吉祥如意、事事成功的美好愿望。把祈福功能与中国传统英雄人物结合表达，赋予了诸葛亮在新时代的文化内涵，体现了大众对于诸葛亮英雄人物的精神崇拜与敬仰，同时也符合现代实用标准与审美要求。

3　基于符号转译的诸葛亮文创产品设计策略

3.1　符号转译提升诸葛亮文创产品多元价值

诸葛亮作为中国传统文化的代表，不仅是一种具有社会认同性的文化形态，还代表群众特殊情感的寄托和归属。诸葛亮的形象拥有深厚的历史文化积淀，对其符号的转译与应用需与现代精神价值结合，发挥传统人物的功能价值与精神作用，以文创产品为载体结合现代语义延续诸葛亮文化，是在新的时代下传播和发展诸葛亮文化的重要价值所在。对诸葛亮文化进行符号挖掘和转译时要从时代背景、精神文化、故事场景、造型、纹样等方面进行全面梳理，结合现代社会文化、精神文化，不断优化提炼出特色鲜明的符号元素，融入文创产品设计中。这样不仅能够帮助提升诸葛亮内涵的辨识度，强化诸葛亮文创产品的视觉符号和文化记忆点，而且能够提升诸葛亮文创产品的品牌形象和更多元的价值。

3.2 挖掘用户需求拓展诸葛亮文创产品体系

新的文创产品要求"文化产品不光要有好的内容，还要有好的形式，更要能给受众带来好的体验"[11]。现下用户在购买文创产品时除了关注产品的视觉造型以外，越来越多的人开始重视人与物之间形成的情感交流与价值认同。当下对诸葛亮文化进行挖掘，产出的文创产品设计面临最严重的问题是对于传统文化的利用仅限于表面，一些诸葛亮文创产品设计雷同化严重，致使用户对诸葛亮文化内核的理解较为固化，这样不仅会在一定程度上阻碍诸葛亮文化的传播与发展，同时也会造成用户对传统历史文化的片面理解，满足不了用户的需求体验。用户的需求直接影响着诸葛亮文创产品的走向，因此在促进诸葛亮符号化的过程中，不仅要抓紧诸葛亮文化的价值核心，对其原有的符号体系进行系统梳理总结，同时还要重视用户的使用需求和情感需求。要挖掘出利于用户感知的形象符号元素，并实现到诸葛亮文创产品的品牌形象、故事背景、视觉效果的多维度塑造中，使打出的诸葛亮文创产品能够满足用户的文化、情感、交互等多维度需求，提高用户对品牌形象与文化的辨识度。

3.3 深化符号语义拓展诸葛亮文创产品内涵

文创产品设计是以产品特色和文化为原则，传播传统文化和民族精神为目的。[12] 精神文化价值是诸葛亮人物形象构造的重点，如果失去了精神价值的支撑，无论人物外在形象多么独特，故事场景多么丰富，也无法让用户获得深层次的情感体验。诸葛亮作为著名的传统文化人物，其形象的符号的转译与构建需要建立在其核心价值的基础上，创新性融入符合时代发展的新文化与精神内核。在现代语境中，需要强化诸葛亮文化传播性和精神文化传承性，将诸葛亮美好的寓意与现实生活价值融合起来，进行文化符号转化设计创新设计。在语义层面，以现代设计方法为指导，探索诸葛亮内涵语义和外显语义更多的可能性；以时代审美为切入点，探析代表现代年轻人生活新的元素与新的形象，拓展诸葛亮功能和精神语用新的时代意义。

4 结论

在新的时代语境下，诸葛亮形象的传承与塑造需要更符合当下审美价值与时代需求。因此，通过挖掘诸葛亮形象符号的在语义、语构、语用维度的价值，结合现代语境将形象符号利用文创产品进行设计转化，可以有效向大众传播诸葛亮精神文化内涵，增加诸葛亮文化的宣传途径，促进诸葛亮文化的创新性发展和多元化转化。设计符号学的介入，可以为诸葛亮及传统人物的形象的转化和设计提供新的方法，促进名人文化的有效传播和发展，真正实现传统文化的多元转化。

参考文献

[1] 陈翔华. 诸葛亮形象史研究 [M]. 杭州：浙江古籍出版社，1990.

[2] 陈寿. 三国志 [M]. 裴松之，注. 北京：中华书局，2006.

[3] 房玄龄. 晋书 [M]. 北京：中华书局，1974.

[4] 习凿齿. 襄阳耆旧记 [M]. 上海：上海古籍出版社，1995.

[5] 谭良啸. 诸葛亮在唐代的形象及影响 [J]. 四川省干部函授学院学报，2023（2）：3-9.

[6] 万攀. 元杂剧中的诸葛亮形象 [J]. 重庆科技学院学报（社会科学版），2013（2）：173-174，179.

[7] 胡世厚. 三国戏曲集成·元代卷 [M]. 上海：复旦大学出版社，2018.

[8] 谢周浦. 诸葛亮影像形象的"二次元"化 [J]. 传播与版权，2017（5）：117-118.

[9] 胡飞，杨瑞. 设计符号与产品语意 [M]. 北京：中国建筑工业出版社，2003.

[10] 余兰兰. 近 20 年《三国演义》中的诸葛亮形象研究述略 [J]. 湖北大学学报（哲学社会科学版），2002（6）：48-51.

[11] 夏蜀. 旅游 IP 概念探微：范式转换与信息产品 [J]. 人民论坛·学术前沿，2019（11）：102-111.

[12] 袁恩培，龙飞. 凉山彝族地区土特商品包装设计策略研究 [J]. 包装工程，2011，32（16）：1-3.

川西林盘民居更新的生态适应性策略研究

廖碧霞，舒悦

（西华大学 美术与设计学院，四川 成都 610039）

摘要： 在 2060 年前实现碳中和政策的引导以及成都市川西林盘保护修复工作的推进下，结合川西林盘独特的文化及生态特征，基于生态适应性理论，探寻有效更新川西林盘民居的生态适应性策略，推进乡村生态体系构建。通过田野调查法、文献研究法，以生态学角度介入川西林盘民居更新研究，梳理林盘民居的生态系统特征，并从林盘民居的建筑结构、院落空间、建筑材料等角度分析其建成环境中的生态适应性特征，提出川西林盘民居更新的生态适应性策略。提出以"文化延续"构建适应传统与特色的民居建筑空间，以"林盘社区"构建适应生产与生活的院落邻里空间，以"有机重构"构建适应材料与技术的新单元空间三大生态适应性策略，重构低耗能、绿色、生态的民居更新适应性模式。

关键词： 川西林盘；生态适应性理论；川西民居；民居更新

川西林盘是成都平原的农村聚落单元，也是极具特色的复合生态系统，兼具生活 – 生产 – 生态功能。[1]自 2018 年开始，川西林盘保护修复工程作为成都全面推进乡村振兴"十大重点工程"之一，到 2022 年将完成 1 000 个川西林盘保护修复。川西林盘面临着衰退和消失的窘

基金项目：四川省社会科学重点研究基地——农业现代化与乡村振兴研究中心资助项目"文旅融合背景下川西林盘农耕文化景观设计研究"（项目编号：XCZX-007）。

第一作者简介：廖碧霞（1999—　），女，四川成都人，西华大学美术与设计学院在读硕士，研究方向为人居环境设计研究。

通信作者简介：舒悦（1980—　），女，重庆江津人，西华大学美术与设计学院教授，硕士生导师，环境设计系主任，主要研究方向为地域文化与可持续设计研究、人居环境设计、交互体验与空间设计等，在 CSSCI、CSCD 及核心期刊发表论文 10 余篇。

境，生态系统破坏下的川西林盘更新需求迫切。首先，川西林盘在生产建造过程中，自然资源耗损，传统民居建筑破坏，导致生态环境受到严重冲击。其次，传统生活方式与当代居住需求的不适应。林盘内部功能的欠缺，林盘居住者生活方式的改变，是导致林盘衰退和消失的主要因素。[2] 同时，碳排放量的增加，引起全球气候危机，在"双碳"目标的时代大命题下，如何充分挖掘川西林盘民居的生态适应性特征，在保护与更新中发挥川西林盘的生态固碳优势，是着力解决聚落生态相适应的关键。

1 川西林盘的生态系统特征

1.1 适应的聚落生态系统

据聚落生态系统结构分析，聚落环境应包括自然环境、人工环境和社会环境三部分。聚落生态系统处于平衡发展状态下，三部分各自作为子系统，相互间应该体现适应与共生关系，如图1所示。[3] 三者间相互适应，相互融合，形成完整的生态系统脉络，促进聚落生态系统良性循环，延续聚落生态平衡与可持续发展。

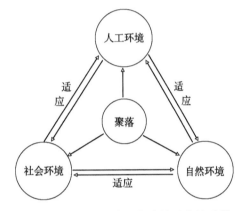

图 1 聚落生态系统结构中的适应关系 [3]

1.2 川西林盘的生态住居模式

林盘细胞作为林盘聚落中的最小单元，以独户聚居为主。从仿生学的观点看，林盘犹如一个细胞：人居宅院居中是细胞核，由一层树木包裹着；林园起着细胞质与细胞膜的作用，保护并支撑着院落；林盘与所存在的外界耕地及大环境交换着物质、能量与信息，是一个与环境良性互动的住居系统。[4] 这就相当于，林盘细胞的空间结构可分为三个层级。作为细胞核的民居建筑及围合院坝，是生活的私密空间也是交往空间，是整个空间形态的核心所在；作为细胞质的竹林与树木，像透气的保护层，调节气候、防风固沙、固碳制氧；作为细胞膜的外层结构水渠农田，与外界环境进行物质能量交换，促进生态循环利用。川西林盘中林、水、宅、田等要素间的有机融合，构成了林盘特有的生态系统单元，是生态环境保护的一道天然屏障，维护生态平衡，林盘细胞的结构特点，就是有机综合体的具体表现，如图2所示。

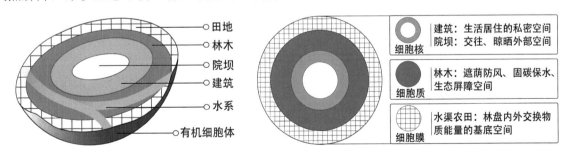

图 2 林盘细胞及其组成的拓扑关系示意图

林盘聚落在整体空间布局中为组团式发展模式，在成都地区，以林盘细胞方式独立存在的形式较少，普遍以林盘组团的形式出现，即从独居林盘到聚居林盘和群居林盘。传统林盘多以血缘为纽带、家族为结构、宗族为聚居单位建立一个又一个的林盘细胞，林盘细胞间的繁衍形成了林盘组团，两者之间各自独立又相互依靠。无论是独居、聚居还是群居林盘，其功能特征和空间结构特征都是由内向外扩展的，有明显的层级特征，是呈现虚实结合的内聚性层级生态住居模式，如图3所示。这种模式可称为"内向聚集层级生态住居模式"，即"林盘模式"[5]。

不管是林盘细胞还是林盘组团都存在着有机特征，所以，在这种生态住居模式中，所有空间要素的相互配合，不仅提供了功能复合、生态友好的居住环境空间，又承担着维护生态环境平衡、实现物质能量的有效循环、促进内外生产生活的生态屏障作用，人文生态与自然生态并存，是成都地区典型的原生态居住模式。

图3　林盘的生态住居模式

1.3　川西林盘的生态系统特征

川西林盘聚落的存在是数千年来川西平原居民与自然环境、社会环境、生产力发展等相互适应的结果。[6] 川西林盘的生态系统资源要素主要由林地、水系、宅院、农田构成。生态资源要素的构成体现了林盘聚落对自然生态和文化生态的集中利用，各要素间的相互依存关系，使川西林盘起到了基础的生态支撑作用，林盘于自然环境间具有明显的生态系统特征，如图4所示，具体如下。

（1）川西林盘整体呈点状分布，尺度较小，减轻了环境承载力，形成了循环更新的林盘生态系统。

（2）林盘与耕地间的过渡区是不同物种的聚集之处，为许多动植物提供了适宜的生存环境，保护了生物多样性，使林盘生态系统更加稳定。

（3）林地不仅是生态原材料的重要来源，且能有效调节微气候、固碳制氧、减弱噪声、保持水土，适宜的居住环境使得林盘居民与林地和谐相处。

（4）林盘内密如蛛网的河渠水系及农田是生产生活的有机部分，水系通常穿插于林盘间，为林盘内稻田养鱼、家禽养殖提供了先天的生态条件。

（5）宅院是林盘内的主要生活场所，宅地里的院坝、檐廊等空间，都成了交往、劳作、纳凉的"邻里公共空间"，有着浓厚的乡土文化。

2 川西林盘民居的生态适应性特征

　　川西林盘民居建筑，是川西林盘居民在生产建设中适应生态环境，与林盘和谐共处的生态智慧体现。川西平原是一个多雨高湿闷热地区，建筑如何适应这种特殊的气候环境是一个关系到居住环境质量和生活品质的重要问题。[5] 川西林盘民居常在通风、采光、防潮、除湿等方面总结出了适应于生态环境的有效经验与手法。例如，林盘民居在建筑结构上，檐廊、天井等设计主动适应气候且为居民提供友好往来的"公共空间"；在院落间，建筑、林木、晒坝等相互适应形成微生态结构，促进院落内外再生循环；在建筑材料上，常就地取材、因地制宜。

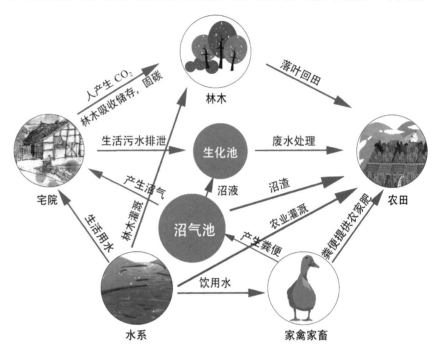

图 4　林盘的生态系统循环特征

2.1 单体建筑的生态适应性特征

2.1.1 林盘建筑布局的生态适应性

　　林盘建筑在布局上自由且灵活，组合形式多样。其布局基本形制主要有"一"字形、L形、三合院、四合院四种，林盘内的建造大多并非一次建成的。因建造技术及经济能力的提高，某些林盘还出现了以"新院套旧院"的大规模院落形式，如图5所示。传统的住宅布局形式中主要包括了堂屋、住房、灶房、猪圈等空间。

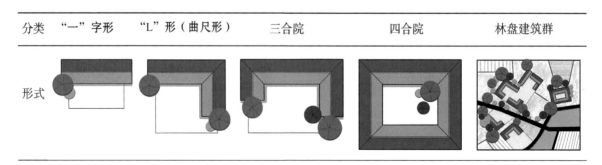

图 5　林盘建筑布局形制分类图

林盘建筑多为庭院式，具体的布局体现出生态人文智慧。首先，成都地区雨水较多，庭院的设置通常采用下沉式找坡设计，由屋面顺流排下的雨水落于庭院通过坡度再排出庭院，排污的同时又具有防潮的作用。其次，前庭后院的合理布局、庭院的开阔，使得室内外采光良好，并且促进了空气的有效循环。

林盘建筑虽以南北布置朝向为主，但由于成都地区日照偏少，使得建筑的日照采光需求强烈，所以在保持传统的同时，林盘建筑的朝向布置更优先考虑采光、通风、透气甚至水源的因素影响，形成了与环境共生、适应气候的林盘建筑布局特点。

2.1.2 林盘建筑结构的生态适应性

川西林盘民居建筑普遍采用穿斗式木构架结构，斜坡顶、大（深）出檐，防潮防雨、通风透气。斜坡式屋顶，有助于屋面排水，加之屋面采用"冷摊小青瓦"铺设，增强了屋顶的透气性，适于川西地区气候特征；由于川西地区"雨多地湿"的特点，民居建筑的屋顶长挑深远出檐，以此形成檐廊、敞厅这类半开敞空间，是林盘建筑中的生产交往空间，居民可以接待来客、嬉戏乘凉，同时也是堆放农物杂具的重要场所。这种中介性的"灰空间"是建筑室内外的过渡空间，既可以遮挡阳光辐射，通风采光，又可以保护建筑外墙防止雨水冲刷，使墙面不受雨水侵蚀，体现了建筑空间对气候环境的适应性。

除此之外，为了适应潮湿多雨的气候特征，林盘民居内外空间之间多使用开敞通透的方式。例如，其通透性处理还常引入"穿堂风"来调节室内的炎热；林盘建筑常不设置院墙；立面实墙上常开有小窗或高窗，以便采光通风；传统林盘民居中的厨房大多不设置烟囱，而是将屋面开口，运用"拔气功效"将厨房烟气排出通气口。种种方式使其通透明亮的空间与周围环境间相互融合渗透，建筑融于环境之中，适应于环境之中，如图6所示。

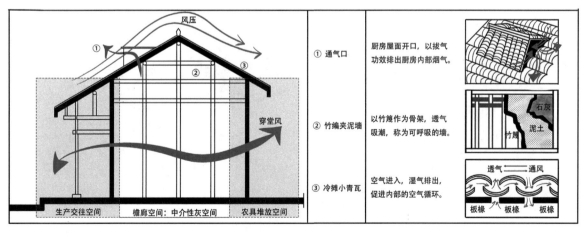

图6　林盘建筑结构的生态适应性特征

2.2 院落空间的生态适应性特征

林盘民居的院落是居民日常生产生活的核心空间。院落空间承载着各式各样的生活行为，例如，林盘居民除了在院落中休憩游玩，还常在院落中晾晒谷物、衣物等，是很好的晾晒空间。院落体现了"以虚为本"的设计哲学，是林盘民居建筑设计的智慧体现，其敞亮开阔、通风透光、自成天地，是极为舒适的邻里交往空间。院落空间衔接内外相对敞亮，房前屋后栽种果树、蔬菜，院落内外蓄养家禽，养殖蜜蜂，加之周围林木众多，整个外围院落犹如一个个独立的生态斑块，形成稳定的院落微循环系统，如图7所示。

林盘院落空间资源丰富、开敞明亮、种植多样，且常见鸡、鸭、鹅、牛、羊等家禽及蜜蜂养殖。林盘内的养殖模式可以实现生态微循环，如家禽不需要复杂的圈养环境，在林地内自由散养，可以啄食昆虫草料，能有效防止林木产生害虫，而其产生的粪便可以为院落的林木及农作物提供现成的有机肥料。除此之外，林盘居民还常将家禽产生的粪便收集起来，加入草木灰堆肥储存，制成农家肥，提高了利用率，形成了良好的生态循环，实现了林、田、禽三者共赢，如此生态的畜禽养殖模式使得林盘内部资源往复循环，回归自然。

林盘院落中的林木多种植在林盘院落的周围及内部。无论是院落周围还是内部的林木，林盘空间形成的"拔风效应"促进空气自循环，调节光热环境。在夏季，茂密树冠可以遮挡阳光，使林盘院落内的气温低于外部，达到降温消暑的效果。在冬季，林木层可以阻挡冷空气进入，利于保持林盘宅院内部的温度。院落内外的林木都可以吸收二氧化碳（CO_2）释放氧气（O_2），空气中负氧离子浓度的提高，可以降低有害粉尘浓度，吸附空气中的甲醛等有害气体，林木的这种吸附和降解有毒物质的作用，改善了空气质量，形成了舒适绿色的生活环境。同时，茂密的林木，能够减小噪声、减轻外界的干扰。

图7 林盘院落空间的生态适应性特征

2.3　建筑材料的生态适应性特征

材料是营造之本。川西林盘民居，崇尚天人合一的自然观与环境观，"就地取材，因材致用"是川西林盘民居建筑用材的最大特点。适宜的气候、丰富的林盘资源不仅为林盘提供了生态系统服务功能，更为林盘民居建筑提供了竹、木、土、石材等生态又便宜的天然材料，以及小青瓦、石灰、耐火砖等人工材料，配以科学的建造技术，使得材料更适应建筑。

竹是川西林盘的重要生态标志，其中"慈竹"是林盘中最常见且建造用处最大的竹材，材质柔韧，劈篾性能良好。例如，被称为"可呼吸的墙"，即林盘建筑最常使用竹编夹泥墙构造。该墙体灵活薄透、生态美观、透气吸潮，加之白色墙体在光照下能够反射部分热辐射，在酷暑炎热的夏季能够达到降温的效果，使得室内环境凉爽透气。除此之外，竹子还可用于居民各类生产生活用具的制作，如经砍伐处理后的慈竹可作隔断或围护墙体，也可搭棚建屋，或依靠外墙或屋檐等依托之地，搭建竹架或晾秆，还也可用于编织竹椅等器具。这些因地制宜的建造技艺，体现了川西林盘最为朴素的生态智慧。

林盘建筑中普遍使用的穿斗式木构架结构采用的是木质材料，柱、枋、檩条等构件也常使用木质材料。其中，建筑常用杉、松、柏木作为林盘民居建房结构的主要用材，常用作建筑的主梁，而像香樟此类的速生树种可用作农具的制作，桤木可用于生活燃料。

除了竹木之外，由于成都地区土质肥厚，林盘居民也常常使用当地的泥土来作为夯筑土墙或砌筑土砖墙的主要材料，其中特别适宜制作土坯砖，经过晒制的土坯砖因其造价经济、坚固耐劳，在围护结构及土木承重结构上被广泛使用。民居宅院的修建，还常采用石材，其中大多用石灰岩、砂岩和页岩，用来砌筑石墙、堡坎和台基等，制作板材则多用青石和花岗石。

以上建筑材料的使用不管是从材料性能还是做法来看，不仅经济实惠，且又与环境协调相融，使建筑与环境相生相融，取之于自然，还与自然，形成人与自然环境、人工环境的和谐统一。这种就地取材的做法不仅是对建材制作、运输成本的节约，更是古蜀人民千百年来与生态环境相互依存的传统生活方式的体现，值得我们在现代建筑的空间设计中去思考其传统的意义和生态价值。[7]

3　川西林盘民居更新的生态适应性策略

3.1　"文化延续"——适应传统与特色的民居建筑空间

林盘民居更新应当坚持文化生态与环境生态有机相融的林盘传统与特色。川西林盘民居从其建筑外观到细部，从艺术设计到建造技艺，都蕴含其文化底蕴与生态智慧，都有其适应于当地自然的生态守则，在保护与更新时，应保留传统，并结合传统与现代工艺进行创新。

林盘民居风格可根据居民生活需求与地方产业或特色文化结合，秉承多样、统一的原则。在民居更新时，若不遵循林盘传统的建筑结构、体量、风格、色彩、材料等，就无法与林盘环境形成平衡的林盘聚落形态，也就无法真正实现林盘民居的更新与保护。我们需要深入研究林盘民居建筑的生态适应性、生态脉络与生态系统，有机地延续并创新建筑形态；了解居民生活配套设施需求，适应现代生活方式，同时探寻适应新生活的民居建筑，重点从民居文化、生态节能、净零碳等方面入手，探索林盘民居的创新设计。

3.2 "林盘社区"——适应生产与生活的院落邻里空间

林盘民居更新应当坚持院落邻里间的生态社区构建，促进林盘间生产生活体系。林盘民居的院落是一个完整的生态系统，林盘内部的生态建设需要林盘居民的共同参与、共同维护，林盘民居的保护与更新中"公众参与"显得尤为重要。川西林盘与"社区"都是生活在一定范围内的人们所组成的社会生活共同体，"林盘社区"享有共同的生活生产环境，是林盘地域范围内的利益共同体。[8]国外许多关于"生态社区"营造的案例证明，一个成功的社区，公众参与、邻里友好、共同建立生态保护意识非常重要。因以，此川西林盘民居在更新过程中可以参考学习优秀案例营造"生态社区"，让居民参与到林盘民居更新之中，一同建设未来家园。例如，"林盘社区"营造需要尊重当地传统，有效继承传统，建设邻里交往空间，在民居更新过程中，以挖掘林盘居民的文化特色及共同兴趣为基础，使林盘居民具有共同的价值观念，能够自发形成不同的林盘小组，以小组为单元参与到民居建设中。同时需要设计师及政府介入，政府在过程中起到协调调动的作用，设计师则可以在设计进程中，引导居民参与到自己的家园建设上来，以共同的目标创造良好的生活环境。从前的林盘民居各自守着自己的小院，而现在打开门来参与集体更新建设，共同为林盘未来谋发展，建立生态文明建设的共同目标，宜居的氛围更浓烈，居民的幸福感也"翻了倍"。

3.3 "有机重构"——适应材料与技术的新单元空间

生态是传统林盘的基本功能，林盘的空间形态充分体现了与自然生态相融的特点。快速工业化期间，林盘异变的一个显著后果就是生态要素的退化，盲目的农村集中居住小区建设更是对林盘自然生态观的背弃。[9]就地取材是林盘民居建筑的显著特点，但由于个别林盘居民因城市化的发展以及自我认知观念的变化，喜欢类似城市中的"方盒子"建筑形式，从而使得如今个别林盘民居的更新改造陷入与自然环境脱节的状况。所以，林盘民居更新不能仅仅按照时代潮流、居民意愿去进行改造，而是需要科学化的指导，积极采用当地可再生、可获得的乡土材料，适当加以生态化的现代建材，建造适应气候的绿色建筑。例如，大邑县稻香渔歌、崇州竹里，以绿色环保的装配式建筑，让传统文化与现代技术融合，延续川西林盘生态、生产、生活"三位一体"的理念，在为林盘注入新的活力的同时，有机重构民居建筑空间。稻香渔歌，为工厂预制、现场拼装装配式建筑，无污水、无扬尘排放，符号国家节能环保的要求，室外景观采用了在地材料，如竹编、林木等，将林盘融于环境之中，如图8（a）所示；而竹里，将竹编与竹里建筑立面的设计与建造有效结合起来，利用装配式建筑，实现了数字几何与传统工艺的有机结合，如图8（b）所示。川西林盘聚落的保护与更新必须与城市紧密联系，必须考虑生态优先的布局，运用先进生态材料与技术，构建适应于林盘民居的新单元。

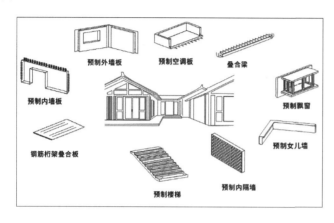 

（a）大邑稻乡渔歌　　　　　　　　　　（b）崇州竹里

图8　稻乡渔歌林盘装配式建筑与竹里装配式建筑立面

4　结论

　　如今的川西林盘民居更新改造中，有很多只考虑建筑本身，而不考虑与周围生态环境相适应，其不管是从生产、生活还是生态来看都是不适应的。传统的川西林盘民居具有良好的生态适应性特征，因此，我们需要对林盘聚落空间整体营建进行深刻分析，充分挖掘其建造过程中的生态适应性特征。通过对成都平原地区的川西林盘民居的探索，可以发现从古至今，都在强调建筑与环境的相互适应性，有着尊重自然、就地取材、因地制宜等生态设计理念。以此来剖析川西林盘民居的生态规律，提出了以"文化延续"构建适应传统与特色的民居建筑空间；以"林盘社区"构建适应生产与生活的院落邻里空间；以"有机重构"构建适应材料与技术的新单元空间。该生态适应性策略在一定程度上可以有效发挥林盘内居民的能动作用，提高林盘聚落系统的生态适应能力，促进林盘生态系统良性运转。

参考文献

[1] 刘勤，徐佩，王玉宽，等. 成都平原林盘的生态系统供给服务价值评估 [J]. 生态经济，2018，34（5）：195-200.

[2] 杨晓艺. 川西林盘的衰败原因与保护建议 [J]. 人民论坛，2011（17）：166-167.

[3] 李晓峰. 从生态学观点探讨传统聚居特征及承传与发展 [J]. 华中建筑，1998（4）：42-47.

[4] 段鹏，刘天厚．林盘：蜀文化之生态家园 [M]．成都：四川科学技术出版社，2004．

[5] 方志戎．川西林盘文化要义 [D]．重庆：重庆大学，2012．

[6] 四川省成都市郫都区人民政府．四川郫都林盘农耕文化系统中国重要农业文化遗产申报书 [R]．成都：成都市农业农村局，2019．

[7] 陈雨露，周波，龚洪，等．与环境共生共融：从空间特质看川西林盘的生态意义 [J]．四川建筑科学研究，2011，37（2）：195-200．

[8] 周娟．景观生态学视野下的川西林盘保护与发展研究 [D]．成都：西南交通大学，2012．

[9] 王小翔．成都市林盘聚落有机更新规划研究 [D]．北京：清华大学，2012．

三星堆文化在动漫衍生品中的创新融合策略

王媛麟，孟凯宁，杨启航，曾钦宇

（西华大学 美术与设计学院，四川 成都 610039）

摘要： 三星堆文化是古蜀地区文化生活与精神信仰的集合。近年来，我国大力支持文化产业融合创新发展，以动漫产业为载体传播三星堆文化成了产业融合发展趋势。从分析三星堆文化与动漫产业融合发展对文化传播的重要性着手，梳理现今三星堆文化在动漫产业衍生品中的应用，然后从文化形象、技术、需求三个方面构建三星堆动漫衍生品创新融合模式，希望通过合理运用文化形象、借助数字媒体技术、满足受众情感需求这三个要素来推动三星堆动漫衍生品创新型研发。

关键词： 三星堆文化；动漫衍生品；动漫化；融合策略；文化形象

伴随着三星堆考古研究的深入，其蕴藏的文化正逐步揭开其神秘的面纱。三星堆文化作为古蜀文化的组成部分，承载了当地历史发展脉络，具有深刻的地域性文化标志意义。[1]为此，如何将三星堆文化面向大众进行传播、保护与发展成为亟待解决的问题。同时，在"十四五"文化产业发展规划中明确了动漫产业与地域性文化产业相融合的发展趋势。[2]因此，利用动漫的形式将三星堆蕴含的文化从单一性向多样性转变，提升文化传播效率，不仅有利于促进文化的传承与保护，转文化价值为商业价值，还能推动地域文化产业的繁荣发展。

基金项目：四川省社会科学重点研究基地——四川动漫研究中心资助项目"三星堆文化形象与动漫产业创新融合策略研究"（项目编号：DM202304）。

第一作者简介：王媛麟（1996—　），女，四川资阳人，硕士，研究方向为工业设计。

通信作者简介：孟凯宁（1977—　），男，辽宁抚顺人，教授，博士生导师，研究方向为工业设计及理论、生态设计、地域文化设计等。

1 三星堆文化与动漫产业融合发展的基础

1.1 三星堆文化与动漫产业的基础

三星堆文化以广汉市三星堆遗址为代表的考古学文化[3]，其以"太阳－神鸟－神人－神树"为核心的太阳崇拜[4]。三星堆文化的传承和发展，需要借助新的传播渠道，而动漫产业文化产业的重要组成部分，具有推动三星堆文化传播的潜力。[5]动漫产业以动画和动漫为表现手段，通过创意传播信息，最终以动漫内容为核心开发创意衍生产品。动漫产业的核心价值是利用深度挖掘的文化内容的价值，创造新的经济和文化价值。[6]因此，通过动漫产业的内容生产、传播和衍生呈现这三个阶段，可以有效地传播和创新传承三星堆文化。[7]

动漫产业的融合发展不仅对本行业有推动作用，还能促进其他行业的发展。目前动漫产业更注重商业价值，缺乏文化底蕴，将三星堆文化与动漫产业相融合，可以为动漫产业提供丰富的素材和灵感，丰富动漫的文化内涵。将文化价值转化为商业价值，同时传承和保护地域性文化。

1.2 三星堆文化与动漫产业融合的技术与理论基础

动漫能够通过故事性手法使观众沉浸式体验文化。借助三星堆文化的丰富资源，结合动漫技术，为静止的文化注入新活力，推动三星堆文化产业新发展。传统的三星堆文化保护方式主要包括博物馆收藏和在线数字博物馆展示。然而，这些展示方式通常呈现线性信息，缺乏丰富的叙述性。目前通过复刻文物进行的产品设计存在创新上的限制，传播发展文化的影响力较弱，而动漫化能够突破时间、空间和地域的限制，以多样性和多渠道的方式传播三星堆文化，且动漫化的适配性高，可以针对不同年龄段人群打造差异化传播。

2 动漫衍生品介入三星堆文化传播的可能性

2.1 动漫衍生品与三星堆文化的关系

衍生产品的开发是动漫产业链的最后环节，也是动漫产业实现其经济价值的关键部分。[8]动漫衍生品是基于动漫文化形成的新型文化类设计产品，承载了动漫文化的传播、文化、经济等价值，同时具有极大的功能性和实用性。[9]成功的动漫衍生品是具有艺术内涵的文化符号，不只是对"形象"的简单再现。动漫产品作为承载地域文化的有效形式，能为文化赋予具体的形象。然而，我国动漫衍生品的发展受到历史和经济等多方面的制约，很少有机会主导衍生品的设计工作。[10]因此，将文化元素融入动漫设计中，为产品注入了文化深度和历史故事[11]，能够促进动漫产业的发展。三星堆文化具有丰富的文化性与历史性，可以丰富动漫作品的内涵和表现形式，通过动漫化的设计手段重新塑造三星堆文化形象，结合动漫产业受众广泛的传播特性，以动漫衍生品作为传承载体，推动三星堆文化的广泛传播与创新传承。

2.2 依托动漫衍生品革新三星堆文化呈现形式

三星堆文化以动漫衍生品的形式呈现创新了文化传播形式、拓宽了传承发展渠道。创新性地运用三星堆文化元素可以为动漫作品注入独特的文化内涵和艺术内涵。三星堆文化出土的文物众多，器物造型各异，充满神秘色彩。系统性梳理、归纳三星堆文物，青铜器的造型抽象，线条流畅，视觉效果强，器物上的纹样符号以对称、几何的抽象形式存在，因此适合以形象化、符号化、象征化的动漫形象设计处理三星堆文化元素。[12] 在动漫化再创作期间，紧扣文化本身呈现的现实状态，如造型、材质、色彩等方面以及其文化内涵，通过线形造型、夸张造型、拟人造型的形式塑造三星堆文化形象。同时，动漫文化具有传播渠道多样化、跨界融合多元化的特性，以动漫化的形式演绎其文化的来源，可以满足受众认知需求，并且塑造的三星堆文化动漫 IP，最后依托衍生品作为文化动漫化的载体，革新了三星堆文化的呈现形式。

3 三星堆文化在动漫衍生品中的应用

3.1 以三星堆青铜器为原型打造动漫衍生品

三星堆文化遗址中青铜器最具独特性，表现出夸张的外在形态，奇特的器型丰富了视觉效果。这些青铜器作为古蜀人民对自然崇拜的产物，具有祭祀作用和祈福的象征寓意，给人一种庄严感。为了弱化青铜面具引发的压迫感，通过柔化造型特征形式，赋予其萌态、亲和力。从青铜器文物中选取具有文化象征性的器物，对其造型特征进行简化提取，然后抽象剥取造型组合元素，最后以造型夸张化、符号化的动漫技巧重塑器物造型。三星堆博物馆推出的"川蜀小堆"盲盒（如图1所示），以青铜面具为灵感来源，对青铜面具人物形象作拟人化、萌态化处理，同时，盲盒融合了蜀地特有的文化元素，如变脸、蜀绣、长牌等。严肃的青铜面具经过形象柔化，呈现为可爱的、萌态化的动漫衍生品，是对文化形象进行创新性的尝试，促进了创意型文化设计的发展。

3.2 以三星堆文化元素为背景塑造动漫形象

三星堆文化的传播可以抓住其神秘色彩，以叙事的手法，向大众宣扬其来源并对其解密，展现中国地域性文化的魅力。《金色面具英雄》是一部以三星堆文化为题材的作品，以"面具、神树、大立人"为核心元素，讲述了一个冒险故事。其通过动漫的形式，让文化和文物"活起来、动起来"，活化传播三星堆文化，激发大众对文化的保护和传承的热情。《三星堆荣耀觉醒》是对三星堆故事的重新创作，以动漫的形式讲述了主人公不断克服困难，揭示三星堆神秘符号背后的故事。动漫创作的形式与古蜀文明结合，使文物焕发活力与立体感，增强观众对其的理解。以动漫化方式展示文化、动态文化。《三星堆荣耀觉醒》衍生品，利用动漫中的人物形象与四川两块石餐饮合作推出了自热方便食品和火锅底料（如图2所示），以及与青岛啤酒合作推出了"壹瓶好久"系列（如图3所示）。凭借三星堆文化建立的动漫作品，其衍生品可将动漫中的人物形象作为品牌代言人与其他产业跨界合作，将动漫元素呈现在联名品牌产品中。

戏小堆　　　　　脸小堆　　　　　挑小堆

茶小堆　　　　　绣小堆　　　　　长牌小堆

图1　"川蜀小堆"盲盒 [13]

图2　自热方便食品与火锅底料 [14]

3.3　以三星堆文化内涵联合创作

　　文化传播要利用文化符号和内容，采用特定的传播方式进行推广。因此，三星堆文化的传播可以借助国漫的发展作为文化传播的载体。随着国漫的崛起，许多文化形象不断出现在国漫的场景建设中，《完美世界》在该动漫故事发展的初始阶段，动漫场景中出现了三星堆文化元素。《风语咒》国漫中"那个村"的祭祀场，神明的雕像和王富贵头戴的面具都采用了三星堆青铜面具的形象，将三星堆文明的祭祀意义运用在动漫情节中，在一定程度上复现了三星堆文化的原始功能和语义。《哪吒之魔童降世》中，出现了两只戴金色面具的结界兽（如图4所示），其灵感源自于三星堆出土的青铜面具。结界兽的动漫化设计提取了青铜面具的色彩、材质、纹样以及它的文化含义，拟人化地展现其呆萌与可爱形象，为三星堆青铜面具创造出新的IP。网络新媒体的发展，文化的传播不只是限制于大型动漫作品，网络动漫短视频也是宣扬文化的媒介之一，霸王别姬X三星堆IP联名动画的创作，表明三星堆文化具有丰富的再创作性。

这些动漫作品拓展了三星堆文化的传播途径，而动漫中的文化形象设计也推动了动漫衍生产品的发展。通过动漫的方式，三星堆文化元素得到广泛传播，进一步提高了其曝光度，增强了文化多元化保护形式。

图3 《三星堆荣耀觉醒》与青岛啤酒联名产品[15]

图4 《哪吒之魔童降世》中结界兽手办[16]

4 三星堆文化与动漫衍生品创新融合模式构建

三星堆文化与动漫产业融合，赋予动漫产品地域性和文化性，有助于推动地域文化的发展，相互促进。从文化形象、技术、需求三个方面入手，构建文化形象符号与动漫产品的融合，依托数字媒体技术为媒介，满足受众情感需求为导向的创新融合策略，不仅能提升融合产品艺术性与审美性，还能丰富文化内涵，打造文化产业新业态。

4.1 注重文化性动漫衍生品开发原则

以动漫产品作为承载三星堆文化形象的载体，遵循文化形象的可持续发展特性，文化性、功能性、审美性。通过梳理三星堆出土文物，挖掘独特且能吸引受众的器物，由此进行动漫形象的提取。"三星堆文化＋动漫"的衍生品，不是简单的相加关系，而是在探索衍生品的研发过程中，深入研究三星堆文化的背景和精神信仰，关注其形式与内容的特质和原生态发展。[17]

（1）文化性，将三星堆文化转化为动漫形态的衍生产品时，需要关注衍生产品的文化性。无论是三星堆文化的祭祀和祈福寓意，还是其制造工艺和文化符号的起源，在使用时都需要有明确的目的。

（2）功能性，创作以三星堆文化为主题的动漫衍生产品时，除了制作展示三星堆文化的产品外，还应考虑实用性，关注消费者的使用效果和体验。好的衍生品需要具备实际的使用功能，不是虚有其表。

（3）审美性，判断动漫衍生品的好坏以其美观性作为标准。三星堆文化器物具有地域性，为了保留三星堆文化的独特美学，需要对三星堆博物馆藏品的符号元素进行编码和重构，同时还要关注这些器物的外在呈现，如造型、色彩、材质、质感等。通过整合动漫审美、消费者审美和器物本身美，可以更好地满足消费者需求和时代审美需求的统一，从而促进三星堆动漫衍生品的创新发展。

4.2 结合数字媒体技术"活"化呈现

数字媒体时代，动漫营销方式多元化，文化传播的形式也多元化[18]，在此背景下，地域性文化与动漫产业的融合成为传播和弘扬文化的新路径。基于三星堆文化的动漫衍生品融合了产品性与文化动漫化的形象符号，具有产品价值和文化价值。为了推动这种价值高效融合，动漫衍生品的形式需要与时俱进。在数字化技术的推动下，增强现实（AR）、混合现实（MR）、虚拟现实（VR）、扩展现实（XR）等技术的出现，可以打破物质的传统呈现形态。三星堆博物馆借助数字化技术推出了三星堆元宇宙典藏主体系列的数字藏品，将传统意义上的藏品由线下转为线上。这种技术支持也使动漫衍生品呈现出物质与非物质形态。

许多博物馆已经采用 AR 技术，让沉默的文化"活过来"。此外，还出现一类卡片，通过手机上的特定程序扫描卡片浮现出动态的三维立体图。针对三星堆动漫衍生品 AR 的创新呈现，可先对三星堆文物提取其色彩、材质、造型，进行动漫化处理，然后结合三星堆的神秘特色，设计一款具有解谜意义的互动游戏。首先是集卡阶段，收集散落的碎片信息。其次是扫描卡片阶段，当用户收集到一定的卡片后，使用具有 AR 程序的设备扫描收集卡片，每张卡片呈现不同的动漫形象。最后是整体呈现阶段，通过互动故事演绎的方式组合这些形象，最后重现三星堆祭祀形式，用户从中获得祈福值。三星堆动漫衍生品在数字媒体技术的支持下，用动漫化的表现形式，通过"非物质形态"衍生品与"物质形态＋非物质形态"这两种方式进行创新，可以发挥动漫萌态化、融合性强、再创作空间大等优势，更好地"活态化"传承古蜀三星堆文化。

4.3 关注用户对于动漫衍生品的情感需求

动漫衍生品实现它的存在价值就必须产生经济价值，消费者购买衍生品的行为，将文化转化为经济价值。为了实现动漫衍生品的经济价值，设计师需要充分了解这些产品的消费者，从而在开发阶段明晰衍生产品的关键要素。[19] 目前，三星堆动漫受众大概分为两类：一类为低龄儿童，如通过《三星堆荣耀觉醒》动漫对三星堆文化有一定了解的人群；另一类是喜欢动漫的"Z 世代"人群[20]，如通过《哪吒之魔童降世》动漫电影了解三星堆文化。这两类人群对于三星堆动漫衍生品有不同的需求，因此需要进行差异化的衍生品设计。衍生品的设计不仅要关注于文化的传播也要关注于人的情感需求，这就需要衍生品在设计创作过程中富有情感化属性[21]，满足用户情感需求，人性化使用，以用户为中心。

受众购买三星堆文化衍生品的核心需求在于对地域文化的认知和认同。通过从衍生品的产品形态、使用方式、产品特质这几个方面着手，设计可以满足用户情感需求的文化类动漫衍生品。优化产品形态，可采用动漫化的方式，使产品变得更加萌态、简洁、生动，以减弱三星堆文物带来的压迫感和庄严感，让用户贴近文化。增强互动性，可通过有趣的创意方式增加用户与产品之间的交互体验。如"蓉宝川剧变脸手办"，将熊猫形象进行拟人化和萌态化处理，再结合四川变脸特技，打造出川剧变脸熊猫的可爱形象，提高衍生品的娱乐性，增强观众的参与感。满足产品特质，可利用特定的产品特质引起人们的情感回忆。在创作三星堆文化动漫衍生产品时，要考虑到文化器物所具有的特定特质，如色彩、触感、材质、独特的形态以及独有的挖掘痕迹，这些元素都可以激发受众的情感共鸣。基于文化的动漫衍生品，主体是文化产物以动漫化的形式再创作，可将大众的情感需求融入设计中，打造有温度的产品，消除物与人之间的距离感。

5 结语

三星堆文化的发展采用与动漫产业融合发展的方式进行传播，是社会、经济发展的必然需求。动漫化发展三星堆文化一方面是采用动漫化的形式柔化庄严的三星堆文化文物，让其具有亲和力，另一方面以动漫的形式可以打破时间、空间、场所壁垒，以生动、形象的方式让大众了解三星堆文化的起源与发展，传播地域性文化。构建三星堆文化动漫衍生品的创新融合策略，以文化形象、技术、需求为核心要素，探究符合文化形象传播的融合原则，顺应数字信息时代的发展趋势，满足受众需求的模式。通过动漫衍生品的具象形式了解三星堆文化，实现价值转换，增加文化附加值，促进文化产业发展。

参考文献

[1] 施劲松 . 三星堆文化的再思考 [J]. 四川文物，2017（4）：39-43.

[2] 赵冬，戴曦 . 一个驱动"十四五"文化产业政策完善的分析框架：以国家动漫产业发展规划文本为例 [J]. 云南行政学院学报，2021，23（5）：143-154.

[3] 王毅，张擎 . 三星堆文化研究 [J]. 四川文物，1999（3）：13-22.

[4] 许丹阳 . 三星堆文化研究四十年 [J]. 中国文化研究，2021（2）：51-62.

[5] 杨健 . 基于钻石理论的中国动漫产业竞争力评价研究 [D]. 大连：大连海事大学，2014.

[6] 刘谢梓豪，张志恒 . 非物质文化遗产的动漫化传承与传播研究 [J]. 参花，2022（9）：47-49.

[7] 庞冲 . 中国动漫产业链发展问题研究 [D]. 北京：对外经济贸易大学，2016.

[8] 杨鸣唤 . 中国动漫产业存在的主要问题及对策研究 [D]. 上海：华东师范大学，2007.

[9] 蒋怡然 . 中国动漫衍生品发展过程中设计创新的问题研究 [D]. 杭州：中国美术学院，2017.

[10] 冯宏祥，侯明希 . 动漫产业与特色地域文化融合发展的策略研究：以阜新市为例 [J]. 科技传播，2019，11（14）：170-171，183.

[11] 徐婷 . 安徽动漫衍生品的地域性色彩表达 [J]. 池州学院学报，2020，34（1）：107-110.

[12] 蔡君平 . 基于形象特征的动漫产品衍生研究 [D]. 武汉：武汉理工大学，2007.

[13] 王向华 . 六一上线开拆！三星堆川蜀小堆家族盲盒萌翻来袭 [EB/OL].（2021-05-31）[2023-01-06].https://sichuan.scol.com.cn/ggxw/202105/58168408.html.

[14] 佚名 . 《三星堆·荣耀觉醒》超级 IP 产业多元化变现，即将推出舞台剧！[EB/OL].（2020-01-02）[2023-01-06].https://zhuanlan.zhihu.com/p/100638972.

[15] 佚名 . 终于等到你！《三星堆 . 荣耀觉醒》[EB/OL].（2019-08-20）[2023-01-06].https://mp.weixin.qq.com/s/3ETjVZ8BzMTS37mPSbOwyA.

[16] 佚名 . 神韵灵动，眉目传神！正版《哪吒之魔童降世》系列手办大全套开箱 [EB/OL].（2020-11-18）[2023-01-06].https://www.zealer.com/detail/108725.

[17] 龚春英 . "非遗＋动漫"式传播策略研究 [J]. 通化师范学院学报，2021，42（1）：26-30.

[18] 王若鸿 . 数字媒体时代动漫形象品牌的 IP 化运营探析 [J]. 出版广角，2018（19）：74-76.

[19] 张宪伟 . 动漫衍生品产业的发展路径研究 [J]. 文化产业，2022（25）：28-30.

[20] 刘书亮，朱巧倩 . 论二次元文化的概念流变及其文化消费特征 [J]. 现代传播（中国传媒大学学报），2020，42（8）：22-26.

[21] 徐朝阳 . 论共情理念下动漫衍生品的创意设计 [J]. 鞋类工艺与设计，2023，3（14）：54-56.

减量化包装下圆竹家具平面封装设计研究

欧志弘[1,2]，逯新辉[2]

（1.四川农业大学 艺术与传媒学院，四川 雅安 625014；2.四川农业大学 林学院，四川 成都 611130）

摘要： 近年来，家具包装的减量化成为大趋势。在减量化大背景之下，以家具的平面封装来实现包装的减量化为基本思路，阐述平面封装家具的特点，研究传统圆竹家具固装结构对包装的要求及资源浪费问题，并分析了传统圆竹家具在设计上缺乏创新、材料单一、可自主拆装类型少等特点。结合减量化包装理念，使用拆装结构设计探索圆竹家具的平面封装化，并结合案例竹椅，论证其平面封装的可行性，为圆竹家具的发展提供一个新的思考点。

关键词： 家具产品设计；减量化包装；平面封装；圆竹家具；可拆卸家具

  由于线上销售的快速发展，家具产品的过度包装问题显得越发严重。例如，传统圆竹家具由于其工艺与结构的复杂性，在运输过程中需要耗费大量的包装资源，既污染环境又造成了资源浪费。而减量化是实现节约包装资源的重要途径，是遵循"3R+1D"原则的绿色设计方法，是当今包装设计发展的主流。[1]减量化包装理念下的产品包装，是将包装放在产品的整个生命周期内完成，并通过产品结构与功能的优化来实现减量化包装，从而达到既保护产品、实现优质使用，又节约资源、减少环境污染的双重目的。减量化包装是实现绿色包装的重要途径，减量化也应在产品设计的各个方面被充分考虑。

  基金项目：四川省社会科学重点研究基地——文化产业发展研究中心资助项目（项目编号：WHCY2019B08）。

  第一作者简介：欧志弘（2000— ），女，在读硕士，研究方向为产品设计、交互设研究。

  通信作者简介：逯新辉（1985— ），男，讲师，硕士，研究方向为家具设计、适老产品研究、交互设计研究。

1 减量化背景下的家具发展

1.1 家具平面封装探索

自奥地利人索耐特（Michael Thonet）在 1859 年研发出 Thonet 214 曲木椅以来，家具行业迎来了可组装与大批量生产的新时代。蒸汽弯曲山毛榉与便携的拆装设计，使得 Thonet 214 的总产量超过 5 000 万把，被称为 "the chair of all chairs"（椅子中的椅子）。如图 1 所示，Thonet 214 整个椅子由 6 根弯曲的木条、10 个螺丝以及 2 个螺帽组成，所有零件都可以自主组装和拆卸，实现了包装的平面化，降低了运输成本，Thonet 也因此成为第一个制造平面封装家具的企业。当今，以宜家家具为代表的各类可拆装家具，其将平面封装作为产品开发的核心内容之一，并通过不断优化的拆装方式而付诸现实，以减少包装体积与能耗，从而达到包装的减量化，如图 2 所示。

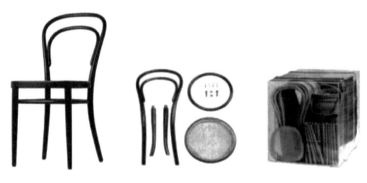

图 1　Thonet 214 曲木椅

图 2　宜家波昂扶手椅组装前后的对比

商品包装应大力提倡减量化，但需要注意的是，减量化并非盲目减量，而是根据实际情况对商品进行适度的包装。[2] 无论是 Thonet 还是宜家等公司的产品，家具实现平面封装的前提都是其必须具备优异的拆装性能，在保持结构稳定的前提下，通过减少部件数量与组合形式来简化拆装过程，这样即使是不具备专业知识的普通用户也能方便操作，完成产品组装工作。当前，由于电商行业膨胀式发展，方便运输的板式家具也大量普及。且随着人们对家具需求的不断增加与对家具产品质量要求的增高，家具产品更新换代更加频繁，平面封装已成为家具减量化包装的重要内容之一。

1.2 减量化理念在家具设计领域的应用

减量化是绿色设计的重要组成部分，该设计理念非常重视材料的利用率，通常是在满足家具使用功能的基础上，从设计源头上减少或优化对材料的使用。使用绿色材料，近年来也是绿色家具设计领域的研究热点之一，绿色环保家具对家具生产原材料的要求较高。木材，是理想的绿色家具设计原材料，木材虽可再生但周期比较长且数量有限，因此研究木材替代品会是一个主要方向。短期而言，塑料、钢材尽管能够替代木材，但是其无法再生且使用成本较高。通过挖掘与实践，人们发现了一种速生材料，其能够很好地替代木材，即竹材。[3]使用竹材能有效减少能源以及原材料的消耗，还能在一定程度上节约生产成本。但当前，不乏在木家具包装上见到绿色设计与包装减量化的理念，但在圆竹家具上却较为少见。

另外，进一步研究和提升家具设计环节中对于家具零部件的模块化、标准化、通用化等应用的方法也可以降低制造新家具和处理回收废旧家具所产生的碳排放，推进家具的绿色化发展与促进家具大批量化生产。[4]家具包装的减量化通常也与这种通用化、标准化、模块化的方法密切相关，从而来提升家具的整体绿色化程度。要提升圆竹家具整体绿色化程度，圆竹家具零部件的标准化处理值得进一步探索。

2 传统圆竹家具包装特征与局限

2.1 圆竹家具包装特征

家具根据其结构组成可分为两大类：固定安装家具和拆卸安装家具，也通常称框式家具和板式家具。现代板式家具以拆装结构为主，其更利于扁平化包装。而传统圆竹家具多是以固装为主要结构的不可拆卸家具，因其以天然竹段为主要材料，采用各种复杂的包接、榫接、缠接和嵌接等连接方式拼构而成，从而不可拆卸与拼装。这种构成方式虽然造就了圆竹家具稳定耐用的特点，但其固定装配的特点使得包装过于复杂，体积也通常过大。这里以最简单的竹椅为例，其包装由里到外分为珍珠棉、纸箱、木条框架三部分，其间又使用大量的胶带与塑料扎带。一次性的包装不但产生大量的固体废物，其庞大的体积也占据了大量的物流资源。并且在运输过程中，过大的体量也更容易发生磕碰、产品损坏等情况，产品的完整性得不到较好的保障，在消费者对于产品质量要求增高的时代，显然是不利于圆竹家具及其企业的发展。

2.2　圆竹家具包装发展的制约因素

2.2.1　圆竹家具设计缺乏时代性

该类家具产品在设计上普遍缺乏创新，忽视互联网等新经济形式的重要性。大多企业在设计环节上的资金投入不够，没有设置专门的研发部门，产品开发前缺少充分的前期市场调研及对相关中国文化的深入研究。不善于根据市场需求、审美趋势去创造新的款式，导致圆竹家具产品同质化现象严重，产品附加值降低。[5]

在这样的环境条件下，做出来的家具多显得笨拙臃肿、太过古旧，与现代家居环境格格不入，这使得真正喜爱圆竹家具的消费者望而却步。这种困境下，就需要圆竹家具与市场接轨，从更为深入地了解消费者需求层面做起。具体而言，要做好当下圆竹家具设计就要在继承和发扬圆竹家具优良传统的基础之上，深入研究现代社会生活和现代人们的审美，找到传统圆竹家具与现代市场的最佳结合点。例如，现代人们生活节奏快，审美发生很大的变化，特别是在家居方面人们更加追求简洁的视觉效果，并且简洁也不仅仅是为了视觉上的简单舒适，在清洁打理上也更为方便。繁复的设计已经失去了很大部分市场，所以现代圆竹家具的造型应该在保持自然质感的同时趋向简洁化。

2.2.2　圆竹家具产品结构单一

常见的圆竹家具结构形式多为固定式结构，结构的整体性和稳定性较强，但是难以进行标准化批量生产，相较便于标准化生产的集成竹家具，圆竹家具在制造工艺和结构形式上手工业痕迹明显。目前市面上大部分圆竹家具为匠人使用传统连接方式手工制作，他们更愿意利用自身所掌握的、熟悉的技艺制作传统款式的圆竹家具，制作时间长、工序复杂和尺寸不一，部件之间难以实现互换，无法批量化生产导致生产效率低成了制约传统圆竹家具发展普及的重要因素之一。

2.2.3　圆竹家具可自主拆装类型少

一直以来，竹家具相比实木家具生产技术水平较为落后，且竹产品在生产和设计方面都没有系统、专业的指导，也没有相对应的标准体系。[6]圆竹家具的生产加工机械化程度低、生产设备简陋，有不少设备是由木工机械直接改装而成的，有的工序则直接借用木工设备加工，适合圆竹家具生产的加工机械设备较为欠缺。另究其原因，首先，圆竹家具用材为天然竹段，竹材薄壁中空且有竹节，直径不均匀，尖削度较大，横、纵向抗拉强度相差较大，其构造本身决定了竹材的加工难度大。[7]其次，竹段尺寸不一，在材料的选取环节就有更高的要求。最后，现有可拆装结构及所配套的五金件，其面向的都是经过专业培训的工人，没有考虑普通用户自主安装时的便利性。

以上多种原因导致目前市面上的圆竹椅类家具多为整装结构，圆竹家具几乎未实现用户自主拆装。

3 圆竹家具平面封装设计探索

家具的平面封装，可以通过拆装、折叠、充气三种主要方式来实现。要实现圆竹家具体积的扁平化，可拆装、易安装是前提基础。可拆装家具是指零部件之间采用可活动榫卯或连接件接合形式组成的家具，具有结构新颖、便于拆卸、易于运输、造型简洁等特点；而平面封装是以家具拆装式结构为基础的适应现代物流需要的扁平化设计，具有节省包装资源、最大效率利用空间、适应集装箱化远洋运输以及大大降低成本的优点，平面封装在家具国际化贸易中占有较高的比例。[8] 相较于固定式家具，其拆装家具需要用户的更深入的参与，对框式家具进行可拆装设计可以增强用户的行为及情感体验。

上文介绍圆竹椅类家具多为整装结构，因此产生一些不必要资源浪费。下面便以拆装结构圆竹餐椅为例，论述其扁平化及自主安装的可行性。如图 3 所示，为传统的圆竹椅及其尺寸示意图，其中 A 为后退高度，B 为坐面深度，C 为坐面宽度。如果不进行拆装设计，此竹椅的包装体积 $V = A \times B \times C$。结合可拆装设计，为方便消费者进行自主安装，可以对其包装结构进行进一步改良。按普通圆竹椅尺寸来计算，将包装体积可以缩小到原体积的 1/5 ～ 1/10，在运输成本上可节省大笔开支。另外，用户在进行自主安装过程中，榫卯结构有一定的技术要求，因此可以考虑榫卯结构的可替代链接方式，比如偏心件结合、卡扣结合、螺杆结合等。

图 3　传统圆竹椅

基于上述分析，笔者结合现代渠道及便捷安装的设计需求，通过金属螺杆的加入与优化拆装结构，设计出以下平面封装圆竹家具，如图 4 所示。其在保持圆竹家具原特性的基础上造型更显简约，结构也更便于拆卸与运输。

图 4　可拆装圆竹椅

如图 5 所示，方案以传统圆竹椅为造型基础，以天然竹段为主料，主要部件之间采用竹段注塑预制螺母与定制螺杆连接，通过拆装设计以实现其平面封装。拆装化之后包装体积仅为 0.019 m³，约是固装时体积的 1/7。该方案结构的可拆装化设计具有以下特点：

第一，从减量化出发，在保持结构稳定性的基础上减少竹材的使用，改变了传统圆竹家具复杂的形象，带来简约之感，更符合现代人们的审美，也更能和谐地在现代家居空间中使用。

第二，保证靠背及腿部部分均属"后"部，优点是能将整把椅子最为复杂的结构部件统一到同一平面内，以固装的形式做到扁平化。

第三，将"后"部作上下分段处理，并以内嵌螺栓完成该部分拆装。这样可使包装体积由 V_1 = 0.8 m×0.38 m×0.43 m 减少为 V_2 = 0.118 m×0.38 m×0.43 m。

第四，注塑预制螺栓连接。金属五金件在保持结构稳定的同时打破单一材料的限制，也增添了设计的时代感，更能与现代的家居环境相匹配。

方案设计核心是在保持强度的前提下，尽可能追求拆装的便捷性，用平面封装法达到减量包装的目的。

图 5　可拆装圆竹椅平面封装图

4　结语

不同结构的尝试使其可拆装化、扁平化，不断优化可拆装结构，是实现圆竹家具平面封装的前提。家具拆装结构设计的主要目的是便于搬运，降低包装运输成本，减少设计材料与包装资源浪费。榫卯结构因其形式繁复，产品相对不利于批量生产与运输、装配，所以圆竹家具可以从结构的重组出发，运用新工艺、新材料、新技术做成可拆装结构，便利后期运输及自主安装。拆装结构的简易性，是实现圆竹家具平面封装的必要条件。不需要专业技术的 DIY 式安装，易组装化才能符合普通用户的需求。以上只是针对圆竹家具平面封装的尝试性研究，后期应该作进一步的受力、耐久性测试。

参考文献

[1] 魏振华，魏健骐，林家阳 . 基于资源节约的减量化包装设计研究 [J]. 包装工程，2014，35（24）：68-71.

[2] 郑宣，曹国荣 . 包装减量化现状及思考 [J]. 北京印刷学院学报，2012，20（2）：19-21，25.

[3] 顾洛澂，郑曦阳 . 国内绿色理念在家具设计领域的应用分析 [J]. 居舍，2022（26）：27-29.

[4] 詹秀丽，戴向东，吴义强，等 ."双碳"战略背景下的家具减量化设计技术研究 [J]. 家具与室内装饰，2022，29（9）：1-5.

[5] 周雪冰，徐俊华，强明礼，等 . 乡村振兴背景下圆竹家具产品的设计创新与实践 [J]. 家具与室内装饰，2022，29（11）：38-42.

[6] 刘广大 . 竹制家具创新设计研究 [J]. 大众文艺，2018（6）：117-118.

[7] 赵东杰，张帆，宋莎莎，等 . 传统圆竹家具创新设计研 [J]. 林产工业，2021，58（6）：41-45，60.

[8] 柳献忠 . 拆装类家具平板化包装设计及计算 [J]. 包装工程，2010，31（2）：18-21.

游戏化设计在企业管理系统中的实现路径研究

袁蓉

（成都锦城学院 艺术学院，四川 成都 610097）

摘要：游戏化作为一种有效的提升体验的方式，目前被广泛应用于面向个人的产品或服务，而企业管理系统的服务对象为企业，由于逻辑相对复杂、功能多样且需要企业接受游戏化设计的理念，因此较少被使用于该类型的系统当中。通过分析游戏化设计应用于企业管理系统的时代背景，探索游戏化赋能企业管理的主要场景，建立了 4 个实现路径：企业管理方式数字化，根据业务逻辑采取适合的游戏化方式，进行有效的游戏化机制设计，以及实现线下、线上激励机制的同步与转化，为企业管理系统的设计与优化提供了新的视角和方法。

关键词：交互设计；游戏化；企业管理；SaaS；游戏机制

1 游戏化概述

根据 2023 年 7 月 27 日在中国国际数字娱乐产业大会上发布的《2023 年 1—6 月中国游戏产业报告》显示，2023 年上半年，中国游戏用户规模为 6.68 亿人，达到历史新高点[1]，我国游戏玩家的数量接近全球的 1/5。为什么游戏可以吸引这么多用户？简·麦戈尼格尔（Jane McGonigal）在《游戏改变世界》中说道："现实已经支离破碎，我们需要创造游戏来修复它。"对游戏的热爱逐步让人们开始反思如何在现实世界中创造出一种可以活出自我、保持专注和投入从而获得认同感的场景。

"游戏化"（Gamification）的概念诞生于 2003 年，并从 2010 年起逐渐引起人们的关注。[2]

作者简介：袁蓉（1990—　），女，河南尉氏人，助教，硕士，研究方向为交互设计、情感化设计等，发表论文 4 篇。

盖布·兹彻曼（Gabe Zicherman）和乔斯林·林德（Joselin linder）提出"游戏化"是运用游戏的设计理念、忠诚度方案以及行为经济学原理，推动用户进行互动和参与的方法。[3] 游戏可以为人们带来愉悦、沉浸、新奇的体验，所以当游戏化的设计方法逐渐被运用于游戏之外的领域时，也就是"在非游戏情境下使用游戏设计元素和游戏机制"，便为各行各业带来了新的发展思路和运行模式。游戏化设计方法最初广泛应用于教育、健康、营销等行业，服务对象为 C 端，而 B 端产品借助互联网正快速向 SaaS（Software as a Service，软件即服务）化的趋势发展，摆脱了过去需要本地化部署的服务形式。为了进一步提升体验、打造差异化的服务，SaaS 产品越来越多地应用到了游戏化的设计方法，目前服务企业内部管理 SaaS 产品也在不断进行游戏化的尝试。

2 游戏化设计应用于企业管理系统的背景

2.1 数字原生代逐渐成为社会建设的主要力量

数字原生代是指在互联网环境中成长的一代人，游戏教育专家马克·平恩斯卡（Marc Prensky）在 2001 年首次提出了"数字原生代"的概念，即"Digital Natives"，他认为伴随着电子产品、互联网成长的年轻人掌握计算机、手机、电子游戏、互联网等"数字语言"[4]，由于生活里充斥着智能设备，游戏自然而然地成了这代人生活的一部分，深刻改变着他们的思想和这个世界。[5] 游戏化设计在当前可以应用于企业管理的重要原因便是游戏伴随着数字原生代的成长，他们都有过游戏沉浸式的体验，接受过游戏化模式的心理建设。

从社会人群的年龄结构角度来看，数字原生代属于年轻的一代，该类人群所占的比重在不断增加，逐渐成为社会建设的主要力量。[6] 随着数字原生代步入职场，对"数字语言"的熟悉使他们具有高效的信息获取与数据处理能力，这就导致他们对企业数字化管理、产品的使用体验有着与生俱来的要求，而传统企业对员工管理的工具、方式及策略已经无法达到年轻一代对工作体验的预期。

2.2 信息技术的发展推动着企业数字化转型的进程

根据《中小企业数字化转型分析报告（2021）》[6] 可以了解到我国大型企业超过50%已经进入数字化应用实践和深度应用的阶段，79%的中小企业处于数字化的初步阶段。通过向数字化的企业转型、转变企业的管理模式以及将数字化与企业管理相融合可以为企业带来新的成长机会：中小型企业利用数字化管理的工具可以实现降本增效，对于大型企业来说提供人性化的工具则更为重要。目前市面上大部分的产品实现了"数字化管理"，但未达到"有效管理"，而游戏化正是解决该问题的有效途径。

2.3　企业管理面临的问题与游戏化对策

（1）信息的过载和泛滥使人们的注意力呈现分散的趋势。诺贝尔经济学奖得主赫伯特·西蒙在对当下经济发展趋势的预测中强调，注意力已取代信息成为有价值的因素，因此能否获得和维持员工的注意力将是今后企业取得商业成功的必要条件之一。利用游戏化赋能企业管理系统，给员工创造专注、有吸引力的工作体验将大大提升企业在市场上的竞争力。

（2）多重任务处理（Multitasking）的现象已呈常态。注意力虽然对企业至关重要，但在如今大量信息混杂的时代，人们已经习惯于多重任务处理的情况，而执行主要任务的同时可以处理其余相关信息则变成了一项重要的技能优势。在多重任务处理不可避免的时代背景下，以往企业与员工互动、交流方式已经逐渐失效，通过游戏化的方式赋予员工具有挑战的多段任务和及时的正向反馈，是促进当前企业管理最具可行性的策略。

（3）个体差异带来的管理问题。数字原生代有着更现实的工作态度，他们开放、包容，不喜欢强管理，伴随着工作稳定性下降社会现状，企业管理的难度正在不断增加。通过游戏化设计将目标可视化、规则与信息透明化并建立及时的反馈系统可以增加员工对企业的认同感，从而实现管理效果的提升。

3　游戏化设计应用于企业管理的案例分析

当前应用于企业服务的产品可分为通用软件和 SaaS，SaaS 产品可以实现快速的更新迭代，因此是目前游戏化设计理念应用的主要载体之一。按照 SaaS 软件服务的应用场景划分，可分为不受行业限制的通用型 SaaS，以及深耕业务的垂直型 SaaS。其中，通用型 SaaS 覆盖了企业人力资源管理、协同办公、项目管理、客户关系管理等业务场景。本文根据企业管理的共性特征选取了 3 种典型的应用场景，分析该场景下游戏化设计的应用案例。

3.1　人力资源管理场景

人力资源管理场景包含招聘、入职、企业培训、绩效评估等等，而在"游戏+教育"的理论基础和实践背景下，企业培训便成了游戏化在企业管理场景中最先涉足的领域。企业培训的目标是以高效、低成本的方式让员工了解公司的企业文化，传达公司的行为准则、规范及要求，同时达到增加企业认同感与归属感的目的。游戏化作为一种可以快速激发人们兴趣、建立人与人之间联系的方式，应用于企业培训可以达到事半功倍的效果。不同于常规的公司的管理模式，Uber 公司和招募司机的关系虽然是管理和被管理者，但并不属于传统的劳动关系，这为企业的培训和管理带来了巨大的挑战。早在 2015 年 Uber 就在北美的 App Store 推出一款名为《Uber 驾驶》（Uber drive）的游戏（如图 1 所示），目的是培训司机找到最佳的路线。该游戏模拟了真实的运营场景，司机可以在 App 上模拟接单，并基于旧金山真实的

Google 地图进行路线规划，结束了送客旅程后，系统将会向司机展示最佳路线，并根据选择路线与最佳路线的差异进行虚拟货币的奖励。游戏化的设计可以让司机利用碎片化的时间用轻松的方式提高业务水平，优化客户体验，从而利于企业的发展。

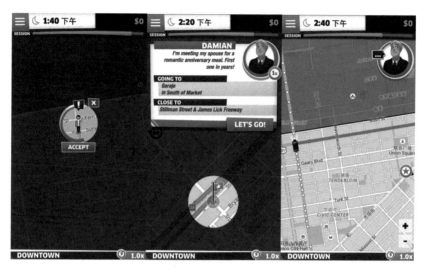

图 1　Uber drive 部分页面

3.2　协同办公场景

2020 年起受新冠疫情的影响，线下办公的方式不再是员工唯一的工作模式，越来越多的企业开始尝试实行远程办公，这就促使协同办公的互联网产品被运用到更多的公司当中。企业协同办公工具 Slack 于 2014 年产品上线（如图 2 所示），仅仅 5 年就完成了上市，是当时发展最快的 SaaS 应用。该产品的开发人员在游戏领域积累了丰富的经验，因此在产品的使用中可以看到诸多游戏化的方式。他们运用"上瘾"的游戏化机制，实现产品内"触发行为—用户行动—多变酬赏—身心投入"这四个步骤的循环，引导员工积极地行动和投入，实现高效的工作。这四个步骤是

图 2　Slack 功能与产品形态

如何在系统内呈现的：首先 Slack 将工作中所使用的工具发出的通知整合在自己的平台，员工收到的每一条消息都是和工作相关的，从而创造了一个沉浸式的工作状态，对应了"触发行为"与"用户行动"；还给员工提供间歇、不定时的奖励，如同事的肯定、有趣的信息奖

励等等，对应了"多变酬赏"。用户不断将时间、精力、工作内容、人脉等投入在 Slack 平台上，对应了"身心投入"，进而完成了"上瘾"的闭环。

3.3 客户关系管理场景

客户关系管理（Customer Relationship Management）简称 CRM，从字面意思看，CRM 是管理客户的软件或系统，而在倡导销售过程科学与标准化的背景下，从公司管理的角度来说 CRM 其实是管理销售、管理销售过程、管理公司客户资源的系统。"火炽星原"是国内首个游戏化的 CRM，作为一款游戏化的 SaaS 产品，它在实现 CRM 基本功能的基础上，专注于赋能系统的使用者——销售，通过游戏化的设计激发他们内驱力，解决了以往国内 CRM 已有的同质化严重、缺少对销售的关注的问题。应用了游戏化理念的产品多数只是运用游戏化的一些机制解决局部、定向的问题，而"火炽星原"是少有的从世界观开始就入手进行游戏化设计的产品。该产品根据"销售"这一群体的特性，以"西部牛仔掘金"为故事背景，从四个游戏化的角度进行了设计（如图 3 所示）。

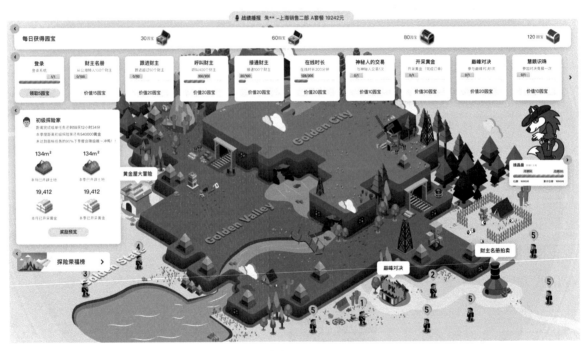

图 3　火炽星原主页

（1）游戏化的任务机制：通过每日任务设立明确的目标引导员工完成科学的销售动作，获得虚拟货币的奖励；通过阶段任务激励销售完成挑战，获得成就和升级的荣誉。

（2）游戏化的分配机制：销售的线索按照来源可以分为市场来源和销售自拓，市场来源的线索中多数都是需要企业投入大量成本才能获取的，具有精准、优质的特点，因此成单率也比较高。这部分线索以往都是销售主管、组长进行人工分配的，因此会出现资源配置不合理的情况。在游戏化的分配机制下，销售可以通过完成相关任务获得虚拟货币，用虚拟货币参与"荒野拍卖"获得线索，实现商机的充分开发。

（3）游戏化的鼓励机制：以狼为原型创建"罗克福德"（后更名为"来福"）这一 IP，用可视化的回报机制对销售正确行为进行奖励，建立正反馈。

（4）游戏化的竞争机制：趣味性的游戏化竞争机制可以让员工的工作热情得到更好的释放。"探险荣福榜"与"巅峰对决"就是引入竞争机制的两个功能板块。

4 游戏化设计赋能企业管理的实现路径

美国心理学家米哈里·希斯赞特米哈伊（Mihaly Csikszentmihalyi）在 1975 年发表了一篇名为《超越无聊和焦虑》（*Byond Boredom and Anxiety*）的研究报告，他提出根据游戏运行的结构形式来创造现实中的工作，可以为人们带来更多的幸福体验。[7] 当前众多优秀的企业已经将游戏化的方式应用到了企业管理的场景当中，来探索企业管理困境的游戏化解决之道。通过上述案例的分析，实现游戏化设计赋能企业管理可从以下四个方面着手。

4.1 企业管理方式数字化

数字化是游戏化的基石：企业管理者的意识对企业的数字化转型起着重要作用，在此基础上需要在企业内部进一步推进员工对管理方式数字化的认知。与以往不同，当前市场上灵活的 SaaS 产品为企业数字化管理提供了便捷、低成本的解决方案，除了需要特殊服务或对数据安全有很高的要求的企业外，目前市面上已有的 SaaS 的产品基本上可以覆盖企业管理的不同场景，摆脱了需要本地化部署和硬件维护的情况，从而帮助企业提高管理效率、降本增效、提升竞争力。此外，SaaS 产品可以记录员工在系统内的相关数据和动作，通过有效的数据分析可以从宏观的角度对员工的行为和团队的目标进行分析，因此可以为企业管理提供有效的支撑。

4.2 选择适合的游戏化方式

希望通过游戏化对企业管理进行赋能需要深入了解企业的需求，并结合企业的现状采取合适的游戏化方式。通常可分为以下四个步骤：（1）了解企业管理现状，掌握企业的业务逻辑：深入调查企业管理的现状，如组织架构、人员构成、软件使用情况等，结合企业的业务逻辑，找出当前业务逻辑下企业管理面临的问题。（2）确认游戏化的目标：企业目前已有的业务逻辑是基础，在此基础上确认通过游戏化想要达成的目标，明确想要通过游戏化方式解决的问题，如提升员工的工作动力、促进员工之间的协作等。（3）选择适合的游戏化方式：企业实现游戏化的方式通常有三种，一种是自己开发游戏化的相关产品，如前文提到的"Uber drive"；如果企业没有能力自己开发则可以采取第二种方式，就使用将游戏化的机制设计在系统中的 SaaS 产品，如前文提到的"Slack"；最后一种就是使用游戏化的组件或插件，如基于 WordPress 框架构建的系统能够通过已有的插件快速实践游戏化设计，"CaptainUp"是 WordPress 上游戏化组件最全面的插件之一，可以实现勋章、级别、奖杯等丰富的游戏化的机制。（4）实施、优化及监控：在选择了适合的游戏化方式后，可以先通过小范围试点，优化后进行推广，定期评估效果及员工的满意度，根据情况进行调整和改进。

4.3 进行有效的游戏化机制设计

采取适合的游戏化机制可以有效解决企业管理中员工目标不明确、效率低下、协作不畅等问题。为了避免游戏化仅是"套皮肤"的现象出现，需要将管理中的问题与游戏化机制的特点进行匹配。例如销售人员的工作通常单调且强度大，因此在使用 CRM 产品时通常不愿对客户的情况进行标记，而标记客户的情况对避免重复工作、提高客户满意度和减少投诉起着至关重要的作用，所以如何避免销售对"打标签"这一乏味的任务产生厌烦、压抑的情绪，简·麦戈尼格尔（Jane McGonigal）认为令人满意的工作需要具备两个条件：明确的任务和清晰的操作流程。[7]"目标"作为游戏的四个决定性特征之一，具有十分重要的作用，明确的目标可以触发员工采取行动，使其获得目标感，而清晰的操作流程则可以激励员工向着目标前进。"火炽星原"将"打标签"这一动作以"每日任务"的方式发布在系统中，销售只需在打电话时点击对应属性的标签即可对用户进行标记。当完成对应数量的任务后，销售即可获得虚拟货币的奖励，而虚拟货币又可用来购买优质的线索，因此企业可以通过"每日任务"对销售"打标签"这一行为给出明确的任务和清晰的操作流程，从而达到引导销售完成正确动作的目的。

4.4 实现线下、线上激励机制的同步与转化

网易游戏学院的陈立斌在第二届亚洲游戏化研究与发展论坛上说："'游戏化'本质是对激励重新思考。"他认为，运用游戏化思维可以将现实世界中原有的激励方式转变、优化后应用于游戏化的系统当中，实现激励方式的健康化、规范化与透明化。例如可以将公司原有的激励措施与游戏系统中常见的"成就系统"进行结合，当员工完成某种任务、达到某种成就时给予员工称号、勋章和虚拟货币等形式的奖励，通过虚拟货币可以兑换现实世界中的物品、福利，这样就可以通过游戏化的方式与现实世界建立有效的正向反馈机制，实现提升员工工作表现、积极性和态度，这对提高企业管理的效率和管理效果有着重要的作用。

5 小结

随着"数字原生代"步入职场，伴随着互联网成长的年轻一代逐渐成为社会建设的主要力量，对数字语言的深刻理解加速了企业传统管理模式的转变。游戏化的设计可以为企业在管理新时代员工的过程中创造更多的交互机会、提供更好的工作体验，合理使用游戏化的设

计可以使企业管理软件更好地发挥作用。

参考文献

[1] 新京报. 2023 年 1—6 月游戏产业报告发布，用户增长规模创新高 [EB/OL]. （2023-7-27）[2023-09-01].https: // www.bjnews.com.cn/detail/1690433003129268.html.

[2] 陈霄. 工具类产品的游戏化实践 [J]. 工业设计研究，2015（1）：121-124.

[3] 盖布·兹彻曼，乔斯琳·林德. 游戏化革命 [M]. 应皓，译. 北京：中国人民大学出版社，2014.

[4] Prensky M. Digital Natives Digital Immigrants [J].On the Horizon，2001，9（5）：1-6.

[5] 郭淑敬. 数字原生代信息获取行为研究 [D]. 太原：山西财经大学，2021.

[6] 人民网. 构建数字经济"朋友圈"中小企业数字化转型提速 [EB/OL]. （2022-11-23）[2023-09-01]. http: //finance.people.com.cn/n1/2022/1123/ c1004-32572614.html.

[7] 简·麦戈尼格尔. 游戏改变世界 [M]. 闾佳，译. 杭州：浙江人民出版社，2012.

基于情境感知的智慧居家养老 App 设计策略研究

安佩鑫，李春

（成都银杏酒店管理学院 设计艺术学院，四川 成都 611730）

摘要：为改善如今养老服务资源分配不均衡、服务质量低下、形式化单一的状况，将情境感知相关理论介入智慧居家养老服务中，研究智慧居家养老 App 设计策略。本文分析情境感知服务与情境因素，依据智慧居家养老服务系统的特征，通过智慧居家养老服务生态调研，系统化地了解用户需求，从用户、任务、社会、资源四个类别对其情境因素进行划分，依托互联网、大数据等现代化信息技术，基于各情境因素的感知动态提出居家养老 App 设计策略。以用户需求为导向，推动智慧居家养老服务设计创新，增强智慧居家养老服务用户黏性，使得服务价值最大化，优化用户养老服务体验，为后续相关领域的设计实践奠定基础。

关键词：情境感知；智慧居家；用户体验；设计策略；协同交互

我国人口老龄化问题日趋严重，依据国家统计局数据显示，截至 2023 年 2 月，全国 60 岁及以上的老年人口约为 2.8 亿，达到总人口的 19.8%。居家养老作为老人更倾向的养老模式，以社区服务为依托，协同多方利益相关者，延展至更广泛的社会性质的活动，给予老人生活照护、医疗保健、精神慰藉等方面的服务。然而目前急剧增长的老年人口与养老服务资源不匹配、资源割裂化严重。为弥补传统养老服务模式的不足，以智能终端设备为载体，养老服务应用的推出能够有效缓解该矛盾，整合服务系统中的多方利益相关者，使得资源分配呈现合理化。为优化老年用户的服务体验，深入用户目标与需求，将情境感知的相关理论置

基金项目：工业设计产业研究中心基金资助项目（项目编号：GYSJ2023-14）。

第一作者简介：安佩鑫（1996— ），女，四川绵阳人，硕士，研究方向为工业设计、服务设计等，发表论文 11 篇。

于服务设计中，感知用户所处不同情境的用户行为，改善服务细节，提供更加精准的服务。

1 情境感知服务与情境因素

"情境感知"这一概念最早由学者 Schilit 于 1994 年提出，情境感知服务即依托传感器技术，使计算机设备能感知所处情境，系统能够主动感知终端设备并对回收的情境信息进行处理，深入了解用户诉求，在适当的时机提供精准的推送式服务。[1]情境感知的服务流程界定为感知、计算与输出三个阶段。感知即获取主体情境信息，并通过设备对其进行实时转化；计算是对转化后的信息进行过滤处理，通过资源、环境、行为、交互等数据进行计算并构建用户模型；输出指通过上步数据信息，对用户进行需求预测，判定用户行为，不仅仅是为主体用户进行判定，还可对服务提供者、服务协调者等多方群体进行预判，依据不同情境提供差异化的服务，从而满足多方用户个性化的需求。[2]

目前，情境感知在理论研究层面一方面是对服务系统相关情境信息和用户群体给予响应变化的适应性研究；另一方面是通过终端设备对周围环境及用户进行采集并解释的响应能力研究。[3]各学者对情境因素基于不同的主体，分类方式也呈现差异性。左自磊[4]从用户购物的服务场景出发，将情境按照交互的方法分为用户情境、任务情境及环境情境三种要素；Wolfgang 等[5]将情境感知的概念进行延展扩充，将情境因素划分成用户、任务、环境、时间及设备五个类别；陈国强等[6]基于情境体验的视角，将移动室内地图交互设计的情境因素归纳为用户、环境、设备三种类别。在情境感知服务过程中，情境因素是系统感知服务设计中获取用户需求的数据基础，可根据不同的设计主体进行有侧重性的规划。

2 智慧居家养老服务生态调研

对居家养老服务进行调研，深入目标用户需求进行探析，了解居家养老服务系统构成要素，对后期设计实践提供支撑。此次调研群体主要聚集在老年人、子女家属、医护人员三类，老年人作为本次调研的核心群体，调研年龄层级划分在 65 ~ 85 岁，采用用户访谈法系统化地了解用户需求，访谈提纲如表 1 所示。

表 1 智慧居家养老服务用户需求访谈提纲

访谈对象主体	访谈提纲
老年人	关于姓名、年龄、职业、身体状况等基本信息的询问。 日常的生活习惯喜欢什么样的文娱活动？ 对于互联网的接受度是怎样的？是否使用过智能交互 App？ 平时会使用哪些养老服务？对目前养老服务满意 / 不满意之处有哪些？
子女家属	选择居家养老的原因？ 对于居家养老的智能软硬件设备的使用情况如何？ 面对居家养老的老人有何担忧之处？着重关注哪方面的问题？ 对于智慧居家养老 App 有何种需求或期待？

（续表）

访谈对象主体	访谈提纲
医护人员	如何与居家老年人取得联系并获知老年人的健康状况？ 使用智能交互 App 的频率是否会在 App 上实现问诊？ 参与医疗的人员分配、医疗资源的分配及使用情况如何？ 对于居家养老服务的看法及需要改进的方向有哪些？

　　基于上述调研，将调研所获取的数据信息置于服务生态图中，如图 1 所示。居家养老服务环境逐渐扩散，从家庭到社区，再到社会生活圈层。用户作为服务中心，在整个服务生态体系中发生着人与人、人与产品、人与服务的交互，同时协同多方利益者为老人提供生活照护、医疗保健、精神慰藉三种独立且联动的交互行为。[7]将数据信息进行整合，从环境、人、产品、行为、需求层面构建服务生态链，利于挖掘养老服务机会点，实现服务资源的合理分配与有效配置。

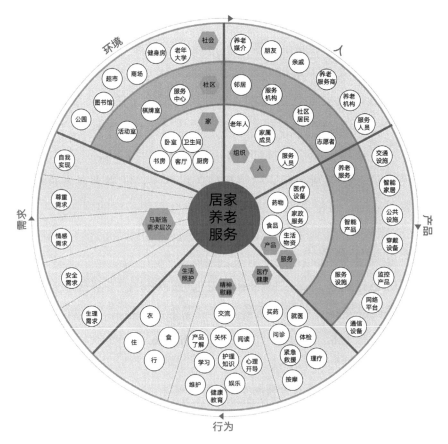

图 1　居家养老服务生态图

3　智慧居家养老服务系统中的情境因素

　　智慧居家养老服务系统中利益相关者主要包含作为服务接受者的老年人、服务提供者的医护人员、服务协调者的子女家属，协同第三方服务机构参与其中。依据老人基本特征、所处环境、养老需求的不同，系统处于随时待命的状态，根据个人需求提供精准的个性化定制服务。该系统中，服务模式通常包含生活照护、医疗保健、精神慰藉三种类型。由于老年人与社会的脱节，部分存在认知障碍、自适应能力和学习能力不足的问题，对于智能设备的使用会存在畏难心理。[8] 系统会感知用户行为，选择最适宜的服务对象辅助养老，让用户选择适当的服务场所，集合多层面的养老服务，使服务端深层次地响应用户诉求。根据上述调研分析，基于养老服务系统特征分析出情境因素，如图 2 所示。

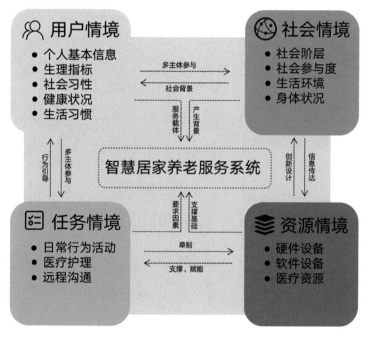

图 2　智慧居家养老服务系统情境因素分析

用户情境，家庭环境下的老年人作为服务接受者，是服务系统中的根本要素。用户情境主要包含个人基本信息、生理指标、社会习惯性、患病情况等，同时用户情境还包括多方利益相关者的子女家属、医护人员、医疗机构、社会组织等。对于存在特殊生理需求的用户，系统根据其用户行为会提供更加细致的人性化服务。

任务情境，即关注老人的行为活动，用户在居家养老 App 服务应用平台上执行的目标任务。任务情境是系统根据用户情境的基本数据归纳老人的生活情境，捕捉用户行为而生成操作指示，系统会依托任务情境的感知服务，在后续操作中给予用户提示，提升用户的使用体验。

社会情境，老年人在社会阶层扮演的角色不同导致所需求的服务存在差异性。例如：腿脚不便、认知障碍的老人更渴望得到生理方面的需求；处于知识阶层的老人在精神层面需要得到满足；宗教民族与风俗习惯也会导致用户需求的不同。

资源情境，资源是居家养老服务的基础保障，依托互联网现代信息技术，整合线上线下资源，通过居家养老 App 应用平台，实现产品与服务的交互。软硬件设备构成了智慧居家养老服务系统的情境感知环节。其中硬件设备包括可穿戴设备、智能家居、监控产品等；软件设备即以 App 应用平台为主，通过感知用户行为、所处环境、生理指标进行信息的传达。同时医疗资源也是整个服务流程中的支撑基础，指代医护人员、医疗器械、医疗服务机构等。[9]

4 基于情境感知的智慧居家养老 App 设计策略

基于上述分析，从用户情境、任务情境、社会情境、资源情境给出相应的智慧居家养老 App 设计策略，如图 3 所示。

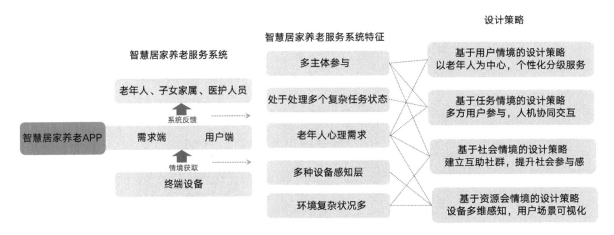

图 3 智慧居家养老 App 设计策略分析

4.1 用户情境——以老年人为中心，个性化分级服务

在智慧居家养老服务系统中，老年人作为服务主体对象，其认知能力处于弱势地位，因此 App 应用设计应该依据老人的本能层、感官层来设计。根据调查发现，老人在面对智能科技产品时存在畏难抵触心理，使用该类产品的积极性较低，因此 App 应用图标设计可从视觉层面给用户带来冲击感，拟物化的设计可从感官层面提高用户的接受度，图标拟物化更加匹配老人的认知心理，易于老人的理解和操作。居家养老服务中的老人存在个体化的差异性，再加上个人需求的不同，个性化的分级服务能够更好地提升用户的服务体验。系统通过主动或被动感知的方式获取老人的基本信息并构建用户模型，在根据老人所处特定情境的用户行为，结合动态情境信息预测用户需求，以便于为老人提供及时细致的服务。[10]同时，智能终端会对所获取的数据进行再次反馈迭代，对目标用户模型进行二次构建，使得预测用户需求的信息更加准确，服务资源与需求方合理配置，提升居家养老服务效率。

4.2 任务情境——多方用户参与，人机协同交互

系统主动感知用户所处环境，隐性地为用户主动传达信息并提供所需服务。在智慧居家

养老 App 中，老年人可根据语音提示、服务提醒，选择想要实现的目标行为。在该系统中，因为居家老人作为特殊群体，存在操作难的问题，可以协同系统中多方利益相关者参与的特点，与辅助养老服务的子女家属、医护人员等作为第三方用户构成人机协同交互模式，减少老人的操作行为，提供更高效的服务。例如：当系统感知老人处于需要起夜的任务情境时，床头的夜灯会感知老人起身的动作，在不影响老人的情况下灯光逐渐亮起，便于老人的下床行动；在医护人员对慢性病老人问诊过程中，系统可感知当前医护人员的操作行为并依据任务情境来观察用户，同时判断医护人员所想要获取的数据并给出解决方案，大大节省了医护人员的问诊时间，并将最新数据通过 App 实时传达给子女家属，便于家人对老人服务情况的及时了解。

4.3 社会情境——建立互助社群，提升社会参与感

服务系统以用户需求为中心，除了满足老年人的生理、心理需求外，也将老年人的精神需求考虑在内。随着科学技术的创新发展，我国服务形态趋向多元化发展，老年人由于年龄的增长、生理机能的下降，面对智能设备的出现会存在畏难心理。基于用户的情绪心理，老人可根据年龄、健康状况、社会阶层等不同的用户情境选择不同的互助社群，让用户都能够参与到服务流程中，增强用户黏性，提升社会参与感。同时系统还可整合多方社会资源，让更多的人参与到养老服务中来，如学生群体、社区居民等都可以参与到互助服务模式中，老人提供服务诉求，系统依据用户模型快速匹配出三种服务对象供老人选择，激发了社会各方的支持与参与，使得智慧居家养老服务系统可持续发展。

4.4 资源情境——设备多维感知，用户场景可视化

将智能软硬件多种智慧化技术手段融入服务场景中，配置多种智能终端设备，扩大情境数据的感知范围和感知维度。[11] 利用手机终端作为数据感知的载体，整合海量闲散的服务资源并构建数据库，结合 RFID、可穿戴设备、监控产品、智能家居等系列化的具有多维感知力的硬件设备互补，通过协作的方式捕捉用户操作行为中动态的实时数据，用户反馈的信息也为优化服务提供重要依据。App 应用平台将老人的身体状况、生活环境、行为特征等信息作可视化处理，使得系统中的利益相关者能够更直观地了解老人现状，提升系统的感知预判能力，为老人提供更高效的服务。

5 结语

现代化信息技术的发展推动居家养老服务创新，基于居家养老服务系统特征，智慧化地整合服务资源，满足多方利益相关者的诉求。将情境感知的理论介入智慧居家养老服务设计中，从用户、任务、社会、资源的情境因素层面探析 App 设计策略，可以提高居家养老服务

效率，为养老服务事业的创新发展提供设计思路。

参考文献

[1] 袁欢欢，蒋晓 . 基于情境感知的智慧社区养老服务 App 设计策略研究 [J]. 设计，2020（23）：84-86.

[2] 刘和山，董雪，范志君，等 . 智慧居家养老服务系统设计研究 [J]. 包装工程，2020（8）：36-42.

[3] 商墩江 . 基于使用步行辅具老年人的住宅空间适应性设计研究 [J]. 家具与室内装饰，2022（9）：126-130.

[4] 左自磊 . 基于情境感知的智能家居系统设计研究 [D]. 无锡：江南大学，2017.

[5] Wolfgang K J，Ziegler J，Lohmanns S. Context-Aware Web Engineering : modeling and Applications[J]. Revue d'Intelligence Artificielle，2005，19（3）：439-458.

[6] 陈国强，梁亚坤 . 基于情境体验的移动室内地图需要与策略研究 [J]. 包装工程，2017，38（12）：94-98.

[7] 孟凯宁，安佩鑫，王美娜 . 青神竹编的数字化保护与开发策略研究 [J]. 家具与室内装饰，2022（6）：7-12.

[8] 安佩鑫 . 快递包装共享服务系统设计研究 [D]. 成都：西华大学，2022.

[9] 孟凯宁，李昆鹏，余琴琴 . 基于服务设计的健康膳食结构 App 设计研究 [J]. 包装工程，2021（8）：190-197.

[10] 朱硕，蒋晓，唐艺涛 . 基于情境感知的机构养老服务设计策略研究 [J]. 包装工程，2022（18）：136-143.

[11] 缪玉波，许安娇，曹阳 . 情境认知视角下长沙童谣 AR 绘本的设计策略研究 [J]. 家具与室内装饰，2022（7）：53-57.

老年慢性病模块化家用医疗交互产品设计研究

曲瑞丹，房慧，蒋旎

（西南财经大学天府学院 艺术设计学院，四川 成都 610000）

摘要：随着数字化时代的快速发展，不仅改变了人们的生活方式，也加剧了老年人的数字鸿沟。老年人慢性病管理需要更智能化和便捷化的解决方案。本文旨在探讨基于模块化的老年慢性病家用医疗交互产品设计，通过研究老年慢性病群体的需求和使用习惯，结合现代技术及用户体验的理念，提出适用于老年慢性病人群使用的模块化家用医疗交互产品设计应具有人性化设计原则、用户体验设计原则、智能化设计原则、模块化设计原则、可定制设计原则、安全性设计原则等，并将其应用于老年慢性病智能家用医疗交互产品设计实践中，以期提高老年慢性病管理的效果及用户体验。

关键词：数字鸿沟；模块化设计；老年慢性病群体；家用医疗产品设计；交互设计

随着全球老龄化程度的加深，智能产品的迅速迭代，使得老年人对智能产品使用方式感到陌生，数字鸿沟现象尤为突出。老年慢性病患者的数字鸿沟现象对其健康管理和医疗服务的效果造成了一定的影响。因此，如何针对老年慢性病患者的特点和需求，设计出符合其使用习惯和能力的智能交互产品，是当前研究的重点和难点，这也是本文所探讨的问题，力求设计一款基于模块化的家用医疗交互产品，以期提高老年人慢性病管理的效果和便利性。

基金项目：工业设计产业研究中心开放课题资助项目（项目编号：GYSJ2022-18）；工业设计产业研究中心开放课题资助项目（项目编号：GYSJ2023-18）。

第一作者简介：曲瑞丹（1992—　　），女，山西运城人，讲师，硕士，研究方向为文创产品设计、产品交互设计等，发表论文 11 篇。

1 模块化设计

模块化设计就是将产品的某些要素按照其功能以及形态来划分产品的一些组合部件，通过一些特殊的结构连接组合在一起，构成一个新的产品系统。[1]通过模块化设计，可以实现产品的快速定制、灵活组装和可持续升级。

模块化设计的原理是将产品功能和交互方式分解成多个独立的模块，并通过标准化接口进行组合。这样一来，在具体的产品设计阶段可以更加灵活地添加、替换或删除某个模块，以满足不同的老年慢性病患者的需求。同时，模块化设计能够提高产品的可维护性和可持续性，当某个模块需要升级或替换时，只需对特定模块进行操作，而不会影响整个系统的功能。

数字化时代背景下，模块化设计理念对老年慢性病家用医疗交互产品设计起到关键作用。在应用模块化设计理念时，需要考虑以下几个方面。首先，确定模块划分的原则，即将功能相似的交互方式划分到同一个模块中，将交互方式不同的功能划分到不同的模块中。其次，制定模块标准化接口的规范，以确保模块之间可以相互连接和配合使用。另外，模块的设计应符合人机工程学原则，以确保老年慢性病患者能够更加方便地使用和操作。

2 老年慢性病及老年慢性病群体需求分析

2.1 老年慢性病

老年慢性病是指老年人长期患有且病情进展缓慢不容易治愈的疾病，如高血压、糖尿病、心脏病等。进入老年阶段后，人体的各个系统和器官的机能减退，平均每位老年人患有 2 ～ 3 种疾病[2]，且很难彻底治愈，老年慢性病的发病率也呈现上升趋势，是影响老年人身体健康和生活品质的主要问题之一，同时也给家庭和社会带来一定的负担[3]。老年慢性病的特点是病情存在长期稳定期和急性发作期，患者需进行定期的医疗和跟踪管理，并且患者对自身健康状况有一定的了解和掌控能力。

2.2 老年慢性病群体需求分析

2.2.1 心理需求

老年慢性病患者在患病期间比较容易产生焦虑、抑郁、孤独的情绪[4]，因此需要得到家人的陪伴、朋友或医生的支持和理解，以减轻他们的焦虑和抑郁情绪。同时，由于长期患病和病情控制的不确定性，老年慢性病患者可能面临心理压力和情绪困扰，需要心理咨询和心理支持来应对情绪问题。此外，老年慢性病患者需要参与社交活动进行交流，以减轻孤独感和增加社交支持，这对他们的心理健康非常重要。

2.2.2 生理需求

随着身体机能的退化，老年慢性病患者在听觉、触觉、嗅觉、视觉等方面会出现不同程度的退化。[4]老年慢性病患者需要进行饮食管理，遵循特定的饮食要求，如低盐、低糖等，以控制病情和维持健康；老年慢性病患者需要按时、正确地服用药物，以控制病情和缓解症状；老年慢性病患者需要定期进行检查和监测，如血压、血糖、血脂等指标的检测，以及其他相关的生理参数；老年慢性病患者需要根据自身情况进行适当的运动和休息，以保持身体健康和身体功能恢复；老年慢性病患者可能会面临疼痛问题，需要采取适当的疼痛管理和缓解措施。

综上所述，老年慢性病群体的心理需求包括支持理解、心理咨询、心理支持、社交活动和交流等方面；生理需求包括药物管理、饮食管理、定期检查监测、合理的运动、休息以及疼痛管理等方面。满足这些需求可以帮助老年慢性病患者更好地管理疾病，维护身心健康。

3 家用医疗产品设计现状

随着老年人口的增加，慢性病在老年人中的发病率越来越高，家用医疗产品的需求也越来越大。针对老年慢性病的家用医疗产品须具有适用性、可靠性、易用性、安全性等特点，以满足老年人的实际需求。

现有的家用医疗产品主要有可穿戴产品、远程医疗产品、智能监测产品、药物辅助产品等。家用医疗产品设计正朝着以下方向发展。

（1）便携智能化：越来越多的家用医疗产品设计注重便携性和智能化，使用户能够随时随地监测和管理自己的健康，可通过与手机或其他智能设备进行连接，实现数据的实时监测、分析和分享，如智能手环、智能体重秤、心率监测器、智能血压计、智能血糖仪、智能按摩垫等。

（2）多功能性：当前的设计趋势是将多个医疗功能集成到一个设备或产品中，家用医疗产品越来越多地融合了多种功能，满足用户不同的健康需求。例如：一些健康手环不仅可以监测心率和步数，还可以监测睡眠质量、提醒久坐等；一些家庭医疗设备不仅能够测量血压、血糖和体温，还能监测心率、睡眠质量和运动情况等。这种多功能性的设计增加了家用医疗产品的实用性和价值。

（3）注重用户体验：设计家用医疗产品时，注重用户体验是重要的考虑因素之一。家庭医疗产品的用户界面和交互设计变得越来越重要。通过创建清晰、直观且易于操作的用户界面，以确保用户可以轻松使用和理解产品并获取准确的结果。同时，产品的外观设计也愈加注重与家居环境相融合。

（4）注重个性化服务：越来越多的家用医疗产品注重提供个性化和定制化的服务。根据用户的健康状况、喜好和需求，提供个性化的健康建议、饮食推荐等，让用户能够根据自己的情况进行个性化的健康管理。

总的来说，家用医疗产品设计正朝着便捷智能化、多功能性、注重用户体验和个性化服务等方向不断发展，为用户提供更加方便、智能和个性化的健康管理服务。

4 老年慢性病模块化家用医疗交互产品设计原则

在进行老年慢性模块化家用医疗交互产品设计时，应遵循人性化设计原则、简洁易用设计原则、智能化设计原则、模块化设计原则、可定制设计原则、安全性设计原则，从而为老年慢性病患者提供方便、易用和个性化的家庭医疗服务，帮助老年慢性病患者更好地管理和监测自己的健康。

4.1 人性化设计原则

老年慢性病患者具有运动能力差、手指灵活性不高、视力和听力下降等特点，因此在进行老年慢性病模块化家用医疗交互产品设计时，应考虑到这些因素。例如：产品的按键应大且易于操作，以方便老年慢性病患者进行灵活操作；产品的操作界面设计应提供调节字体大小的设置功能，以满足视力减退的需求。

4.2 简洁易用设计原则

由于老年慢性病群体对于电子类产品的操控能力较弱，在设计老年慢性病家用医疗交互产品时，应从老年人的认知及操作习惯出发，设计一些简单易用的功能方式或通俗易懂的产品语义。如产品功能操作简单，界面设计简洁明了，尽量减少老人学习成本和使用难度，使得老年慢性病群体能够轻松理解和使用产品，减少操作误差，确保家用医疗交互产品的可用性及易用性，以此带来良好的使用体验。

4.3 智能化设计原则

进行老年慢性病模块化家用医疗交互产品设计时，可运用人工智能技术，通过集成大数据和智能算法，提供个性化的健康管理方案和智能辅助功能，帮助老年慢性病患者更好地管理和控制疾病，如考虑老年人存在视力衰退或操作困难等问题，在设计时可融入智能语音交互技术，老年慢性病患者可以通过语音指令进行操作和获取信息，同时要确保语音交互的准确性和稳定性，提供清晰的语音反馈和指引。

4.4 模块化设计原则

进行老年慢性病模块化家用医疗交互产品设计时要遵循模块化设计原则，结合老年慢性病患者的需求及使用习惯进行设计。首先，每个模块应具有明确的功能，并且与其他模块之间的耦合度应尽量低，这样可以提高模块的复用性和可维护性。其次，不同的模块应该遵循相似的设计原则和规范，以保持整个系统的一致性，这样可以提升用户的学习和使用体验。最后，不同模块之间的接口应该定义清晰，并符合用户的期望和习惯，这样可以实现模块的互操作性，提升整个产品系统的协同性能。

4.5 可定制设计原则

在进行老年慢性模块化家用医疗交互产品设计时，要考虑到老年人的个体差异和特殊需求，提供个性化和定制化的选项，以满足不同老年患者的需求。例如，可以根据老年人的健康状况和喜好，提供个性化的健康建议和饮食推荐，让产品更加贴近用户的需求。

4.6 安全性设计原则

在进行老年慢性病模块化家用医疗交互产品设计时，要注重产品安全及用户隐私安全，如产品的材质选用应舒适、防滑，以提高长时间使用时的舒适度。同时也要注重用户数据的安全和隐私保护，采取合适的安全措施以确保用户的个人信息不被泄露，如提供简单明了的隐私设置及权限设置，让用户能够自主管理自己的数据。

5 模块化设计在老年慢性病家用医疗交互产品设计中的应用

老年慢性病患者需要家庭护理和医疗照顾，而家用医疗交互产品的应用能够方便老年患者及其家庭成员进行合理化的健康管理和医疗康复服务。因此，融入模块化设计可以充分考虑老年慢性疾病患者的需求，提供更加个性化的服务，具体应用如下。

5.1 产品功能设计的模块化

老年慢性疾病的患者因个体差异而产生不同的医疗需求，模块化设计能够针对不同的患者需求，提供相应的功能模块，以达到满足特定的医疗需求。例如，针对高血压患者，提供穴位按摩模块、血压监控模块、饮食建议模块和运动监督模块等，让患者轻松掌握并有效管理自己的患病情况。

5.1.1 监测功能设计

老年慢性病患者需要能够随时监测自己的健康状况，包括血压、血糖、心率等指标的监测，因此在进行具体的家用医疗交互产品时，可融入测量血压、血糖、心率等功能设计。

5.1.2　提醒功能设计

老年慢性病患者需要产品能够及时提醒他们服药、测量指标、进行锻炼等，以保持良好的治疗效果，因此在进行具体的家用医疗交互产品时，可设计药物提醒、锻炼提醒等功能。

5.1.3　康复护理功能设计

老年慢性病患者需要产品能够辅助进行日常康复护理，以保持良好的治疗效果，因此在进行具体的家用医疗交互产品时，可根据不同的老年慢性病患者提供穴位按摩等康复护理功能，帮助老年慢性病患者更好地恢复健康。

5.2　产品交互界面的模块化

5.2.1　界面的数据管理设计

老年慢性病患者需要产品能够记录并管理他们的健康数据，提供数据分析和报告，以帮助他们了解自己的健康状况，因此在进行老年慢性病家用医疗交互界面框架时需设计清晰明了的数据管理模块，方便帮助老年慢性病患者进行记录并了解自己的身体状况。

5.2.2　界面视觉设计

在进行老年慢性病家用医疗交互界面模块设计时应简洁明了，只包含关键信息，如当前血压值、心率值等，操作流程简单直接，使用大字体和高对比度适应老年人的视力特点等，方便老年慢性病患者进行操作，了解自身的健康情况。

6　老年慢性病家用医疗交互产品设计实践

根据以上对模块化设计、老年慢性病群体需求分析、家用医疗产品设计现状进行分析，总结出老年慢性病模块化家用医疗产品设计原则及模块化设计在老年慢性病家用医疗交互产品设计中的应用，指导以下老年慢性病穴位扫描拼接按摩垫设计实践。

6.1　老年慢性病穴位扫描拼接按摩垫设计实践

该产品是一款多功能按摩垫，融入模块化设计理念，专为患有慢性病的老年人所设计。设计采用可拆分的结构，每个按摩垫模块运用相同的设计规范及模块接口，可以根据老年慢性病患者不同身体部位所需按摩垫数量及形状进行组合、拼接，按摩时可连接配套 App，根据老人的自身疾病情况进行按摩。按摩垫运用 3D 扫描技术，精准老人穴位，控制按摩力道，减轻普通按摩仪对老人带来的"负担"。该产品设计可以满足老年慢性病患者的使用需求，帮助老年慢性病患者进行康复管理，提高老年人生活质量，一定程度上缓解现有医疗资源紧张、分配不均等问题，如图 1 所示。

图 1 老年慢性病穴位扫描拼接按摩垫设计图

6.2 老年慢性病穴位扫描拼接按摩垫配套手机 App 交互界面设计实践

　　老年慢性病穴位扫描拼接按摩垫产品配套 App 设计老人专属的用户端，通过输入老人所患的慢性病病症，App 会自动匹配病症相关的穴位图鉴，帮助老人正确找到穴位的大概位置。App 还专门配有智能语音助手和快捷扫描功能，智能语音助手可以为不会使用手机操作的老人提供帮助；快捷扫描功能还可以自动识别老人的检查报告单，根据报告单所呈现的数据为老人调整按摩力道和穴位等；App 还设计了饮食推荐模块，可根据不同的老年慢性病患者提供针对性的饮食推荐搭配，通过健康科学的饮食搭配，帮助老年慢性病患者更好地管理疾病。由于老年人认知和操作意识不断弱化，减少功能上的繁杂和过多的功能按钮可减少老年人的操作失误和学习成本，如图 2 所示。

图 2　老年慢性病穴位扫描拼接按摩垫辅助手机 App 设计图

7　结论

　　本文通过对模块化设计、老年慢性病群体需求、家用医疗产品设计现状进行分析，总结出老年慢性病模块化家用医疗产品设计原则及模块化设计在老年慢性病家用医疗交互产品设计中的应用，以此指导老年慢性病穴位扫描拼接按摩垫设计实践，为满足老年慢性病患者的个性化需求提供了一种创新的设计思路。通过模块化设计，可以根据老年人的个体差异和疾病特点进行个性化定制，提高产品的可用性和用户体验，满足老年慢性病患者的需求，更好地管理疾病。在设计过程中，需要充分考虑老年慢性病群体的认知特点和操作难度，设计简单明了的交互界面。同时，也要注重数据的安全性和隐私保护。将模块化的设计理念应用于老年慢性病家用医疗交互产品的实际开发中，以求进一步改善老年慢性病患者的健康管理体验。

参考文献

[1] 汪杉. 模块化设计在产品设计中的应用 [J]. 家具与室内装饰，2018（1）：22-23.

[2] 吴秀园，罗铁娇，罗文华，等. 老年慢性病患者医养结合的实践与效果 [J]. 现代医院，2014（4）：149.

[3] 朱美媛. 颈动脉超声联合经颅多普勒超声诊断在缺血性脑卒中诊断中的应用价值 [J]. 中国医疗器械信息，2023，29（3）：82-84.

[4] 李怡. 基于用户体验的老年人家用医疗产品交互设计研究 [D]. 黄石：湖北师范大学，2021.

3D 陶瓷在智能手机 CMF 设计中的发展

王佳茜，武月琴，王海容

（西华大学 美术与设计学院，四川 成都 610039）

摘要： 智能手机发展到现在已形成固有形态和功能，现代人们的情感需求在逐渐升高，为了提高智能手机的市场竞争力，设计师开始由功能结构设计转向智能手机 CMF 设计。以 Xiaomi 数字系列手机为案例，采用桌面研究和调查的方式，分析 Xiaomi 手机的 CMF 设计，对精细陶瓷在 Xiaomi 手机上的应用材料、颜色、工艺及纹理图案进行整理，分析 CMF 对产品品质与用户心理体验的作用，进一步探究材料工艺与设计的关系。精细陶瓷作为新型材料，因其优良特性而广泛应用于电子产品、医疗设备等领域，具有良好的发展前景。材料工艺与设计共同推动智能手机发展，相互制约和进步。

关键词： CMF 设计；3D 陶瓷；材料工艺；精细陶瓷；智能手机

CMF 指色彩、材料以及工艺[1]，首次出现于 20 世纪 80 年代，随后受到电子工业和制造业的影响迅速发展，是产品功能及外观设计的重要元素。1973 年发布了全世界第一部手机[2]，从时间上看，智能手机与 CMF 几乎同步发展。

现阶段，智能手机的内在使用功能已经完善，但受到用户需求的影响，外观造型是设计重点。在产品造型设计中，对材料的合理使用是产品形态创造的前提，材料是表达设计的物质基础和载体。[3] 因此智能手机造型创新依托于对材料、工艺和颜色的合理选择，并且要关

第一作者简介：王佳茜（1999— ），女，湖北武汉人，硕士，研究方向为工业设计及理论。

通信作者简介：武月琴（1982— ），女，山西平遥人，博士，教授，研究方向为设计史与产品创新系统、设计产业。

注用户不断上升的情感需求，进行多样化的尝试。

1　智能手机 CMF 设计

过去，CMF 主要用来支持产品的功能属性，随着设计对人的关注，形成了全新的设计研究模式"CMF"，以"色彩、材料和工艺"为触点，研究产品品质与用户心理体验之间的关系。CMF 能够通过较低的成本实现产品的多样性，以触觉、视觉等感觉作为媒介带给用户更好、更直接的感官体验，丰富人们的情感需求。[4] 在智能手机设计中，CMF 一般通过平衡色彩搭配、材料性能以及表面处理工艺这三个方面来满足用户情感需求。[1]

1.1　实现功能属性

手机最初仅具有接听电话的实用功能，造型上以包裹内部结构为主要目的，采用工艺简单的塑料材质。尽管形态厚重、颜色单一（如图 1 所示），但昂贵的价格和移动通信的功能，使得有限的目标群体成为一种"被羡慕"的对象，手机在某种程度上成为身份地位的彰显。

随后，为了解决长时间、长距离的通信需求，手机外观形态发生了巨大的变化：从厚重粗糙的"板砖"样变为轻薄光滑的"片状"样。因实现了方便携带以及流畅通信的功能，手机普及率提高，扩大了用户群体范围。智能手机逐渐成为人们常用的工具，需要发展多样化的娱乐功能及外观形态，满足目标用户的情感需求。

图 1　摩托罗拉 3200（1987 年）

1.2　满足情感属性

在通信、短信及软件等基础功能发展完全的情况下，用户对智能手机品质有了更高的要求，期望获得良好的感官体验。CMF 作为影响产品品质的重要因素，开始应用于智能手机领域。多个企业建立 CMF 部门探索颜色、材料和工艺的创新；而涂料、材料加工等制造企业则为手机品牌提供了各类 CMF 的服务，推动智能手机创新尝试。如图 2 所示，摩托罗拉品牌尝试铝合金材料，利用金属拉丝工艺形成表面拉丝纹理；iPhone 4 的手机屏幕和机身应用了玻璃材料，使手机更轻薄透亮，具有光滑细腻的手感；而摩托罗拉 XT885 采用凯夫拉材料，并形成了波纹样纹理，观感更具趣味性。

摩托罗拉 V3（2004 年）　　　iPhone4（2010 年）　　　摩托罗拉 XT885（2012 年）
　　　　　（a）　　　　　　　　　　（b）　　　　　　　　　　（c）

图 2　材料工艺创新的智能手机案例

现阶段，智能手机的使用方式以触控交互为主，通信和娱乐功能发展完全，外观呈现扁平化和雷同化的特点。在实现基础功能上，材料、色彩和工艺成为智能手机创新最具竞争力的触点，能够给用户带来更好的感官体验，满足用户情感需求，推动智能手机设计进一步发展。

2　3D 陶瓷的特性与工艺

3D 陶瓷是具有 3D 形态的精细陶瓷材料。对比传统陶瓷材料，它不直接使用天然矿物原料而是采用高度精选的高纯化工产品为原料，通过控制其化学组成、显微结构、晶粒大小等，进而形成更为高质量的陶瓷材料。因此具有硬度大、散热强、对电磁信号无屏蔽、对人体无伤害以及耐磨损等优良性能，在综合性能上优于其他材料，从而广泛应用于智能手机及其他智能电子行业。精细陶瓷材料与其他材料的对比，如表 1 所示。

表 1　精细陶瓷材料与其他材料的对比

	分类	工艺	优点	缺点
精细陶瓷	纳米氧化锆陶瓷 微晶锆陶瓷	干压成型、等静压成型、注浆成型、热压铸成型、流延成型、注射成型、胶态凝固成型等	硬度大、对人体无伤害、颜色多变、质感及握感舒适、耐磨、散热强	加工难度大、成本高、良品率低
塑料	PC 及 ABS	注塑一体成型	高强度、耐冲击、可自由染色	廉价感强、导热性能差、质量较重、易老化及变黄
金属	不锈钢及铝镁合金	PVD、喷砂、拉丝、着色、镜面等工艺	无磁性、强度高质量轻、散热强、耐磨且易于上色	导热性差、易发热、着色成本高 成型困难且成本高、阻挡信号
玻璃	钠硅酸盐玻璃	热弯、AG 蚀刻、纳米全息激光、镀膜技术	观感体验佳、硬度高、耐刮	易碎、易滑落、易刮花
竹木	竹子及实木	压制成型	轻薄	易发霉、变形、防水性差、不耐用
皮革	人造革及真皮	热胶成型	抗指纹、亲肤温和、有纹理	散热一般、不耐刮
纤维	凯拉夫纤维、芳纶纤维及玻纤板	玻纤热弯、热压成型	轻薄、防滑、质量轻	成本、加工难

精细陶瓷材料主要在成本和加工上较其他材料有难度。但近几年，出现的新电子陶瓷研究企业，推动了精细陶瓷和其制备工艺的进一步发展及成熟，降低了生产成本同时也提高了

陶瓷手机的良品率。

精细陶瓷可分为氧化物和非氧化物两种，主要以氧化锆陶瓷或微晶锆陶瓷的形态应用于智能手机，应用范围包含有手机背板、指纹识别盖板、按键、微波介质、电池、电容器以及封装基座等部分。[5]

精细陶瓷的成型工艺属于中段成型工艺，一般与烧结在一起使用，分为干式成型和湿式成型两种。[6]包含有干压成型、等静压成型、注塑成型、注浆成型及凝胶注模成型等成型工艺。其中，干压成型是在金属模具内进行压制，从而获得所需形状的素坯，可用于产量大、形状较复杂的物品成型[7]；注塑成型是将粉末原料与高分子结合进行加热混炼，进而通过专用的注射机进行注射得到陶瓷坯件；凝胶注模成型工艺是将浆料通过非孔模具进行浇注产生凝固，形成所要坯件[8]。这几种成型工艺都能够形成曲面形态的陶瓷部件。除了成型工艺外，为了满足人们对于触感及视觉上的需求，可以采用亮光、哑光磨砂及拉丝纹理等工艺来提高产品的观赏性；为了提高用户指纹的识别信号敏感度并且耐磨防刮，指纹盖板上可以采用 AF 膜处理工艺来降低磨损。

3 基于 3D 陶瓷的智能手机 CMF 设计案例分析

精细陶瓷材料最早以纳米氧化锆的形态应用于手机侧边按键上，部位偏小较容易实现，工艺简单。Xiaomi 是常用精细陶瓷材料的手机，对其工艺的研究较多，尝试了多种新颜色、形态及纹理。因此将 Xiaomi 品牌作为研究对象，进一步分析材料工艺与设计的关系。

3.1 Xiaomi 手机背板

智能手机背板包括侧边框以及后盖板，能够保护手机内部原件、解锁屏幕、识别 FNC 以及无线充电。相较于屏幕和其他功能部件，成型要求较低，能够尝试更多材料、颜色和工艺，打破手机背板单一的形态和形式，推动智能手机 CMF 设计的发展。以 Xiaomi 数字系列手机为例（如图 3 所示），手机背板变化丰富。

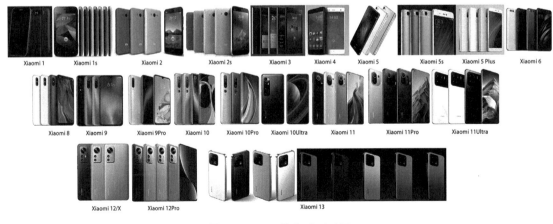

图 3　Xiaomi 数字系列手机

Xiaomi 最早采用塑料材质和注塑一体成型工艺，颜色以黑色为主，塑料能简单快速成型，且良品率较高，是当时智能手机设计的首选材料。从 Xiaomi 1s 开始利用喷涂等工艺创新背板颜色，进一步美化智能手机外观。以明黄、玫红、宝蓝等鲜艳的色彩取代原有塑料的黑灰色，增加了手机外观的吸睛效果，满足用户多样化的选择。随着玻璃材料工艺的进一步发展，尝试将玻璃材料应用到智能手机产品，突出玻璃自身的质感与色彩，给用户提供光滑圆润的触感。精细陶瓷材料最早应用于 Xiaomi 5 手机背板上，随后 Xiaomi 手机盖板材料基本以玻璃、精细陶瓷材料为主，如表 2 所示。

表 2　小米数字系列智能手机材料工艺发展

Xiaomi 数字系列	材料	颜色	工艺	纹理与图案
4s（2014）		黑、白、金及淡紫色	铝镁合金边框阳极氧化工艺	金属十字亮纹
5（2016）	玻璃、微晶锆纳米陶瓷背板及金属边框	黑、白色（陶瓷）	玻璃背板 3D 曲面加工工艺、2.5D 陶瓷背板流延成型工艺、铝合金边框立体塑形工艺	背板拉丝格纹
5s（2016）	3D 金属材料背板与边框	深灰、金及银玫瑰色	背板表面哑光磨砂与高光拉丝工艺、"天线条"纳米注塑工艺	高光拉丝条纹
5sPlus（2016）		金、黑及银白色		
6（2017）		亮黑、亮白、亮蓝及陶瓷黑	四曲面玻璃背板热弯工艺	光滑圆润
8（2018）		白、金、蓝及黑色		
9（2019）		深空灰、全息幻彩蓝和紫色	纳米激光全息工艺与双层镀膜技术	
9Pro（2019）		梦之白、钛银黑	纳米多层镀膜技术及表面 AG 蚀刻	
10&10Pro（2020）		蜜桃金、钛银黑、冰海蓝、星空蓝、珍珠白	背板 AG 磨砂工艺	哑光磨砂
10Ultra（2020）	3D 玻璃、陶瓷、素皮背板 不锈钢、铝等金属边框	透明、亮银白以及陶瓷黑	3D 玻璃背板特殊镀膜工艺呈现陶瓷质感	
11（2020）		蓝、黑、白、烟紫、卡其、蓝粉紫渐变	渐变色表面热压纹理工艺	立体竖条纹路
11Pro&Ultra		陶瓷黑、白、大理石	化学蚀刻 AG 工艺	大理石纹路
12（2021）				轻微哑光光泽
12X（2021）		紫、蓝、黑、原野绿		磨砂纹理
12Pro（2021）			AG 蚀刻与萤石蚀刻工艺、紫色版本采用单层双镀膜片	哑光颗粒感
13&13Pro（2022）		远山蓝、旷野绿、黑色、白色 定制色：林绿、烈焰红、飓风黄、水泥灰、宝石蓝	科技纳米皮技术和硫光陶瓷	温和透亮感

3.2　智能手机指纹模组

英国植物形态学家 Nehemiah Grew 在 1684 年发表的关于指纹的科学论文，开启了世界范围内研究学者对现代科学指纹识别的研究。指纹识别技术首先被用于刑事案件侦破领域，苹果公司 2013 年推出带有指纹识别功能的智能手机，带动了指纹识别技术在移动电子设备上的发展[9]，与此同时移动支付的兴起，扩大指纹识别技术的应用范畴。

指纹识别技术以模组的形式发挥作用，主要由金属环、盖板、传感器、驱动芯片、印刷电路板等部分组成。盖板是指纹识别模组的最外层部件，能够保护传感器和驱动芯片，并且和用户指纹建立联系，从而实现指纹解锁功能。因此指纹识别模组盖板的好坏是区别指纹识别好坏的重要指标，盖板材料的选取非常重要。

现阶段较为成熟的指纹识别方案包含有蓝宝石、涂覆式（coating）、陶瓷以及玻璃四种。[10]相较于蓝宝石和涂覆式指纹识别盖板，氧化锆陶瓷盖板的穿透性和韧性较好，能够实现盖板厚度的最小化 0.1 mm，减少手指和传感器之间的距离，使指纹识别操作更为灵敏。

Xiaomi 使用指纹解锁时间较短，很快被面部识别技术所替代。指纹模组最早外凸于手机屏幕下方，采用微晶锆陶瓷盖板，形态为扁长跑道形。之后为了使手机造型更为平整和统一，将指纹模组内凹于屏幕下方。随着触控一体化和面部识别技术的发展，指纹识别感应器可以直接内置于屏幕[11]，Xiaomi 9 就采用了指纹识别感应技术，触控一体，实现了用户操作的连贯性。面部识别技术的出现，加强了用户的个人隐私性，同时使手机解锁更为方便，开始成为智能手机的主要解锁方式，指纹识别模组的应用逐渐减少，精细陶瓷材料在智能手机上的应用以手机背板为主。

从 Xiaomi 数字系列手机外观的变化来看，精细陶瓷材料、工艺也在不断发展进步。颜色、材料和工艺与设计是相互配合、共同发展的关系。除成型工艺外，出现的热压、AG 磨砂等新表面处理工艺，创新了背板颜色及纹理，提升智能手机品质，为用户带来独特的触感和视觉感受，提高了 Xiaomi 手机在市场上的竞争力，推动了 Xiaomi 手机 CMF 设计的进一步发展。

目前，Xiaomi 手机采用的精细陶瓷或玻璃材料具有不可替代的特点，从而替代过去的塑料、金属材料。每一次更迭都见证了材料的新发展，不仅是新的更适合的特性，还有工艺的共同进步，促进材料形态颜色的多样化。未来，随着设计趋势的变化，精细陶瓷材料也将可能被更好的新材料替代。

4 精细陶瓷在电子产品 CMF 设计中的发展前景

电子产品包括有智能手机、智能穿戴设备、音箱及车用电子产品等。近年来，智能电子产品不断发展，精细陶瓷材料作为新兴材料在电子产品领域的应用范围逐渐扩大，以其优良的特性取代了常用的塑料材质。以智能穿戴设备为例，智能穿戴设备可以采集多种人体数据，提供视觉、触觉、听觉及健康检测等多方面的交互体验，包括智能手表、耳机等智能穿戴产品。

4.1 精细陶瓷材料在智能手表的应用

智能手表部件包括表盘、表壳、表圈、表带及背板。最早采用纳米氧化锆陶瓷材料的智能手表是 Apple Watch，主要应用在后盖上，其对信号无屏蔽的特点有助于实现无线充电功能。随后，AMAZFIT 智能运动手表将氧化锆陶瓷应用到手表圈。手表圈是手表最外层的保护圈，陶瓷的高硬度特性能够有效减少手表圈的磨损和刮擦，减轻手表重量对手腕的压力，提升运动爱好者的佩戴体验。陶瓷材料在智能手表部件上的应用范围由后盖扩大到手表表壳以及手表圈部位。如图 4 所示。

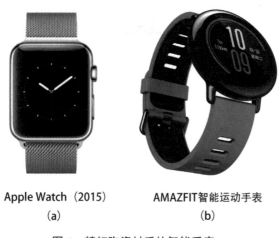

Apple Watch（2015）   AMAZFIT智能运动手表
(a)   (b)

图 4　精细陶瓷材质的智能手表

4.2　精细陶瓷材料在智能耳机上的应用

除智能手表外，精细陶瓷材料还应用于智能耳机上。乐旷智能耳机（如图 5 所示）为了使声音不变形和产生共振，获得更加干净、清脆的音乐，耳机音腔部分采用全陶瓷材料——多晶锆宝石，使用户能享有更好的音乐体验，绚丽的色彩也为用户提供了多样化的选择。

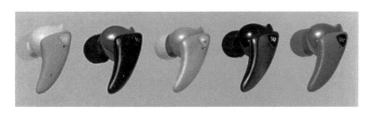

图 5　乐旷陶瓷耳机

上述精细陶瓷在智能手机和其他电子产品上的应用可以看出，精细陶瓷材料的优良特性越来越成为电子产品的最佳选择，具有良好的发展前景。在形态和功能同质化的情形下，产品的高品质和绚丽外观更能引起消费者的青睐，其内外部结构和最终效果主要受到材料工艺的影响。

近几年，生产和研究精细陶瓷件的企业不断发展扩大，对精细陶瓷有了更深的研究，降低了生产成本，生产率及良品率也在上升，扩大了精细陶瓷材料的应用范围。除电子产品外，精细陶瓷材料开始应用于生物、医学领域：作为口腔修复材料义齿，能够耐腐蚀且无毒，对人体无致敏性；作为仿生人工关节，优良的耐磨性可以延长人工关节的寿命，降低成本；植入起搏器、点击去颤抖器等医疗设备中，可缩小高温环境下造成的影响。

5　结语

精细陶瓷最早是作为一种工业材料开始在生产中得到广泛应用，随后又发展了氧化锆陶瓷以及其他种类，是继金属材料、有机高分子材料之后的第三项材料革命。从精细陶瓷在智能手机 CMF 设计上的发展来看，精细陶瓷与智能手机设计共同发展。一方面，材料工艺的进步促使智能手机进行新尝试，为用户提供不同的感官体验；另一方面，智能手机设计不断向前发展，要求我们探索新材料工艺，来适应手机技术、形态等的要求。材料工艺与设计二者之间相互联系紧密，共同进步发展，材料工艺实际发展水平限制设计的创新发展，设计也反向推动材料工艺的更进一步研究。

参考文献

[1] 刘伊航，宋莎莎 . 基于可供性的家具材料 CMF 应用设计研究 [J]. 包装工程，2022，43（18）：80-86.

[2] 陆小丽 . 生活用品的 CMF 设计 [D]. 福州：福建工程学院，2020.

[3] 宁绍强，张梦婷 . 陶瓷材料在电子产品设计中的特色探讨 [J]. 中国陶瓷，2016，52（12）：102-106.

[4] 史耀军，张 元 . 基于 CMF 的手机外观设计发展探究 [J]. 设计，2018（7）：100-101.

[5] 蓝海凤，黄永俊，李少杰，等 . 精细陶瓷在智能手机上的应用及其制备工艺 [J]. 陶瓷，2018（5）：63-70.

[6] 叶宏明，叶国珍 . 先进陶瓷材料研究现状 [J]. 中国陶瓷工业，2002（1）：30-36.

[7] 杨继光，马丽娟，马泉山，等 . 精细陶瓷的制作及发展 [J]. 佛山陶瓷，2002（7）：30-35.

[8] 齐龙浩，姜忠良 . 精细陶瓷工艺学 [M]. 北京：清华大学出版社，2020.

[9] 王曙光 . 指纹识别技术综述 [J]. 信息安全研究，2016，2（4）：343-355.

[10] 邱在良 . 指纹模组制作工艺改进及效率提升研究 [D]. 南昌：南昌航空大学，2017.

[11] 李鹏飞，淡美俊 . 屏下指纹识别的概念、技术与发展 [J]. 中国科技术语，2018，20（4）：78-79.

文旅融合下的李庄古镇旅游商品设计策略研究

李春，安佩鑫

（成都银杏酒店管理学院 设计艺术学院，四川 成都 610039）

摘要： 在文旅融合大发展的背景下，以李庄古镇自身蕴含的丰富文化为基点，首先对李庄文化进行梳理与解析，理清李庄文化脉络；其次，通过实地考察与调研对李庄的旅游商品现状进行剖析，归纳现有商品品类并总结出旅游商品设计问题；最后，从文旅融合与设计创新角度进行旅游商品设计策略研究，为后续旅游商品设计发展与设计实践提供一个可供参考的方向，以期能够设计出更能符合用户需求的产品，增加旅游商品的受众面，使游客能更加深入地了解李庄古镇的文化内容，提升游客旅游的幸福感与体验感。

关键词： 旅游商品设计；设计策略；用户需求；李庄古镇

近年来，文化旅游市场呈逐年上升态势，越来越多的用户选择前往具有浓郁历史文化的旅行场所。党的二十大报告中强调，要加大文物和文化遗产保护力度，加强城乡建设中历史文化保护传承，坚持以文塑旅、以旅彰文，推进文化和旅游深度融合发展。[1] 以此表明，文化和旅游融合已成为未来古镇、景区发展的重点，通过文旅融合可以加强文化传承与辐射，扩大旅游目的地的品牌与影响力。旅游商品作为文旅融合中必不可缺的一个环节，有巨大的经济赋能作用。借文旅融合大趋势，四川宜宾李庄古镇作为一个具有丰富文化内涵的热门旅游地，乘势而起，找准方向对旅游商品的设计开发研究是非常必要的。

基金项目：工业设计研究中心基金资助项目（项目编号：GYSJ2023-16）。

第一作者简介：李春（1995—　　），女，四川自贡人，助教，硕士，研究方向为工业设计、服务设计。

通信作者简介：安佩鑫（1996—　　），女，四川绵阳人，助教，硕士，研究方向为工业设计与理论研究。

1 旅游商品概述

1.1 旅游商品定义

关于旅游商品的定义，学界有诸多论述，目前已形成共识的定义为：满足游客的需求并以交换为目的所提供的具有价值和使用价值的以物质形态存在的商品总和。[2]简言之，即为游客在旅游过程中所购买的商品，区别于一般商品，具有鲜明的地域特色和文化属性，是文旅发展中不可缺少的重要元素。[3]

1.2 旅游商品分类及特征

目前，关于旅游商品分类，主要以功能与用途为分类依据，因此可分为旅游纪念品、工艺品、食品、旅游用品和其他商品五大类。[4]在旅游商品大类之下，也可根据市场需求细分出小门类，如旅行车载、家居日用、服饰、装纪念、饰品、文具、玩具等细致门类。不同的旅游商品分类会存在些微的差异，但是具有共性特征，表现为旅游商品具有文化性、便携性、纪念性三大要素。其中，文化性可加强产品的辨识度与独特性，便携性可提升旅游商品的购买意愿，而纪念性则可增强游客与旅游目的地的共情。

2 李庄古镇文化梳理与旅游商品现状分析

2.1 李庄古镇文化梳理

李庄古镇作为中国四大抗战文化中心之一，有着千年的历史沿革与文化积淀，镇域内文物古迹众多，其文化底蕴深厚而绵长，根据文化特征，可将其归纳总结为抗战文化、建筑文化、民俗文化、美食文化四类。

（1）意义重大的抗战文化。李庄古镇与成都、重庆、昆明并称为四大抗战文化中心，该文化在李庄古镇的千年历史沿革中占据了非常重要的地位。响彻中国的 16 字电文为这座千年古镇带来了 1.2 万名师生学者，42 位大师院士、留下 8 处学脉旧址以及《中国建筑史》《六同别录》等众多学术著作[5]，具体内容如图 1 所示。因此，李庄也被誉为"中国文化的折射点、

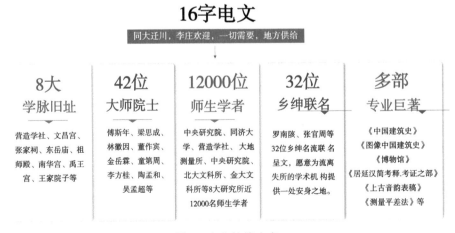

图 1　文化抗战内容

民族精神的涵养地"。如此重要的意义以及丰富的文化遗产，彰显了李庄独特的文化内涵与功能属性，更体现了李庄古镇在古镇中独树一帜的精神要义。

（2）多元丰富的建筑文化。李庄古镇内建筑文物古迹数量众多，古建筑群规模宏大，建筑布局十分严谨，具有较为明显的明清建筑特点。九宫十八庙的木雕石刻工艺精细，展示了川南尤其是宜宾地区精湛的手工艺，其纹样图示表达也非常独特，具有极强的艺术性与观赏性。此外，张家祠堂的百鹤窗、慧光寺的九龙碑、旋螺殿、奎星阁被梁思成先生称为"李庄四绝"，尤赞其梁柱结构优良，建筑特色鲜明，在整个中国都具有不可替代性。

（3）风韵浓郁的民俗文化。舞草龙、划花船、"牛儿灯"表演、川剧清唱是年节里乡亲们喜爱的文娱活动。特别是舞草龙，舞得尤为热烈红火，成为李庄具独创性的民俗活动，展现了李庄古镇人民热爱生活、积极向上的态度。

（4）味觉独特的美食文化。一花两黄与三白，是李庄最具特色且最有特色风韵的美食文化。外地游客到李庄，必然会品尝当地"三白"中最具特色的李庄白肉，它已成为外界认识李庄美食的一个最佳名片。

2.2 旅游商品现状分析

李庄古镇现有旅游商品售卖点主要由景区节点与商铺构成，通过对多个旅游节点与商铺的实地调研，发现李庄古镇的旅游商品存在品牌辨识度低、文化内涵浅、创新能力差、供需匹配弱等问题，如若不进行设计更新，对李庄古镇未来旅游商品与文化创新传承发展将会有一定的不利影响。

（1）品牌辨识不佳。李庄古镇的文化积淀和历史沿革都有非常高的价值，根据线上与线下产品的调研，发现李庄古镇旅游商品依旧是沿袭景区常规的商品配置，以旅游纪念品与本地特产食品为主两大类型为主。其中，纪念品内容包括常规的茶杯、帽子、书签、水杯、服装等载体，如表1所示。从表面来看，李庄古镇商品类型算比较丰富，呈现多样性特征，但设计内容同质化问题突出；透过同质化的商品，从深层次来看，可以发现李庄古镇旅游商品背后逻辑为商业市场行为占主导，用户需求次之，形成重采购、轻设计之象，以致李庄古镇缺乏头部的品牌IP设计来撬动市场的活力，形成了与其他类似的古镇景区都存在的商品相似度过高、品牌辨识度缺乏等问题。

表1　李庄古镇现有旅游商品分类

商品分类	具体商品
旅游出行	行李牌、旅行颈枕、行李箱贴纸
家居日用	茶具、马克杯、卡套、冰箱贴开瓶器、雨伞
服装服饰	T恤、围巾、丝巾、渔夫帽、棒球帽、帆布包
纪念品	玻璃/滴胶冰箱贴、钥匙扣、摆件
饰品	耳环、戒指、胸针、项链
文玩系列	布艺玩偶、笔记本、回形针、纸质书签、金属书签
美食	土特产

（2）文化内涵浅显。李庄古镇拥有的文化底蕴与内容在整个中国古镇中都具有唯一性和不可替代性。四大抗战文化中心之一是李庄古镇的亮丽名片，但现有的旅游商品文化的表达与设计呈现都处于浅层次的阶段，商品基本采用一样的载体，变换一些简单图案甚至不变化图案即上市售卖（如图2所示），以致现有商品呈现出抗战文化内涵没体现、建筑文化内核看不见、民俗文化低参与、美食文化带不走的困扰。

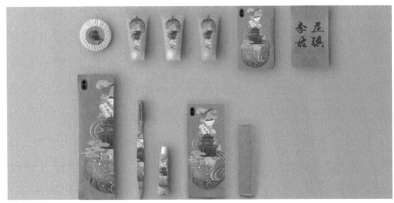

图2　旅游商品图

（3）设计创新不足。李庄古镇旅游商品市场形势表达、功能设计、结构呈现都趋于同质化，低质量、批发感扑面而来。商品问题主要表现为产品形式和内容的设计创新表达欠缺，设计手法单一，以图样复制与拼贴为主，对李庄古镇的文化提取欠佳，创新设计更是不足。长此以往，对于文化的传承与创新无正向传播作用。

设计与市场的关联性是极强的，轻设计、重采购的模式可以降低成本，但无创新对用户就没有吸引力，会影响旅游商品的后续发展；重设计创意则需增加商品开发周期、提高成本，但从长远来看，会增加用户的复购率。通过对多家店铺与用户的走访与调查，发现李庄古镇的旅游商品中售卖比较好的是服饰与家居用品这两类具有一定功能实用性和创新性的产品，因此，如何提升创新设计能力，并利用其对李庄古镇商品进行设计变革，平衡商品采购与创新设计比例之间的关系，是李庄古镇当下以及未来要着手解决的一个重要问题。

（4）供需匹配失衡。李庄古镇供需匹配失衡，体现在用户需求与产品供给的双向弱匹配性。从用户需求角度来看，用户画像不同，其需求与喜好是具有差异性的，现有的商品主打的是"全民覆盖"，但却泛而不精，导致许多用户无法从供给过剩的商品里购买到可带走的、可纪念的、可学习、可文化共情的旅游商品，因此表现为用户群体消费需求与产品供给弱匹配性。从李庄旅游商品供给来看，其特点为供给过剩，市面产品类型较为丰富，存量大，但用户购买行为较弱，导致产品积压，无法进行后续更多的创作，形成商品供给方与用户需求之间的弱匹配性。商品供给与用户需求的失衡，将导致两者形成不良的连锁效应，对后续旅游商品设计开发具有负向影响。

3 李庄古镇旅游商品设计策略

针对李庄古镇旅游商品的现有问题，通过创新设计赋能的方式，对其进行优化提升策略的构建，为后续李庄古镇旅游商品设计提供一个可供参考选择的具体方向。

3.1 深挖文化核心，打造头部IP

李庄古镇旅游商品品类与数量与现有游客量是较为匹配的，但问题在于现有商品处于"群龙无首"的状态，需要一个代表李庄古镇的头部 IP 设计，制作出具有文化内涵和品牌特色的商品，以此作为吸引用户注意力的重要手段，同时也是开拓市场并撬动整个李庄古镇旅游商品设计快速且高质量发展的重要环节。头部带动效应对于现有消费市场是具有强烈效果的，如故宫爆款 IP 之一就是以故宫猫为原型，以此进行的创意设计对故宫文创的发展带来了积极的影响和持续高涨的热度。目前，要为李庄古镇打造头部 IP 要做好文化提取与市场预测等内容。

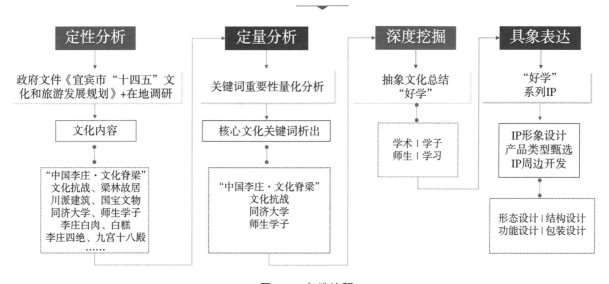

图 3　IP 打造流程

（1）以文化为本源，提取设计内核。李庄古镇文化多样，要打造头部 IP，需运用定性与定量方法对文化内核进行综合分析，通过适当的程序提取并输出设计内核，如图 3 所示。首先根据政策文件与实地调研，析出文化抗战、文化脊梁、梁林故居、旋螺殿、同济大学等文化元素；其次运用定量分析针对文化内容梳理出最核心、最能代表李庄古镇底蕴的文化核心关键词，如"中国李庄·文化脊梁"、师生学子等，以此再深度剖析挖掘出"好学"的精神内涵；最后再根据这个最具代表性的文化内容提取设计内核，将抽象的文化转化为具象的"好学"系列文化 IP，旨在通过形态、功能、结构的优质表达，加深多元化演绎，实现核心文化的深度感知与最佳表达。

（2）以市场为根基，优选周边载体。载体是旅游商品文化体现的有效表达，因此，载体的选择需要根据市场反馈作出市场预测，再根据具象表达的李庄古镇"好学"IP，提炼更多关于IP的价值标签，选择最合适生产的多元周边载体，如"好学"IP周边产品则可以根据李庄的"学"文化选择文具类、文房类、益智玩具类产品，集中展现"好学"IP的内涵，使整个"好学"内涵贯穿李庄古镇全价值概念，为后期品牌宣传与商品运营作铺垫、传播特色文化。

3.2 强化文化关联，创新设计表达

李庄古镇文脉众多，对于大多数游客而言，无法对文化景点进行深度游览，因此，对于文化的理解就会相对较浅，故在购买商品时，难以与其产生情感共鸣。

（1）设计表达去晦涩。李庄古镇的文化内容非常丰富，但多数文化都是静态文化或者抽象的精神文化，游客对其了解多偏表象，因此，在进行文化创新设计时，去晦涩感是极其重要的，不然容易产生表达不精准、内容关联度低的问题。因此，去晦涩感需要从增强旅游商品叙事性表达着手，规避现有的旅游商品的文化元素照抄、堆积等问题，以故事化的形式进行商品设计与串联[6]，以此作为检测产品叙事性设计的有效工具，如图4所示。李庄古镇文化特色鲜明，因此其叙事性需要从建筑文化、抗战文化、民俗文化、美食文化四类入手，通过静态叙事与动态叙事的表达，一一对应不同的商品类型进行针对性表达，拉近游客与文化和商品之间的关系。

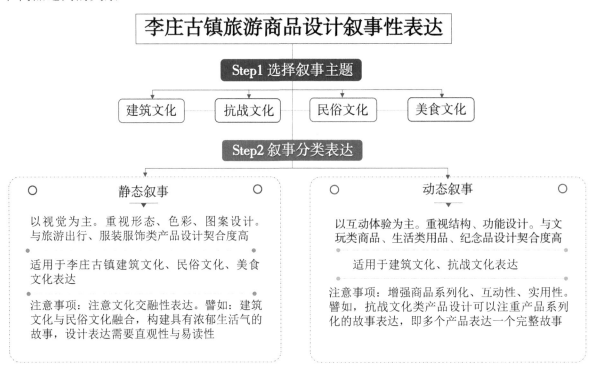

图4　李庄古镇旅游商品设计叙事性表达

（2）设计工艺在地化。李庄古镇还有许多值得称奇和传承的民间工艺和极具特色的在地材料。增强商品设计的工艺和材料在地性，也是文化传承创新的重要设计手法之一。譬如，李庄古镇的主编和石刻就是极具当地特色的工艺手法，将其融入旅游商品中，可增加商品的文化属性与地域特色。

3.3 重视用户需求，差异化设计

（1）用户分层，差异设计。用户需求是设计最关键要素之一，因此需要对李庄古镇的多样用户画像进行更为细致地分类。依据李庄古镇游客现状，按用户年龄划分可以分为青年组、中年组、老年组；按客源地可以划分为当地居民、周边游客、省内游客、省外游客等。游客具体划分方式，需要结合当下市场销售数据以及游客到访数据进行综合分析，导出细致的分类和用户画像进行可差异化的商品设计开发。例如：针对青年女性用户，可以从"美"的角度出发，结合古镇文化开发适合青年女性购买的旅游商品；年轻群体对新鲜事物兴趣较强，更倾向于前卫独特的审美观念，因此，聚焦年轻客群的商品设计要具有独特性与前卫性；而中年群体则可以从"实用"，即功能性出发。根据调研发现，李庄古镇现有的游客群体多数为中老年用户，占据60%。因此，前期可优先从这类用户着手，注重开发带功能与使用性的产品，再针对青年这类未来最具消费潜力的人群，注重开发人性化的产品。总的来说，注意用户显性需求与隐性需求的匹配性和超预期性，是李庄古镇进行更好更优质的旅游商品设计的有效手法。

（2）聚焦动机，定制设计。游客购买动机多指其购买旅游商品背后的意愿和推动力。根据街头走访与调研30位不同年龄阶段的游客，访谈并询问了他们购买旅游商品的一些原因与动机，可总结为个人纪念、收藏、实用、送礼四大动机类型。由于动机不同，用户选择的商品类型、功能、质感与价格均有所不同。例如：送礼动机的游客，大多数则会选择更能代表本地特色且品质较好的商品，最好是套装系列，整体更美观；而个人爱好和收藏则更多出自本心，产品个性化设计和在地性意义强才更具有意义。因此，按用户动机进行定制也是旅游商品设计的一个思考与实践方向。

4 结论

旅游商品作为景区文化的有效传播载体，对文化创新传承有重大作用。李庄古镇旅游商品设计策略从文化本身、用户、市场多维度进行了研究，旨在通过设计策略的指引，李庄古镇未来的旅游商品可以从头部IP、文化创新应用等方面对商品形态、结构、材料、工艺等进行突破与创新，从而促进李庄古镇旅游商品的健康发展，为旅游商品设计提供一个可供参考的范本。

参考文献

[1] 王佳春，曹磊．基于非遗主题的文创产品设计策略与方法研究 [J]．包装工程，2022，43（12）：324-331．

[2] 侯明明．文旅融合背景下地域文化与文创产品设计的融合研究 [J]．包装工程，2023，44（16）：340-342，386．

[3] 张敏．文旅融合背景下文创产品的设计策略研究：以李庄古镇为例 [J]．美与时代（上），2022（12）：132-134．

[4] 魏铭豪．文旅融合背景下中国特色小镇发展路径研究 [D]．济南：山东大学，2022．

[5] 李倩舒．乡村振兴背景下"农文旅"深度融合特色小镇高质量发展的路径研究：以常州舜山小镇为例 [J]．西部旅游，2021（7）：50-51．

[6] 耿天宇，芮雪婷，江牧．基于叙事性的趣味产品设计探究 [J]．包装工程，2019，40（12）：168-174．

文化创意产业视角下的大学生创新创业现状研究

——以宜宾地区为例

张建英

（四川轻化工大学，四川 自贡 644000）

摘要： 本文旨在分析文化创意产业视角下大学生创新创业的现状。采用案例分析的研究方法，以宜宾地区文化创意产品的案例展示与分析为例，着眼于分析大学生在该产业内从事创业的现状，收集学生从事文化创意产业创新创业的意识、动机和认知等信息。通过实际案例的分析，以客户为中心的原则、艺术原则和市场化原则的角度出发，研究大学生创新创业能力提升的阶段，形成大学生在文创领域提高创新创业能力的方法，并为促进和支持大学生在文化创意领域的创业行动提出了建议和对策。

关键词： 文化创意产业；创新创业；现状研究；大学生；宜宾

1 介绍

在全球化和信息化快速发展的背景下，由于物质生活水平的不断提高，导致人们对精神文化的需求不断增长，文化创意产业作为一种兼具文化价值与经济价值的新兴产业应运而生[1]，而高校作为文化创意产业发展的桥梁对培养国内文化创意人才和深入推进国家行业战略具有理论探讨和实践指导意义。

经过查阅相关文献发现，关于大学生在文化创意产业视角下的创新创业方面较少，而高校作为文化创意企业的聚集地和文化创意产业的信息流[2]，可以促进文化产业的发展并为国内文化创意产业发展培养更多优秀的文化创意人才。近年来，随着高校不断扩招，文化创意产品在高校的市场也不断扩大。[3]经过查阅各类相关文献资料，发现在全球范围内中国的文化创意产业的发展历史虽然短，但是文化创意产业在经济下行的整体态势中逆势上扬，中国的文化创意产业已经成为世界文化创意产业的重要组成部分。[4] 特别是高校的文化创意研发，属于中国文化软实力建设的一部分，同时高校文化创意作为文化创意产业的典型代表，展现出充满活力的创新力，创造了可观的社会效益和经济效益。

2 文化创意产业视角下的大学生创新创业现状分析

大学生作为社会的一股新力量，已逐渐成为中国创新创业的支柱群体。随着文化创意产业的蓬勃发展，大学生创新创业的机会越来越多，也越来越受到社会关注。越来越多的大学生开始认识到创新创业的机会和重要性。在大学校园里，许多学生组织创新创业社团，参加各类创业比赛和实践活动，不断磨炼自己的创新和创业能力。同时，社会对于大学生创新创业也给予了更多的关注和支持，如政府出台各种扶持政策，以及各类创业孵化平台和投资机构的出现，为大学生创业提供了有力的支持和保障。虽然大学生创新创业意识和能力不断增强，但仍面临着许多挑战和困难。文化创意产业视角下的大学生创新创业现状呈现出既有机遇也有挑战的格局，通过对国内相关文献的调查研究，大学生创新创业的现状主要体现在以下几点。

2.1 创新创业意识薄弱，对创新创业兴趣小

近年来，虽然中国政府不断加大对大学生创新创业的支持和宣传力度，但仍然还有大部分学生对创新创业和如何创新创业等问题没有明确的认知。在国内高校，创新创业作为一门课程起步相对较晚，且历史短，没有较为系统的课程体系，虽然部分高校开设了创新创业课试点，但是创新创业课程仍然碎片化，未融入学科教育体系，部分高校在教学计划中将创新创业课程设置为选修课程，这样很难全面提高大学生对创新创业的了解。意识是行为的先驱者，创新创业意识不仅反映了大学生对创新创业现象的态度，也影响了大学生对创新创业的选择，导致大学生对创新创业的兴趣减少。

2.2 创新创业政策普及度低

近年来，我国各省（自治区、直辖市）也已经发布了一系列与创新创业政策相关的指导政策文件，但是调查发现，有很大一部分学生并不了解国家对大学生创新创业的相关指导文件和政策，对于学校开设的创新创业教育课程或活动，学校也没有进行足够的宣传和推广，只是简单地在校园公告栏或网站上发布相关信息，而没有采取更具吸引力和互动性的方式来吸引学生的注意，如利用社交媒体平台或举办专门的创新创业论坛或展览，通过各种渠道传达政策的信息，激发学生的兴趣和参与。导致大部分学生认为与他们的学业不相关，从而错失了参与的机会，导致创新创业政策的指导功能和激励功能没有实现最大化。

2.3 宜宾地区文化创意产业大学生创新创业的现状

宜宾位于四川南部，拥有约4万年的悠久历史，被誉为"万里长江第一城"。自古以来就是南方古丝绸之路的重要站点，也是川南古代民族文化的中心。宜宾市拥有十余所高校，拥有众多的文化传承人和高校艺术专业师生，他们致力于精心创作和开发新的文化艺术产品，努力打造独具特色的文化创意产业。通过不断地创新与开发地方文化特色，将典型文化元素的精髓融入于产品当中，既能凸显宜宾地域特色的精神风貌，又能树立具有文化特色的产品形象，从而加深消费群体对宜宾地域特色文化创意产品的印象，更好地弘扬地域文化，将对宜宾的文化创意产业产生深远的影响，也将在一定程度上反映出大学生创新创业的现状。

创意产品设计是大学生创新创业的一个典型代表，文创领域通常需要面向年轻用户，而大学生正是这个年龄段的主要群体。他们年轻且灵活，通常具有较好的创意和创新能力，能够带来新鲜的想法和独特的视角，为文创领域带来新的产品或服务。大学生能够更好地了解年轻用户的需求和偏好，满足他们的文化消费需求，提供符合他们口味的产品或服务。借助专业知识和技能，通过参与学术研究、实践课程和实习项目等方式，服务地方文创领域，针对具有实用价值和纪念收藏价值的文化创意农产品进行设计，形成具有浓郁地域文化特色的文化农产品创意设计。[5]在生产工艺的创新阶段，通过手绘、半成品和工业制品相结合等手段，来体现工艺的创新性。大学生在创业阶段，往往会根据消费者自身爱好与需求，为消费者采取量身定制的方式，将特色与个性相结合、特色与文化相结合、文化与地域特色相结合等方法融入产品当中，进行文创产品设计，从而形成具有地方特色的文化创意产品。

3 在文创领域提高创新创业能力的方法

文化创意产品的需求个性化特征非常明显。大学生在创新创业阶段，要注重创新思维训练，提升自己的创新思维能力，同时，要以客户需求为思维起点，力求开发出符合消费者消费理念的特色产品。通过不断学习和拓展知识，了解最新的技术和市场趋势，运用新媒体、互联网、数据分析等技术，进行产品的宣传与推广，从而提升自己的竞争力，挖掘新的机会和领域，才能在激烈的市场竞争中获得优势。

文化创意产品的审美意趣应建立在市场可接受性的基础之上，不能片面追求艺术性而忽视市场接受度，也不可过于市场化而落于流俗。设计主要把握三个要点：一是与生活息息相关，单纯纪念向实用转变；二是设计上应具备设计独特且富于本土特色、文化内涵及创意内涵，具有较高的收藏与纪念价值；三是随着市场的发展，将在服务上结合现代物流形式，以快递等方式解决携带问题，以现代化方式解决消费者遇到的难题。[6]

4 案例分析与展示

把宜宾李庄、南溪古镇等具有地域特色的文化元素融入文化创意产品中，其文化创意产品在设计上以便携性为主，从人体工程学角度出发，充分考虑消费者的需求，结合小镇的地方特色，让消费者真正享受到文化创意产品带来的惊奇与愉悦。通过具有地域特色文化创意元素产品的设计，提高产品的识别性，不断推出新设计、新产品，迎合顾客的需要，让人们了解宜宾文化，喜欢宜宾文化，从而增加宜宾文化创意产品的推广度。

案例1是师生团队为宜宾一家家庭农场制作的大米包装设计（如图1所示），包装材料采用宜宾本地竹材——楠竹，楠竹韧性好，可塑性高，吸热、吸湿性好，具有防潮防虫功能且生长周期快等特点。与三星堆文物图案进行结合（如图2所示），圆桶手提包装顶部以青铜神鸟作为提盖，底部用厚竹片作为承重托盘，托盘与提手无缝连接增强其稳定性，托盘中间一颗螺丝与四周竹架相连接，可旋转竹架将内桶取出（如图3所示）。其中，外框竹材料用热压弯成型，三星堆文物图案机雕成型，手提袋、标签采用四色印刷工艺。

图1　大米包装设计组合图

图2　大米包装设计图案提取图

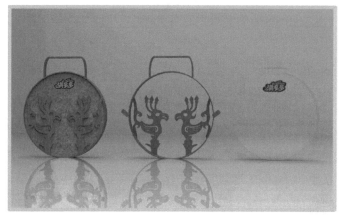

图 3 　大米包装设计结构图

5 　大学生创新创业能力提升的阶段

5.1 　第一阶段——创业学习

以宜宾市本土独有的李庄、南溪两个特色小镇为例，针对具有实用价值和纪念收藏价值的文化创意产品进行设计、生产、销售，以浓郁的宜宾本土文化特色形成卖点和竞争力。精选调研中消费者接受度最高、成本最合理、仿制风险较低的几类产品，集中投放市场，形成极富市场竞争力的特色文化产品。同时积极学习全国乃至全世界文化创意产品的优秀成果，通过互联网、实地调研、学术交流等多种途径，了解和学习他们的优秀成果和经验，并从中探索出一套适合于产品销售的长效之路。

5.2 　第二阶段——开拓发展

随着宜宾市特色小镇系列文化创意产品投放市场时间的推移，不断引进创新型人才，加快创新型文化创意产品的开发与设计，扩大宜宾特色文化创意产品种类和数量，积极改变当下宜宾市文化创意产品现状，改变传统的版权行政保护仍然处于"行政救济"领域的局面，更加主动地去发挥人的主观能动性。在把握地方小镇文化创意产品市场趋势、消费心理的基础上，突出宜宾特色文化品质内涵，跨出传统产品界限，以新业态、新项目及其连锁的产品消费整合起来，再次拓展市场份额，引领消费，形成新市场、新收益。公司发展在进入成熟期后，将开设新的营销理念，产生新的消费需求与市场形成新的增长点，推动宜宾市特色文化的发展，实现引领市场之目的。

5.3 第三阶段——跨界整合

以宜宾特色小镇文化产品的设计、开发及推广为最终目标的文化创意产业项目，具有极强的跨界整合能力。随着本土市场的开辟和发展，其品牌效益将日益明显。借助本土创业的经验和成果，本阶段将积极拓展周边地市相关项目，为宜宾特色小镇打造文化产品和产业奠定基础，并实现发展的可持续性。

6 建议和对策

现阶段下，我国高校大学生在文化创意产业视角下的创新创业有一定的发展规模，但市场竞争力并不强。由于我国高校文化创意产业以及大学生创新创业发展仍存在实施不足，课程建设不完善，大学生创业难、文化积淀程度低等现实问题[7]，因此政府和高校有必要强强联手，为高校大学生在文化创意产业视角下的创新创业搭建良好的发展道路，促进大学生在创新创业方面的快速发展。

6.1 高校正确宣传大学生创新创业政策，给予积极指导

目前，我国高校大学生创新创业仍存在着两个方面的问题。第一个问题是对大学生创新创业政策的认识面很局限。高校对大学生的创新创业政策宣传重视程度不足，宣传内容过于简略，在宣传大学生创新创业政策上往往只简略罗列出政策条文，却忽略了实施的细节及具体的政策使用方式，缺乏实际操作指导。缺乏相关专业人员和经验丰富的导师指导，导致宣传工作难度大，宣传效果不明显。第二个问题是没有专业的教师进行正确指导。这主要表现在各大高校都在开展创新创业课程及比赛，然而学生的参与度却很低，开展效果不理想。大学生创业往往缺乏实践经验，不熟悉市场规则和商业运作方式，这使他们在思考创新创业时陷入一系列困境和考验中，一些人甚至认为大学生创业是在浪费时间和资源，如果缺少专业教师的指导和支持，大学生在市场研究、商业计划书、财务管理、营销策略等方面得不到好的建议和指导，往往会让他们缺乏动力和信心。

6.2 积极完善大学生创新人才培养体系，为创新创业夯实基础

文化创意产业最重要的就是创新，然而创新最主要是由创新人才来实现的。总而言之，创新人才在文化创意产业中是占主导地位的。所以，高校对于培养创新人才是刻不容缓的，第一要有专业的教师对大学生进行教学，培养学生的创新意识；第二要开设专门的课程，系

统教学；第三要基于实践，教师带领学生参与到创新创业活动当中去，让学生更好地了解、培养创新能力，从而进行创业活动。[8]

6.3 立足于文化创新市场，高校积极开展创新创业

就我国目前的形势而言，文化创意产业在如今发展迅速，仍有必要继续加大对文化创意产业的扶持力度，而高校在其中发挥着重要作用。因为地域位置不同，高校应当注重对当地的文化资源进行充分开发，因地制宜地开发文化创意产业和文化创意产品等，充分发挥地方优势，为地方发展出一份力，助力文化创意产业拓展当地市场。[9]

6.4 相互交流、沟通，顺应文化创意新形势

新时代，文化创意产业发展速度较快，由中国政府引导和支持。各高校之间应该相互交流其经验，借助网络互动、讲座、沙龙等途径为学生提供更多的交流和互动环境，创建文创展示交流和学习平台，促进知识、信息的共享与交流，共同推进文化创意产业的发展。

7 结语

综上所述，大学生在文化创意领域创业之前应该注重培养自己的创新思维能力，把地方特色元素融入产品设计中；同时学校应该加强宣传大学生创新创业政策，积极完善大学生创新人才培养体系，为创新创业夯实基础；政府应立足于地方特色的文化创新市场，发展文化创意产业，帮助大学生更好地发展和实现创新创业的梦想。

参考文献

[1]Zhang M. Research on the Development Path of Integrated Innovation between Tourism and Cultural Creative Industry-Taking Changzhou Eco-Cultural Tourism Area as an Example[J]. American Journal of Industrial and Business Management，2019，9（1）：72-81.

[2] Hu F. Study on the Incubation and Industrialization of Cultural and Creative Products of Colleges and Universities in the Perspective of"Public Entrepreneurship and Mass Innovation"[J]. Open Journal of Social Sciences，2019，7（7）：368-380.

[3] 徐美，梁玥. 国内高校校园文化创意产品设计研究综述 [J]. 南方农机，2019，50（13）：171-172.

[4] 高红岩. 文化创意产业的政策创新内涵研究 [J]. 中国软科学，2010（6）：80-86，105.

[5] 胡鹏林，刘德道. 文化创意产业的起源、内涵与外延 [J]. 济南大学学报（社会科学版），2018，28（2）：123-131，160.

[6] 金元浦. 我国当前文化创意产业发展的新形态、新趋势与新问题 [J]. 中国人民大学学报，

2016，30（4）：2-10.

[7] Kontrimienė V，Melnikas B. Creative Industries: Development Processes under Contemporary Conditions of Globalization[J]. Business, Management and Economics Engineering，2017，15（1）：109-126.

[8] 毛丽娟，浩布尔卓娜 . 数字经济时代下文化创意产业发展路径研究 [J]. 黑龙江社会科学，2020（2）：56-60.

[9] 高佳怡 . 东北地区文化创意产业园区环境景观设计研究 [D]. 长春：吉林建筑大学，2022.

中国传统文化元素在现代产品中的再现研究

李然之

（四川省宜宾普拉斯包装材料有限公司，四川 宜宾 644000）

摘要： 融合中国传统文化元素是我国现代工业产品创新的重要途径。通过分析现代家居、服饰、器皿、工艺品和包装设计中的传统元素运用案例，归纳了传统色彩和文物器型与现代产品设计的融合方法。结果表明，结合历史文化背景的叙事型设计方法有助于现代产品传达传统文化寓意。

关键词： 传统文化；产品设计；设计方法

随着工业设计不断升级变化，现代产品设计已经不再仅仅追求实用性，越来越多的设计师们开始回顾中国传统的经典设计，让古人的审美与智慧重现，让经典的文化美学结合当代的简约风格，让文化与产品深度融合，让越来越多的使用者能够通过产品的使用感受传统文化的魅力。中国作为一个拥有悠久历史和丰富文化底蕴的国家，最近几年的国潮风、文化风更是让传统文化的追捧者趋于年轻化。现在的青年一代也对中国的传统文化更加感兴趣，文化自信体现得非常明显。所以将现代产品设计与中国经典美学传承相结合，为产品注入深厚的文化内涵，也有助于传承中国传统文化。本文将从六个方面深入探讨现代产品设计与中国传统文化的融合，并通过举例、讲述历史故事和数据分析来丰富内容，以期更全面地展示这一主题。

作者简介：李然之（1985—　），男，四川成都人，五粮液集团四川宜宾普拉斯包装材料有限公司首席设计师，研究方向为工业设计、文化研究、文创设计。

1 现代产品设计与中国传统文化的融合

现代产品设计与中国传统文化的融合不仅仅是简单地将传统元素放入设计中，更需要在尊重传统经典的基础上，将其与现代功能、时代审美、新兴材料相融合。这种文化的融合可以在产品设计中的外观造型、纹理呈现、材料应用、制造工艺、包装呈现等方面得到充分体现。在现代产品设计中，中国传统文化的审美价值和功能性被有机地融合，创造出具有深刻内涵的作品，将传统的器物设计结合当下消费人群的视觉审美，以现代简约的设计手法创造出全新的文化体验感受。图1—5展示了中国传统文化在现代产品设计审美和功能中的应用。

（1）传统纹样与现代家居装饰。许多现代家居装饰在设计中融入了中国传统的纹样和图案，如云纹、莲花、蝴蝶等。中国传统纹样的使用可以赋予产品具有文化感的视觉效果和文化吉祥寓意。例如，将云纹应用于窗帘设计，既增加了视觉层次，又为居住者带来了祥瑞和宁静的祝福和心理暗示，如图1所示。

（2）传统色彩与现代时尚服饰。现代服饰设计中，中国传统色彩的使用也越来越多，如红色、金色等，来突显华丽和庄重。同时，设计师也会巧妙地结合现代的剪裁和材质，确保服饰的舒适度和实用性。[1] 举例来说，一些婚纱设计将中国传统的红色金色与现代婚纱的立体剪裁相融合，打造出充满仪式感和时尚性的作品，如图2所示。

（3）传统元素与现代餐饮器皿。现代餐饮器皿有很多设计都加入了中国经典文物的元素，如青花瓷的图案、唐卡的纹饰等。这些传统元素不仅使器皿更具有艺术价值，还可以增添用餐的仪式感。例如，一些餐厅的餐具设计将传统青花瓷的图案应用于碟子和杯子上，为就餐体验增添了趣味和品位，如图3所示。

（4）传统造型与现代工艺品。现代工艺品的设计中常常运用传统文物的造型，如古代青铜器、陶俑等，为其赋予了新的生命和意义。例如，一些现代家居产品设计以古

图1　中式纹理窗帘

图2　中式刺绣婚纱

图3　中式玉嵌木雕杯垫

代玉石雕刻的造型为灵感，打造了精致与气节共存的高级感，如图4所示。

（5）传统故事与现代包装设计。在产品包装设计中，常常使用经典寓言故事作为设计元素，以营造情感共鸣和情节性。[2]这些故事不仅为产品增加了故事性和人情味，还传递了文化价值。举例来说，一些茶叶的包装设计将中国古代的茶文化故事融入其中，让消费者在购买时感受到深刻的文化内涵，如图5所示。

综上所述，在现代产品设计中，中国文化的审美价值和功能性能够有机地结合在一起，这种融合不仅丰富了作品的内涵，还让更多人了解中国的传统文化，让文化进入更多人的生活当中。

图4 景泰蓝提盒

图5 中式茶叶包装

2 中国各朝代器物设计特点

中国历史上各朝代的器物设计在形式、材质、纹饰和工艺等方面都有独特的特点。以下将详细介绍商周的青铜器，汉朝的陶俑、陶塑，唐朝的三彩陶，宋朝的青瓷、汝窑、哥窑，明朝的瓷器、漆器、家具，以及清朝的瓷器。

（1）商周的青铜器（约前16世纪—前256年）：商周的青铜器是中国文化器物中一个重要的角色，其主要包括鼎、尊、觚等多种形制。这些器物以独特的造型和复杂的纹饰装饰，表现出高度的艺术性和技术水平。青铜器常常用于祭祀、宗教仪式和礼仪活动，是当时社会等级制度和祖先崇拜的象征，如图6所示。

图6 商代青铜器

（2）汉代的陶俑和陶塑（前206—220年）：汉代的陶俑和陶塑以生动的形态和精湛的技艺描绘了当时社会生活和文化风貌。著名的汉代陶俑位于秦始皇陵陪葬坑，描绘了士兵、官员、车马等各个社会角色。同时，汉代的陶塑不仅在造型上体现出了极高的工艺水准，还在细节上展现出极高的时代艺术价值，如图7所示。

（3）唐代的三彩陶（618—907年）：唐代的三彩陶以鲜艳的釉色和精湛的绘画技巧著称。这种陶器在烧制过程中采用了多色

图7 汉代陶俑

釉彩，常常用于描绘人物、动植物、花鸟等图案。三彩陶既用于生活用品，也被制作为墓葬的陪葬品，如图 8 所示。

（4）宋代的青瓷和汝窑、哥窑（960—1279 年）：宋代的青瓷在工艺和审美上展现出卓越的特点。这些青瓷器不仅在制作工艺上达到了高水平，还在艺术表达上具有非常鲜明的特点。青瓷的釉色明净雅致，往往没有烦琐的装饰，强调的正是朴素之中的优美。与此同时，宋代瓷器的另一个独特之处在于两个著名的窑口：汝窑和哥窑。汝窑以其天然斑驳的釉色和素雅的形制著称，展现了一种自然之美；而哥窑则以其丰富的色彩和精致的纹饰闻名，为瓷器增添了一份艺术的华丽。[3] 汝窑以自然的釉色和简洁的造型著称（如图 9 所示），而哥窑则以斑驳的釉色和独特的细纹装饰闻名。

（5）明代的瓷器和漆器、家具（1368—1644 年）：明代的瓷器在制作工艺上达到了高峰，青花瓷和景德镇瓷器成为代表。明代的漆器以多彩的绘画和雕刻装饰为特点，具有丰富的民间特色。明代瓷器注重实用性和美观性，常常运用珐琅工艺创造出精美的家居产品，如图 10 所示。

（6）清代的瓷器（1616—1911 年）：清代瓷器制作工艺形成了官窑和民窑两大体系，各自呈现出卓越的艺术之作。然而，真正令人瞩目的是在康熙、雍正和乾隆三位皇帝的统治时期，清代瓷器达到了一个令人难以置信的黄金时期，其独特的制作工艺和绝妙的釉色达到了极致水准。清代的瓷器多以素雅的风格和精致的工艺为特点，深受当时社会的欢迎，如图 11 所示。

这些朝代的器物设计都在不同程度上反映了当时社会的文化、审美趣味和制作技艺，也是中国珍贵的文化与艺术遗产。

图 8　唐代唐三彩陶俑

图 9　宋代汝窑青瓷莲花温碗

图 10　明代珐琅彩莲池仙鹤纹罐

图 11　清代矾红彩花卉罐

3 传统色彩与现代配色设计的融合

中国传统色彩在文化传承中也扮演着重要角色，很多经典的颜色搭配到今天都依然影响着设计师的配色使用。而中国传统配色中每种色彩的使用都有其专属的象征意义，不同的颜色代表着不同的意义和情感。这些色彩不仅影响了艺术、服饰、建筑等多个领域，还与宗教、哲学、社会习俗等方面紧密相连。

中国传统文化中常用的色彩包括红色、黄色、青色、白色、黑色等，每一种色彩都承载着独特而深刻的文化含义。红色，作为这一色彩谱中的明亮焦点，代表着喜庆、祥瑞和幸福，是一种充满活力的象征。这个色彩在庆祝节日和重要场合中的重要地位，既表达了人们对美好未来的期望，也传递了世代相传的希望与欢欣，如图 12 所示。

传统色彩在中国文化中的演变是与历史、哲学、审美观念等紧密相连的。每个朝代的政治、经济和社会环境的变化都会

图 12　中国画传统配色

影响到人们对色彩的理解和运用。同时，宗教信仰、文人雅士的审美趣味，也赋予了色彩更多的意义。

传统色彩在现代依然具有重要的意义，它们不仅是中国文化传承的一部分，也在当代社会中扮演着重要的角色。中国传统配色中的红、黄、蓝、白、黑各自承载了丰富的历史重量和文化意义，对后人了解和使用这些色彩具有深刻的启示。

（1）红色：红色代表着喜庆、吉祥、热情和活力。在中国传统文化中，红色与太阳、火、血液等联系紧密，具有强大的象征力。这种颜色在节日、婚礼、庆祝等场合中被广泛应用，代表着积极向上的情感和希望。启示是，红色不仅是一种颜色，更是一种情感的表达和文化的传承，提醒我们珍惜生命，传递出喜庆和热情。

（2）黄色：黄色是尊贵、权力和丰收的象征。它承载了古代皇室的权威，也代表着土地的丰饶和财富。黄色在中国传统文化中代表了一种不一样的特殊地位，同时也带有温暖和希望的情感。启示是，黄色提醒我们尊重传统、珍视财富，同时也唤起了人们对丰收和幸福的向往。

（3）蓝色：蓝色代表宁静、清澈和深远，它与水、天空等元素联系在一起，带有一种清新和宁静的意味。蓝色的启示是，它提醒我们在喧嚣的生活中寻找宁静，追求内心的平和与

清净。

（4）白色：白色象征纯洁、虚无和新的开始。它在丧葬、婚礼、寺庙等场合中有不同的象征意义，既代表哀悼，又代表新生。白色启示我们，纯洁是一种美德，每个新的时刻都是重新出发的机会，而虚无也是一种反思的态度。

（5）黑色：黑色承载了死亡、神秘和深邃的意味。它在中国文化中有时与负面情感相关，但也与权威、庄重相联系。黑色的启示是，它提醒我们生命的有限性，激发对生死的思考，同时也教导我们在力求庄重的同时要保持谦虚和尊重。

总的来说，这些传统配色不仅是颜色，它们对后人有着深刻的启示，让人们更好地理解文化传统、情感表达和生活哲学，同时也激发了创意和创新，将传统色彩融入现代设计中，创造出丰富多彩的艺术作品。

4 传统文化纹理与现代平面设计的融合

中国传统文化的纹样和图案常常蕴含深刻的寓意。在现代平面设计中，通过将这些图案花纹融入设计中，可以让作品更具文化感、传统感和厚重感。

例如，在食品包装设计中使用传统的云纹，以展现中国文化的神秘和华丽。以新年春联为例，设计师可以将传统的"福"字纹样与现代的排版方式相结合，既传达了祝福之意，又展现了设计的创意。

传统文化纹理与现代平面设计的融合是一个具有趋势性的设计手法，它将传统文化的纹样、图案和意义与现代平面设计的创新、表达相结合，创造出具有独特性和文化感受的作品。

（1）海报设计。在海报设计中，传统文化纹理可以被巧妙地融入背景、边框或装饰性元素中。例如，将中国传统的云纹、龙纹或莲花纹应用于海报的边框，可以赋予作品一种独特的历史感和文化内涵，同时不影响信息的清晰传达，如图 13 所示。

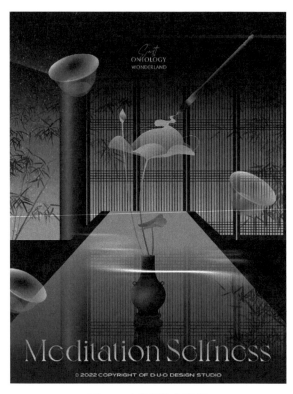

图 13　中国风海报设计

（2）包装设计。传统文化纹理在包装设计中可以用来增强产品的独特性和品位。将传统的纹样或图案应用于产品的包装上，可以为产品赋予独特的文化标识。例如，在茶叶包装设计中使用传统的工笔画风格，营造出古典雅致的氛围，如图 14 所示。

（3）书籍排版。在书籍排版中，可以运用传统文化纹理作为背景或辅助元素，为内容增添深度。例如，将传统的字画纹理作为背景，使排版更加丰富而有趣，同时也与文化主题相呼应，如图 15 所示。

图 14　中国风舍得酒包装

图 15　中国风书籍设计

（4）名片设计。在名片设计中，传统文化纹理可以用来突出个人或品牌的特色。例如，将传统的印章图案或纹样融入名片设计，既彰显了个人身份，又展现了文化性，如图 16 所示。

（5）网页设计。在网页设计中，传统文化纹理可以用来创造独特的界面风格。通过将传统的纹样与现代排版手法结合，可以为网站赋予独特的视觉魅力。例如，将传统的

图 16　中国风良相名片设计

剪纸纹样运用于网页的背景设计，营造出独特的视觉效果，如图 17 所示。

图 17　北京国艺源文化投资发展有限公司网站设计

总的来说，传统文化纹理与现代平面设计的融合可以创造出丰富多彩且富有深度的设计作品。通过巧妙地运用传统纹理，设计师可以为作品赋予历史感、文化内涵，同时通过现代平面设计的创新手法，使作品更具时尚感和创意性。

5　传统文物器型与现代产品设计的融合

中国的传统文物中有许多经典的器型，这些造型不仅具有美学价值，还常常与特定的文化或历史事件相关联。因此，当将古代青铜器的造型应用于现代灯具设计时，既保留了古老的审美，又赋予了产品现代的实用性。

中国传统文物的器型常常独具特色，融入现代产品设计可以创造出独特的作品。例如，"中华老字号"品牌生产的传统月饼，不仅在口味上延续了传统，还在包装设计中采用了古代建筑的造型，让产品充满历史和仪式感。

（1）家居用品。将传统文物器型与建筑造型应用于现代家居用品的设计中，可以创造出具有历史感和独特造型的产品。例如，将古代传统建筑的造型运用于灯具、花瓶等家居用品中，既传承了古代文化，又为现代家居增添了一份独特的艺术氛围，如图 18 所示。

（2）餐具设计。结合经典文物中的餐具器型，将经典与现代餐具设计相融合，让人们在就餐过程中了解传统的文化设计。例如，将古代青花瓷的碟子造型应用于现代餐盘设计中，使用餐过程充满了历史感和仪式感，如图 19所示。

（3）首饰设计。提取传统文物中

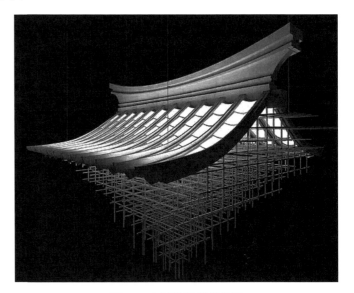

图 18　中国传统建筑灯具

图 19　上下中国结蓝白瓷餐具

的首饰造型，结合当下审美习惯，融合到新的首饰设计中，可以创造出兼具古典和现代风格的作品。例如，将古代玉石雕刻的图案和造型应用于现代项链、耳环等首饰设计中，使作品具有独特的艺术价值和历史意义，如图 20 所示。

（4）家具设计。将传统家具的造型与现代家具设计相结合，以结构的融合、材料的融合、造型的融合，创造出了独特的家居美学空间。例如，将古代家具的线条和造型融入现代家具中，使空间更具历史感和个性，如图 21 所示。

图 20　故宫千里江山和田玉耳环

图 21　上下美学家具

通过将传统文物器型与现代产品设计融合，设计师不仅可以创造出具有艺术价值和文化内涵的作品，还可以起到弘扬中华传统文化的作用。[4] 这种融合满足了人们对美的追求，还能让更多人了解中国的技艺之美、器型之美、文化之美，促进了中国传统文化的传承和发展。同时，它也为设计师提供了一个有趣的创作领域，激发了创意和想象力的融合。

6　传统文化传承的责任

将中国传统文化融入现代产品设计，不仅仅是为了创造独特的作品，更是一种文化传承的责任。设计师需要深入了解传统文化的精髓，将其融入设计中，以传承和弘扬，让更多人能够了解和欣赏中国的文化遗产。通过深入体验产品各个方面的细节，并结合具体的传统器物知识、知名历史故事讲述和赋予丰富美好的文化寓意，让每一个产品设计师能够更好地理解这种融合对于设计领域和文化传承的意义，从而为创造更具有文化价值和可持续发展的作品铺平道路。

参考文献

[1] 董娅南 . 中国传统色彩文化对企业形象设计的启示 [J]. 艺术科技，2015，28（8）：200.

[2] 牛红军 . 传统图形语言在茶叶品牌包装的融入及艺术特色 [J]. 福建茶叶，2017，39（8）：140-141.

[3] 汪喆，张居中 . 中国文物的流失与回归问题研究的回顾与前瞻 [J]. 东南文化，2009（1）：16-22.

[4] 孙雪梅 . 湖南中秋节习俗的变迁研究 [D]. 武汉：华中师范大学，2015.

传统谷物加工农具的设计逻辑及创新应用研究

冉秋艺[1]，孙虎[2]

（1. 四川工程职业技术大学 艺术系，四川 德阳 618030；2. 西华大学 美术与设计学院，四川 成都 610039）

摘要： 以技术与艺术统一的设计学视角重新审视传统谷物加工农具。通过文献研究、总结归纳和案例研究，分析传统谷物加工农具的作用物和四类多元主体，包括农民、工匠、官吏、地主，并结合时间维度的历史研究与空间维度的比较研究，探析传统谷物加工农具设计背后蕴含的生活理性，廓清传统农具演变表象下的设计逻辑，设计旨在造物形态及功能上追求"实用至上"、在设计与改进中充分遵循"以人为本"、在取材造物时注重"取之有道"。以传统谷物加工农具的设计逻辑启迪现代创新设计。

关键词： 传统农具；设计研究；创新设计；谷物农具；设计支持农业

中国传统农具是中国历史上由劳动人民发明创造并承袭沿用的农业生产工具的泛称，其产生和发展是社会生产力发展的重要标志。中国传统农具在不同历史时期，经历了自身材质、造型、功能的变迁，同时也经历了区域生态环境、农业产区生产要求、当地物产条件、农艺发展等各方面相适应的过程，形成了大量造型丰富、极富地方特色的农具类型。这些传统农具在传统农业中发挥过重要作用，凝聚着劳动人民的汗水和智慧，为中国古代社会的发展作出了巨大贡献。刘仙洲[1]、周昕[2]、张春辉[3]等从古代农具结构发展演变的角度探讨中国古代农具的发展，并对农具的构造、功能进行研究；雷于新等[4]主要针对中国传统农具的类型

基金项目：2023 年工业设计产业研究中心项目支持（项目编号：GYSJ2023-28）。

第一作者简介：冉秋艺（1997— ），女，四川成都人，助教，硕士，研究方向为产品创新系统、智能农机装备设计等，发表论文 5 篇。

进行研究；王思明[5]等在农业文化遗产视角下研究传统农具的保护和传承；李立新[6]、王琥[7]等主要站在传统造物智慧研究的角度对传统农具进行了分类、整理。本研究是在科学技术史和工艺美术研究的基础上重点关注传统农具的设计逻辑，既包含实物、材料等物质文化研究，也包含传承、象征等精神文化的研究，以期利用传统农具的设计逻辑启迪现代创新设计。

1   传统谷物加工农具概述

传统谷物加工农具是按照作用物的不同细分出的一类农具，具有发明早、使用范围广的特点。

谷物加工农具按照加工流程分类包括粗加工农具和精加工农具。粗加工农具主要进行粗放型加工，主要作用是去除谷物的外壳，包括针对收获后谷物的脱粒、脱壳、清选等加工工序。经过一系列粗加工农具作用后的谷物长时间存储或是进入下一步的精细化加工流程中。传统的粗加工农具主要包括连枷、碌碡、掼槽、稻桶、碓、砻、石臼、碾、竹筛、簸箕、扇车等。传统的谷物精加工农具主要进行"磨"加工，是通过"磨粉""磨浆"对脱壳、清选杂质后的净粮进行再加工的过程，精加工后的粮食更适合百姓食用、口感良好，同时还能够制作副食品或是用于榨油等，传统的精加工农具主要包括磨、碾、碓、杵臼等。

谷物加工农具按照动力源分类包括人力农具和自然力农具。中国传统的农具大部分都是人力农具，即是人作为主要动力源的农具，此类农具发明早但是效率相对较低。自然力包括畜力、风力、水力等，相对人力农具而言，自然力的农具相对更加先进，具有一定的机械结构。整理来看，人力农具应用更加广泛，自然力农具生产效率更高，此二类农具在我国各个历史阶段均有一定的记载，比如，清代《钦定授时通考卷》[8]中共记载22种加工农具，其中有10种人力加工农具、12中自然力加工农具（包括3种畜力加工农具、9种水力加工农具）。

2   传统谷物加工农具的设计逻辑

传统农具对中国乃至世界农业文明的发展和延续都起到至关重要的作用。最早的谷物加工农具在甲骨文中就有记载[9]，有的农具至今仍在部分地区使用，可见，传统谷物加工农具是民生设计的代表，其设计背后蕴含的合理性和生活理性是其延续千年至今仍在使用的真正原因。

2.1   传统谷物加工农具的作用物

农事的不同流程有着不同的劳作工具，同样，针对谷物加工的不同流程需要特定工具，而这些特定工具对应着不同的劳作需求。因此，传统谷物加工农具是典型的根据功能需求而设计定型的器物。

所谓的作用物即谷物，谷物在中国传统粮食作物中主要指"五谷"，谷是指带壳的粮食，谷物的特点是果实一般呈颗粒状且连接在茎秆上部或者是被包于豆荚内部，如图1所示。由于未加工的谷物直接食用难以下咽，为了改善其食用口感，根据谷物成熟后的不同形态使用不同的加工方式，从而产生了不同类型的加工农具。

小麦　　　　　　水稻糯稻　　　　　油菜、芝麻　　　　　豆类

图1　谷物形态

谷物收获后需要经过晾晒、脱粒、脱壳、清选、研磨等步骤才能进入百姓的厨房，晾晒是脱粒前、后都涉及的步骤，谷物经过晾晒干燥至抖动或拍打就能掉粒的时候，逢晴日便通过冲击、碾压等方式达到脱粒的目的，脱粒后要晒干谷粒的水分，方便储存和脱壳；脱粒即将籽粒与茎秆分离得到谷粒；脱壳即将果实的外壳剥开改善食用口感；清选即筛去脱壳后的秕糠等杂物，选出净粮和次粮；研磨即去膜、粉碎，脱去果实的内膜或直接将谷粒磨成粉末[10]，如图2所示。

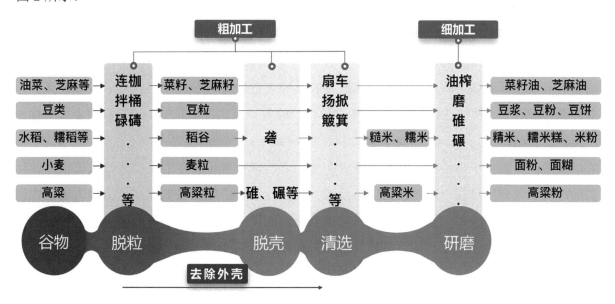

图2　谷物加工顺序

正是因为百姓为了食用谷物需要经过多步骤的操作，因此衍生出"谷物加工"类的需求，此类需求致使人们探索解决需求的器具，可以说传统谷物加工农具的形成过程就是一种由需

求决定功能的正向设计过程。

2.2 传统谷物加工农具的多元主体

任何的设计行为都离不开设计者、被设计物和使用者这三个要素。[11] 人，既是传统谷物加工农具的设计者也是其使用者。运用现代服务设计理念来梳理传统农事生产活动中的"人"，主要涉及官吏、地主、工匠、农民四类利益相关者。

官吏，是知识分子的典型代表，既是农业技术的引领者也是传播者，对于农具的改进和创新起到至关重要的作用，例如，汉武帝末任搜粟都尉的赵过，致力于教导农民耕植、推广牛耕，同时推广代田法。为了解决与畜动力相匹配的播种效率问题，发明了三脚耧车，能够同时完成开沟和播种两项工作。[12]《隋书·何稠传》中记载："炀帝每令其兄弟直少府将作。于时改创多务，亘、衮每参与其事。凡有所为，何稠先令亘、衮立样，当时工人皆称其善，莫能有所损益。"[13] 可见先"立样"、绘设计草图这样的方式在隋唐时期就已经出现了。[14] 具体某农具的发明设计者无法从史料中明确得到答案，但是从史料可知，官吏阶层集聚了大量的农业科学家，他们学习前人、总结农民的经验并形成可推广的文字和图形，引领着农民提高生产效率和改良农具。但是，官吏阶层具有重八股、轻技术的思想且"自持身份"，这类具有知识和设计能力的群体因不具体操作和实践，某种程度上制约了农具的创新。

地主，是封建社会剥削阶级的典型，拥有着大量的土地和财富，是传统谷物加工农具的主要拥有者和投资人。尤其是像扇车这样较大型的农具，因制作复杂且价格昂贵，一般的农民是无法独自拥有的，因此地主阶层在某种程度上通过投资和拥有大型农具达到榨取农民剩余价值的目的。

工匠，既是传统谷物加工农具的生产者也是技术传承者。他们来自底层，与农民的关系密切，听取农民的意见和建议并不断地改良农具使之更好地为农民使用，同时充分发挥工匠自身优势，实现"快速迭代""以人为本"的设计改良。因此，木匠制作的农具大多采用榫卯使其更加稳固。

农民，兼具传统谷物加工农具生产者和使用者的双重身份。作为生产者，农民根据劳动实践得到农具使用过程中最直接的信息反馈，根据反馈不断地改良农具；作为使用者，农民使用农具完成生产劳动。传统类农具在双重身份的农民上体现得最为明显的就是同一类产品并没有统一的规格和尺寸，均是根据农民各自的操作习惯和尺寸进行设计，具有一定的"定制化"属性。

2.3 传统谷物加工农具演变的时空逻辑

传统谷物加工农具随着时间的推移和空间的变化在不断地演变，这种演变分为种类细分和设计完善。

种类细分主要是针对谷物加工工序的完善而设计出具有不同功能的农具，主要表现为一样农具，可满足不同的工序、具备多种功能，逐渐发展到一种工序、一个需求可以由多个农具来实现。比如，用于清选的谷物加工农具就可以根据使用场景的不同由竹筛、簸箕、扇车等农具来实现。

设计完善包括农具材质和造型的变化。人类的发展史也可以说是材料发明史，在不同的历史时期有着不同类型的主材，在传统谷物加工农具中，从石材、泥土、木材等天然材料到使用棉麻、牛筋等编制材料无一不是设计完善的体现。同时，在造型上，传统谷物加工农具从单一、原始形态到具有复杂功能和结构的复合形态，其演变过程是非线性的，某种程度上来说体现了"备物致用"的造物理念。孙虎等[15]以谷物脱粒农具连枷为例，以设计学的视角论述了传统谷物加工农具在不同历史时期的设计完善和功能衍生。

3 传统谷物加工农具的创新应用

3.1 传统谷物加工农具蕴含的造物智慧

设计物的设计评价围绕是否满足用户需求、是否满足高效要求、是否满足环境友好来展开。在满足用户需求方面，传统谷物加工农具的设计焦点不拘于"功能""形式"两者究竟谁在前的问题。从传统谷物加工农具的形成路径及演化历程来看，农具的形式因功能而产生、变化，最终满足"达用"即可，无论功能与形式具体如何，两者统一而追随需求，即"精准满足需求的设计原则"；在满足效率方面，劳动者是传统谷物加工农具的设计、制作、使用主体，将"设计—使用—反馈—再设计"的设计流程集于同一主体，因此，便于劳动者以使用过程中遇到的问题为依据，及时调整农具的设计弊端同时完善功能，即"结合使用经验的设计原则"；在满足环境友好方面，传统谷物加工农具的设计开发具备发展的眼光，设计过程中预先考虑了材料的可得性、适用性，还包括对功能结构、使用时间的预设想，尽可能地使易损件可二次加工或替换部分结构件，延长农具的使用寿命，即"考虑生命周期的设计原则"，如图3所示。

中国传统的"精准满足需求的设计原则""结合

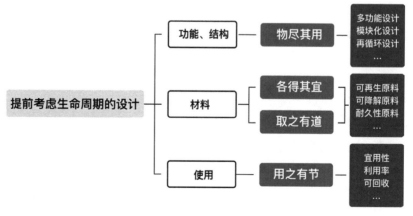

图3 提前考虑生命周期的产品设计框架

使用经验的设计原则""考虑生命周期的设计原则"三原则通常糅合于设计物之上，追求设计物呈现功能恰当、形式合理的面貌。

3.2 传统造物智慧与现代农业服务

农业机械化进程中，促进农具发展的主要因素是材料及技术的发展，人力逐步被机械设备替代。但在部分丘陵、山区地带，仍有许多农户在使用传统谷物加工农具，不仅是因为其成本低、运用灵活，还因为其设计具有可取之处，如风谷机、砻谷机、脱粒机就借鉴了传统谷物加工农机的功能形式及核心原理。依循着谷物加工一"事"，技术及材料发展使器物发生了变化，但以设计逻辑来说，传统农具中的设计理念、原则仍然存于器物的肌肤外壳之下。

当前处于农机发展的第三阶段，是以清洁能源、无人化和智能化作业为主要特征的新一代农机技术体系。[16]谷物加工农机的功能及使用场景产生了变化。在功能上通过复合功能实现"一机多事"，大型联合收割机一次性完成谷物类的收割、脱粒、去杂等工序，小型农机整合部分功能，如脱粒机同时完成脱粒及清选、碾米机同时完成脱壳、清选、去谷膜的步骤。在使用场景上，根据用户的需求，从农用场景延伸到日用中，如家用、共享两种砻谷机，均满足以家庭为单位的用户少量、即时脱壳加工的需求。

随着科学技术进一步发展，农机将结合智能化"服务运营"，依托于"农业机械智能物联网"完成农业和农村的经济结构调整，助推乡村振兴。

3.3 实践案例

3.3.1 设计需求分析

粮食干燥是加工农事中至关重要的一环，且深刻影响着我国粮食战略安全。据统计，我国每年因为粮食干燥问题而造成的浪费高达 10%。[17]农村绝大多数农户采用传统晾晒方式，受天气、翻晒时长影响易导致粮食发芽、发霉，占道晒粮的情况也屡见不鲜。经晾晒后，农户余留一年的口粮，将剩余粮食售卖给粮贩。在粮食售卖时，粮贩转手出现"低价高卖"的问题，侵害农户权益。卖粮后农户全年砻谷的需求不高，大多选择定期前往附近村镇租用农机脱壳。

可见，应将农机设计的视线聚焦于收获后的"院坝农事"中。同时，响应 2022 年中央一号文件提出"重点支持粮食烘干"的要求，围绕解决农户烘干、卖粮、脱壳的需求展开设计实践，以"服务型农机"作为设计方向，进行共享粮食收购及烘干脱壳一体设备设计。

3.3.2 服务系统设计

通过构建完整的服务系统，联系农户、承包经营商、收粮商、村委会、物流公司等核心利益相关者。设备整合了农户与粮商的需求，一方面为农户提供大量粮食烘干、即时脱壳的服务，农户可以在收获后直接在设备上完成售粮；另一方面粮商通过设备完成收粮工作，并于烘干后运送储藏，服务系统框架如图4所示。

"结合使用经验的设计原则"，应设置后勤服务团队引导农户操作设备，方便不了解智能设备的农户。同时作为辅助操作人员能够及时获取农户的反馈，也能结合自身在协助过程中的使用体验，准确地反馈改良迭代建议。

3.3.3 设计方案呈现

针对"考虑生命周期的设计原则"，将设备核心功能分为烘干、收购、脱壳三部分。由于设备的收购、烘干功能使用非常集中，脱壳功能供农户在收获季节后使用，提升设备利用率。采用"精准满足需求的设计原则"对用户的主要需求及应对方案进行整理，如图5所示。

将设备设计为烘干区、脱壳区、储存区三部分，尺寸为2.5 m×3 m×2.8 m（长×宽×高）。

烘干区由烘干仓体、进料口、出料口、

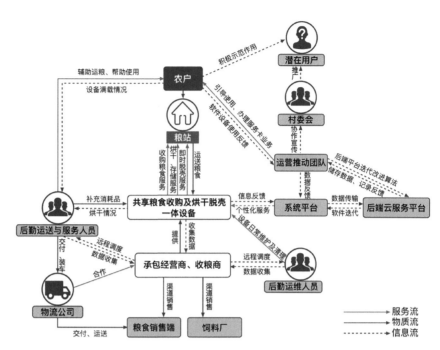

图4　服务系统框架

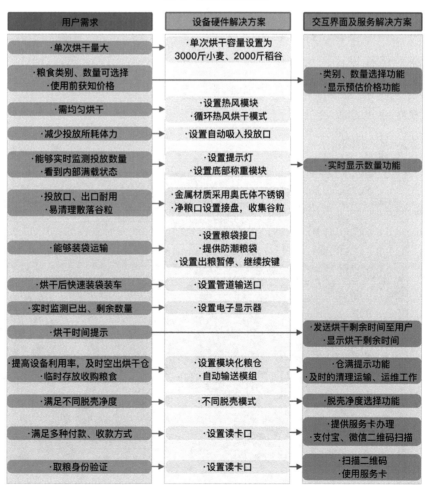

图5　用户需求及应对方案

螺旋提升机、仓门、电热干燥装置、称重模组、主动式 IR 模组、水分测量系统、温度控制系统、排气孔组成，如图 6 左侧所示。

脱壳区由脱壳分离器、出糠口、出米口、粮袋夹、出糠口、出粮数量显示器、操作按钮、接米盘、粮袋柜等构件组成，如图 6 右侧所示。

储存区用于存放烘干且已收购的粮食，并避免设备被长时间占用。储存区的单个模块与设备后部的输料口相连，单个储仓模块尺寸为 0.5 m×1.5 m×2.5 m（长×宽×高），如图 7 所示。

设备的多功能设计、模块化设计、回收利用设计、提升利用率设计、提高耐用性设计，从结构功能与使用方面的物尽其用、用之有节上体现了考虑生命周期的设计原则，设备使用场景如图 8 所示。

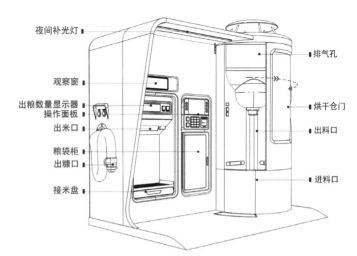

图 6　设备烘干区、脱壳区示意图

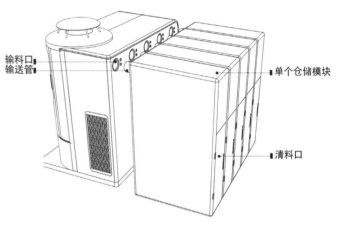

图 7　设备储存区示意图

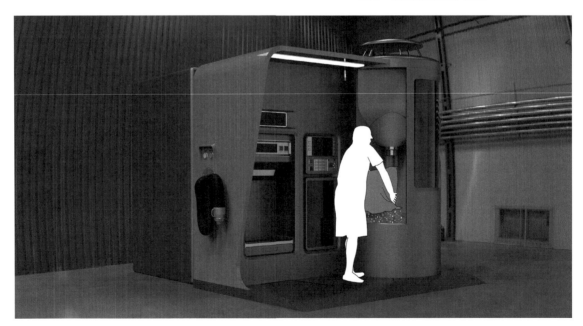

图 8　使用场景图

4 结论

传统谷物加工农具的产生是由作物形态所决定的，又经与其相关的设计、使用、制作、持有等利益相关主体的影响，在不同历史时期呈现不同的形态样貌。这背后的设计逻辑蕴含着劳动者的造物智慧，总结为"精准满足需求的设计原则""结合使用经验的设计原则""考虑生命周期的设计原则"。结合我国本土的农耕文化及现实问题，用于指导共享粮食收购及烘干脱壳一体设备设计，满足农户保障粮价、烘干粮食、租借脱壳机的需求，以及粮商对于便捷收粮的需求，为农机设计发展提供新的思考路径。

参考文献

[1] 刘仙洲 . 中国古代农业机械发明史 [M]. 北京：科学出版社，1963.

[2] 周昕 . 中国农具通史 [M]. 济南：山东科学技术出版社，2009.

[3] 张春辉 . 中国古代农业机械发明史 补编 [M]. 北京：清华大学出版社，1998.

[4] 雷于新，肖克之 . 中国农业博物馆馆藏中国传统农具 [M]. 北京：中国农业出版社，2002.

[5] 王思明，沈志忠 . 中国农业文化遗产保护研究 [M]. 北京：中国农业科学技术出版社，2012.

[6] 李立新，何玲，刘震，等 . 艺术中国：器具卷 [M]. 南京：南京大学出版社，2011.

[7] 王琥 . 中国传统器具设计研究（卷3）[M]. 南京：江苏美术出版社，2010.

[8] 马宗申校注，姜义安参校 . 授时通考校注（第 3 册）[M]. 北京：中国农业出版社，1993.

[9] 冯好，徐明波 . 甲骨文所见商代击打式脱粒农具及相关问题：兼释攴、殳 [J]. 农业考古，1999（3）：247-249，251.

[10] 冉秋艺 . 传统谷物加工农具的设计研究与创新应用 [D]. 成都：西华大学，2022.

[11] 王琥 . 设计史鉴 中国传统设计思想研究：思想篇 [M]. 南京：江苏美术出版社，2010.

[12] 张景书 . 中国古代农业教育研究 [D]. 咸阳：西北农林科技大学，2003.

[13]《中华大典》工作委员会，《中华大典》编纂委员会 . 中华大典：理化典化学分典 2[M]. 济南：山东教育出版社，2018.

[14] 吴卫 . 器以象制象以圜生：明末中国传统升水器械设计思想研究 [D]. 北京：清华大学，2004.

[15] 孙虎，冉秋艺，尹俊方 . 川北传统谷物脱粒工具连枷设计研究 [J]. 装饰，2020（6），90-93.

[16] 孙凝晖，张玉成，石晶林 . 构建我国第三代农机的创新体系 [J]. 中国科学院院刊，2020，35（2）：154-165.

[17] 潘保利，郑先哲，杜吉山，等 . 我国粮食干燥机现存的主要问题与发展趋势 [J]. 现代食品，2018（2）：147-150.

儿童科普绘本的科学性表达策略

程欣媛　　赵春

（西华大学 美术与设计学院，四川 成都 610039）

摘要： 随着科学教育的不断普及，儿童科普绘本作为科学传播的一种重要媒介，逐渐受到广泛关注。但这些绘本中的科学性方面的研究仍相对匮乏，并缺乏系统和综合性的分析。采用案例分析的研究方法，分析儿童科普绘本中的科学内容的准确性、适龄性以及可读性，并进一步探讨其在儿童科学教育中的应用价值。这不仅为教育者和家长提供了关于如何更有效地选择和利用儿童科普绘本的实用建议，还为未来在这一领域进行更广泛、更深入研究奠定了基础。

关键词： 儿童；科普；绘本；科学性

在信息爆炸的当下，科学素养的重要性日益突出。这不仅仅是专业科研人员或学者的事务，更是全社会，尤其是儿童群体需要提高的能力。在多种科学启蒙方法中，儿童科普绘本因其形象生动、易于理解的特点，已成为一种广受欢迎的科学普及工具。

1 科普绘本对儿童的影响及作用

1.1 提升科学素养和认知发展

儿童科普绘本作为一种专门为儿童设计的教育工具[1]，以其生动直观和易于理解的表现

基金项目：绵阳市社会科学研究基地——西南财经大学天府学院四川传统文化研究中心 2023 年度课题"红色文化在儿童动画中的传承与发展研究"（项目编号：CCTWH2023YB04）。

第一作者简介：程欣媛（1997—　），女，四川成都人，硕士，研究方向为地域文化与创意设计研究。

通信作者简介：赵春（1987—　），女，山东成武人，讲师，研究方向为动漫创作与理论。

形式，有效地向儿童展示了科学概念，还通过引导儿童运用所学的科学知识来解决问题，从而培养和提高他们的认知和思维能力。让孩子们不再仅仅是被动接收信息，而是在学习过程中积极参与思考，理解事物之间的因果关系。当儿童接受了这种客观的学习方式，由兴趣使然就会引发浓厚的科学兴趣，从而达到科学启蒙的目的，同时在他们提出疑问到自己找出答案的过程也会培养他们专注力和自信心。[2] 同时，儿童科普绘本还强调了科学方法的重要性，让儿童了解科学知识不应该仅仅是事实的堆砌，还包括提出假设、设计实验、收集数据和得出结论的过程。这种科学思维方式有助于培养儿童的系统思考和逻辑条理性。长远来看，这将使他们在面对各种问题和挑战时，能够更为科学、有条不紊地进行分析和解决。

1.2　激发好奇心和创造性思考

与传统科普读物相比儿童科普类绘本更易于被儿童所接受，是因为儿童科普类绘本中的主体插图往往是创作者根据儿童的认知特点来进行创作的。[3] 人们通常更容易记住与情感和故事相关的信息，而儿童尤其对故事和探险充满了浓厚的兴趣。因此，将科学概念和知识嵌入到吸引人的故事情节中，有助于提高儿童对这些知识的记忆力。儿童科普绘本中故事和问题的设定能有效地激发儿童的好奇心和创造性思考。当儿童对一个有趣的问题或一个未解之谜产生浓厚兴趣时，他们往往会主动去探寻答案或探索相应的解决方法，这一过程不仅可以锐化他们的思维，促使其逻辑推理能力得到显著的提升，而且有助于培养他们的综合分析能力与问题解决技巧。此外，这样的实践经验还能助长他们的自信心，使他们更为勇敢地面对未来的挑战。

1.3　培养批判性和道德伦理意识

高质量的儿童科普绘本通过引入与社会、环境或伦理相关的问题实现了教育内容的多元化和拓展。这不仅增加了绘本的教育深度和广度，还提供了一个多角度、跨学科的学习平台，让儿童能够在接触科学的同时，也对社会现象、环境保护和伦理准则等有更深刻的认识和理解。这种多维度的教育方法对于培养儿童的批判性思维能力具有显著作用。当儿童被引导去思考一个问题的多个层面和角度时，他们自然会学习到如何分析问题、评估信息和形成独立的观点。这种批判性思维能力在儿童的未来学习、工作甚至生活中都是一项重要和不可或缺的技能。

2　当前儿童科普绘本科学性表达存在的问题

2.1　科学准确性与深度的缺乏

"科学性"是科普类绘本的第一要素[4]，然而当前的儿童科普绘本市场中，科学准确性和深度的缺乏构成了一个引人关注的问题。为了使复杂的科学概念更容易被儿童理解，一些绘本作者和出版商会对这些概念进行过度简化，甚至部分绘本创作者使用非科学的元素或者模糊、畸形的解释来描述科学现象，这些做法虽然在初看下可能有助于提高儿童对科学的兴趣，但也可能导致科学信息失真或被误解，从而有悖于科学教育的根本目标。

以一本解释地球是如何形成的儿童科普绘本为例，该书用了大量生动的插图和轻松的文字来描述地球是由一块巨大的"石头"演变而来的。在这本书里，用"石头"来形容地球的形成材料是不准确的，因为这忽视了地球多样化的地质成分和形成过程。并且这本书没有进一步解释地球是如何通过数亿年的地质变化和自然选择演变成现在的样子，从而失去了教育孩子们批判性和解决问题能力的机会。这不仅可能误导儿童对科学概念的理解，还可能培养出一种错误的科学观念，这在长远来看是不可取的。因此，科学准确性与深度在儿童科普绘本中的缺乏是一个需要被严肃对待和改进的问题。这不仅会影响儿童对科学的正确理解，也可能会对其未来的科学素养和兴趣产生负面影响。

2.2　娱乐性和教育性的失衡

在当前的儿童科普绘本市场环境中，娱乐性与教育性的失衡问题逐渐凸显。许多绘本在设计和内容上更加注重图像质感、故事情节以及娱乐元素的丰富性，目的在于满足市场需求以及迎合儿童的审美趣味。然而，这些元素往往占据了大量的版面和资源，以至于科学信息的传播和解释被边缘化或简化。这样的绘本可能会成功吸引儿童，但却在教育层面存在明显的不足。更为严重的是，这种偏重娱乐性的绘本可能导致科学信息被错误传达或完全忽略，从而削弱了儿童科普绘本在科学启蒙教育中的功能。不准确或缺乏的科学信息会限制儿童的科学素养，长期而言甚至可能导致科学误解或偏见。所以优质的儿童科普绘本应该让孩子主动提问、探索，读的好玩，学的开心，以唤起孩子的科学兴趣，保护并激发孩子的想象力和勇于探索的科学态度与精神。[5]

2.3　目标受众的模糊定位

儿童科普绘本作为一种专门针对年幼读者的科学启蒙工具，理应在内容和表达方式上与其目标受众紧密匹配。尽管大量儿童科普绘本在出版前标明了推荐的受众年龄范围，但这些范围很多并不精确。这样的模糊定位可能导致一种非常不理想的情况：即某些绘本可能既不适合年龄较小的儿童，由于内容过于简单或表达方式过于幼稚；同时也不适合年龄稍大的儿童，因为它们可能缺乏足够深入或挑战性的科学内容。不精确的年龄定位还可能导致教育内容与儿童的认知能力不匹配。例如，过于复杂的科学理论或实验描述可能会让年幼的儿童感到困惑，而过于简单的内容又可能无法吸引和挑战更年长、更有经验的读者。

3 儿童科普绘本的科学性表达策略

3.1 内容策略：科学知识准确性和可理解性的平衡

3.1.1 科学核验

在儿童科普绘本的创作过程中，对科学内容进行严格的核验是至关重要的一步。因为儿童的初次接触往往会对他们未来学习和认知产生深远的影响，所以为他们提供的科学信息必须是真实、准确、可靠的。这不仅包括科学事实、术语，还涵盖了复杂的科学理论和概念。为了达到这一标准，作者和设计师需要与多领域的科学专家、教育学者以及相关研究人员合作。这样的跨学科合作可以确保绘本中传递的信息具有高度的科学严谨性，还能保证其符合教育规范和标准，进一步避免因信息不准确或歧义而导致的误导和混淆。

3.1.2 语言与概念适应性

由于科学内容的固有准确性和复杂性常常与儿童的认知发展水平存在一定的落差，因此如何在确保信息准确性的同时，以易于消化和接受的形式呈现科学概念便成为一个需要解决的问题。为了解决这一难题，创作者必须在保证信息准确无误的基础上，运用一系列精心设计的策略和方法，以便以直观、易于吸收的形式呈现科学概念。这通常涉及使用明确和简洁的语言结构、丰富的实例。例如，通过引入日常生活中的实用案例，或者使用拟人化、比喻和类比等多种手法，可以使高度专业或复杂的科学概念更加符合儿童的生活经验和认知能力。这种"翻译"和"解码"的过程不仅使科学知识更容易被年幼的读者接受和理解，还有助于培养他们对科学的积极态度和长期兴趣。

3.2 视觉策略：结合信息视觉化与审美吸引力实现知识传达

3.2.1 色彩与形状

色彩在视觉传达中占据了重要的位置，对于儿童群体尤为关键。通过选用明亮、饱和的色彩可以更好地吸引儿童的目光，引发他们的兴趣。同时，形状的选择也不应被忽视。简单明了又与科学内容相匹配的形状，可以帮助儿童更快地理解和吸收信息。例如，儿童科普绘本《地球的生命是如何开始的》（如图1所示）在把握科学知识准确性的情况下通过运用丰富的色彩和绘画的方式将科学知识以一种具有趣味性的形式呈现出来，更能直接引发儿童的求知欲。

图1 《地球的生命是如何开始的》（西班牙）Aina Bestard

3.2.2 信息可视化

在科学教育中，很多概念和数据可能较为抽象，难以直接传达给儿童。信息可视化在这里发挥了至关重要的作用。通过利用图表、图像和插画等视觉元素，抽象的概念被转化为具体和直观的形式，从而为儿童提供了更加直接和易于理解的视角。例如，为了描述生态系统中的食物链，可以使用有向图来表示不同物种之间的关系；描述地质层次时，可以使用层叠的彩色图像来表示地层的变化。这种直观的展现方式不仅帮助儿童理解科学知识，还可以激发他们的探索欲望，使学习过程更为有趣。儿童科普绘本《奇怪的生物图鉴》（如图2所示）中以信息可视化的方式介绍了生物的种类和生活习惯，用有趣的图像吸引儿童对于科普知识的学习。

图2 《奇怪的生物图鉴》沼笠航

结合色彩、形状与信息可视化的视觉策略，儿童科普绘本不仅能提供准确的科学知识，还可以为儿童带来视觉上的愉悦和认知上的满足，从而有效促进知识的传播与吸收。

3.3 年龄适应性策略：针对不同年龄阶段儿童

儿童科普绘本的设计和制作中，年龄适应性是一个不可忽视的关键因素。不同年龄段的儿童在认知发展、语言能力、注意力集中以及对抽象概念理解方面存在显著差异。因此，绘本的内容应该灵活地适应各个年龄层次，以提供不同程度的难度和深度。

儿童在一周岁至三周岁的阶段是低幼期成长阶段，对于低幼期的儿童应重点考虑简单易懂的语言和生动形象的视觉元素。此外，科学概念应当进行适当的简化，以便更易于消化和理解。例如，在描述自然界中的食物链时，可以用更直观、具象的方式来展示，如通过可爱的动物插图和简单的句子。例如，《世界上那些笨的动物》（如图3所示）中通过用五颜六色的色彩和生动形象的插图让幼儿认识动物的种类和动物的习性。

图3 《世界上那些笨的动物》（澳大利亚）Philip Bunting

　　儿童在三周岁到六周岁的阶段是中幼期成长阶段，这个阶段的儿童已经正式进入小学前的阶段，他们通常已经具备一定程度的阅读和理解能力，因此绘本内容可以稍微增加难度，如介绍基础的科学理论和做一些简单的实验演示。图文并茂的方式仍然重要，但可以开始引入一些基础的图表或数据，以激发儿童的逻辑思考能力。例如，绘本《同一类》（如图4所示）中作者将各种事物进行分类并把有共性的事物归纳制作成一个图表，让儿童在阅读的过程中产生思考并提高对世界的思辨能力。

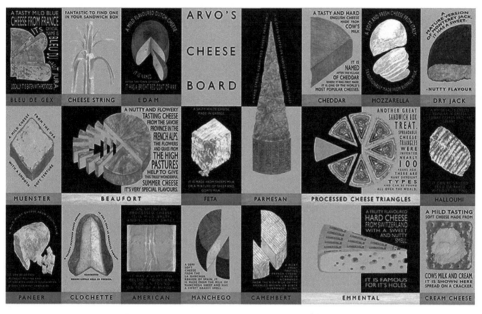

图4　《同一类》（英国）Neil Packer

　　儿童从六周岁开始逐步进入小学，六周岁到十二周岁是儿童的学龄期，这个阶段是儿童高幼期成长阶段，对这个阶段的儿童，绘本应该更加注重培养儿童科学思维。除了提供准确的科学信息外，还可以由点到面，不断拓展儿童视野和阅读边界，多角度思考为日后的学习和生活打下基础。例如，儿童科普绘本《漫画科学简史系列》（如图5所示）以人类历史上的科学发展进程为线索，让身处其中的科学家们给孩子讲故事，将错综细碎的科学史梳理成体系，让孩子既能明白科学原理，又能了解科学家的故事，还能让孩子感受科学在历史中的萌芽和发展。

图5　《漫画科学简史》（韩国）郑慧溶

4　结论

　　经过对儿童科普绘本的深入研究，发现科普绘本在科学教育中占有不可替代的位置。有效的科普绘本不仅为儿童提供了准确的科学知识，还能够通过吸引人的图文、富有启发性的内容及适宜的语言风格，成功地激发儿童对科学的好奇心和兴趣。除了这些显而易见的优点之外，要实现这一系列教育目标，儿童科普绘本的开发和制作需经过严谨的设计和深思熟虑的策划。这包括但不限于实现科学知识的准确性与可理解性之间的微妙平衡，以及为不同年龄段和发展水平的儿童设计出多层次、多维度的科学知识传递方案。这样做不仅有助于提高儿童的科学素养，还有望为他们的终身学习和未来发展打下坚实的基础。

参考文献

[1] 杨莉 . 儿童科普主题绘本的创新性研究 [J]. 工业设计，2020（12）：56-57.

[2] 董楷 . 儿童科普教育绘本的趣味性创新设计 [D]. 青岛：青岛大学，2022.

[3] 贺昱霖 . 儿童科普类绘本的视觉设计研究 [D]. 南京：南京艺术学院，2023.

[4] 袁梦 . 成人科普类绘本设计研究 [D]. 北京：北京理工大学，2020.

[5] 张立杰 . 科普绘本的创新发展思路探析 [J]. 文化创新比较研究，2018，2（33）：177-178.

银行线下网点服务的体验设计

游渝娇，李满海

（重庆邮电大学 传媒艺术学院，重庆 400065）

摘要：基于对顾客在银行开户的行为观察，优化银行服务的体验，提高银行的服务质量。以体验设计、视觉传达设计的知识为理论基础，并利用实地调研、问卷调查和用户旅程图等体验设计的工具与方法提出设计策略。针对顾客的行为流程提出的设计策略可从优化平安银行小程序和创建后台管理系统两个方面实施，进而提升顾客的用户体验和银行的服务质量。

关键词：银行；网点服务；体验设计；用户旅程图；测评体系

1 提出问题

以平安银行为例，平安银行是一家总部设在深圳的全国性股份制商业银行，其前身深圳发展银行是中国内地首家公开上市的全国性股份制银行。多年来，平安银行逐步成长为一家金融服务全面、机构网络广泛、管理成熟稳健、市场地位领先、品牌影响力大的股份制商业

基金项目：2023 年校级教学改革研究项目"面向特定社会主题的整合创新设计人才培养实践"（项目编号：XJG23259）；重庆市教育科学规划项目课题"高校'社会主题型'的人才培养体系研究"（项目编号：2020-GX-284）；重庆邮电大学博士启动基金、人才引进基金项目"大数据产品化成本与效益分布研究"（项目编号：K2020-201）；重庆邮电大学网络社会发展问题研究中心"网络大数据产品化的成本问题研究"（项目编号：2020SKJD06）。

第一作者简介：游渝娇（2000— ），女，重庆人，重庆邮电大学传媒艺术学院硕士。

通信作者简介：李满海（1979— ），男，重庆人，博士，就职于重庆邮电大学传媒艺术学院人体感知与数据智能实验室。

银行。然而，平安银行的服务口碑和知名度还有待提高。那么，是什么影响了平安银行的服务质量呢？如今，金融市场和社会环境发生了巨大变化，传统银行网点服务模式已经很难适应现代社会的需要，银行网点必须紧跟时代发展，创新服务模式和管理方式[1]，平安银行如何更科学、更有效地提高服务质量，为客户提供便捷、可靠的金融消费体验，是值得研究的。当前银行的网点服务存在以下的问题。

（1）网点服务测评无法量化。当前员工绩效评价体系仅仅是解决员工的问题，银行中的服务质量也需要建立起一个体系，从而能够具体分析银行在服务方面需要作出的改变。同时网点管理存在随意性，管理未形成体系化、系统化，往往是仅解决当下的问题，多数时候银行以产品推荐为中心或以银行风控为中心，而未做银行发展的长远打算和以顾客需求为中心。

（2）主观且单一的服务测评。现下银行对于服务测评的大部分指标、调查问卷问题存在主观性。比如什么叫作服务好和服务差，构成它们的指标标准和依据是什么。为了提升银行网点的服务质量，应将主观变为客观，将银行网点的各项数据进行客观呈现。

（3）缺乏动态监测和持续跟踪。银行网点服务质量的测评一般是在一段时间内依靠外部的测评机构进行检测，这存在着一个问题：银行网点内缺乏及时的动态监测与监督，无法做到持续跟踪，只能解决一段时间下存在的问题，这就造成了银行对于顾客的服务滞后，难以及时地解决顾客的需求；各网点监测的测评体系在标准和规范方面也存在差异，使得银行的服务水平难以达到顾客心中的高度，因此不能保证银行网点服务质量的长效性，也不利于各网点之间的横向比较。

总的来说，平安银行网点线下服务目前存在以下不足：首先，银行制定的客户满意度衡量指标大多是为了降低运营成本，提升银行运营效率，而忽视了顾客体验感；其次，银行仅考虑当前的产品或服务能否满足顾客的需求，而没有考虑到网点的长远发展，因此构建平安银行线下网点的体验测评体系及提出体验设计策略显得非常有意义和价值。

2 解决思路

针对文章中提到的银行线下网点现存问题，结合企业体验设计模型以及实地调研，构建平安银行线下网点体验测评体系，并分析顾客、银行工作人员的需求与期待，完成"平安银行监测服务平台"的设计。实施过程由三个步骤构成，具体如下。

步骤一，深入调研用户的需求。分析平安银行顾客办理业务全流程现状，寻找平安银行中顾客和工作人员的需求，以此为基础进行调研，能够更加有针对性地了解顾客，构建出平安银行线下网点的体验测评体系，并确定出设计的内容。

步骤二，利用案例与依据建立测评体系。数字化转型大背景下，企业向消费者提供的产品或服务越来越多是软件形态。平安银行线下网点也需要建立起符合自身的体验测评模型，为了更加科学性、专业性地解决平安银行线下网点出现的体验问题，学习市面上企业的体验测评模型，借鉴其成功的经验，同时借助相应的理论知识作为依据，构建出符合平安银行线下网点的体验测评体系。

步骤三，绘制"平安银行监测服务平台"原型。网络化管理银行网点的各个信息，及时更新网点内的实时状况至终端，促使平台提升银行网点在服务中及时性、感知层面的交互性；更好地满足银行网点内信息准确性需求；利于平安银行进行实时网络化管理、运营以及后期分析，及时优化服务。

3　实践过程

3.1　深入调研用户的需求

（1）调研将重点研究办理平安银行车主卡、由你卡、悦享白金信用卡的顾客群体，采用实地观察法和用户访谈法进行调研。观察中有针对某个办理业务的顾客从动态跟踪，到分组观察，以确保他们不受个体差异的影响，也可以利用设计师从创造者到使能者的角色转变[2]，设计师变身为顾客体验业务办理流程。

（2）在构建体验设计策略之前，首先要与银行的工作人员进行沟通，明确平安银行线下网点服务改进的动机、内容和预期结果，并确认他们对体验设计的理解和认同，然后与平安银行商定一个期望的体验设计方案。为了让顾客得到更好的服务体验，其中最需要关注顾客的则是工作人员，由此将从平安银行工作人员的角度入手解决顾客全流程服务中出现的体验问题，从而创建平安银行实时监测平台。通过分析顾客行为背后的体验问题，再找寻平安银行工作人员的需求，如表1所示，从而制定出解决平安银行线下网点服务体验设计的策略。

表1　平安银行工作人员的需求

需求	具体说明
实时性	利用平安银行监测平台能够准确、及时定位到网点中顾客的各方面的变化，并清晰、明了地在平台上展示出来
可用性	用户体验国际标准 ISO 9241-210 指出，可用性是指交互系统在特定的使用情境中能够有效、高效和令人满意地被使用。[3] 平安银行监测服务平台要满足服务提供者（银行工作人员）的个性化需求
可靠性	平安银行监测服务平台的可靠性是来自顾客接受服务的一个服务触点到另一个服务触点的完成效率。服务提供者（银行工作人员）可以借助平安银行监测服务平台，对服务的薄弱环节进行重点关注和改进
舒适性	服务提供者（银行工作人员）即使用者在使用平安银行监测平台的综合反应评价，是否可以在心理或生理上带来正向反馈

（3）以"用户旅程图"为代表的可视化工具被反复运用，也是体验设计中使用频率最高的工具之一。[4]用户旅程图是一种从用户的角度，描述用户使用产品或接受服务的体验流程的叙述方式，从中可以发现用户的痛点和过程中的满意点，并总结出产品或服务流程中需要

优化的地方和重新设计的机会。[5] 以用户为中心，但并不是把用户当作上帝，而是以专业的方式为用户提供良好体验的服务。[6] 为了更加理解用户的行为流程以及需求，借助体验设计中的用户旅程图绘制出现阶段平安银行线下网点的开户的流程，如图 1 所示。

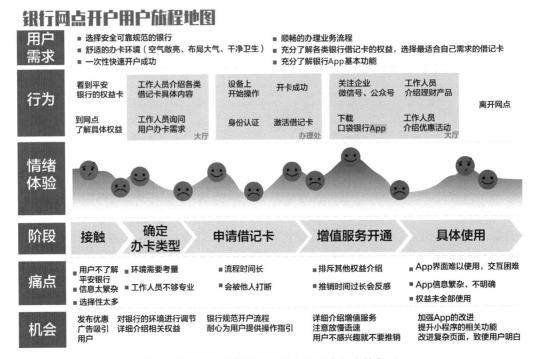

图 1　现阶段平安银行线下网点的开户用户旅程图

3.2　利用案例与依据建立测评体系

（1）参考"谷歌 HEART 模型"和"支付宝 PTECH 模型"的企业体验测评模型，以及线下调研访谈过程、用户旅程图。平安银行网点的体验测评体系，可以通过五个大纬度来构建，分别是环境舒适度、过程顺畅度、办事快捷度、任务成功度和心情愉悦度。这五个纬度英文单词的首字母合拼，简称 Depth 指标体系，如图 2 所示。

图 2　Depth 指标体系

Decoration（环境舒适度）：顾客在银行网点办理业务的一段时间里，室内空间环境对顾客体验的影响程度。

Engagement（过程顺畅度）：顾客在与柜员等银行人员进行互动的时候，顾客所感受到的业务办理顺畅程度。

Performance（办事快捷度）：顾客从进门到出门，对全流程每个业务办理环节的办事效率和有效的快捷程度。

Task-Success（任务成功度）：顾客来线下网点办理业务可能顺利，也可能受挫，顾客权益业务办理的成功程度。

Happiness（心情愉悦度）：顾客在整个办理业务过程中，综合当时生理心理等因素，所感受到心情愉快程度。

（2）指标的优先级，通过调研数据总结，平安银行网点的体验测评体系的五个纬度的优先级依次是：

①办事快捷度。顾客到网点的节奏比较快，都希望能够快速办理完权益业务，办理速度越快，顾客体验的满意度见效越快。

②过程顺畅度。网点工作人员的专业程度、服务态度直接体现在顾客能否顺畅办理好业务，过程越顺畅，顾客体验越好。

③任务成功度。

④环境舒适度。

⑤心情愉悦度。

3.3　绘制"平安银行监测服务平台"原型

（1）通过调研、用户分析以及结合平安银行线下网点体验测评体系，了解到各利益相关者的需求后，当把平台转换为特定、具体的功能界面之前，可以利用思维导图的方式将该平台界面的层次、逻辑关系罗列出来，从而为后续的界面设计提供一个清晰明了的思路。图 3 为"平安银行监测服务平台"的功能结构图。

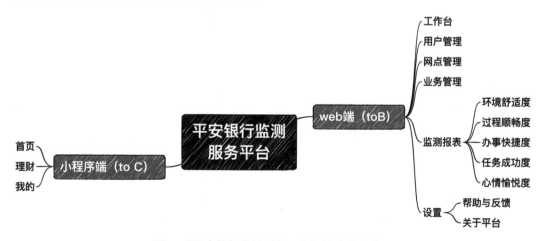

图 3　"平安银行监测服务平台"的功能结构图

（2）概念原型设计，在实现具体的界面设计之前，先要绘制出具有设计理念的原型，并且通过原型初步确立整体的设计布局及元素。原型的设计是由设计师、使用者参与，主要参考使用者的建议及需求进行设定，可以有效地做到"以用户为中心"进行设计。此概念原型设计由纸质草图、低保真原型图构成。

①纸质草图。通过纸质草图能迅速地表达出与使用者探讨的设计理念、结果，并且使用该种方式在初期更加便于修改，如图4所示。

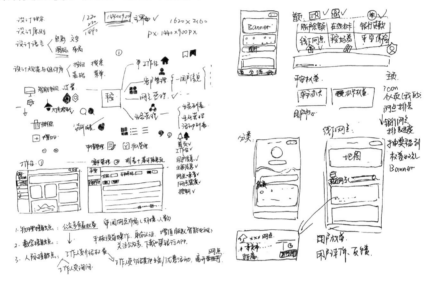

图4　部分草图效果

②低保真原型图。通过对纸质草图的整理，利用 Axure 软件绘制出低保真原型图，对指标体系中的办事快捷度、过程顺畅度、任务成功度、环境舒适度、心情愉悦度进行页面布局的定位，如左右侧模块布局，顶部时间模块以及用不同色彩表现出网点的状况。通过该项步骤，可以让设计概念更加接近最后的设计效果，也便于与使用者交流，找寻使用者的需求，从而根据需求以及平安银行品牌进行设计，为后续的界面设计奠定了良好的基础。如图5所示。

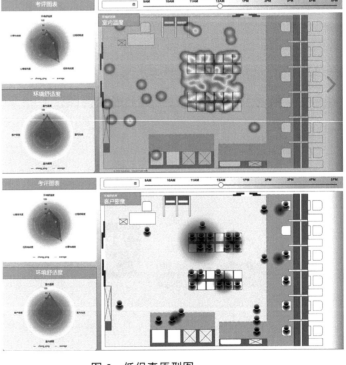

图5　低保真原型图

（3）界面设计。通过上述纸质草图、低保真原型图的输出，"平安银行监测服务平台"的界面设计已进入到可以呈现视觉效果的阶段。在界面设计的风格、设计元素上，根据平安银行品牌基调、用户线下访谈调研、使用者（银行工作人员）的需求来进行设计。

①颜色、字体规范。在确定"平安银行监测服务平台"品牌基调为橙色的前提下，主色调依旧采取橙色，彰显品牌特色。其余背景颜色以浅灰色为主，用少量深灰色线条对各个模块进行间隔，使界面更加模块分明、简洁明了；辅色调采用明度一致的颜色，起到突出、强调作用。此外，界面文字信息的字体与效果不能过于夸张，也不能混淆一谈，字体统一标准使用"苹方－常规"，给人带来一种专业、可靠的感觉。面对信息、数据复杂的平台，保持清晰明了的视觉层次尤其重要，通过调整字体大小、颜色、空间等要素。例如，引导语句就会比其余字体稍大。

②组件设计。导航栏则采用主色调与界面其他模块形成鲜明对比，让使用者能够聚焦于导航栏。

③元素设计。图标按照网格规范制作，保证尺寸统一和视觉统一性，选择常规线性风格，圆角设计使整体设计更具有亲和力，颜色采用品牌主色调。

④界面设计方案展示。分别以小程序"账户余额"、"取号"及 Web 端"工作台"、"网点管理"页面为例进行界面设计方案展示（如图 6 所示），以下则是对整体色彩、空间、文字等要素整合，以便更好地展现出该平台的总体设计。

图 6　小程序、web 端部分界面展示

4 结论

不同的顾客对于银行所提供的服务有着不同的要求。所以，即使银行提供了相同的服务，但与实际顾客所期待的服务也存在着不小差距。银行只有在自身所能承受的极限之内，最大限度地满足顾客的需要，才能有效地提高顾客的满意度，从而才能提升银行整体的形象和服务质量。

利用体验设计的理论和方法来改善平安银行线下网点服务中存在的服务质量问题，最终结果如下。

（1）对银行线下网点服务现状进行了调查与研究，分析了现当下银行服务质量存在的问题；同时学习借鉴企业中体验设计测评的模型进行案例分析；明确了平安银行体验设计的方向。

（2）对银行分析的同时，也进行了顾客研究。通过对平安银行线下网点顾客进行调研，并结合体验设计中的用户旅程图回顾顾客全流程在平安银行线下网点开户的过程，确定了设计的思路。

（3）根据平安银行的服务流程中的特点，结合顾客、使用者的实际需求，对平安银行监测服务平台系统进行了模块化的设计，明确了每个模块的具体作用。

随着当前银行业竞争的加剧，银行必须增强自身的竞争力，改善用户服务体验，促使银行网点更加稳定向前发展。

参考文献

[1] 关雪."互联网+"时代背景下银行网点服务模式及网点管理路径 [J]. 现代商业，2022（5）：68-70.

[2] 辛向阳.从用户体验到体验设计 [J]. 包装工程，2019，40（8）：60-67.

[3] 商超博.金融业用户体验面临的挑战和基于 UXQB 的解决方案 [J]. 中国信用卡，2021（11）：37-42

[4] 丁熊，周文杰，刘珊.服务设计中旅程可视化工具的辨析与研究 [J]. 装饰，2021（3）：80-83.

[5] 谭浩，尤作，彭盛兰.大数据驱动的用户体验设计综述 [J]. 包装工程，2020，41（2）：7-12，56.

[6] 陈冬君.国内用户体验设计的发展研究 [J]. 工业设计，2019（11）：111-113.

新媒体视角下动态符号在影视海报设计中的应用

赵倩

（南京传媒学院 美术与设计学院，江苏 南京 210013）

摘要： 以研究新媒体视角下动态符号在影视海报设计中出现的原因、在影视海报设计中应用的层面和方法学为目的；以动态符号在影视海报中的应用为主要研究内容。通过理论文献资料和现有设计案例的分析，从信息渠道、阅读习惯和技术载体的改变分析了动态符号在电影海报中出现的原因。通过分解影视海报设计中的动态符号构成要素文字、色彩和图形等，提出了突出剧情主题、氛围感的营造、引导视觉动线等设计方法。

关键词： 动态符号；影视海报；动态海报；新媒体

引言

从户外、商场、电影院等公共空间，到移动端手机、平板、PC端网站、以屏显设备为输出载体的数字化影视海报随处可见。动态影视海报是当下影视剧推广宣传的有效途径之一，动态符号元素在影视海报中的浮现是新媒体时代的产物。新媒体的发展为动态符号元素在影视海报中有效呈现实现和展示提供了技术支撑。数字设备、新媒体的支持给予了当代影视海报设计更为开放的创意表达空间，动态符号在影视海报设计中的植入使作品从静态向动态、从二维到多维、从定格到延时转换。其内容信息传播也更加高效，信息受众阅读兴趣度提高，视觉张力更强。 因此，探究动态符号在影视海报设计中的应用有着重要的实践指导意义。

作者简介：赵倩（1987—   ）女，山西晋城人，讲师，硕士，研究方向为产品造型设计，发表论文8篇。

1 动态符号在影视海报设计中应用的时代背景

影视海报设计是影视作品宣传中最主要的表现形式，是大家比较熟悉的一种视觉传达设计形式。影视海报主要起到吸引关注、刺激影视票房收入的作用。近年来，伴随着多媒体技术和互动媒体的发展，影视海报设计的探索和设计也从静态海报逐渐尝试增加动态符号元素，这种动态海报借助多媒体媒介能让内容传递更加真实、更具有故事性、视觉冲击感更强烈。动态符号在影视海报设计中的浮现是偶然的也是必然的，它基于特定的多媒体时代背景，并受受众的阅读习惯影响。

1.1 影视海报设计中多元化动态符号的浮现

传统的影视海报依附于印刷媒介，出现在街头、影剧院等环境、场所，传播范围有一定的局限性，伴随着信息受众获取信息渠道的转变和多媒体设备的发展，不难发现，影视海报也开始借助电视、计算机、手机等多媒体设备进行信息的传播，利用各种渠道来加强和受众的联系。在良好的媒介支持下，影视海报的设计形式也正在产生新的变化，传统影视海报的图形、文字、色彩等基本的元素设计，逐渐借助新的媒体声、动、多维、交互等优势，并加入动态符号。[1]首先，在剧院平面影视海报中会加入扫码互动的信息板块，受众扫码后可以借助手持多媒体设备看到影视作品的动态海报，通过特定的互动形式，如点击画面中的局部动态符号获取有关影视作品的导片、预告、见面会等详细信息；其次，动态元素的加入也使得影视海报设计从二维图形转向了多维图像的表达，视觉张力更强。[2]最后，借助短视频的流量热度，在各大短视频平台上我们也常会看到由影视剧宣传方投放的含有动态符号元素的影视海报设计。

1.2 影视海报设计中多元化动态符号浮现的原因

1.2.1 大众信息获取渠道的转变

新媒体时代下，大众获得信息的媒介更加多元，获取影视剧信息的途径不仅仅是通过传统印刷海报，借助电视广告、电梯广告、多媒体灯箱广告、LED 大屏、网页及移动终端设备中 App 推送都可以轻松获取影视剧信息。新媒体媒介下，影视海报的设计也有了更多的可能性，从静态到动态、从无声到有声、从二维到多维[3]，影视海报中动态符号的加入提高信息受众对信息的接受兴趣、解读效率和扩大了传播范围。

1.2.2 大众信息阅读习惯的转变

大众信息阅读习惯有着从静态到动态再到交互的变化。就信息符号的读识效率来看，动态符号的信息承载量和表现力优于静态符号元素；就受众的阅读兴趣和心理来看，动态符号所激发的阅读兴趣会远远高于静态符号；在以用户为中心的设计表达中，互动性、参与性也是当下各门类设计创新所采用的新手段。动态符号元素在影视海报设计的应用在信息互动上有较强的引导作用。

1.2.3 成熟的载体技术

动态符号元素在影视海报设计中的表现依托于多媒体设备硬件和互联网技术的支撑。影视海报的动态元素展示依托于屏显设计的展示精度和互联网技术的加载能力与速度。当下，大屏的 LED、计算机及掌间的移动设备都是受众获取各类信息咨询的新型渠道。[4] 国内现代科技的发展包含硬件设备的日趋成熟、稳定，互联网技术的增速、降费等优势，以及媒体传播渠道的开发，都为影视海报中动态符号的呈现创造了良好的土壤。

2 影视海报设计中的动态符号要素解析

影视海报设计中的动态符号要素，包含动态文字、动态图形、动态色彩及动态装饰性符号元素等。[5] 它们增强了作品画面的艺术张力，提高了受众的阅读兴趣，延长了信息的感知时间，给予了受众与作品交互的可能性。动态符号以独有的语言形式在影视海报中体现，其首要目标是与信息受众进行功能性信息交互传达。其次，动态符号作为影视海报的设计视觉内容需要兼具符合受众审美形式美感特征。另外，动态符号元素具有较强的象征性，影视海报从某种意义上来说是对影视作品以另一角度艺术形式的表达，它汇聚了大量的信息和情感，独特的象征性和文化属性是不能被掩盖的。[6]

2.1 动态文字符号元素

在现代影视海报设计中文字符号以独特意味的"形"作为媒介传递信息。人们凭着对文字"形"的理解而把其转化为"义"，从而完成了信息内涵的传达与接收。它不仅具有信息传递、阅读功能还有一种作为视觉载体所特有的图形魅力。动态文字符号在此基础上将图形汉字动态处理，通过信息化、艺术化、视觉化的角度重新强调了影视海报的主题信息，为形式美的表达提供了更多可能。[7] 使信息受众可以感受到作品巨大的生命力和感染力。这种能力有其独特的优势，即它更能充分发挥文字作为影视海报信息传播主体的功能。

2.2 动态图形符号元素

图形符号是设计作品的表意形式，是设计作品中敏感和备受关注的视觉中心，是由绘、写、刻、印以及现代电子技术、摄影等手段产生的能传达信息的图像记号。动态图形符号元素的优势在于可以表达出时间和空间的变化。在影视海报中利用主体图形通常以展示剧照、展示人物、展示场景、局部放大、艺术插画等为内容。动态图形符号元素将运动与声音的结合来作为视觉设计的手段，可以更加完整、全方位地展示影视作品的主要内容，同时在视觉上的呈现也充满感染力。

2.3 动态色彩符号元素

根据视觉心理学的相关理论，人在观察事物以及在对事物进行信息处理时，第一时间将色彩作为信息符号所受到的干预影响占比高达 80% 以上。[8] 因此，在影视海报设计中，设计师主要通过鲜明的色彩对比关系来强化信息输出。动态的色彩符号元素在此基础上，结合影视作品的故事情节、情感内核等内容，利用色彩对比中的明度对比、纯度对比、色相对比关系，呈现出时间和空间的渐进过渡表达。这样的画面效果对于受众来讲，可以把强有力的色彩表现力转换得更加自然和舒适。

3 影视海报设计中动态符号要素设计的技巧

3.1 突出剧情主题

在传统的图形信息传达过程中设计层面，想要强化和突出某主题，首先，要拆分出能够表达该主题的核心元素：通常是文案主题或图形符号。其次，将这些元素通过放大空间占比、强化颜色对比等方式在画面中加以强调，从而达到突出主题的目的。在传统的影视海报设计中加入动态符号元素，巧用动态与静态的强对比关系，可以很好地突出剧情主题。通常的处理方式为将画面内容、文字、图形等进行分类和分组，主要信息内容采用动态符号处理，次要信息内容保持原有静态状态。如图 1 歌剧《好一朵美丽的茉莉花》的动态海报设计中，主图形茉莉花和剧目名称《好一朵美丽的茉莉花》采用了平缓的渐显和循环的动态形式，让整个作品的主题突出，画面也唯美灵动。

图 1　歌剧《好一朵美丽的茉莉花》动态海报设计

3.2 氛围感的营造

影视海报中氛围感的营造主要是指通过有序的律动关系来组成画面的形式美感，动态符号元素在影视海报设计中的植入可巧用的设计技巧包括：第一，环绕文字，增加画面的空间设计感。第二，交叉叠压文字，让设计更具潮流感。第三，增加三维空间网格，空间感强，视觉冲击力强。第四，制造故障效果，利用事物形成的故障进行艺术加工，可以用失真、破碎、错位、变形、撞色等方式，让页面有缺陷，在缺陷里发现美。第五，描边动画，强调或增加文字或图形的形式感，简约而不简单。例如：图2《攻壳机动队》电影的海报设计方案，应用了环绕式的文字排版和角色人物的故障视效设计，画面氛围感的营造与未来主题的科幻动作剧情关联性较强，可以帮助信息受众较高效地接收影视作品的主题。

图2 《攻壳机动队》电影的海报设计方案

3.3 引导视觉动线

抓住信息受众的眼睛——视觉动线的学习和应用一直是视觉设计学习和工作者的重点。直觉动线就是在对影视海报阅读时，绝大部分人看画面的视线移动顺序。需要注意的是，视觉动线会受到习惯差异、视觉重量等的影响。在影视海报的设计中首先要根据影视作品的宣传目标确定动态元素的起始点和终点，及引导线的路径。其次设计引导线的路径，可以是符合视觉美学的直线、折线或曲线，目的是使动态效果流畅自然。再者添加适当的动画效果可以为引导线增加颜色渐变、秩序、移动、闪烁、旋转、波动等效果，引导视觉动线并使观者视线汇聚在画面中最重要的地方。例如：图3《银河护卫队》的动态海报习作，动态元素主要集中体现在主题文字部分，在排版设计上画面中的光柱起到了较强的视觉引导作用。下方居中的文字采用了动态的设计，动画形式采用了闪烁、故障等效果来突出信息内容，达到了强调作品名称的设计目的，加强了其视觉中心地位，同时其字色设计的高明度、强色相对比具有较强视觉张力。

图3 《银河护卫队》动态海报设计

3.4 剧情故事的叙述性表达

动态符号元素赋予了影视海报作品时间的维度，使得传统的静止画面可以呈现更多光影的切片效果，信息受众通过简单的动态呈现便得以在这间隙中窥见影视剧作品中故事的一角。利用影视海报设计的基本要素，设计人员可以通过动态背景、动态图形等来进行创意设计，通过对故事内核、角色、剧情的动态呈现，凝练的戏剧冲突吸引着观者想要去了解更多的故事。例如：图4动画电影《小倩》的动态海报设计中，画面运镜的移动从单独的男主角亮相逐渐拉向广角，广角全景中出现画面占比比较高的女主背影，画面中群众的目光也聚焦于女主，男女主面对状，图中龙灯的头尾连接着男女主，同时龙也在画面中充当视觉线性导向。海报动图短短的几秒，清晰地交代了主要角色和剧情人物关系。

图4　动画电影《小倩》的动态海报设计

3.5　营造趣味感

加入动态符号元素的影视海报设计是顺应当下受众阅读心理和阅读习惯的产物，动态符号元素最早在互联网媒体 GIF 表情包中的浮现就带着诙谐、趣味的表达因子。在动态影视海报的设计中加入情理之内、意料之外的创意呈现可以带来差异性的视觉张力。[9]趣味性的创意表达也是受众喜闻乐见的信息形式。例如：图5《中国乒乓之绝地反击》的动态海报设计中，首先用夸张的手法用乒乓球来模拟日出的场景，就极具趣味性。画面中的人物造型和动态神情都比较极致，配合简单的起伏动画，把剧情内容的运动精神和欢快的内核都传递了出来。另外，影视海报设计还可以通过场景的虚实转换来营造轻松、趣味的氛围感，巧妙地打造了情理之内、意料之外的观看体验。

图5　《中国乒乓之绝地反击》动态海报设计

3.6　创造思想的留白空间

　　影视剧作品中是非常善用留白艺术的，无论是镜头画面、叙事内容情节还是声音上都可以包含适当留白。动态的影视海报设计是影视作品的缩影，在展示作品基础信息的同时，可以借鉴作品中的留白艺术，以达到和特定主题内容的影视作品基调和氛围一致的效果。留白常用的手法包括镜头切换与虚化、虚实结合、抽象不确定感与具象结合等。这类型的海报，通常没有复杂的元素，用简单、纯粹的背景突出主体，并通过主体的变化演绎和讲述主题。例如：在海报设计中，通过镜头转场，由抽象到具象的转变，让观众的认知从模糊和不确定到最后变得清晰明了，有种揭开谜题的感觉。动态符号的植入相较静态海报使观众更能理解海报设计背后传达的意义。例如：图6《观涌海上音乐会》的海报设计，在色彩和图形设计上都采用了大面平铺的极简设计，动态形式的设计为图形间距的渐变处理，营造出了海面潮起潮落的意境美。

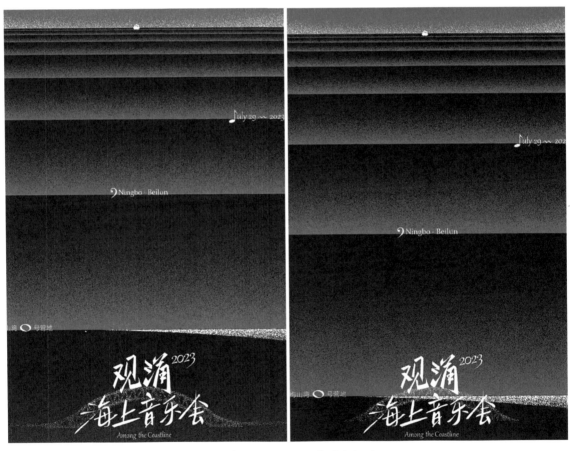

图6　《观涌海上音乐会》海报设计

3.7　打造空间感

　　静态海报通常通过图形透视关系、明暗关系、虚实关系来营造三维空间感，动态符号元素的加入，且符合一定的运动规律，空间感会被大大加强，明显增强信息受众对三维空间的视觉感知力。在设计中需要注意的是元素的运动路径要符合现实空间认知。例如：设计中元素运动轨迹可以借鉴建筑空间结构中的螺旋结构、堆叠结构。另外，透视构图也是空间感打造最常规的设计手法，在这种构图基础上，让一些元素符合透视规则的方式动起来，会有种无限延伸的感受。

4 结论

基于新媒体视角，信息的传播途径有着从线下到线上，从印刷品到屏显数位图的变化，在信息传播的新趋势和新发展下，给予了影视海报设计从静态到动态发展的有利土壤。随着信息受众获取信息渠道和阅读习惯的转变，针对线上及屏显设备展示的动态海报将是影视海报宣传的必备设计环节。动态符号元素在时间和空间上增强了影视海报作品的表达维度，通过动静强对比使得信息传达更加高效，视觉张力更强，有效地提高了信息受众的阅读兴趣和记忆点。因此，针对动态影视海报设计的方法学的研究有着重要意义。这种创新表达形式的加入需要设计工作者不断地尝试和摸索。本文通过分析了影视海报的诸多设计要素，找寻动态符号要素在影视海报设计中的运用渠道，并整理出了动态符号在技巧表达上的一些方法，旨在对设计学习者和工作者提供些许思路和帮助。

参考文献

[1] 孙丹.电影海报设计中的视觉符号研究 [J].大舞台，2014（12）：66-67.

[2] 鲁道夫·阿恩海姆.艺术与视知觉 [M].孟沛欣，译.长沙：湖南美术出版社，2008.

[3] 刘付.探析动态海报设计的视觉艺术性表达 [J].大观，2022（3）：45-47.

[4] 梁珊珊，刘雨佳.科技是海报设计创新和视觉突破的真理 [J].侨园，2021（Suppl.1）：97.

[5] 王艺铭.海报设计中的动态设计 [J].牡丹，2021（16）：156-157.

[6] 袁亚楠.数字交互海报设计试验性探索与实践："线性生长"交互海报 [J].华东科技，2022（2）96-97.

[7] 敖蕾，曹润倩.电影动态海报创作思维与发展 [J].影视制作，2021，27（4）：79-83.

[8] 刘启明，郑君玲.设计心理学在海报设计中的应用分析 [J].明日风尚，2022（20）：101-104.

[9] 井天晓.新媒体艺术背景下海报设计的发展演变 [J].艺术品鉴，2022（8）：72-74.

AIGC 设计赋能非物质文化遗产传承与创新

杨小晖 [1, 2]，米高峰 [1, 3]

（1.陕西科技大学 设计与艺术学院，陕西 西安 710021；2.内蒙古科技大学 建筑与艺术设计学院，内蒙古 包头 014010；3.陕西科技大学"一带一路"文化 IP 开发与设计研究中心，陕西 西安 710021）

摘要：AIGC（人工智能内容生成）作为数字时代的前沿技术，成为当下推进国家数字经济和构建文化数字化的有力引擎。在非物质文化遗产的保护和传承过程中，人工智能生成设计以其丰富多样的外化呈现、海量内容存储、先进文化经济样态的属性彰显着 AIGC 设计多元主体、智能体验、精准传播和科技与人类和谐共生的诸多优势。通过对于 AIGC 设计过程中文化内容挖掘、非遗数字品牌打造以及强化 AI 技术方面进行分析，以期为 AIGC 设计赋能非物质文化遗产传承与创新提出建议和策略。

关键词：人工智能；内容生成；设计赋能；非物质文化遗产；传承创新

1　文化数字化视域下非物质文化遗产的发展趋向

党的十九大指出，我国经济已由高速增长阶段转向高质量发展阶段。这是党中央对现有经济形势作出的重要判断。从经济形态高速度到高质量发展的转向历程中，数字文化高质量发展是人民在增强文化自信和建立民族自信方面的重要举措。2018 年习近平总书记在全国宣传思想工作会议上提出，要推动文化产业高质量发展，健全现代文化产业体系和市场体系，

基金项目：四川省教育厅人文社会科学重点研究基地——工业设计产业研究中心项目（项目编号：GYSJ2023-22）；内蒙古哲学社会科学规划项目（项目编号：2020NDC102）。

第一作者简介：杨小晖（1987—　），男，内蒙古包头人，内蒙古科技大学建筑与艺术设计学院讲师，陕西科技大学"一带一路"文化 IP 开发与设计研究中心特聘研究员，陕西科技大学设计与艺术学院设计学博士研究生在读，研究方向为视觉艺术与媒体设计、民族文化与艺术传播等。

推动各类文化市场主体发展壮大，培育新型文化业态和文化消费模式，以高质量文化供给增强人们的文化获得感、幸福感。从国家宏观政策对于文化数字化发展作出了整体部署。

2019 年工信部正式发布 5G 商用牌照，以高速率、低能耗、万物互联与泛在网为特征的 5G 互联商业时代正式开启。在网络技术加持下，较以往更为优质的信息服务体验、更快的信息传播速度成为互联生态高速发展的动力引擎。在此基础上，人工智能技术（Artificial Intelligence，简称 AI）则通过机器来实现智能活动，通过深度学习与智能互联，与其他技术产业快速融合。5G 与 AI 融合大数据、物联网、虚拟现实（VR）、增强现实（AR）等技术共同生成新的"5G+AI"技术群，开启了万物互联、万物智能的新时代，[1]为运用人工智能传承非遗文化提供了技术可能。

2020 年，党的十九届五中全会进一步指出，要实施文化产业数字化战略。在此基础上，文化和旅游部发布的《文化和旅游部关于推动数字文化产业高质量发展的意见》中指出："运用 5G、VR/AR、人工智能、多媒体等数字技术开发馆藏资源，发展'互联网＋展陈'新模式""支持展品数字化采集、图像呈现、信息共享、按需传播、智慧服务等云展览共性、关键技术研究与应用""引导和支持虚拟现实、增强现实、5G+4K/8K 超高清、无人机等技术在文化领域应用"。该《意见》为在文化数字化建设过程中非遗传承的高质量发展指明了方向。

党的二十大报告提出，实施国家文化数字化战略。2023 年 5 月中共中央办公厅、国务院办公厅印发的《关于推进实施国家文化数字化战略的意见》中指出，要在"十四五"期间全面推进文化数字化战略，构建国家文化大数据体系，让中华文化全景体现，让中华数字化成果全民共享。[2]

2 AIGC 驱动非物质文化遗产传承与设计创新

2.1 数字呈现：丰富非遗实践的多样表达

AIGC（人工智能生成内容）技术是一种基于人工智能的方法，用于自动生成各种类型的数字内容，包括文本、图像和音频视频。这种技术基于深度学习和生成对抗网络（GAN）在非物质文化遗产的数字创新领域，有潜力为文化遗产传承与创新带来革命性的影响。AIGC 是人工智能技术从 1.0 时代跨入 2.0 时代的标志。从计算智能—感知智能—认知智能的进阶发展来看，AIGC 已经为人类社会打开了认知智能的大门，也将更好地为加快现代数字经济构建的发展模式，提供前提条件。

随着 5G 技术的不断深化，AIGC 逐渐成为数字文化产业发展的驱动利器。当前，生成式人工智能技能和应用持续更迭，在艺术创作、设计实践、文化传播和传承领域都掀起了一阵 AIGC 创作风潮。生成式人工智能将音乐、图像、影像和文本进行智能处理，成为非遗文化携手人工智能走向大众的新途径。

数字化让非物质文化遗产在虚拟世界里实现永恒。近年来，全球众多博物馆积极探索并实践数字化，寻求古老文明和当代生活的交汇点，推动文化遗产事业可持续发展。数字化助力实现古今对吟，在与艺术无限接近的同时，也给文化遗产保护提供了新的思路。

在 AIGC 设计浪潮席卷全球的今天，越来越多的文化场馆和非遗中心以 VR、CR、MR、数字孪生、元宇宙以及其他形式的数字化实践来丰富其文化设计项目。"数字""线上""云端""智慧""虚拟""沉浸"等表述成为文化生产、文化传播、文化消费和文化企业转型研究的高频词。将古老的文明形态与当代技术形态融合，凝结成新的艺术形式。在数字化高质量发展的今天，让艺术无限衔接并亲近大众，为在 AIGC 背景下，实现数字化设计生成赋能非物质文化遗产保护与传承，提供新的思路。

2.2　数字存储：持续焕活文化遗产生命力

非物质文化遗产，特别是诸如濒临消失的手工技艺、文化艺术实践、口头传述的语言等极容易在时代的变迁中逐渐消亡。但如今借助于人工智能生成技术，提取图案、纹样、文字，结合动画、影视、声音等进行虚拟模型设计，能够更为生动和立体地为观众呈现诸多濒临消失和已经消失的非物质文化遗产内容，使观者可触、可感。非物质文化遗产可以更加生动的形式跃然眼前，让其得以延长其生命周期。AIGC 技术可以通过高分辨率图像扫描、3D 建模和文本识别等技术，将具体的形态以数字形式保存下来。这不仅能够有助于非物质文化遗产的保存，还创建数字化应用，让更多人能够观看和研究这些文化形态。

与此同时，数字化技术可实现非物质文化遗产的抢救性保护。例如：可用计算机将非遗中的视觉符号形象进行语义编码，按照其类别、寓意、艺术特色进行数字信息整理，建立文化数字典藏库。再比如：可将手工技艺中的布料染织工艺进行流程分解，模拟手工艺人制作动态影像过程，更有利于传统手工技艺的保护和传承。[3]

当前，数字科技让更多的非物质文化遗产以全新的姿态呈现在观者面前，AIGC 设计赋能非物质文化遗产传承，为其带来新的生命。

2.3　数字经济：人工智能促进文化消费

数字赋能文化遗产的保护和传承贯穿了现在整个文化产业，人工智能技术与非物质文化遗产资源整合后形成新的文化创造形式和表现形式。从党的十八大以来党中央、国务院对于文化领域的数字化部署，到"十四五"规划纲要中提到要实施"文化产业数字化战略"，都是国家对于数字技术赋能文化产业推动数字经济发展的蓝图愿景。当今以数字技术进行非物质文化遗产的数字设计，成为文化产业活动的重要内容，并参与到文化消费的环节，如文化遗产催生的动漫、游戏、媒体设计、信息服务终端等。传统的非物质文化遗产参与经济活动主要通过文化场所体验、文化创意产品以及场馆展览活动等方式。而数字技术则以不同方式介入不同环节，使得整个文化业态焕发新的生机活力，催生出新的文化活动和应用场景。例如：在文化娱乐休闲、景区游览服务和休闲观光服务等活动过程中介入虚拟演出、在线剧场、数字文博、交互体验等。这些都是数字技术通过设计赋能非物质文化遗产保护与传承的具体措施，也将助推文化产业经济的数字化发展。

3　AIGC 设计赋能非物质文化遗产传承特点

3.1　主体转变：多元参与促发传承活力

非物质文化遗产以动态活化的方式存活于传承过程中，从传统的文化遗产传承方式来看，主要集中在传承者和接受者身上，具体为传承主体和保护主体两个方面。长期以来，传承主体和保护主体是非物质文化遗产中两个主体性要素，早期主要的观点为性质和功能不同的两个方面，且传承主体与保护主体不能够相互取代。但随着数字化设计生成在非物质文化遗产传播领域的不断运用，以物和传承人为代表的传承主体，以及以政府机构、学术机构、大众媒体为代表的保护主体，在非物质文化遗产的数字化生成过程中，主体性的边界逐渐模糊，在特定的情境中甚至可以发生转化。在数字技术的不断发展中，新的数字主体不断涌现，这些数字主体共同参与着非物质文化遗产的数字活化保护和传承活动。[4] 因此，AIGC 背景下数字化设计参与者成了保护传承系统中多元主体的统称。

3.2　感知升维：智能加持增添仿真体验

智能技术在非物质文化遗产的传播中，由以往时间空间和地域空间组成的二元空间，向时间空间、地域空间和信息空间组成的多维空间进行升维转变。在人工智能数字化设计生成之后，非物质文化遗产可以除了让观者"看得见"和"听得见"以外，还可以让其身临其境地进行体验并给予有效反馈。这种仿真体验加速了非物质文化遗产的传播速率。利用大数据技术建立非遗数据库和产品展示清单，并运用非遗资源虚拟现实的智能建模技术，高速实现非遗特殊语言源等概念化场景。

人工智能在设计生成时，借助于成像技术，可以使得物象形成模拟场景，让观众能够体验在语音、图像、类别指引和知识图谱四个方面的人性化应用。人工智能依托计算机识别、图像仿真等技术形成数据智能体，海量数据智能体让非物质文化遗产资源模拟仿真交互环境，增强用户体验感。[5]

3.3　和谐共生：技术与文化的生态相适

与西方数字技术价值观的"末世论""超人文化"不同，中国传统生态价值观直接影响了现代的数字文化发展观。中国传统文化强调人与世界、自然、技术的和谐共处，追求"天人合一"；而西方的人工智能逻辑主要来源于黑格尔的主奴辩证法，即机器为人所用，被人奴役，最终机器战胜人类，通过技术抗争成为主宰世界的主体。与西方的思维逻辑不同，中国文化逻辑认为：机器是人的造物，遵循技术伦理的同时又要与其共同发展，呈现出和谐共生的理想局面。人类依靠机器强大的能力解决问题，同时机器通过帮助人的过程而彰显出其主体地位和价值，将非物质文化遗产以恰当的艺术形式通过机器进行数字设计生成，达到机器与文化的相生相适。[6]

4 AIGC 参与非遗数字设计的措施

4.1 内容为本：深耕文化内涵

技术的服务对象始终是在文化接受过程中的观众，因此不论是运用何种智能技术进行的数字文化设计，都必须坚定地以"内容为本"的宗旨去创意、去设计。数字产品要以内容为核心、技术为内容服务，目的是通过数字产品让非物质文化遗产活起来。要对不同的非物质文化遗产作内涵的分析，形成发掘、揭示、解读、转化的过程，并通过人工智能的数字技术与观者形成有效的互动关系。在数字设计中，需要对非物质文化遗产进行深入的内涵分析，包括文化背景、历史、社会功用和艺术象征等方面的研究。只有了解文化内涵，才能更好地将其蕴含的文化信息传达给观众；非物质文化遗产的数字化设计目标是通过人工智能技术来揭示文化遗产的独特之处。可以通过展示设计造物的故事、历史背景和文化信息来实现。透过智能技术可以更好地呈现这些信息，吸引观众的兴趣；人工智能设计可以借助具体应用来解读非物质文化遗产形态，将其内涵以更容易理解的方式传达给观众，包括使用多媒体、虚拟现实和互动元素来讲述。[7]

4.2 品牌为王：打造非物质文化遗产精品

运用人工智能设计生成技术打造非物质文化遗产精品成为近年来各地博物馆提升数字化应用的重要举措之一。与常规文化品牌塑造一致，深刻发掘地域典型文化遗产样本，剖析内涵并分析价值，通过大数据对目标人群作分析比对，创建用户画像，运用计算机对用户的接受偏好、审美习惯和心理需求作出判断。再通过将文化内核价值嵌入人工智能技术的具体应用中，在多元体验场景中满足社会公众的文化体验和需求，形成具有独特文化价值的数字品牌。[8]

典型的案例为温州大学打造的与非遗相关的数字生成设计产品。温州大学与多机构共建的"云上村寨智能振兴" AI 设计，是近年来运用数字技术打造的以非物质文化遗产介入乡村振兴的 AIGC 项目。通过文化符号数字集、数据提取与生成、三维重建等，集合多种 AI 技术形成具有地域特色和文化的 IP 形象，充分展示传统民族文化的可创造性和生命力，让非物质文化遗产的精品 IP 在数字经济时代大放光彩。

4.3 强化 AI 技术：丰富非遗文化表现力

数字生成技术的普及给予非物质文化遗产新的表现形式，其通过模型训练和应用开发，极大地提升观众的参与体验，通过云展示、网络视听、数字藏品等文化演绎形式，重塑文化的场景感知体验。与此同时，不断地跟进数字技术发展趋势，迭代升级新的 AI 技术，努力突破人、机、物和境的界限。[9]

（1）实现情感识别和互动：借助情感识别技术，人工智能可以分析观众的情感和反应，调整非物质文化遗产的呈现方式。这意味着在观众情绪高涨时，可以提供更多互动元素，如虚拟导游的提问和回答，可以增强观众的体验感和参与感。

（2）强化虚拟现实（VR）和增强现实（AR）体验：利用 AI 技术，可以创造出令人惊叹的虚拟现实和增强现实体验，使观者能够亲身体验，如非物质文化遗产生成的历史场景、传统手工艺品的前世今生、手工技艺的故事描绘等，并通过音、画、影来实现非物质文化遗产的沉浸式故事叙述。

（3）文化内容的个性化推荐与体验定制：依托目标群体的数据分析，基于对受众的个体兴趣和文化背景，AI 可以提供个性化的非物质文化遗产体验。通过分析观众的历史浏览记录、兴趣和互动方式，可以推荐相关非遗内容，使观众更容易找到感兴趣的部分。

（4）自然语言处理与对话设计：人工智能的自然语言处理能力可用于与观众进行对话。依靠强大的数据信息，设计虚拟助手产品或聊天机器人，可以回答观众提出的与非物质文化遗产相关的问题、提供详细信息或引导他们进行互动式的显示屏探索。在这种对话体验过程中，可以加深观众对于非物质文化遗产的感知。

4 结束语

非物质文化遗产作为中华优秀传统文化中的重要组成部分，蕴含着中华文化的深厚价值内涵，而数字艺术生成在当今国家数字经济和文化数字化发展的进程中，已然是重要的组成部分和推动力量。数字设计是文化在当代的习得，是创新，是与时俱进。非物质文化遗产的传承和数字化设计应当顺应数字时代的发展，将文化、科技互嵌共生作为数字文化逻辑进路，深入探寻数字艺术全景呈现、沉浸体验、文明互鉴等实践创新路径。[10]在人工智能进行数字设计生成时，数字艺术的价值主体和价值创造过程随着数字技术的发展而产生新的形态，为非物质文化遗产在数字化社会的保护和传承赋予新的生命力。

参考文献

[1] 解学芳，陈思函 . "5G+AI" 技术群赋能数字文化产业：行业升维与高质量跃迁 [J]. 出版广角，2021（3）：21-25.

[2] 文化和旅游部 . 文化和旅游部关于推动数字文化产业高质量发展的意见 [EB/OL]. (2020-11-18) [2023-08-23].http://www.gov.cn/zhengce/zhengceku/2020-11/27/content_5565316.htm.

[3] 李忱阳 . 科技赋能文化遗产保护 [N]. 人民日报，2023-06-07（012）.

[4] 权玺 . 非物质文化遗产数字化路线图及其未来发展逻辑 [J]. 中国文艺评论，2022（8）：27-38.

[5] 牛金梁 . 非物质文化遗产智能化传播的数字技术赋权逻辑 [J]. 湖南师范大学社会科学学报，2020，49（5）：150-156.

[6] 高奇琦 . 中国在人工智能时代的特殊使命 [J]. 探索与争鸣，2017（10）：49-55.

[7] 冯乃恩 . 数字故宫未来之路的思考 [J]. 故宫博物院院刊，2018（2）：126-134，163.

[8] 解学芳，张佳琪 . 技术赋能：新文创产业数字化与智能化变革 [J]. 出版广角，2019（12）：9-13.

[9] 陈知然，庞亚君，周雪，等 . 数字赋能文化产业的发展趋势与策略选择 [J]. 宏观经济管理，2022（10）：70-76，90.

[10] 周建新 . 中华优秀传统文化数字化：逻辑进路与实践创新 [J]. 理论月刊，2022（10）：82-88.

机遇与挑战：AIGC 赋能传统文化保护与传承

米高峰 [1, 2]，周一帆 [1, 2]

（1. 陕西科技大学 设计与艺术学院，陕西 西安 710021；2. 陕西科技大学"一带一路"文化 IP 开发与设计研究中心，陕西 西安 710021）

摘要： 以 ChatGPT 为代表的生成式人工智能（Generative AI）凭借自动化、多样化及智能化的生成特点在传统文化创作与传播等方面展现出巨大的潜力，在其赋能下，传统文化保护与传承将迎来机遇与挑战。一方面，AIGC 大幅提高了内容生成类工作的效率，为内容生成提供了更多可能性；另一方面，AIGC 在技术、责任划分、伦理等方面还存在着亟待解决的问题。突破传统文化的传播瓶颈，需要融入 AIGC 浪潮，把握机遇，迎接挑战，进一步探索 AIGC 赋能下传统文化保护与传承的新路径，助力传统文化的内容创作与价值传播。

关键词： 艺术设计；AIGC；赋能；传统文化

传统文化是一个国家、一个民族传承和发展的根本，如果丢掉了，就割断了精神命脉。[1] 传统文化的传播媒介经历了口语、文字、印刷媒介、电子媒介等多次革新。在口语传播阶段，受限于语言种类和无法保存的问题，传播只能依靠人类大脑的记忆，限制了文化的横纵向传播；在文字传播阶段，人类拥有了石壁、竹简、纸张等可以记录并保存文化内容的载体，但其无法复制性决定了文化无法大规模传播；在印刷媒介传播阶段，由于其可复制性的特点，使得文化传播的范围扩大，但另一方面，文字的力量相较于声画结合的传播媒介是苍白无力

基金项目：四川省教育厅人文社会科学重点研究基地——工业设计产业研究中心项目（项目编号：GYSJ2023-10）；四川省社会科学重点研究基地——四川动漫研究中心（项目编号：MD202206）。

第一作者简介：米高峰（1976— ），男，四川遂宁人，陕西科技大学设计与艺术学院教授、博士生导师，陕西科技大学"一带一路"文化 IP 开发与设计研究中心主任，研究方向为民族动画与数字媒体、丝路文化与艺术传播。

的；到了电子媒介传播阶段，媒介种类多样，其作品形式和内容也不断创新，但其也只仅限在视觉层面，难以向更深层的传播延伸。因此传统文化的保护与传承需要新智能新技术的赋能。AIGC 从根本上改变了内容生成的生产方式，并在图像、文本、视频、音频等领域得到广泛应用，通过采用生成算法、预训练模型和多模态技术给传统文化的保护和传承注入新活力，为新时代传统文化的数字化转型创造了新契机。

1 AIGC 的基本原理与技术

AIGC（Artificial Intelligence Generated Content）即人工智能生成内容，其通过对数据的深度学习，再经过大模型的不断训练，最终生成所需内容，完成指令任务。这一技术的突破是引领新一轮科技革命和产业革命的重要驱动力，它与传统 AI 的学习和分析现有数据的固定模式不同，它在深度学习和分析现有数据的基础上，会创新出新的数据，生成新的内容，这一技术在图像、文本、视频、音频等领域被广泛应用。以爆火出圈的 ChatGPT 为例，仅发布两个月即获得了 1 亿月活用户，足以说明 AIGC 这一技术巨大的前景和潜力。

早期的 AIGC 主要用于辅助生成固定模板的内容，多用于专业任务场景，如影视、娱乐、建模等。[2] 生成算法、预训练模型及多模态技术的发展给予了 AIGC 极大的技术支持，2014 年 Ian Goodfellow 等人提出了 GAN（Generative Adversarial Networks），即生成对抗网络，它由生成器和判别器两部分组成，通过对数据的深度学习和训练及判别器的分析，生成器可以不断生成符合关键词含义的内容；2021 年，Radford 提出能够实现多模态预训练的算法 CLIP（Contrastive Language-Image Pre-Training）；2022 年，Ho 利用前向扩散过程和反向生成过程实现图文生成的扩散模型（Diffusion Model），其通过新的数学范式，降低了数据处理的难度，相较于 GAN 需要对进行生成器和判别器的训练，Diffusion Model 却只需要训练生成器，简化了训练过程。通过技术的迭代更新，AIGC 在文化传播和艺术创作中的应用将更加广泛。

2 AIGC 赋能传统文化的数字化转型

2.1 技术革新：内容生成新方式

莱文森提出，媒介进化是一种系统内的自调节和自组织，其机制就是"补救媒介"，即后生媒介对先生媒介有补救作用，当代媒介对传统媒介有补救作用。[3] 计算机媒介不但继承了过往媒介的传播优势，而且也拥有独特的传播优势。

在数据收集方面，无论是书籍还是摄影技术的记录，都难免会受到时间、环境变化等不可抗因素的影响导致数据难以长久保存且采集质量较低。随着大数据及人工智能等计算机技术的发展，对采集数据进行数字化记录与保存，进而辅助传统文化的保护及创新。在数据创新与内容生成方面，AIGC 技术辅助生成传统文化数据，刘淼等 [4] 将采集的瑞昌竹编传统文化数据导入模型系统，利用 DCGAN 技术，使其衍生出新的文化数据，建立了瑞昌竹编文化元素库。在作品生成方面，一方面传统文化数据经过采集和训练后会自动生成使用者所需内容，简化了使用者的创作过程；另一方面，多模态技术为不同领域的数据融合提供技术支持，实现了领域之间的风格迁移。董苏等 [5] 在动画设计中运用风格迁移技术，将梵高《星空》中的元素迁移到影片，为动画设计提供了新的创作思路。

2.2 主体下沉：去中心化的全民文化创作

移动互联网时代本身就是一个去中心化的时代。随着移动终端的普及和智能技术的发展，短视频媒介应运而生，人人都是一个媒体，都可以通过手机去拍摄内容并发表到平台，即 Web1.0 时代的 UGC；随着审美的提高和流量变现的驱动，短视频的创作不断职业化，专业的 MCN 机构和短视频创作者进驻平台，即 Web2.0 时代的 PGC；进入 Web3.0 时代，以 AIGC 为代表的新技术更加剧了去中心化的程度，无论是专业或是非专业的用户，通过关键词的描述即可自动生成所需内容，实现了全民共创、共同参与的传统文化数字化生产。

正如本雅明所说："器械使参加生产的消费者越多，越能迅速地把读者和观众变为共同行为者，那么这个器械就越好。"[6]AIGC 赋能文化生产创作，降低了文化创作的难度和门槛，且在生成算法与预训练模型的技术支持下，可以保证高质量的生成内容。而对于专业创作者来说，AIGC 为文本、视频剪辑等提供海量模板，大大提高了专业生产效率。人工智能与人类共同构成了文化生产领域的行动者网络，二者既彼此影响、依存，又相互承认、作用，呈现出互为主体的共生关系。[7]2023 年 5 月，在西湖 AIGC 文化论坛上，由个人艺术家白小苏所创作的《新西湖繁胜全景图》正式亮相，这个囊括了 5 000 多个建筑、82 平方千米的视野、纵览西湖胜景的百米画卷给大家带来了极大的视觉震撼。白小苏查阅了大量有关资料并多次前往西湖进行实地考察，将所有数据交由无界 AI，通过大模型训练，最终生成了具有白小苏风格的画作。无界 AI 通过对《繁盛图》IP 化打造，将其风格创作成一套制图模板，来到西湖的市民和游客可以结合自己的想法在无界 AI 创作出自己的《新西湖繁盛全景图》，体验不一样的城市打卡。

2.3 效能提高：人机协同提高生产效率

早期的 AIGC 主要用于辅助生成固定模板的内容，多运用于专业任务场景，如影视、娱乐、建模等，是由人类主导的固定性的弱人工智能技术，机器只能按照人类所设定的代码执行工作，束缚了创作的想象力，无法对内容进行创新和拓展。AIGC 在生成算法、预训练模型和多模态技术的加持下，通过深度学习可以根据用户所给关键词与风格自动生成内容，其所生成的内容不仅包括用户所预设的，还有通过用户及 AIGC 共同设计创作出来的。2023 年 7 月斩获首届 AIGC 文创 IP 设计大赛的《司马缸的小伙伴缸缸》便是创作者梁述光利用

Midjourney 和 Stable Diffusion 等工具共同完成的。完成产品的 IP 化打造，梁述光除了平面的绘制还需要进行 3D 建模及漫画的创作，通过 MJ 和 SD 对手稿进行优化并完成后续的制图，原本一周才可以绘制完成的故事漫画，如今只需一天即可完成。人机协同一方面解放了想象力，另一方面一键生成式的作品极大地提高了作品的创作效率，减少了时间和资源的浪费，可以使创作者将更多精力投入前期的数据学习和构思。

3　AIGC 赋能传统文化带来的挑战

3.1　技术层面

AIGC 虽然在多个领域取得一定成果但是其还处于发展的初期阶段，技术仍不成熟，具体体现在以下两个方面。

第一，核心技术难以突破导致生成内容意义匮乏，目前阶段的 AIGC 可以很好地完成作品在技法层面上的创作，如自然语言文本生成图像或视频，2D 图像转 3D 模型等创作，但要真正做到与人脑想法一致，人工智能还需要拥有情感等基本意识条件，特别是在作品的细节和深层次意义的处理上，AIGC 难以理解人类的真实意图，只能停留在关键词的表面意思。也就是说，如今 AIGC 的创作只能是浅表化的作品而远远达不到艺术品的水准。

第二，AIGC 的内容生成依赖于对数据集的学习，而数据的多少、真假等因素导致其生成内容的质量是难以把控的，真实性也难以分辨。同时，传统文化的保护与传承本身就还存在一定的问题，如果传统文化本身就缺乏数据和资料，那么 AIGC 也就无法进行深度学习和训练。例如：广西瑶族不但缺少民族文字，其语言还极为晦涩难懂，没有文字和音符，瑶语的学习只能通过记忆，就算在瑶族的村寨学习语言也需要五六年的时间，语言的学习尚且如此，那么瑶族歌曲等文化的传承更是困难，因此这些传统文化就难以传播、难以通过 AIGC 进行数字化。如果数据是在一些开源的网站收集的，那么真实性的数据是需要大量人工进行筛查的，否则在训练的过程中就会产生虚假信息。据美国可信度评估机构 News Guard 的实验结果显示，ChatGPT 对测试中的 80% 内容给出了诱导性的甚至是错误的回答，其中部分内容充斥违背公序良俗的内容，这对于青少年保护及一些准确度要求较高的领域将造成极大的不可控风险。

3.2　责任与版权层面

AIGC 是人机协同的结果，由于其内容质量和真实性难以把控，那么就需要明确版权及责任的划分，方便后期的追责工作。但是 AIGC 的算法具有不透明性和不可解释性，再加上虚假数据的掺杂，其生成内容会超出人类的控制，因此混合责任与分布责任的技术理论难以在 AIGC 领域奏效，责任的划分极不明确。AIGC 不具备"身体"，也就没有可问责性，无法承担责任，那么责任就由其设计者和使用者所承担。在《生成式人工智能服务管理暂行办法》中，关于"责任"的表述主要围绕生成式人工智能的"提供者"，而不涉及生成式人工智能本身。[8] 但由于数据的来源、真假以及 AIGC 本身的"幻觉"现象难以控制，致使设计者和使用者的责任很难清晰划分。

在作品的版权方面也同样存在这样的问题。AIGC 尚不具备成为创作主体的条件，其作品是在学习和训练现有数据的基础上再创作的结果，其内容生成不具备独创性，因此数据集的版权的获取是否合理还需要有关部门进行甄别。在传统文化传承过程中，传承人及传承内容需要有明确的传承记录，如在绥德县陕北民歌的传承中，国家、省、市、县级等传承人之间有着明确的师徒传承关系，通过技艺传承及考核等方式完成对民歌的传承。如果 AIGC 无法明确内容生成的责任与版权归属，便会破坏现有的传承模式，引发传承人与技术使用者的纠纷，不利于传统文化的保护与传承。

3.3 伦理与监管层面

目前我国主要停留在算法治理衍生的信息安全层面，偏重于服务应用监管而底层技术治理不足；偏重于监管服务提供者而监管技术提供者尚不充分；数据与场景分级、分类标准繁杂且未形成有机体系。追责及保护隐私安全工作难以开展，加大了 AIGC 的技术伦理风险及社会伦理风险。[9]

从 AIGC 的技术嵌入来看，一方面它受设计者及使用者的认知和个人偏好的影响，在训练及生成算法的过程中会存在认知和价值观上的偏差；另一方面，AIGC 在算法运行上存在不透明性和不可解释性，AIGC 算法技术的固有弊端会被隐藏，以至于设计者都无法控制其内容的生成。在社会伦理方面，由于大多模型都由西方学者所设计，因此在传统文化的内容生成上会缺少东方美学的精神及韵味，容易存在刻板印象与偏见。在信息采集过程中，即使采用匿名化处理，用户的隐私安全也难以保证，机器在学习过程中对于数据的分析，将碎片化的数据进行组合关联，用户隐私可能会被复原从而造成隐私泄露。

4 AIGC 赋能传统文化保护与传承的方法与策略

4.1 完善核心技术，促进技术与文化赋能深度融合

AIGC 技术为传统文化提供了数字化转型的新路径，但目前 AIGC 还无法拥有人类的意识，无法进行深度思考，其内容的产出只能是浅表化的，需要传统文化赋能为技术提供价值引导，为作品注入更高、更深层次的意义。

技术层面上，明确预训练模型类型，对于大模型需要审慎使用，在不同领域、不同应用场景激活相对应的专家模型。同时，在传统文化的价值引导下，通过人类反馈强化机器学习

从而生成具有正向意义的文化作品。对于数据的收集及真假信息的甄别判断，一方面进行机器初筛与人工核验工作，将负面数据从根源上清除；另一方面开发更加敏感的过滤模型，对相关字词语句进行分析和筛选，清洗负面数据，增加正向数据，在不断的训练中生成正向的内容。除此之外，还可以降低模型对于数据的依赖，实现小样本的学习。

传统文化宝库蕴藏着庞大的数据资源，AIGC 从中提取优秀传统文化，将其转化为文化基因数据集并进行深度的学习和分析，在预训练模型技术突破的基础上生成高质量的文化作品，实现技术与文化的深度融合，促进传统文化的数字化转型。

4.2 明确责任划分，塑造负责任的 AI 生态

在责任承担方面，一方面大模型的设计者需要保持价值中立的态度，对于国别、地域、行业等方面不能存在歧视与偏见；另一方面模型的使用者需要提高自身道德素质、审美意识以及人工智能素养，致力于创作出正向的文化作品。除了设计者和使用者自身外，政府还需出台有关责任划分及作品版权的相关法律和规定；平台和企业在产品商业化的同时兼顾社会责任，对内容生成做好监督和把关。

在版权保护方面，数字水印是对数据来源及所有权进行验证和跟踪、实现版权保护的有效方法之一，将版权信息嵌入内容里，数字水印技术不会影响作品本身且无论作品被如何传播其水印信息都不会消失。

移动互联网时代是一个快节奏的时代，新技术新智能新媒介如雨后春笋般纷纷破土生长，AIGC 引发全领域内容生产力革命，这一关键技术需要人们建立合理审慎的治理框架，塑造负责任的 AI 生态，打造人机协同的创作环境，实现文化传播的绿色循环。

4.3 制定行业准则，规范 AIGC 创作与传播

行业准则与法律法规的制定是 AIGC 健康发展的前提和保障。在版权责任方面，可以从权利客体范畴界定、著作权保护期限调整、附随强制性署名义务等方面入手，寻求人工智能生成内容在著作权保护与限制之间的平衡。[10] 在隐私安全与数据保护方面，中国先后提出了《中国关于加强人工智能伦理治理的立场文件》《互联网信息服务深度合成管理规定》《生成式人工智能服务管理暂行办法》，在生成算法及训练过程中层层设卡，有效防止了价值偏见与歧视观念的出现，还可以在此基础上借鉴欧盟的数据保护模式及美国的算法责任模式，建立数据安保机制及责任追责机制。

5 结语

AIGC 代表着新时代内容生成方式的革新，具备推动全领域内容生产力的革命性能量，为处在发展困境中的传统文化提供了新的创作路径。但是 AIGC 尚处于发展的初期阶段，存

在着技术不成熟、责任难以划分、技术伦理等问题，因此需要通过技术与文化深度融合，建立相关监督机制等方式，在价值的正确引导下进行数据采集与模型训练，最终生成正向的文化作品，推动传统文化的数字化转型，助力传统文化的保护与传承。

参考文献

[1] 习近平 . 习近平谈治国理政：第二卷 [M]. 北京：外文出版社，2017 .

[2] 徐畅，杜欣泽，于凯迪 .AIGC 在设计行业应用中的挑战与策略 [J]. 人工智能，2023（4）：51-60.

[3] 邵培仁 . 媒介生态学：媒介作为绿色生态的研究 [M]. 北京：中国传媒大学出版社，2008.

[4] 刘淼，王晨月 .GAN 技术在传统竹编元素生成中的设计 [J]. 包装工程，2020，41（20）：34-40.

[5] 董苏，丁友东，钱昀 . 基于人工智能的风格迁移算法在动画特效设计中的应用 [J]. 装饰，2018（1）：104-107.

[6] 瓦尔特·本雅明 . 作为生产者的作者 [M]. 王炳钧，等译 . 开封：河南大学出版社，2014.

[7] 陶锋 . 代理、模拟与技艺：人工智能文艺生产的哲学阐释 [J]. 哲学研究，2023（3）：56-67，127.

[8] 张卫，黄成驰 . 生成式人工智能中的"责任"问题及成因探析：基于身体的视角 [J]. 图书馆建设，2023（4）：15-18.

[9] 张凌寒 . 深度合成治理的逻辑更新与体系迭代：ChatGPT 等生成型人工智能治理的中国路径 [J]. 法律科学（西北政法大学学报），2023（3）：38-51.

[10] 杨利华 . 人工智能生成物著作权问题探究 [J]. 现代法学，2021，43（4）：102-114.

AIGC 工具对中华民族文化创作与传播的意义和展望

刘成洋 [1, 2, 3]，程乐君 [2, 3]

（1. 哈尔滨学院 艺术与设计学院，黑龙江 哈尔滨 150086；2. 陕西科技大学 设计与艺术学院，陕西 西
安 710021；3. 陕西科技大学"一带一路"文化 IP 开发与设计研究中心，陕西 西安 710021）

摘要：文章从定义、外延以及分类探讨了人工智能生成内容（AIGC）的技术特性，提出
了 AIGC 在传播中华民族文化中与数字化传播平台的结合与突破。探讨了 AIGC 对于文化传
播的构建意义，并以黑龙江地域文化为例，从推动文化资料复兴、助力传播方式创新、促成
生产力革新、构建协同传播等方面，探讨 AIGC 在构建文化传播格局的多维策略。基于数字
文化传播平台的构建生态，分析 AIGC 技术在文化传播平台建设中所能扮演的重要角色，还
探讨了 AIGC 技术在未来的发展趋势和所面临的可能问题。

关键词：AIGC ；中华民族文化；文化传播；数字技术

数字化高度发达的现代社会，人工智能生成内容（Artificial Intelliegence Generated
Content，简称 AIGC）技术作为一种革命性的工具，正在深刻影响和改变文化创作和传播的
格局。AIGC 技术具备强大的算法和深度学习能力，能够分析和理解大量的文化资源，从而
推动文化内容的快速创新和扩散。更重要的是，它开辟了一个全新的人机协作创作时代，能
够实现更加高效和灵活的文化传播方式。然而，随着技术的迅速发展，也涌现出了一系列新

基金项目：四川省教育厅人文社会科学重点研究基地——工业设计产业研究中心项目（项目编号：
GYSJ2023-10）；四川省社会科学重点基地——四川动漫研究中心项目（项目编号：MD202206）。
第一作者简介：刘成洋，（1989—　），男，哈尔滨学院数字媒体艺术专业讲师，陕西科技大学与
乌克兰基辅国立工艺设计大学合作办学"设计学"专业博士学位教育项目博士，陕西科技大学"一带
一路"文化 IP 开发与设计研究中心特聘研究员，主要研究方向为数字媒体与交互设计、AIGC 的应用
与传播。

的挑战，包括技术伦理和责任等问题。对于 AIGC 技术在中华民族文化传播中的研究，不仅可以帮助我们更好地理解这一技术的潜力和价值，还能够为文化产业和社会提供新的视角和启示。

1 AIGC 技术概述

1.1 定义与原理

人工智能生成内容（AIGC）工具是一种可以辅助文化创作和传播的技术，其核心在于能够通过人工智能技术创作和传播各种形式的文化内容，包括文本、音乐和视觉作品等。[1] 这项技术利用其内部的深度学习和数据分析机制，能够根据已有的文化作品来生成新的创意内容。

在使用 AIGC 工具进行文化创作和传播时，创作者可以依赖其功能快速生成草稿或提取创作灵感，从而大大提升创作效率和质量。通过其优化和迭代功能，AIGC 工具还可以不断提升生成内容的质量和创意水平，进一步助力文化创作和传播。

1.2 主要技术与工具

在 AIGC 技术的实现过程中，涉及几种主要技术和工具，这些技术和工具有助于加速内容的生成速度，同时也能够提高内容的质量和多样性。这些主要技术和工具包括：

（1）深度学习网络：如卷积神经网络（CNN）和循环神经网络（RNN），能够深度分析和学习大量数据，以产生高度创意的内容。

（2）自然语言处理技术：如 GPT-3 模型，可以帮助理解和生成复杂的文本内容。

（3）图像生成技术：如生成对抗网络（GAN），可以创造高质量的图像和视频内容。

（4）音频生成和编辑工具：如 WaveNet，能够生成和编辑高质量的音频内容。

1.3 现有应用案例

AIGC 已在多个领域取得了显著的成效。在文学创作领域，创作者可以使用 AIGC 技术辅助生成创意或草稿，从而极大地提升创作效率和质量。[2] 例如："小冰"这样的 AI 程序已尝试在诗歌和散文创作方面提供新的助力。[3]

在艺术领域，AIGC 能够生成具有独特特色的艺术作品，甚至可以模仿特定的艺术风格或音乐类型，为艺术家提供新的灵感和工具。其中，项目"下一个伦勃朗"便是一个典型案例，它展示了如何使用 AIGC 技术生成类似伦勃朗风格的艺术品。[4]

AIGC 也逐渐进入电影和动画等领域，通过分析历史影视作品来为剧本创作和角色设定提供数据支持，如"AI Film"这样的工具可以自动化生成电影剧本，进一步提升制作效率和质量。

2 AIGC 与文化传播

2.1 AIGC 与文化传播的契合

在文化创作和传播的领域，AIGC 不仅仅是一个创作工具，更是一种能够助力文化传播的媒介。首先，AIGC 可以提高内容的可访问性和多样性。AIGC 技术可以生成大量丰富多样的内容，使更多的受众能够接触到各种类型的文化作品。通过智能推荐系统，它可以将合适的内容准确地传递给目标受众，提高内容的可访问性和多样性。其次，AIGC 强化了个性化传播。通过分析受众的偏好和行为，AIGC 技术可以创造出更贴合个体需求的内容。最后，AIGC 可以促进文化创新与交流。AIGC 技术也可以作为一种文化创新和交流的工具，它可以模拟多元化的文化元素和风格，促进不同文化背景下的创意碰撞和交流，为文化传播注入新的活力和创意。

2.2 AIGC 驱动文化传播的范例

"AI Dungeon"是一个以人工智能为基础的文本冒险游戏。在这款游戏中，AI 不仅作为创作工具生成初始的故事情节，还能够根据玩家的输入实时地产生新的故事线和情节，为玩家提供几乎无限的故事可能性和深度个性化的体验。

"AI Dungeon"为玩家提供了一个可以互动、可以共创的平台，它丰富了文化传播的多样性，并且普通用户在家就能访问。它使文化传播不再是单向的，而是双向甚至多向的交流和共创，具有很强的个性化。另外，它不仅丰富了文化内容的层次和深度，还促进了社群内的交流和互动，为文化传播提供了新的可能性和动力。

此外，"AI Dungeon"也表明 AIGC 技术可以打破传统的创作和传播边界，为文化创作和传播开辟了新的路径和方法。

3 中华民族文化的数字化传播

中华民族文化是一系列历史悠久、具有独特价值和深刻含义的文化遗产和现代创新成果的综合，涵盖了文学、艺术、音乐、哲学、手工艺和节庆等多方面的元素。这些文化元素不仅反映了中华民族的历史和价值观，还展示了其丰富的社会结构。

在当前的数字化时代，我们有机会将这些传统文化和现代技术结合，打开文化传播的新篇章。数字化传播不仅使文化传播更为便捷和广泛，还提供了重新解读和创新的空间。例如：利用虚拟现实（VR）技术可以为用户提供身临其境的历史和文化体验。

在此背景下，AIGC 的功能可以发挥重要作用。AIGC 可以协助创造更为丰富和多元化的文化内容，将传统文化以更现代、更吸引人的方式呈现给公众，例如：可以利用 AIGC 进行深度数据分析，挖掘文化背后更深层的含义和价值，从而为观众提供更丰富和多元的文化体验。

更具体地说，我们可以利用 AIGC 来开发新的数字艺术和音乐表达形式，或者为文化遗产创造新的数字化解读和展示方式。AIGC 还可以协助制作更有互动性和参与性的文化体验，让人们可以更加深入和个性化地探索和体验中华文化。

当然，我们也要注意到数字化传播可能带来的一些问题，如文化的片面解读或失真，以及意义割裂现象。为了避免这些问题，我们需要在利用 AIGC 的同时加强文化教育和理解，确保数字化传播可以更好地传承和保护中华民族文化的真正价值和内涵。

4 AIGC 对文化传播的构建意义

4.1 构建文化传播格局的多维策略

在数字化的时代，文化传播经历了前所未有的机遇与挑战，传统的文化传播手段正逐渐被新的技术所替代。而在这一革命性的转变中，AIGC 技术是一种革命性的技术风潮。AIGC 不仅为文化传播打开了新的纬度和领域，更进一步深化了文化与技术之间的融合，推动文化传播走向前所未有的高度。而这种技术引领的变革并非孤立的，而是建立在多维策略的基础之上，从资料的复兴、传播的创新，到生产力的革新和协同传播的构建，AIGC 都在其中发挥着关键的作用。

AIGC 推动文化资料复兴：AIGC 技术能够协助进行大规模的文化资料整理和再利用，包括旧的文献、艺术作品和音乐等。它可以通过深度学习和模式识别技术来自动识别、分类和整理各种文化资料，为文化传播提供更丰富和多元的资源库。

AIGC 助力传播方式创新：AIGC 技术可以开创全新的文化传播途径和方式。它可以帮助创作者更方便地生成和分发内容。同时，AIGC 的出现催生了许多新的传播方式，比如 24 小时在线数字人直播、人工智能生产力工具及分享。

AIGC 促成生产力革新：AIGC 可以显著提高文化生产者的生产力。创作者使用自然语言处理技术来生成文章、故事和音乐等，从而增强文化传播的吸引力和影响力。AIGC 工具和创作者形成有效的人机对话，互相启发、互相影响，形成新的文化创作格局。

AIGC 构建协同传播：AIGC 可以促成一个更为紧密和协同的文化传播生态系统，实现多种技术和平台的联合应用。它可以通过连接不同的平台和技术来实现更为广泛和深入的文化传播，从而提高文化传播的效率和效果。

4.2 文化传播实例的路径构想

AIGC 在许多重要和有代表性的领域都具有实际意义，如文化艺术传播、历史文献的整理与推广、民俗传承项目等。每个领域都拥有其独特性和价值，而 AIGC 技术则有可能在每个领域都打开全新的传播路径。

以地域性文化传播为例，AIGC 能够充分挖掘现有资源，整合创新，构建全平台文化传播生态系统。同时，每个地域性文化又具有普遍性，符合文化传播的一般规律，这使得 AIGC 文化传播研究层面具有很大的空间。举例来说，黑龙江流域有着丰富的少数民族文化，这些文化是构成中华民族文化多样性与综合性的重要板块。黑龙江流域世居民族文化艺术，能从多角度还原语言、生存环境、文化风俗、原始信仰。在传播黑龙江流域世居民族文化的过程中，要运用多平台组合模式。第一，以展示文化艺术为主的 PC 端网站、手机移动端、社交媒体平台。第二，以新媒体信息传播与文化艺术为载体的 O2O 服务，融合线上与线下资源，打通文创、文旅产品的服务路径。第三，为民族文化在教育、艺术创作、旅游开发等方面提供支持力。第四，构建全发展运营体系，运用大数据技术，为政府、文化部门、企业提供有效的决策依据。[5]

在以上四方面，AIGC 的出现都大大加快了数字文化传播平台的成熟：第一，对以展示文化艺术为主的 PC 端网站、手机移动端、社交媒体平台而言，AIGC 的出现可以确保内容质量和多元化，确保网站和移动端具备高质量的文化和艺术展示，甚至可以包括虚拟展览和互动式内容。在社交媒体层面，AIGC 工具的普及化，使得更多的普通创作者，可以基于民族文化进行创作。AIGC 还有利于促进不同的文化和艺术表现形式（如绘画、雕塑、音乐等）融合到一个统一的平台上，以呈现文化的多元性。随着 AIGC 的发展，数字平台的用户交互和社区建设也会日臻成熟，目前，利用 AIGC 技术管理互动性社区，鼓励用户之间进行交互和文化分享已经成为一种趋势。第二，对以系媒体信息传播与文化艺术为载体的 O2O 服务而言，AIGC 技术能够将线上的文化艺术体验与线下的实体活动或景点连接起来，结合 3D 打印、虚拟现实等新技术，用户可以达到线上浏览、线下体验。同时，AIGC 技术能够利用数据分析和人工智能技术为用户提供个性化的文化和艺术推荐。创作者更可以开发个性化的文旅产品和服务，满足不同用户的需求。第三，为民族文化在教育、艺术创作、旅游开发等方面提供支持力而言，利用 AIGC 可以开发数字化的教育和培训资源，支持民族文化的传播和教育。AIGC 创作者还可以与教育机构合作，提供艺术创作和文化教育的课程和培训。第四，对以构建全发展运营体系，运用大数据技术，为政府、文化部门、企业提供有效的决策依据而言，大数据技术可以对用户行为和偏好进行分析，为决策提供有力的数据支持。同时 AIGC 提供文化和艺术市场的数据分析和趋势预测，为政府和企业提供决策依据。通过 AIGC 协同工作和资源共享，管理部门可以打造一个全面的文化和艺术传播生态系统。

5 展望和讨论

AIGC 技术在未来的发展方向是一个备受关注的话题。首先，AIGC 技术可以进一步提高创造力和创新性。目前，AIGC 技术主要依赖于已有的文化作品来生成新的内容，因此它的创造力和创新性还有很大的提升空间。未来，我们可以通过引入更多的元素和因素，如情感、情境、语境等，来提高 AIGC 技术的创造力和创新性。其次，AIGC 技术可以进一步提高生成内容的质量和可信度。目前，AIGC 技术在生成内容方面还存在一些问题，如语法错误、逻辑不严谨等。未来，我们可以通过引入更多的语言模型和知识图谱，来提高 AIGC 技术生成内容的质量和可信度。

同时，随着 AIGC 技术的不断发展和应用，它在文化创作和传播中可能带来的社会和伦理影响也越来越受到关注。首先，AIGC 技术可能会对知识产权和版权产生影响。由于 AIGC 技术可以自主地生成各种形式的文化内容，这些内容的版权归属和知识产权保护可能会变得更加复杂和困难。其次，AIGC 技术可能会对隐私保护产生影响。由于 AIGC 技术需要大量的数据和算法来生成内容，这些数据可能包含用户的个人信息和隐私。最后，AIGC 技术可能会对文化多样性产生影响。由于 AIGC 技术基于已有的文化作品来生成新的内容，它可能会对文化多样性和文化创新产生影响。因此，我们需要在使用 AIGC 技术的过程中，注重保护和促进文化多样性和文化创新。

参考文献

[1] 李白杨，白云，詹希旎，等 . 人工智能生成内容（AIGC）的技术特征与形态演进 [J]. 图书情报知识，2023，40（1）：66-74.

[2] 王霜奉 .AIGC 带来内容生产方式变革 [J]. 上海信息化，2022（11）：48-49.

[3] 李枫，谢鹏飞 .AI 机器人媒介角色的拟人化现象与思考：以微软小冰为例 [J]. 现代视听，2018（2）：60-63.

[4] 毛新康，米高峰 .AI 赋能数字媒体艺术的发展与思考 [J]. 媒体融合新观察，2021（1）：58-60.

[5] 韩东晨 . 黑龙江流域世居民族文化艺术数字传播平台研究 [J]. 黑龙江民族丛刊，2020（2）：124-128，133.

基于 AIGC 技术重塑动画创作中传统文化的经典元素

唐红平 [1, 2]

（1. 中国美术学院 动画与艺术学院 杭州 310024；2. 陕西科技大学"一带一路"文化 IP 开发与设计研究中心，陕西 西安 710021）

摘要：随着人工智能和计算机图形计算的发展，AIGC 技术在动画创作领域发挥着越来越重要的作用。然而，在追求前沿技术时，不可忽视传统文化所带来的创作灵感和深远影响。本文旨在探讨基于 AIGC 技术的动画创作如何重新塑造传统文化中的经典元素，探索如何将这些元素应用于基于 AIGC 技术的动画创作中。研究传统文化中的符号、故事情节、艺术风格等，以寻找与 AIGC 技术相结合的方式，重新演绎和传递这些经典元素，重塑传统文化经典元素的意义和挑战。尽管 AIGC 技术提供了新的创作手段和效果，但如何确保创新和原创之间保持平衡，仍然是一个需要解决的问题。通过实践案例和创作实验，分析基于 AIGC 技术重塑传统文化经典元素的潜力和实际效果，结合 AIGC 技术和传统文化经典元素，创造出独特而具有深度的动画作品。

关键词：AIGC；传统文化；动画

1 传统文化和动画创作的关系

1.1 动画传统文化属性

　　动画中的传统文化特点包括民族性、历史性和审美性等。传统文化元素通常具有特定的民族文化特色和历史背景，反映了民族文化的丰富多彩和深厚底蕴。同时，传统文化的表现

　　基金项目：2023 四川省教育厅人文社会科学重点研究基地——工业设计产业研究中心项目（项目编号：GYSJ2023-10）；四川省社会科学重点研究基地——四川动漫研究中心项目（项目编号：MD202206）。

　　作者简介：唐红平，（1976—　），男，中国美术学院动画与游戏学院副教授、研究生导师，陕西科技大学"一带一路"文化 IP 开发与设计研究中心特聘研究员，主要研究方向为水墨动画、三维动画。

形式也具有独特的审美特点，如水墨画、剪纸、皮影等，能够通过艺术形式传达出独特的审美体验。在表现形式上，动画中的传统文化元素可以表现在角色形象、服饰、建筑、民俗等方面。例如，中国动画《大闹天宫》中的孙悟空、《哪吒闹海》中的哪吒等角色形象都具有鲜明的中国特色，其服饰、武器等也体现了中国传统文化元素。动画作为一种文化传播媒介，可以通过对传统文化的表现和传承，增强人们对传统文化的认识和理解。同时，动画也可以通过创新和发展，赋予传统文化新的时代内涵和表现形式，推动传统文化的传承和发展。

1.2 传统文化对动画创作的借鉴和表达

传统文化为动画创作提供了丰富多彩的故事情节，如中国古代的传说、神话、历史故事等都可以成为动画创作的素材。通过借鉴传统文化元素，动画创作可以更深入地挖掘民族文化的内涵，展现民族文化的独特魅力。传统文化元素可以为动画角色设计提供灵感。例如，敦煌飞天壁画、器皿上的纹样、瓷器上的纹样等传统图案，都可以用于角色服饰和场景的设计，使角色更具有民族特色和文化属性。[1] 同时，传统文化的角色形象也可以通过动画的演绎，更深入地融入当代文化中，使观众更好地理解和接受。传统文化艺术的表现形式，如中国画、剪纸、皮影等，可以为动画创作提供独特的艺术风格和表现手法。例如，中国水墨画的水墨渲染、留白等技巧，可以用于动画的画面表现，创造出独特的意境和氛围。传统文化为动画创作提供了丰富的精神内涵和价值观念。例如，中国的儒家文化、道家文化等，都可以在动画中得到体现，对动画的思想深度和情感表达产生积极的影响。

2 AIGC 技术应用价值分析

2.1 AIGC 技术在动画创作中的应用潜力

首先，AIGC 技术可以大大提升动画制作效率。传统的动画制作过程通常需要大量的人工设计和建模，而 AIGC 技术可以通过机器学习和深度学习等技术，自动化生成动画资产，如角色设计、场景绘制等，从而降低制作成本，缩短制作周期，提高制作效率。在角色设计和纹理生成方面，AIGC 技术可以通过学习已有的角色设计和纹理特征，自动生成具有创意和美观性的角色和纹理。这可以大大提高动画制作效率和角色设计的多样性。在场景设计和背景绘制方面，AIGC 技术可以通过学习和模拟绘画风格，自动生成具有艺术性的场景和背景。这可以帮助动画创作者节省大量中期工作，并且可以生成更为逼真的画面效果。

其次，AIGC 技术可以增强动画的艺术表现力。通过学习和模拟传统艺术风格，AIGC 技术可以生成具有各种艺术风格的画面，如水墨画、剪纸、古代场景等。这将为动画创作提供更多的创意和可能性，使动画作品具有更加独特和生动的艺术表现力。在动作生成和动画制作方面，AIGC 技术可以通过对大量动画数据的学习，自动生成具有合理运动学特征和自然流畅度的动作。这可以帮助动画师更快地制作动画,减少手动制作的工作量。在对话生成和情感表达方面,AIGC 技术可以通过对大量文本数据的学习,自动生成具有情感表达和语言特征的对话。这可以使动画角色在对话中更加生动和自然,增强情绪感染力。

此外,AIGC 技术还可以与虚拟现实技术相结合,为动画创作提供更加丰富和逼真的视觉效果。这将使得虚拟世界更加真实和细致,增强用户的沉浸感和体验感。将动画应用于更多的场景和领域,如影视制作、游戏开发、教育领域等。通过生成具有教育意义的动画视频,提升视频的交互性,可以提高学生的学习积极性和兴趣。

同时,AIGC 技术还可以挖掘和传承传统文化的内涵和价值,为动画创作注入更多的文化内涵和艺术价值。这将有助于传统文化的传承和创新,推动动画产业的持续发展和创新。AIGC 技术在动画创作中的应用可以帮助动画制作提高效率、降低成本,并且可以带来更多的创意和多样性。随着 AIGC 技术的不断发展和改进,其在动画创作中的应用潜力还将不断扩大。AIGC 技术在动画创作中的现实应用前景非常广阔,未来将在动画产业中发挥更加重要的作用,推动动画产业的持续发展和创新。

2.2 AIGC 技术对传统文化经典元素的重塑能力

在传统文化元素的自动化识别和提取方面,AIGC 技术可以通过图像识别和自然语言处理等技术,自动化识别和提取传统文化元素,如古代建筑、服饰、图案等。这可以为动画制作提供丰富的素材和灵感来源。在传统文化元素的创新性转化方面,AIGC 技术可以通过学习和模拟传统文化元素的特征,将其转化为具有创新性和现代感的动画元素。例如,可以将传统水墨画中的山水画转化为具有现代感的动画场景,或者将传统民间艺术中的剪纸转化为具有创意性的动画角色设计。在传统文化元素的情感表达和传承方面,AIGC 技术可以通过对传统文化元素的深度学习和模拟,将其转化为具有情感表达和传承价值的动画作品。例如,可以将传统文化中的神话故事、传说等转化为具有感染力和教育意义的动画作品,传承和弘扬传统文化。AIGC 技术对传统文化经典元素的重塑能力可以帮助动画制作更好地融入传统文化元素,并且可以带来更多的创新和多样性。未来,随着 AIGC 技术的不断发展和改进,其在传统文化经典元素的重塑中的应用潜力还将不断扩大。

3 AIGC 技术重塑传统文化的技术评估与难点

3.1 基于实践案例的评估

基于 AIGC 技术重塑动画创作中传统文化的经典元素已经取得了一些实践案例,如水墨画风格动画、剪纸动画和 3D 动画等。对于这些实践案例的评估,可以从以下几个方面进行:

(1)技术实现:评估 AIGC 技术在传统文化元素重塑中的应用方法和性能。例如,对于水墨画风格动画，可以通过评估模型生成的画面的逼真度和自然度来评价技术的实现效果。

（2）艺术表现：评估 AIGC 技术在传统文化元素重塑中的艺术表现力。例如，对于水墨动画，可以通过评估模型生成的动画角色的形象和场景的意境感染力来评价艺术表现力。

（3）创新性：评估 AIGC 技术在传统文化元素重塑中的创新性。例如，对于 3D 动画电影，可以通过评估模型生成的审美属性和独特性来评价创新性。

（4）应用前景：评估 AIGC 技术在传统文化元素重塑中的应用前景。例如，可以探讨 AIGC 技术在传统文化传承和创新发展方面的应用前景，以及在动画创作和其他相关领域的应用前景。

3.2　推广 AIGC 技术在动画创作中的难点

推广基于 AIGC 技术重塑动画创作中传统文化的经典元素需要克服一些挑战，需要采取相应的措施和建议，以推动技术的进一步发展和应用。[2] 由于学科背景、技术基础条件的差异，个人之间以及团队之间的研究能力的差异也比较明显，在获得数据和分析数据等方面都存在诸多难点。概括为以下几点：

（1）技术门槛较高：AIGC 技术的应用需要具备一定的技术能力和编程经验，对于普通用户来说可能存在一定的门槛。因此，需要提供相应的技术培训和指导，降低用户的使用门槛。

（2）数据集的收集和标注：AIGC 技术的核心是机器学习和深度学习，而数据集的收集和标注对于模型的训练和效果至关重要。因此，需要投入更多的资源和精力来收集和标注数据集，提高模型的质量和效果。

（3）艺术与技术的平衡：在基于 AIGC 技术重塑动画创作中传统文化的经典元素时，需要更好地平衡艺术和技术的关系，以实现更好的艺术表现和创新性。因此，需要更加深入地研究和探索 AIGC 技术在传统文化元素重塑中的应用方法和性能，提高艺术表现力和创新性。

（4）市场需求和教育：需要对市场进行深入调研，了解用户的需求和期望，并根据市场需求进行相应的产品设计和推广。同时，需要加强相关教育和技术培训，提高用户对 AIGC 技术的认知和掌握程度。

（5）合作与交流：AIGC 技术的发展需要各方的合作和交流，包括企业、研究机构、艺术家等。因此，需要建立相应的合作机制和交流平台，促进各方之间的合作和交流，推动 AIGC 技术的进一步发展和应用。

4　AIGC 技术下传统文化经典元素在动画中实践案例分析

水墨动画是中国传统动画的主要的表现形式，具有独特的艺术风格和美学价值。AIGC 技术可以将水墨画的特点和风格进行自动化提取和转化，生成具有水墨画风格的动画场景和角色设计。[3] 例如，可以通过深度学习算法学习和模拟水墨画的笔触和色彩，生成符合水墨画风格的动画画面。同时，还可以将水墨画中的笔墨、构图等元素进行转化和创新，丰富动画的场景和角色设计。基于 AIGC 技术生成的画面，创造者可以进行遴选和分析，确定最符合作品表现需要的画面，将其作为素材参考进行二次创作，提升作品的原创度，以便更好地建立 AIGC 和人脑的链接，让创作的主观创作意识能融合到 AIGC 世界里，而不是单一地从 AIGC 获取资源。例如，图 1 中的远山，可以使用 AIGC 提供的视觉方案，评估最终视觉呈现，采取合理的图像处理方案。同时也可以根据作者的绘画风格和笔触进行训练，形成特定的模型文件，在特有的模型环境中生成图像，既保证了图像的原创性又提高了出图效率。例如，图中的树木、近山等，可以进行一定的模型训练，将艺术家的风格和技术形成特定的模型库，根据内容提示和规划形成艺术心中的意向图形，拉近 AI 计算与人脑创意的距离。

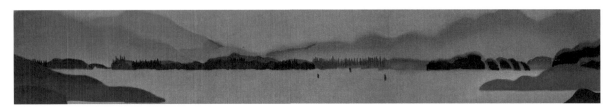

图 1　截选自《幻影西厢》

《大鱼海棠》讲述了一个关于爱情和牺牲的神话故事。可通过 AIGC 技术，在前期概念设计阶段提供了大量的素材和视觉呈现的尝试，营造出两个平行世界，并为两个平行世界的关联和沟通作了若干设想，最终电影成功地创造出了一个仙境般的水下世界，生动再现了传统的神话人物和景观。角色的动作和表情也因此变得更加逼真和表达力十足。《白蛇：缘起》以中国传统故事"白蛇传"为基础，将传统文化元素转化成逼真而华丽的视觉效果。白蛇和许仙等角色突破传统固有的形象，融合时代审美的特征，不仅栩栩如生，而且更符合当代年轻人的审美。场景也变得更加细致而有深度，有效地将东方美学与立体空间进行了融合，取得非常理想的视觉效果。电影成功地将传统的文化元素与现代的动画制作技术相结合，创造了独特而令人印象深刻的视觉风格。《大圣归来》这部动画电影以名著《西游记》为基础，有逼真的角色和绚丽的视觉效果。尤其是在角色设计上，突破传统印象中程式化的固有模式，大圣的形象融合了时代审美的特征，在发型、脸型、身材比例上都做了大胆的尝试，不破不立做法取得显著的效果。在这部电影中，主角孙悟空和其他神话人物呈现出精细的表情和动作，使得角色更加生动和具有个性。电影还成功地再现了中国传统神话故事中的神奇景象和仙境场景，在制作流程方面，AIGC 技术也大幅度减少试错成本。在《长安三万里》动画电影中，如诗歌和背景景象。这种技术的应用使得影片在展现唐朝文化的独特魅力和艺术美感方面更加出色。AIGC 技术通过直接输入中文古诗词和部分细节参数获得相关内容。这种自然语言处理能力使得影片在传达历史真实面貌和故事情感方面更加生动和形象。影片在视觉效果和故事表达方面更加丰富和深刻。这种技术的应用为电影制作带来了新的可能性和发展前景。

通过模型训练与艺术家的原创进行多维度交叉创作，既摆脱了数字化的随机组合又融入了创作的原创价值。[4] 可以说，使用好 AIGC 技术本身也是一种艺术。

在以上案例中，并没有直接使用 AIGC 技术直接输出画面，而是艺术家的创作力与 AIGC 技术的科技力有效的碰撞和交叉融合，AIGC 技术在中国动画制作中与传统文化元素相结合的成功应用，动画人士能够以更加逼真、华丽和有创意的方式呈现传统文化元素，为观众带来深入体验、沉浸式的动画作品。这样的结合不仅展现了中国传统文化的魅力，也促进了传统和现代的有机融合与传承，以及人机的无缝对接。大数据与人脑进行交叉和反复碰撞，在实践创作中到推动 AIGC 技术成长，AIGC 技术成长也成为艺术家成长的强力辅助工具。动画创作实践同时也为 AIGC 技术成长提供有养数据。如图 2、图 3 所示。

图 2　AIGC 技术生成（一）　　　　图 3　AIGC 技术生成（二）

5　传统文化经典元素的重塑路径

5.1　传统文化经典元素的选取和解析

可以将传统文化经典元素有效地融入动画创作中，为动画作品注入独特的文化内涵和艺术魅力。同时，结合 AIGC 技术的应用，可以进一步实现传统文化元素的自动化和智能化处理，提高动画创作的效率和创新能力。通过以下方法实现传统文化经典元素重塑的路径：

（1）确定传统文化元素的主题：在选取传统文化元素之前，需要先确定所要表达的主题，例如古代哲学、文学、艺术、习俗等。这有助于后续元素选取和解析的针对性和准确性。

（2）收集和筛选传统文化元素：通过查阅历史文献、文化资料、艺术品等途径，收集相关的传统文化元素，如古代建筑、服饰、图案、传说、故事等。然后根据主题和需求进行筛选和整理，选取最具代表性和表现力的元素。

（3）解析传统文化元素的特征：对选取的传统文化元素进行深入解析，分析其形式、风格、色彩、纹理等特征，以及其所代表的文化内涵和历史背景。这有助于后续的元素转化和创新设计。

（4）转化传统文化元素：根据动画创作的需要，将传统文化元素进行转化和创新，以符合现代审美和动画表现的要求。可以通过 AIGC 技术，实现自动化或半自动化的元素转化，如通过深度学习技术学习和模拟传统艺术风格，生成具有该风格的创新性动画场景或角色设计。

（5）整合传统文化元素与动画创作：将转化后的传统文化元素与动画创作进行整合，根据主题和故事情节的需要，将其融入动画的场景、角色、服饰、道具等设计中，营造出具有传统文化氛围和情感的动画作品。

5.2　AIGC 技术在重塑传统文化经典元素中的应用方法

AIGC 技术在重塑传统文化经典元素中的应用方法主要包括以下几种：

（1）自动化生成符合传统文化风格的动画元素：利用 AIGC 技术，通过深度学习模型对传统文化元素的特征进行学习和模拟，自动生成符合传统文化风格的动画元素，如角色设计、场景绘制、服饰纹理等。这可以大大提高动画制作的效率和创意性。

（2）智能化融合传统文化元素与现代动画技术：AIGC 技术可以将传统文化元素与现代动画技术进行智能化融合，创造出具有创新性和现代感的动画作品。例如，可以通过机器学习算法将传统绘画风格与三维动画技术相结合，生成具有独特艺术效果的动画场景。

（3）自动化处理传统文化元素的转译和转化：AIGC 技术可以自动化处理传统文化元素的转译和转化，将其从原有的艺术形式转化为适合动画创作的元素。例如，可以通过图像识别和自然语言处理技术，自动提取传统文化元素的核心特征，并将其转化为符合动画要求的角色或场景设计。

（4）智能化辅助动画创作中的文化表达和情感传达：AIGC 技术可以通过对传统文化元素的学习和理解，为动画创作提供智能化的文化表达和情感传达建议。[5] 例如，可以为动画作品推荐合适的传统文化元素，以增强其文化内涵和情感表达效果。

总之，AIGC 技术在重塑传统文化经典元素中的应用方法可以帮助动画创作者更好地融合传统文化元素和现代动画技术，提高动画作品的创新性和艺术价值。同时，AIGC 技术的智能化辅助也可以为动画创作提供更多的灵感和决策支持。

5.3　重塑过程中的挑战

（1）创意发挥：AIGC 技术可以通过对传统文化元素的深度学习和模拟，生成符合传统文化风格的动画元素。在这个过程中，可以发挥技术创意，探索不同的学习和模拟方法，如使用生成对抗网络（GAN）、变分自编码器（VAE）等深度学习模型，生成更加逼真、创新和具有艺术价值的动画元素。

（2）技术挑战：AIGC 技术在传统文化元素的自动化和智能化处理方面，也面临一些技术挑战。例如，传统文化元素的特征提取和识别可能存在一定的误差，需要不断提高技术的准确性和稳定性。同时，在将传统文化元素转化为适合动画创作的元素时，也需要考虑不同艺术形式之间的转换和融合问题，以及动画制作的技术限制和要求。

（3）数据质量和标注：AIGC 技术需要大量的训练数据来进行模型训练和调优。对于传统文化元素的学习和模拟，需要收集和整理高质量、多样性的数据，并进行准确的标注。同时，也需要探索使用迁移学习、无监督学习等技术来提高模型的泛化能力和性能。

（4）艺术与技术的平衡：AIGC 技术在重塑传统文化经典元素的过程中，需要平衡艺术和技术的关系。一方面，要充分挖掘和传承传统文化的内涵和价值，保留传统文化元素的独特魅力和韵味；另一方面，也要考虑现代动画的审美需求和表现形式，结合先进的技术手段进行创新和转化。

AIGC 技术在重塑传统文化经典元素的过程中，需要充分发挥技术创意，克服技术挑战，提高技术性能和稳定性。同时，也需要注重艺术与技术的平衡，以创造出更加具有文化内涵和艺术价值的动画作品。

6　结论

基于 AIGC 技术重塑动画创作中传统文化的经典元素是一项具有挑战性和潜力的研究。本文通过对 AIGC 技术的研究和应用，探讨了如何将传统文化元素重新构建或应用在动画创作中，并分析了研究结果和未来研究方向。通过研究，我们发现 AIGC 技术在动画创作中具有广泛的应用前景。通过深度学习模型的学习和模拟，可以自动化生成符合传统艺术风格的动画画面，提升制作效率和质量。同时，AIGC 技术还可以增强动画的艺术表现力和创新性，为动画创作提供更多的创意和可能性。在未来的研究中，我们将进一步探索 AIGC 技术在传统文化元素重塑中的应用方法和性能，提高艺术表现力和创新性。同时，我们还将加强对市场需求和教育的研究，提高用户对 AIGC 技术的认知和掌握程度，推动技术的进一步发展和应用。通过不断的研究和探索，我们将为动画创作和传统文化传承提供更多的创新和发展空间。

参考文献

[1] 瓦西里·康定斯基.论艺术的精神 [M].查立,译.北京:中国社会科学出版社,1987.

[2] 阎评,张勃.现代动画艺术设计分析 [M].西安:陕西人民美术出版社,2004

[3] 陈瑛.动画的视觉传播 [M].武汉:武汉大学出版社,2008.

[4] 林吕建.传播学视野中的影视艺术 [M].北京:光明日报出版社,2006.

[5] James Lull.媒介、传播与文化:全球化的途径 [M].董洪川,译.台北:韦伯文化事业出版社,2002.

古建筑保护与修复：基于 GANs 赋能下的 AIGC 应用探析

孙亮 [1, 2]，关加乐 [1]

（1. 安徽师范大学 新闻与传播学院，安徽 芜湖 241000 ; 2. 陕西科技大学"一带一路"文化 IP 开发与设计研究中心，陕西 西安 710021）

摘要：古建筑保护与修复一直是文化遗产领域的重要课题。近年来，生成对抗网络（GANs）在生成式人工智能（AIGC）中持续提供出创新的技术支持，为古建筑保护与修复领域带来显著的技术进步。文章基于 GANs 赋能下的 AIGC 应用于古建筑保护与修复领域研究，从三个方面展开：GANs 是一种技术支持、GANs 可鉴别真实的古建筑图像和虚假的修复图像。AIGC 可以通过 GANs 为古建筑的保护与修复提供更深入的数据支撑和实践指导，或者通过对 GANs 和 AIGC 的基本原理与关系梳理，探析新技术如何在古建筑保护与修复中应用，以期对于古建筑保护与修复的后续性学术研究和实践应用起到借鉴作用。

关键词：GANs ; AIGC ; 形态相似性；古建筑修复与保护

"GANs 是由 Ian Goodfellow 和他的团队于 2014 年提出的。"[1]GANs 是一种机器学习模型，通过训练两个深度神经网络模型，即生成器网络（Generator）和判别器网络（Discriminator），生成器负责生成逼真的假样本，而判别器则负责区分真实样本和生成的假样本。在训练过程中，生成器和判别器相互竞争，不断优化自己的能力，最终使生成的假样本能够愈发逼真。Yann LeCun 在采访中所说，GAN 的提出是最近 10 年在机器学习中最有趣的想法。AIGC（Artificial Intelligence Generated Content）为"生成式人工智能"，是基于生

基金项目：安徽省高校学科（专业）拔尖人才学术资助项目"我国政策解读类动画的创作研究"（项目编号：gxbjZD2020030）；四川省教育厅人文社会科学重点研究基地——工业设计产业研究中心项目（项目编号：GYSJ2023-10）。

第一作者简介：孙亮（1981— ），男，安徽芜湖人，安徽师范大学新闻与传播学院教授，硕士生导师，陕西科技大学"一带一路"文化 IP 开发与设计研究中心特聘研究员，主要从事影视、动画与数字媒体理论、创作研究。

成模型的人工智能算法，与传统的基于规则或模板的方法不同，AIGC 算法能够从输入数据中学习到数据的统计规律和模式，然后根据这些学习到的模式生成新的数据。AIGC 算法主要依赖于深度学习模型中的生成模型，如生成对抗网络（GANs）、变分自编码器（VAEs）、自回归模型等。这些模型通过训练数据来学习数据的概率分布，然后利用学习到的模型生成具有相似统计特征的新数据。GANs 正是 AIGC 智能生成内容中常用的一种技术支持，利用 GANs 来生成逼真的图像或其他类型的内容，通过训练生成器和判别器，GANs 可以在不需要人类干预的情况下使得 AIGC 生成符合前期用于数据投喂的相关数据。AIGC 在使用深度学习模型中并不仅限于 GANs，还可以包括其他不同的生成内容的方法和技术，如卷积神经网络（CNNs）、循环神经网络（RNNs）等，这些技术在计算机视觉、自然语言处理以及其他领域都已经取得了显著的成果，如人脸识别、语音生成、自动翻译等。

当前关于 AIGC 软件类软件应用中有：OpenAI GPT（Generative Pre-trained Transformer），是一个强大的文本生成模型，能够生成连贯、有逻辑的文章、对话等文本内容；DeepArt.io，是一个基于神经网络的图像生成平台，用户可以将自己的图片与艺术风格进行融合，生成独特的艺术作品。通过深度学习模型 GANs，AIGC 可以学习和模仿各种领域的数据分布，从而在文本生成、图像生成、音乐生成等任务上展现出创造力和创新性。GANs 在众多的机器学习模型之中，特别适用于 AIGC 对于立体模型的生成。在人工智能（AI）时代的来临下，AIGC 技术被迅速应用到社会生活的各个领域之中，但 AIGC 技术在建筑学领域的应用发展相对较慢，与 AIGC 在其他视觉领域技术运用进展存在一定距离。AIGC 在建筑领域的应用是在 2020 年左右，哈佛大学的硕士生 Stanislas Chaillou 发布了名为建筑 GAN（ArchiGAN）的研究成果，该成果基于深度学习模型（Pix2Pix）技术，Pix2Pix 技术正式是 GANs 的一种具体应用，"Pix2Pix 算法基于条件生成对抗网络（Conditional Generative Adversarial Nets，CGAN）实现图像翻译"[2]。Pix2Pix 模型在训练过程中仍然使用 GANs 的生成器和判别器，但在网络结构和损失函数等方面做了一些特定的调整以适应图像转换模型的任务，在此技术的加持下，正式实现了建筑户型平面的交互生成（如图 1 所示），ArchiGAN 通过平面生成结果与交互体验，在社会和学术界引起了广泛关注。在 ArchiGAN 出现后的三年内，GANs 成为各家数字建筑国际顶会的主导研究方向。例如："GAN-based Generative Design for Architecture"（基于 GAN 的建筑生成设计）是一个在国际顶级会议 ACM SIGGRAPH 出现的研究方向，研究者使用 GAN 来生成具有特定设计要求的建筑方案，从而探索建筑设计的创新可能性；"Learning to Generate 3D Buildings with Shape-GAN"（使用 Shape-GAN 学习生成 3D 建筑）国际建筑与计算机辅助设计会议（CAADRIA）中推崇的研究方向，这项研究利用 GAN 技术生成具有不同形状和风格的 3D 建筑模型，以增强建筑师在设计过程中的创造力和效率；"Adversarial Training for Improved Indoor Scene Generation"（对抗训练改进室内场景生成）是一个在国际计算机图形学会议（SIGGRAPH Asia）上被广泛讨论的研究方向，该研究采用 GAN 方法生成高度逼真的室内场景，以提高虚拟现实、游戏和建筑可视化等领域的视觉效果，由此可见，该技术逐渐走向学理研究。

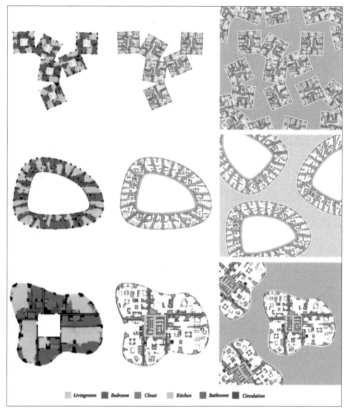

图 1　GANs 下 AIGC 生成的建筑布局图

1　GANs 赋能 AIGC：演算优化与智能决策

1.1　演算优化：AIGC 对古建筑形态相似性的评估

　　"形态相似性"的概念最早由美国神经科学家 M. K. Allman 在 1977 年的一篇论文中提出来，用来描述灵长类动物不同物种之间视觉系统结构的相似性和差异性。这一概念后来被广泛应用于研究动物进化和视觉系统发展的领域，描述不同形状的生物结构之间的相似程度。近年，形态相似性的概念逐渐应用于计算机科学领域，特别是在图像处理和模式识别领域中。在图像处理中，形态相似性常用于图像匹配和相似性度量的任务，通过比较图像的形状、轮廓、纹理等特征，评估图像之间的相似程度。这种相似性度量可以用于图像检索、图像分类和目标跟踪等应用。在深度学习和神经网络领域，形态相似性的概念也被引入生成模型中。例如，在图像生成任务中，可以使用 GANs 来生成具有与输入图像相似形状的新图像，通过优化生成网络和判别网络之间的对抗性损失，使 AIGC 生成的图像具有与真实图像相似的形态特征。在运用 AIGC 在古建筑保护与修复应用方面，形态相似性在 AIGC 中的介入使得对建筑形态的评估更为准确。AIGC 在古建筑保护与修复中，GANs 可以利用前期图像数据提取古建筑的形态相似性特征，其中就包括建筑结构、布局、比例、装饰和材料等方面的特点，再通过自身生成器和判别器模型对不同古建筑之间的形态相似性进行评估和比较，这种评估可以量化古建筑之间的相似程度，提供大量具有形态相似性的古建筑数据依照参考，从而进行古建筑形态数据重建。例如，在 Stable Diffusion、Midjourney 等 AIGC 类软件的文生图中输入"徽派建筑"，则 AIGC 所生成的图片内容正是徽派建筑的标志形态特点"青砖黛瓦马头墙"（如图 2 所示）。同时，GANs 会在 AIGC 内容生成中，对徽派建筑进行形态相似性数据收集并不断判别，从而提取了与徽派建筑最相似特征的形态数据，最终 AIGC 生成对古建筑形态相似性进行评估后的图像内容。

图 2　Stable Diffusion 软件所生成的徽派建筑图

1.2　智能决策：AIGC 对古建筑形态相似性的认知

在 AIGC 修复古建筑形态领域，GANs 机器学习技术的出现为传统修复方法的创新提供了更为快捷的思考。GANs 在 AIGC 运用中不仅可以对古建筑形态相似性作出评估，还可提供修复过程中的决策参考。以往在人们进行古建筑的修复和保护过程中，通过自我观察、测量等方式，借鉴类似建筑的经验和方法很常见，加深关于古建筑形态相关方面的知识储备，从而对所探究的古建筑进行形态的认知，但随着 GANs 发展，通过不断投喂古建筑数据进行对比分析，GANs 能够对古建筑的形态标志特征数据进行全面的归纳，继而生成古建筑形态的形态模型数据，随后 AIGC 在 GANs 提供的数据下对古建筑形态进行认知，作出对古建筑保护与修复的方案决策参考。

此外，AIGC 通过与 GANs 不断对古建筑数据库的深度学习，AIGC 可以快速给出想得到某种古建筑形态最相似的参考案例，可以使 AIGC 对古建筑的形态的认知更加客观准确，所提供的修复工作的决策方案也更加科学合理。人们通过 AIGC 生成的数据内容，评估不同修复方案的效果，比较各种方案的优劣，最终选择最合适的修复方案。在修复过程中，AIGC

可以帮助修复专家实时监测修复效果，提供反馈和建议，确保修复工作的准确性和效果，使得与传统的修复方法相辅相成，相互提升。

当今我国古建筑修复中，开始运用 AI 为敦煌文物打造数字档案[3]，由此，敦煌数字修复拉开了 AI 修复的帷幕，修复的研究人员首先为洞窟做数字化采集工作，将每一幅壁画分成若干小份进行拍摄；其次，输出到电脑上拼接还原成整体壁画；最后，形成与原作完全一致并高度清晰的数字档案。当前研究人员致力于进行数字化采集工作，以实现对壁画作品的高精度还原和完整性分析。为此，他们需要将每一幅壁画细分为若干小份，并运用先进的数字摄影技术对其进行拍摄，这些局部图像数据随后被整理并输入到数据系统中。通过 GANs 对其数据对比分析后，从 AIGC 生成对于壁画形态性认知后的壁画数据，使得 AIGC 生成具有古壁画形态相似性的图像数据，帮助研究人员进行对照而还原成完整的壁画作品。2019 年腾讯所发起的腾讯"我是创意人"2019 公益广告大赛作品《敦煌数字修复》展现了 GANs 在数据处理后 AIGC 对于敦煌壁画之中的修复图片（如图 3 所示）。

图 3　经过人与软件互动后 AIGC 所生成的修复的敦煌壁画图

2　GANs 与 AIGC 的协同作用：弥合古建筑的保护修复差距

GANs 可以与 AIGC 相互协同工作，提供更强大的生成能力和创造性，二者之间的协同作用依靠 GANs 提供强大的生成能力，为 AIGC 系统提供创意素材和基础，同时 AIGC 可以指导和优化 GANs，从而创造更具创意和多样性的内容。这种协同作用推动了生成型人工智能的发展和创新能力的提升。AIGC 也可以为 GANs 提供指导。AIGC 系统可以根据特定的需求和条件，对 GANs 的训练进行设计和优化。通过 AIGC 的反馈和调整，提升 GANs 的生成能力和生成样本的多样性。在二者的协同作用下，为古建筑保护与修复的工作提供了进一步的方案可能。

2.1 GANs 下 AIGC 对古建筑形态复杂性的整合

梁思成先生说："观察中国建筑就像看一幅卷轴画，我们打开画面是慢慢展开的，一点一点的才能完整地把这幅画所表达的空间感觉出来。"[4] 中国古建筑体现出一种游观的审美体验，在此背后，呈现的是中国古建筑独特的结构与布局，这也决定了，在修复时需要做到全局性的审视。"古建筑在经过历史长河的流动中，形成了自身形态复杂性"[5]，具体表现为：一是结构复杂性，古建筑的结构设计常涉及复杂的力学原理和工程技术，如拱、柱、梁等结构形式对于建筑形态支撑的运用；二是布局复杂性，古建筑的布局往往包含多个功能空间，如殿堂、庭院、厢房等，在不同空间会有不同的功能，这些空间的划分，形成了古建筑复杂的布局系统，古建筑的布局还与地理环境、风水等因素紧密相关，增加了其布局复杂性；三是装饰复杂性，古建筑在装饰方面注重细节和内容表达，如常采用精细的雕刻和不同艺术技法的绘画、彩绘进行装饰；四是材料复杂性，古建筑采用多种不同材料进行建造，如砖石、木材、瓦片等，这些材料的组合与运用形成了古建筑的特殊形态。此外，古建筑的材料选择还与地域、气候等因素有关，这增加了其材料复杂性。综上，古建筑的形态复杂性使得对其保护与修复造成一定的阻力，易使人们对古建筑形态模糊化，从而造成错误的形态判断。

当前 GANs 机器学习下不断地对古建筑数据进行收集与训练，对古建筑形态复杂性表现内容进行数据整合，提取古建筑之中的形态相似性特征，通过调整模型的参数和输入图像数据条件，AIGC 可生成具有不同类型的古建筑形态，帮助人们更好地理解和展示古建筑的多样性。例如，文殊院塔作为一座唐代古建筑，由于多年的风雨侵蚀，塔身存在一些严重的裂缝和沉降现象，在文殊院塔的保护与修复中，如何运用数字技术让文化"活"起来。为此，首先，利用 AIGC 高精度的三维扫描技术和数据处理算法，对塔身进行了全面的扫描和分析；其次，通过对其年代相同建筑的形态数据进行收集，模拟和优化数据演算，提出修复方案，从而选择出最优方案进行建筑的保护与修复；最后，GANs 对于 AIGC 的赋能使得其可以用于模拟古建筑的保护与修复，以往在古建筑的保护与修复过程中，常常缺乏完整的原始数据和细节信息利用 AIGC 对其数据整合，生成的虚拟数据可以帮助修复或补充缺失的部分，现在通过训练，GANs 对于复杂的古建筑形态进行的收集、分类、整合，可以根据整合的建筑形态，生成具有相似特征的虚拟建筑部件与材料，辅助研究人员进行修复和重建工作，提高修复效果。

2.2 AIGC 在古建筑保护修复中的应用表现

AIGC 在古建筑保护与修复中 AIGC 也采用监测和评估系统来跟踪古建筑的后期效果，借助传感器和监控设备对修复后的古建筑进行实时监测并上传数据，经过 GANs 对数据的判比后形成建议数据反馈，防止修复后建筑出现问题。AIGC 通过 GANs 机器学习模型训练大规模的神经网络模型，使 AIGC 能够自动处理和学习文本、图片、语音等复杂的数据，并根据学习数据生成相应的方案内容。在应用中运用 Stable Diffusion、Midjourney 等 AIGC 类软件生成建古建筑的各种细节和特征图像二维内容，包括建筑结构、装饰元素、绘画图案等，这为后续的保护修复工作提供了基础数据，使得整个修复过程更加准确和高效。除此之外，AIGC 对于古建筑形态二维化数据的生成后，使数据库拥有更多更理性准确的形态二维数据，这些数据的加持可以使许多数字建筑因此得以被设计和建造出来，不少知名建筑师都大量运用 Grasshopper 在古建筑模型生成中具有参数化建模、生成算法设计、参数优化和可视化表达的作用（如图 4 所示），如 Greg Lynn（格雷格·林）运用参数化建模技术进行设计创作，Grasshopper 是 Greg Lynn 常用的工具之一。他的作品"Bloom House"使用了 Grasshopper 生成了独特的曲线结构，并通过参数控制形态变化，实现了具有艺术感和创新性的建筑设计。它可以提高设计效率，灵活探索多样的设计方案，并对古建筑保护与修复得到进一步优化和展示。AIGC 在古建筑保护修复中的应用还体现在其对病害检测与诊断的能力上，传统的病害检测需要人工进行观察和判断，但这一过程十分耗时且易受人们主观因素影响，而 AIGC 可以通过 GANs 机器学习模型分析大量的古建筑数据，能够快速准确地检测和诊断出潜在的病害问题（植物类病害、微生物类病害、昆虫类病害等），这不仅能够及早发现古建筑存在的问题，还可以根据这些数据制订相应的修复方案，最大限度地减少对古建筑的进一步损害，为古建筑在修复过程中提供更加可靠并及时的技术支持。

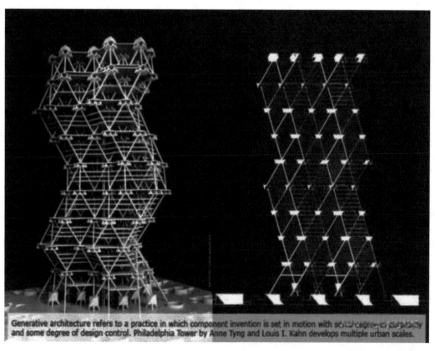

图 4　AI 对古城墙的数据收集分析图

3 GANs 赋能下的 AIGC 与人的协同进化：人机互智

GANs 赋能下的 AIGC 与人的协同进化作用是相辅相成的，它们能够相互促进和增强彼此的能力。GANs 提供给 AIGC 丰富的生成能力和创造性基础，AIGC 也可以指导和优化 GANs 的训练过程，这种协同进化作用也可以促使人类与 AIGC 进行更深入的合作和交互。人类可以通过与 AIGC 系统的互动，提供指导和反馈，使 AIGC 系统更好地理解人类需求和决策意图。而 AIGC 系统的创造性输出也可以为人类提供新的灵感和启发，促进人类创造力的进一步发展。通过持续的交互和合作，AIGC 系统可以不断学习和进化，提升其生成能力和创新水平，与人类共同推动创意和智能的进步。这种协同进化作用为人类创意和创新提供了新的可能性，实现了对于古建筑保护与修复技术的完善与方案的多重选择。

3.1 AIGC 与人在古建筑保护与修复中的关系

人与人工智能之间的关系一直是在社会中讨论的热点，并且在 AIGC 的能力越来越得到完善时，人们开始对 AIGC 产生一定的抵触，认为生成式人工智能将会取代人的位置。利用 AIGC 对于古建筑进行保护与修复的过程中，人和 AIGC 在古建筑保护与修复中同时扮演着重要角色，二者之间存在紧密的关系。在古建筑的保护和修复过程中，人们自身的专业知识和经验不可或缺，包括人们对于本民族古建筑具有的情感、文化认同度、历史文化价值、审美标准等，所以在建筑保护与修复中需要考虑到人类的主观因素。AIGC 在古建筑保护与修复层面虽然带给了人类对于古建筑修复的巨大变革，提供了更加可靠的技术支持，如图像处理与识别、数据分析与模型建立、损伤检测与监测、修复设计与仿真、文档与数据库管理等，减少了人们在古建筑保护与修复的参与程度，但 GANs 所分析对比的数据是人们对它的一个定向数据投喂，在决策层面 AIGC 所产生内容也仅作为对人们提供较为准确偏理性的参考。在人与 AIGC 在古建筑保护与修复之间的关系中可以分为两个协同阶段：一是人类作为工作的主体，AIGC 担任人类的助手，协作人类高效完成一些常规性工作，即人占主导地位的协作模式；在人类主导的协作模式中，AI 擅长基于数据进行重复性活动，从而高效、准确地完成任务；[6] 二是人类与 AI 分工合作，共同完成任务的分工合作的协作模式，分工合作的协作模式与人占主导地位的协作模式相比，AIGC 拥有更多的智能性和创新性，可以独立完成部分工作。两种关系下，古建筑保护修复中遇到了某些细致复杂的装饰元素需要修复或重新制作的情况下时，会需要专业人员长时间进行经验主观修复，在修复过程中，AIGC 可以通过精确的图像识别和 3D 打印技术，快速生成精确的修复模型，使得修复工作更加高效和精确。AIGC 通过高效的数据处理和分析能力为人类提供全面、准确的决策依据，在保护与修复工作的实施过程中，人类和 AIGC 需要紧密合作，共同制定和落实相关措施，去最大限度推动古建筑保护与修复工作的完善。

3.2 AIGC 在古建筑保护与修复中应用的可持续性

时代在变化，技术在不断地发展迭代，在技术爆炸的时代下，GANs 赋能下的 AIGC 在古建筑保护与修复的应用中展现出了其可持续性，在应用中的可持续是指在 AIGC 运用的过程中，能够持久、可循环地为古建筑保护与修复实现可持续化发展。GANs 推动 AIGC 在应用中的可持续可以通过以下几个方面来表现：一是算法透明性，AIGC 算法的透明性是指 GANs 运行过程和运用 AIGC 所生成的内容应该可以解释和理解，算法的透明性有助于用户、监管机构和其他相关方了解算法的工作方式，以确保其运行不包含任何隐藏的偏见、歧视或不公平的因素；二是可解释性和可追溯性，AIGC 具备解释性，能够解释其决策和行为的原因，如对于数据生成的数据收集、演算到最后生成决策的过程表现，便于检查、监督和调整其运行，为最后 AIGC 所生成的内容提供合理性支撑；三是持续改进和适应性，AIGC 具备持续改进的能力，不断纠正和优化错误和不足之处，技术和环境的变化下，AIGC 具备适应性，能够灵活应对新的需求和挑战。GANs 的赋能使得 AIGC 不断迭代，不断去适应不同的场景，不仅仅用于图案、模型、颜色文学、音乐、哲学等多种不同场景之中的运用，任何一种感觉的延伸都改变着我们思想和行为的方式，即我们感知世界的方式。当这种比例改变的时候，人就随着改变了。[7] 由此可见，AIGC 能够在古建筑修复与保护中提供另一种较为数据化生产的视角，并据此制订方案，但是人的核心作用并不能被摒弃，成为技术的附庸，只有理解、掌握技术，使之成为人进行决策的工具，才能够使古建筑保护与修复得到良好和长期的循环。

4 结论

当前，通过 GANs 技术的赋能，能够明确 AIGC 在古建筑保护与修复领域的两大优势：一是快速处理大量数据和信息的能力，实现高效的古建筑数字修复，并为保护修复工作提供科学决策支持；二是促进古建保护修复领域的数据共享和知识传播，通过建立大规模的古建筑形态数据库，为研究机构和专家提供数据共享和经验交流的平台，加速古建筑保护与修复领域发展。同时，AIGC 存在对于古建筑保护与修复也面临数据支持、算法模型、技术支持、伦理问题等挑战，只有解决这些挑战，才能确保 AIGC 在古建筑保护与修复中应用能够真正得到起到助力作用。中国古建筑作为中国传统文化的重要载体，为其进行保护与修复对传承中华传统文化具有重要意义，相信在未来 GANs 和 AIGC 的不断迭代之下，古建筑恢复和保护工作的质量与效率能够得到持续提升。

参考文献

[1] 杨振，李丹 . 基于 GANs 的训练技术的改进及应用 [J]. 现代信息科技，2021，5（21）：102-104.

[2] 刘德利，王科奇 . 基于 Pix2Pix 算法的建筑形态及其组合生成式设计研究 [J]. 建筑科学，2022，38（10）：260-267，286.

[3] 康金梦 . 基于对抗神经网络的敦煌壁画修复研究 [D]. 天津：天津大学，2019.

[4] 梁思成 . 梁思成中国建筑史 [M]. 天津：天津人民出版社，2023.

[5] 刘敦桢 . 中国古建筑 [M]. 北京：中国工业出版社，1984.

[6] 李忆，喻靓茹，邱东 . 人与人工智能协作模式综述 [J]. 情报杂志，2020，39（10）：137-143.

[7] 李中华 . 麦克卢汉媒介理论的接受与新世纪中国文学批评的发展 [D]. 长沙：湖南师范大学，2013.

基于数字技术彝族非遗毕摩文化保护策略研究

魏麟璎，孙虎

（西华大学 美术与设计学院，四川 成都 610039）

摘要：毕摩文化是我国非物质文化遗产的重要组成部分，为了使其能够更好地传承与发展，提出了数字化在此过程中的应用路径。首先，通过对毕摩文化的重要性和当前面临的困境进行介绍，强调了保护和传承的紧迫性。其次，分析了传统保护方式的局限性，提出了采用数字图像叙事记录和保护、利用计算机动画和虚拟现实技术模拟、建立毕摩文化数字化资源库等新传承路径。这些新途径不仅可以更好地保护毕摩文化的内涵和价值，还能促进其在当代社会的传播和发展。通过数字化技术，毕摩文化得以在虚拟空间中焕发新的生机，拓展了其传承与发展的可能性，同时也为文化遗产保护领域提供了有益的探索和实践经验。

关键词：数字化；毕摩文化；非物质文化遗产；保护和传承

1 引言

四川省凉山州美姑县被誉为全国最大的彝族聚居地，其特殊的地理环境造就了丰富而独特的毕摩文化。这里山高谷深，相对隔绝的生活状态塑造了当地彝族人民的生产生活方式、行为习惯以及思维模式。在这样的环境中，彝族人寄托希望于驱鬼辟邪的毕摩仪式，通过这些仪式来战胜病魔，获得心理上的慰藉。凉山地区曾经历了民主改革等一系列政治社会变革，对毕摩文化产生了深远的影响。在 20 世纪 60 年代，毕摩文化曾被认为是原始迷信，受到否定。但在后来的思想解放和学术复苏时期，毕摩文化再度受到关注和重视。2014 年，文化部决定将"毕摩音乐"和"毕摩绘画"同时认定为第四批国家级非物质文化遗产，并将四川省凉山彝族自治州美姑县文化馆确定为保护主体单位，如表 1 所示。

第一作者简介：魏麟璎（2000—　），女，四川合江人，研究方向为信息交互与体验设计研究。

如今，随着全球经济的快速发展，数字依赖、社交隔离以及虚拟现实对真实生活的影响，民族文明逐渐同化。在这样的时代发展进程中，以自在为主要特质的毕摩文化正面临着严峻的现实和一系列挑战。在法律许可的缺失和受到政策限制的情况下，毕摩文化艰难生存，缺失法律保护；现代网络文化的侵蚀，彝族毕摩文化与其他地区存在较大差异，受到基础建设等因素的影响，甚至出现边缘化和民族融合问题；毕摩急剧减少、年龄结构日益老化和后继稀少导致其文化传承艰难。因此毕摩文化的保护必要性在于需要重新审视遗产的概念，避免将"恒久"与文字、艺术等观念画上等号。[1]当前对遗产的定义使得文字和艺术成为最受保护的对象，尽管它们在毕摩这一总体文化现象中并非核心部分。毕摩被赋予的遗产价值主要体现在外在，作为一个保护活态文化的工程，对非物质文化的理解需要区分精英价值与实践者价值。[1]精英价值通常侧重于艺术、历史、璀璨瑰宝、民族精神、远古记忆等与实践者相对独立的外在元素，是符合主流文化和国际标准的话语建构。然而，实践者的价值往往被认为"荒诞不经"，甚至被忽视，尽管实践者才是文化传承中丰富传承、主动传承、不经意传承的生命力所在。因此，毕摩文化的保护应该超越外在的精英价值观，强调实践者的价值，认可其作为活态文化的"遗产"所蕴含的丰富、动态、自主的价值。只有这样，才能真正保护毕摩文化的本质，使其在持久的同时也能融入当代生活，得到更广泛而深入的传承。[2]

表 1　毕摩文化遗产中被列入国家非物质文化遗产的内容

项目类别	项目名称	项目级别
传统音乐	毕摩音乐	第四批国家级非物质文化遗产
传统美术	毕摩绘画	第四批国家级非物质文化遗产
民俗	彝族尼木措毕祭祀	第四批国家级非物质文化遗产

2　彝族毕摩文化

毕摩是彝族宗教活动中的祭司，其名称源自彝语，意味着主持宗教祭祀活动时诵经念经的大师或有知识的长者。起源于彝族的父系氏族公社时代，毕摩在彝族社会中扮演重要角色，参与安灵送灵、婚丧嫁娶、建房、驱病消灾、祈求丰收等宗教祭祀活动。随着时代的变迁，毕摩经历了从政治阶层到"职业化"的转变，以适应现代社会的需求。毕摩文化是彝族宗教文化的重要组成部分，以经书和仪式为载体，以祖先崇拜为核心，表现为宗教祭礼和民俗祭仪。同时，毕摩文化还涵盖了彝族传统哲学思想、社会历史、教育伦理、天文历法、文学艺术、风俗礼制、医药卫生等丰富内涵，形成了彝族传统文化的完整体系。在彝族社会生活中，毕摩文化广泛存在于各个领域，成为彝族社会中独特而重要的文化现象，如图 1 所示。

图 1　毕摩经书图

2.1　国内外研究现状

20 世纪 90 年代以来，国内学者对毕摩文化进行了深入研究，尤其在文献、仪式、艺术表现、传承和保护等方面展开了广泛的探讨。早期，马学良、徐益棠等学者在中华民族救亡运动期间，将目光聚焦于中国西南地区，展开了对边疆彝族的第一次深入研究，其中与毕摩文化相关的研究主要集中在马学良的《倮族的巫师"贝耄"和"天书"》等著作。20 世纪 80年代之后，彝学研究迎来了第二次热潮，以刘尧汉为代表的"中华彝族文化学派"在彝族文化研究方面取得了重要进展，出版了一系列的"彝族文化研究丛书"。巴莫阿依等彝学专家致力于彝族宗教信仰的研究，而巴莫曲布嫫则在文学和绘画领域展开深入研究，为毕摩文化的理论积累提供了宝贵材料。1996 年，四川省凉山州美姑县成立了国内第一家彝族毕摩文化研究中心。该中心的成立推动了毕摩文化的传播与发展，成功召开了三届彝族毕摩文化学术研讨会议，并出版了两辑《美姑彝族毕摩文化调查研究》。中国社会科学院的巴莫曲布嫫研究员的著作《神图与鬼板——大凉山彝族祝咒文学与宗教绘画考察》深入记录了大凉山彝族地区的毕摩绘画，其中详细挖掘了文化内涵和朴实情感。在这本书中，研究员首次提出了毕摩绘画的独特绘画方式和概念——"画骨"，为毕摩绘画的研究提供了新的视角。近年来，对毕摩文化艺术的研究呈现增长趋势。巴莫阿依在《彝族毕摩的剪纸艺术》一文中分析了毕摩剪纸的题材表现方式和艺术特点，而布吉莫的学位论文《凉山彝族毕摩草偶造型艺术考析》则专注于草偶的制作过程、材料、手法技术等。刘冬梅的硕士论文《大凉山彝族毕摩绘画考察：以美姑地区为个案》深入研究了美姑地区毕摩绘画的历史源流、传承方式、载体和分类、形式与内涵等，为毕摩文化的视觉设计提供了深刻的启发。[2] 这些研究不仅丰富了毕摩文化的理论体系，也为其在当代的传承和发展提供了重要的参考。[3]

国外学者对凉山彝族毕摩文化艺术的研究相对较少，主要集中在对毕摩文化整体的阐释和介绍。19 世纪初，国外学者、传教士曾深入彝区展开调研，首次较为系统地介绍了彝族文化。然而，第二次世界大战期间，国外对彝族文化的研究中断，直到战后才逐渐恢复。20 世纪 90 年代中期，国外学者对彝族文化的研究涉及彝族历史、语言、文字、宗教等方面，对国内对彝族文化的研究产生了一定的影响和启发。

2.2 保护毕摩文化的重要性

毕摩文化作为中华文化的宝贵遗产，在其独特的宗教仪式和艺术形式中展现了彝族人民丰富多彩的生活和审美观念，堪称艺术瑰宝，蕴含着丰富的艺术、文化、历史和实用价值。美姑县作为凉山彝族自治州的一部分，被誉为毕摩文化的发源地和代表地，拥有最丰富多彩的毕摩文化，具有极高的开发价值。

首先，尽管毕摩文化的绘画与音乐于 2014 年被列入国家级非物质文化遗产，但对其数字化的研究相对薄弱。目前，对毕摩文化的研究主要偏向于理论层面，对仪式、经书、传承等方面进行深入研究，而对于其在数字化应用方面的挖掘相对较少。通过对美姑毕摩文化的数字化研究、挖掘和创新应用，以更好地保护与传承中国的非物质文化遗产，同时展现大凉山彝族毕摩文化的独特魅力。

其次，美姑彝族毕摩文化与整个彝族文化的发展密切相关，涵盖宗教信仰、日常生活和图腾崇拜等鲜明的地方民族特点。通过数字化手法研究毕摩文化的内涵和艺术表现，将代表性元素进行视觉设计，直观展现彝族人民原始、神秘的宗教仪式活动。这有助于加深社会对彝族宗教文化、民俗文化和图腾文化的理解，同时对毕摩文化的传承和传播产生积极的辅助作用。

最后，利用数字化手法在毕摩文化的保护、推广和发展中的关键作用。通过数字技术对毕摩文化的文献、视觉艺术等进行数字化保存，创造多媒体展示、虚拟现实和增强现实体验，建立在线教育平台，以及利用社交媒体进行推广，都是数字化手法的应用范畴。这样的数字化手法不仅提高了毕摩文化的保存效率，也为其传承和推广提供了更广泛、更便捷的平台，有助于将这一宝贵的文化遗产传递给更多的人。通过数字化，毕摩文化可以更好地适应当代社会的发展需求，实现文化的可持续发展。

2.3 保护和传承毕摩文化的难点

保护毕摩文化面临的难点主要源于其丰富神秘的多层面特质。毕摩文化涉及广泛的文化领域，包括彝族的民族信仰、宗教仪式、民俗风情和语言文化等，形成了一个庞大而复杂的文化网络。这使得学者需要跨足多个学科领域，如民族学、宗教学、人类学和美术学等，以全面理解和认识毕摩文化，增加了保护工作的复杂性。毕摩文化具有独特古朴的艺术特点和特定的宗教仪式场景。在进行二次创作时，如果把握不当，有可能丧失其原有的艺术韵味，因而开发难度较高。毕摩文化的独特性使得需要寻找恰当的平衡点，既能够传承其传统特色，又能够与现代审美和创意相结合，保持文化的活力。此外，毕摩文化在宣传推广设计上存在明显的空缺。当前市面上的宣传方式较为单一，常常简单地将文化元素应用于文创产品和观赏性艺术品中，而没有利用现代设计手法和新传播媒介对毕摩文化进行更广泛的宣传。这缺乏一个全面、系统的设计方法，导致毕摩文化的推广难以深入人心，进一步增加了保护工作的难度。因此，保护毕摩文化需要综合考虑文化的多元性和特殊性，结合现代设计理念和传播手段，以更好地传承和弘扬这一宝贵的文化遗产。

3 基于数字技术的彝族毕摩文化传承新路径

通过传统的非物质文化遗产保护手段一般包括运用图书馆和博物馆保存文物、政府等相关部门保护文化传承人、通过社会教育与学校教育进行传承、通过旅游开发宣传等，这些传统的非物质文化遗产保护方式对文化遗产保护起到了重要作用，但在实践中也存在一些不足。[4]鉴于毕摩文化自身的特殊性与局限性，致力于非遗数字化技术保护的研究，是对民间艺术抢救和保护较为合理有效的解决办法，将为毕摩文化的保存以及学术研究与产业化等诸多方面提供更多可能性。

3.1 采用数字图像叙事记录和保护

所谓数字图像叙事，就是指通过数字图像的视觉元素，如照片、插画或图表等，来传达和表达故事、信息或情感的过程。这种形式的叙事利用图像的强大表现力，以及可能包含的文字、音频或其他媒体元素，通过视觉和多感官的方式向观众呈现信息，以达到时间的"绵延"。亚里士多德在《诗学》中弘扬了古希腊有关艺术起源的"模仿说"，主张艺术源于对现实的模仿。他指出不同的媒介决定了不同的艺术类型，如颜色、姿态、声音和语言分别对应于绘画、雕塑、音乐和诗（文学）。叙事学理论家热奈特则通过对叙事与模仿、叙事与描写、叙事与话语的对立关系论述，明确划定了叙事的特征。在叙事与模仿的关系中，他认为"模仿即叙事"，但强调这种模仿并非完全的，否则将超越事物本身。在图像叙事领域，也可视为一种模仿行为，表现为对其他叙事形式或历史真实的模仿。图像与语言文字之间的"互文"关系，以及图像对历史的模仿，如宗教画和历史画，都是人类生产与生活中图像与其他叙事媒介相互模仿的例证。这包括对《圣经》、希腊神话的模仿，以及中国历史场景的再现，如《希特勒的名单》对二战时期的还原，展现出强烈的叙事力量。随着机械复制时代的来临，图像越来越被视为对客观世界的模仿。将图像叙事方式引入凉山彝族毕摩文化艺术的设计表达具有多方面的优势。首先，通过图像叙事设计，能够在艺术作品中巧妙地融入更多凉山彝族毕摩文化的内涵，使设计更具深度和文化独特性，为毕摩文化艺术开辟新的表达途径。其次，图像叙事具有直观易懂、感染力强的特点，通过为凉山彝族毕摩文化艺术增加叙事性，有助于提升作品的传播与推广效果。观众在解读图像叙事设计作品时，能够逐步深入文化内涵，实现与凉山彝族毕摩文化艺术的情感共鸣，从而促使文化在更广泛的范围内传承与发展。这种方式为凉山彝族毕摩文化艺术的表达提供了更富有表现力和引导性的手段，如图 2 所示。

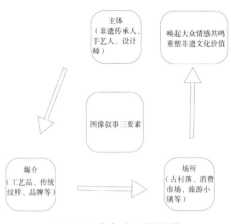

图 2　图像叙事三要素图

3.2　利用计算机动画和虚拟现实技术模拟

数字技术发展日新月异，非遗借助数字化技术实现"破局"的呼声日益高涨。虚拟现实技术（Virtual Reality，VR）是一种通过计算机技术创建的模拟环境，注重于人的沉浸式体验，使用户能够与虚拟世界互动并感觉存在，并获得真实正确的响应和反馈。沉浸（Immersion）、交互（Interaction）、想象（Imagination）是虚拟现实技术的典型特征。[5] 近年来，将虚拟现实应用于文化遗产保护中的研究越来越多。根据 Web of Science 以及中国知网 2010—2021 年关于虚拟现实技术在文化遗产领域应用的文献数量统计，文化遗产领域关于虚拟现实技术应用的研究呈现迅速增长的趋势，如图 3 所示。通过虚拟技术搭建数字化博物馆，将毕摩文化中内容以可视化形式呈现出来，结合人机交互的方式，提取彝族毕摩经籍绘画艺术中最为典型的神图支格阿龙神图，将每一幅中的英雄形象、色彩、毕摩音乐提取出来制作成数字化游戏进行设计开发，利用环境建模、立体声像，构建三维世界，加强视觉冲击力度，让观众身临其境，如图 4 所示。2022 年"纹"以载道——故宫腾讯沉浸式数字体验展首次在深圳亮相，由 OUTOUT 团队借助数字技术将故宫的古建、陶瓷、家具和织绣中的各种纹样进行提取，并在整个展馆中通过裸眼 3D 超高精度视觉装置呈现。展览中采用了全数字化的手法，无须展出实物文物，却成功创造了一种全新的文博应用场景。在展馆中庭，设计师打造了一个裸眼 3D 超高精度视觉装置，通过营造春夏秋冬的四季效果，使观众身临其境地感受文化的器、形、纹动态呈现。另外，独特之处在于实现了展演合一，通过数字复原展览和数字动效创作，还原了场景，使观众能够超近距离体验乾隆的"江南梦"，通过虚拟现实技术近距离欣赏百年戏台。整个展览以传统纹样为线索，巧妙地串联了紫禁城中数百件珍贵文物，呈现出古代匠人丰富的创造力和无限巧思。此次数字体验展借助腾讯图实验室的图搜解决方案，通过算法识别，在几毫秒内对一张图片的纹样进行识别和归类。这一创新手法不仅改写了传统博物馆展陈的方式，还为观众提供了更丰富、更互动的文化体验，如图 5 所示。借助 AI 深度学习目标检测技术，将毕摩文化中上百种不同形态及文化内涵的图案进行检测和提取，在进行风格化模拟，有助于扩展传播渠道并促进用户进行创作，一方面有助于创新毕摩文化文创产品形式；另一方面，使其更加符合现代受众的消费需求，提升其购买非遗数字化产品的意愿。这在一定程度上提高了青年群体对于毕摩文化的接受度，增强了他们对于非物质文化遗产的学习兴趣。虚拟现实技术平台的优越性在于可以突破时空的局限性，毕摩文化通过口耳相传的方式理解经文，目前，声学考古不断发展应用于虚拟现实技术，考虑感官体验和声音的空间维度，分析空间声音，恢复空间的声学记忆，用户只需设定仿真的自然环境，就能在虚拟仿真状态下"真实经历"口耳相传的过程。无论用户身在何方，只要在虚拟现实技术平台学习经文通过非遗传承人的审核就可以到当地实际体验到毕摩文化的魅力，并且被非遗传承人认定为毕摩文化推广大使。这种身份是用户对非遗文化和虚拟现实技术平台的一种认同。这种认证会把人们从虚拟现实空间拉回现实，使毕摩文化中蕴含的民族精神得到推广和传承。

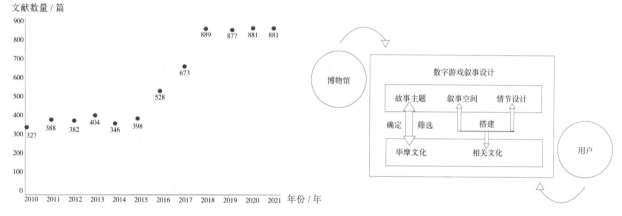

图 3　中国知网 2010—2021 年关于虚拟现实技术
　　　在文化遗产领域应用的文献数量图

图 4　数字博物馆的游戏叙事设计模型建构图

图 5　2022 年"纹"以载道——故宫腾讯沉浸式数字体验展图

3.3 建立毕摩文化数字化资源库

制定数字化数据库是推动毕摩文化数字化传承的关键一环。数字资源库利用数字技术对毕摩文化进行信息化处理，是对毕摩文化的原始数据进行储存、管理、展示的平台。国务院办公厅颁发的《关于加强我国非物质文化遗产保护工作的意见》提出："要运用文字、录音、录像、数字化多媒体等各种方式，对非物质文化遗产进行真实、系统和全面的记录，建立档案和数据库。"考虑到移动互联网的用户体量占比升高，数字资源库移动端和电脑端应保证互通使用。[6] 用户可以通过展示门户进入数字化资源库的虚拟展示大厅，在里面实现与虚拟文物的交互。在数据收集上，要确保毕摩文化资料广泛、齐全和准确。成立数字化采集小组，综合运用三位动作捕捉技术、立体成像技术将收集起来的文化资源进行数字化处理。在网站建设方面，根据数字化资源类型的不同设计其分类体系，按照分类体系进行数字化存储，并内置分类导航、关键字检索、图片滚动等功能，方便用户进行检索和查阅。"数字敦煌"是一项敦煌文化遗产保护的虚拟工程，通俗的解释就是"给佛拍照"，通过高清数字图像的拍摄和数字化处理，使得敦煌石窟的壁画能够以极高的画质呈现在观众面前，实现敦煌石窟文物的永久保存、永续利用，如图 6 所示。借助信息数字技术的力量，在保护毕摩文化的同时，实现更广泛的展示和传播，让更多人了解和认识这项古老的艺术。

图 6 "数字敦煌"素材图

4 结语

在数字化时代，毕摩文化的保护和传承正迎来新的机遇和挑战。本文旨在探讨数字技术在毕摩文化保护方面的应用。通过对现有文献和研究成果的总结，我们深刻认识到毕摩文化作为中华文化的宝贵遗产，在彝族人民丰富多彩的生活和审美观念中扮演着重要角色。数字技术为毕摩文化的保护和传播提供了前所未有的工具和平台。通过数字手段，我们能够更全面地理解毕摩文化的多个方面，从绘画、音乐到仪式等，实现了对其丰富内涵的深度挖掘。数字化不仅丰富了毕摩文化的表现形式，同时也为其在当代社会中的传播和推广提供了新的途径。我们也应意识到数字化保护毕摩文化面临的挑战。在技术层面，需要不断创新和发展数字技术，确保其能够更好地应用于保护毕摩文化的各个方面。在文化层面，数字化并非唯一的保护手段，需要综合运用各种手段，包括传承人培养、社区参与等，形成多层次、多维度的保护策略。数字技术为毕摩文化的保护提供了强大支持，但仍需要综合各方力量，共同努力，以确保这一丰富多彩的非物质文化遗产能够在数字时代得以传承、发展、创新。期待未来，数字技术与传统文化相互融合，为毕摩文化的繁荣注入新的活力。

参考文献

[1] 阿嘎佐诗. 非物质文化遗产内外的凉山毕摩 [J]. 西北民族研究，2023，（2）：116-128.

[2] 龙保贵. 毕摩文化在彝族史学中的地位和作用 [J]. 普洱学院学报，2017，33（1）：65-71.

[3] 高明航. 基于图像叙事的凉山彝族毕摩文化艺术设计研究 [D]. 济南：山东建筑大学，2023.

[4] 杨晨. 美姑彝族毕摩文化的视觉设计应用研究 [D]. 成都：成都大学，2022.

[5] 王建明，王树斌，陈仕品. 基于数字技术的非物质文化遗产保护策略研究 [J]. 软件导刊，2011，10（8）：49-51.

[6] Grigore C Burdea. 虚拟现实技术 [M].2 版. 魏迎梅，栾悉道，等译. 北京：电子工业出版社，2005.

跨越数字鸿沟：乡村老年人 Calm-Slow 交互研究

张宁[1]，胡圣达[1]，冯世璋[1]，房津津[2]

（1. 西华大学 艺术学院，四川 成都 610039；2. 东北大学艺术学院，辽宁 沈阳 110004）

摘要： 信息爆炸时代，现有智能家居产品与乡村老年用户之间存在巨大的数字鸿沟，老年人遇到智能产品不敢用、不会用、不能用，导致其无法与社会产生有效的信息沟通，处于资讯的孤岛。为弥补社会对老年人的"信息供给"与"信息需求"之间的数字鸿沟，本研究融合平静（Calm）与慢（Slow）技术理论，搭建 Calm-Slow 设计桥模型，提出简易且符合日常行为的 Calm-Slow 交互设计方法。通过开展田野调查，在真实场景下进行老年智能语音茶盘设计，并利用可用性测试对该设计方法的有效性进行验证。研究为老年人跨越数字鸿沟提出新的思路，为乡村老年人人机交互领域的进一步研究和乡村振兴设计工作奠定了基础。

关键词： 乡村老年人；数字鸿沟；智能家居；Calm-Sow 方法；交互设计

《中国未来媒体研究报告（2021）》指出，老年人群成为被新媒体浪潮边缘化的数字弱势群体。目前，智能人机交互多通过屏幕、鼠标、按键完成，信息获取与呈现的方式复杂，忽略了老年人群对信息的感知和认知能力。[1]同时，大量的服务程序为追求应用效率，不断追赶用户提升操作速度；为追求功能全面，纷纷争夺用户有限的注意力，造成信息超载的同时让老年人感到科技恐惧。[2]因此，虽然老年人群对信息接收与交流的意愿是强烈的，但是他们也对技术感到害怕和焦虑。乡村振兴与数字化建设背景下，乡村老年人知识储备更少、科技熟悉度更低，导致智能家居产品的应用率也较低。社会对乡村老年人的"信息供给"与用户的"信息需求"之间存在巨大的数字鸿沟。[3-4]1991 年，学者 Mark Weiser 提出"普适计算

基金项目： 教育部人文社科青年基金项目（项目编号：21YJCZH218）；成都市哲学社会科学研究规划项目（项目编号：2023CZ072）；四川省文化和旅游厅文化和旅游科研项目（项目编号：2023YB010）。

第一作者简介： 张宁（1987— ），女，山东泰安，副教授，博士，研究方向为交互设计、计算机辅助设计等，发表论文 10 余篇。

（Ubiquitous Computing）"，认为未来电子服务将会以更加隐藏的方式配合用户，将人机交互逐渐变得隐匿和不可见，试图最小化用户的注意力负担，让计算设备在生活背景中以人们忽略的方式运行，降低家居产品的操作难度。

1 普适计算背景下的交互设计思维

随着"无所不在"的智能交互技术发展，研究者们深化发展出平静技术（Calm Technology）与慢技术（Slow Technology）理论，两种设计思维不断思考：①如何让智能技术从心理学角度减少人们的注意力，实现产品交互的自然性；②从何从时间角度延长家居产品的交互周期，降低信息产品的时间压力，延长感受的同时增加互动反思性。

1.1 平静技术（Calm Technology）

在心理学和神经科学领域，注意力可分为选择性注意和分散注意；在对分散注意力规律的探讨中，又有中心和外围的区别。如图 1 所示，人类的交互行为通常包含：①中心注意力交互；②外围注意力交互；③无意识注意力交互。这三种类型的交互既可以独立呈现，同时又是一个连续体。在此基础上，平静技术由 Saskia[5] 于 2016 年明确提出，该方法着重利用人类的外围注意力，关键是让用户轻松兼顾首要与次要交互任务，让注意力可以顺畅地在三种注意力交互类型中切换。比如，开车的同时听音乐，做饭的同时看视频。在这里，"开车、做饭"行为即为中心注意力交互；"听音乐、看视频"即为外围注意力交互。

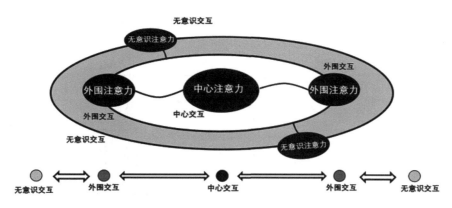

图 1　注意力连续模型

平静技术重点利用日常生活中的对象可以传达微妙信息的能力，用户只要花费少许的外围注意力，就可获得想要的信息。比如，跳舞的小绳（Dangling String）设计，通过一根塑料形态的意大利面，在办公室环境以实体旋转的方式展示网络数据动态，让办公人员无须仔细查看，只需要轻瞄一眼即可获取当下的网络数据量[6]；雪花球（Snow Globe）设计，球体内有飞舞的紫光和雪花飘落，产品可作为环境背景放置在家中不起眼的角落，通过雪花的飘洒状态直观且轻松的展示亲友在其他空间的活动量；IM 即时通信软件（Buddy Bugs）设计，叶子上的玻璃虫代表用户，通过虫子的移动性来代表用户在 IM 通信中的在线或忙碌状态。总之，在产品或系统中科学地利用人们的外围注意力，将重点放在设计外围交互，是平静技术的核心。

1.2 慢技术（Slow Technology）

当下智能家居产品在传达消息时，追求不断提高效率和速度。[7]此时，如何让使用者保持效率与体验之间的平衡，细水长流地建立人和物品间的关系，成为交互设计的新要求。2001 年，慢技术由学者 Hallnäs 提出 [8]；而后，William Odom[9] 通过三个相互关联的概念，总结慢技术的基本原理。如图 2 所示，慢技术强调时间跨度：①增加互动重复性，让使用者在反复互动中，得到思考和反思；②探索时间形式，延长互动时间，让交互不仅是几分钟的瞬时行为，可以延长至每天、每周甚至是每年都与之发生交互；③强化交互载体存在感，考虑设计载体功能可见性，放大产品的存在感以唤起用户认知。

慢技术为设计师提供了一个含蓄的时间空间，利用超越即时响应的设计，用更宽的视角放眼长远交互行为。例如：未来者（FutureMe）设计 [10]，让人们推迟发送一封 60 年后的电子邮件给未来的自己，通过互动产生各种丰富的反思；照片箱（Photobox）设计，通过设计一只使用多年的老木箱，让它时不时地从用户的收藏文件夹中随机打印一张照片，引起用户的惊喜、回忆和思考；"活记忆盒"设计 [11]，是一个连接记忆和物体的系统，用于记录、保存和回放各种人们存放在记忆盒中的情感。

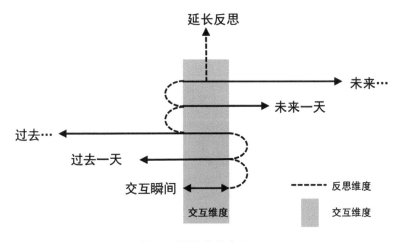

综上所述，平静技术和慢技术能为普适计算背景下的交互设计方法的创新作出贡献，"平静 / 慢技术"实践以更新颖的信息交互方式有

图 2 慢技术基本原理

效地降低交互认知负荷。我国交互设计学者也在智能家居 [12]、办公 [13]、教育 [14]、医疗等环境下持续开展研究，但是，现有研究较少将平静 / 慢交互技术运用于老年人，尤其是乡村老年群体。在智能物联网系统构成的日常环境中，交互系统应如何潜移默化地延伸乡村老年人群生活空间环境，并且减少乡村老年人在智能交互环境中的注意力或认知负担，此时已经成为一个重要课题。

2 "平静 / 慢技术"交互设计方法探索

路径实践上，结合学者 Saskia 和 William Odom 发展的"平静 / 慢设计"思维，本研究以现有交互设计方法为基础，以 Calm-Slow 设计桥模型为指导，提出融合平静技术 / 慢技术 Calm-Slow 的交互设计方法，过程如图 3 所示。

步骤①：采集用户外围行为，建立时间轴。基于人种志学，进行用户惯例采集。通过参与式观察，采用录像、互动访谈等方式，分析情境中人与物、人与人的触点，建立用户影像日志（Photo-Diary）。后期，结合用户访谈和视频影像，与用户共同回忆、解释其中典型活动。并由设计师创建一个惯例时间轴[6]，描述用户在特定时期内所采取行动的顺序性与重要性。特别关注用户在某一活动中同时做的其他外围活动（例如，在切蔬菜时总是洗手或者在早餐时思考计划等），为后期确定产品交互载体提供行为依据。

步骤②：确定产品交互主体，符合日常惯例。产品载体是交互行为和共享记忆的触发器。Calm-Slow 交互设计方法重点在于选择用户日常惯例中的产品作为载体，在不改变主体结构、功能的前提下进行微创新。通过对已有家居产品的应用情境、个人使用习惯等作出判断，将信息的呈现从屏幕等新技术转移到我们生活周遭的熟悉物品上。这种载体不是新创造的，而是历久经年伴随用户的产品，以一种不打扰的、学习成本更低的方式，让使用者可以轻松与其互动。

步骤③：明确交互方式，延长时间反思。Calm-Slow 交互设计关注较长的时间尺度，在一个连续、缓慢的循环交互中完成体验，支持随着时间的推移对数字信息的反复回忆、反思和探索。具体实现方式包括减缓交互信息显示速度，拉长时间节奏，提高时间积累；延长交互信息传达路径，可在路径中与未来进行互动；实现异步信息回应，用户无须急迫地回复，不用担心无法及时回应带来的沟通困惑，交互容错性更高、时间压力更小。

步骤④：实现多通道传递，获得技术支持。在充分考虑和利用外围交互的基础上，将普适计算融入到设计中，综合使用多种输入通道和输出通道，对典型场景和交互过程中的人、机和环境进行整合服务。结合问题、产品、行为，通过心理、生理与行为与交互自然体验的规律总结；运用合理自然交互技术，包括视觉、语音、触觉、味觉、手势、眼神、表情等。建立技术与交互关联机制，解决多模态海量信息与用户有限注意资源之间的矛盾，使"人机交互"像"人人交互"一样自然、方便。

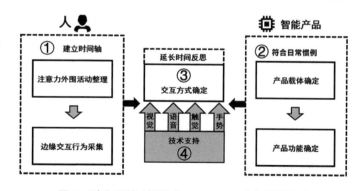

图 3 融合平静 / 慢技术 Calm-Slow 交互设计方法

3 乡村老年人 Calm-Slow 设计实践

当下，农村外出务工的年轻人群比重逐年增高，乡村老年人面临前所未有的"自养压力"。但现有家居数字产品绝大多数存在"重少轻老""重城市轻农村"问题，导致多数乡村老年人困守信息孤岛，精神空虚、孤独问题严重。本研究基于前期提出的 Calm-Slow 交互设计路径，按照步骤①～④，借助前期收集到的注意力外围行为，展开智能家居产品——"语音茶盘"设计。首先通过采集乡村老年人日常生活惯例，总结相应外围交互行为，确定家居产品载体；其次创新交互方式，延长时间体验与反思；再次，通过技术支持，建立"端杯喝水"这一自然交互行为；最后通过用户可用性测试，证明产品可以解决乡村老年人与子女之间较为薄弱的情感交流问题，提高老年人群与社会的关联程度。

3.1 采集外围交互行为

运用用户观察法、出行日志（Photo-Diary）、互动访谈等方式，招募乡村老年参与者，年龄为 65 ～ 80 岁（SD = 4.7），针对农村老年参与者开展生理行为和心理调研，建立用户影像日志（Photo-Diary）。（1）采用人种志方法，与参与者发展熟悉关系，让老年人放松心态正常生活。调查员使用录像装置在每户家庭进行连续跟踪 1 周。从用户的角度开展观察、访谈，深入接触老人日常生活。（2）整合 1 周用户惯例，根据每日活动基本轨迹，建立用户"影像日志"。同时，通过回放录像，与用户共同回顾每日惯例，开展深入访谈，重点收集老年人注意力外围活动。例如，观察用户家里做中心交互活动时，探寻其同时在做什么（与活动无关）的事情。

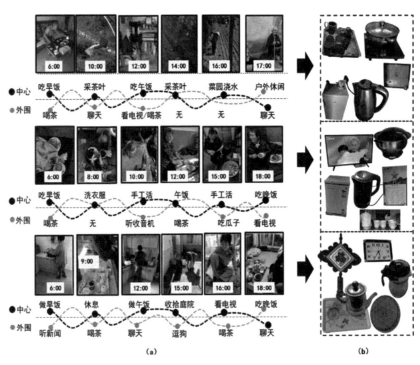

图 4　乡村老年人（a）"影像日志"示例；（b）日常"惯例"家居产品

图 4（a）为部分参与者"影像日志"示例：

●王某贵（77 岁）：① 6:00（中心活动：吃早饭）/（外围：喝茶）；② 10:00（中心活动：采茶叶）/（外围：聊天）；③ 12：00（中心活动：吃午饭）/（外围：看电视）；④ 14：00

（中心活动：采茶叶）/（外围：无）；⑤16：00（中心交互：菜园浇水）/（外围：无）；⑥17：00上街遛弯（中心交互：休闲）/（外围：聊天）。

●李某香（68岁）：①6：00(中心活动：吃早饭)/(外围：喝茶)；②8：00(中心活动：洗衣服)/（外围交互：无）；③10：00（中心活动：手工活）/（外围：听收音机）；④12：00（中心活动：吃午饭）/（外围：喝茶）；⑤15：00（中心活动：手工活）/（外围：吃瓜子）；⑥18：00（中心活动：吃晚饭）/（外围：看电视）。

●赵某方（70岁）/刘某丽（69岁）夫妇：①6：00（中心活动：吃早饭）/（外围：听新闻）；②9：00（中心活动：休息）/（外围：喝茶）；③12：00（中心活动：做午饭）/（外围：聊天）；④15：00（中心活动：收拾庭院）/（外围：逗狗）；⑤16：00（中心活动：看电视）/（外围：喝茶）；⑥18：00（中心活动：吃晚饭）/（外围：聊天）。

3.2 符合日常惯例确定交互主体

本案例中，通过乡村老年人日常惯例"影像日志"整理，发现参与者中心交互行为通常包括做饭、做农活、洗衣服、手工活等。外围行为通常包括喝茶、聊天、吃瓜子、听收音机、看电视、逗狗等，这些行为较少需要用户集中注意力，仅在注意力外围便可轻松完成。同时，通过整理乡村老年人常用惯例物品。如图4（b）所示，发现"茶盘、茶壶"是每家的必备产品，休闲娱乐、身体疲惫时，老年人习惯拿出茶具，泡一壶茶，慢慢享受时光。因此，本案例选择茶盘和茶杯作为设计主体，茶具是历久经年伴随用户的产品，将智能家居设计与周围熟悉载体结合，以一种不打扰的、学习成本更低的方式，让使用者可以轻松与其互动。

3.3 明确交互方式延长时间反思

"语音茶盘"案例中，老人端的产品主体为茶盘茶杯，亲朋、子女端为 App 软件。子女通过"语音茶盘"为老人分享语音信息、定制音乐、定制戏曲、奇闻轶事和当下时事热点等，如图5所示。

"宁静"交互方式展示：当老年人发现茶盘上的灯光亮起时，提示有新消息，带有亮光的茶盘不会发出任何声音，可以作为一件装饰存在于环境背景中。同时，不同类型的灯光代表不同类型的信息（如消息、音乐、新闻等）。等老人有空时，再慢慢泡上一壶茶，聆听每一条子女带来的关怀信息。在惯例行为方面，产品开关方式不同于传统信息界面。只要老人"端起杯子"，即触发产品，既减少用户的记忆负担，又可以不影响其他中心任务的完成。

"慢"交互方式展示："语音茶盘"不追求提高信息传达的效率和速度，而更在意随着时间的推移对数字信息的反复回忆、反思和探索。即使当下用户在忙碌无法即时响应也没有影响，用户可以在吃饭或做家务的同时慢慢品味语音信息，反复聆听、回忆和反思。老年人可以实现异步信息回应，年轻人也在空闲时发送即可，容错性更高、时间压力更小。

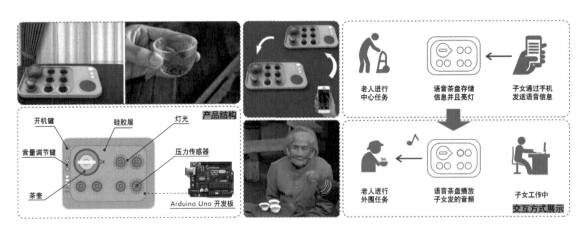

图 5 智能语音茶盘交互方式展示

4 结论

相比年轻人，老年人注意力资源更为紧张，很难长时间高强度地投入注意力，因此在设计的时候需要"克制"。乡村老年人与数字家居产品的交互行为必须是简易的、符合人们日常行为的，避免过度消耗他们的认知资源。本研究在理论层面，将 Calm 和 Slow 技术进行融合，开展一种创新的交互设计方法路径探索。将智能家居产品设计与周围熟悉载体结合，巧妙呈现信息；同时不需要中断手头活动与刻意训练，仅花费少量注意力，就可以得到信息。研究表明，与"惯例"相关的有形载体交互更加符合老年人的日常习惯，让使用者可以自然、轻松地与其互动，缓解情感孤独。本研究融合提出平静技术／慢技术（Calm-Slow）交互设计方法，为老年人跨越数字鸿沟提出新的思路；同时为人机交互领域的进一步研究和设计工作奠定了基础，未来可更好地应用于乡村老年家居设计实践。

参考文献

[1] 张馨月，张圆圆 . 高低音频 – 运动刺激对乡村轻度认知障碍老年人注意力和记忆力的影响 [J]. 中华行为医学与脑科学杂志，2021，30（5）：397-401.

[2] 牛蓉，吴群，彭宇新 . 数字鸿沟视角下中国老年人公共终端优化设计研究 [J]. 设计，2020，33（13）：120-123.

[3] 董玉妹，刘胧，董华 . 积极老龄化视角下设计赋能方式探究：基于"手段 – 目的链"的案例研究 [J]. 装饰，2021（2）：92-97.

[4] 滕依林，沈杰 . 成功老龄化视角下"新老年"产品设计趋势研究 [J]. 设计，2018（1）：20-22.

[5]Bakker S S. The Interaction-Attention Continuum：Considering Various Levels of Human Attention in Interaction Design[J].National Taiwan University of Science and Technology，2016

（2）：1-14.

[6] 彭圣芳，谭靖纬，刘再行 . 基于平静技术的产品设计研究综述 [J]. 包装工程，2021，42（4）：54-60.

[7] 江加贝，李亦文 . 面向老年人群的康复型家居产品设计研究 [J]. 家具与室内装饰，2021（12）：20-23.

[8]Hallnäs L，Redström J. Slow Technology：designing for Reflection[J]. Personal and Ubiquitous Computing，2001，5（3）：201-212.

[9]Odom W. Understanding Long-Term Interactions with a Slow Technology：an Investigation of Experiences with FutureMe[C]. Proceedings of the 33rd Annual ACM Conference. ACM，2015，575-584.

[10]Stevens M M，Vollmer F，Abowd G D. The living memory box：function，form and user centered design[C]. Extended abstracts of the 2002 Conference on Human Factors in Computing Systems，CHI，2002.

[11] 张宁，李亚军，贾卜宇 . 特殊人群知觉包容性设计因素：以智能电饭煲 GUI 优化为例 [J]. 装饰，2016（11）：98-100.

[12] 侯婕，张凌浩，赵畅 . 健康体验视角下办公"第三空间"家具设计研究 [J]. 包装工程，2023，44（4）：171-180.

[13] 李子超，胡伟峰，王铮 . 混合学习情境下直播教学平台体验设计研究 [J]. 设计，2024,37(5)：130-132.

[14] 丁熊，王玫琳，刘珊 . 基于 PCN 理论的健康医疗产品服务系统设计策略研究 [J]. 装饰，2021（10）：105-109.

共建视域下的产学研协同创新实践

——以文旅与家具产品设计专业为例

左怡[1]，罗吉彬[2]，杨松源[3]

（1.西华大学 美术与设计学院，四川 成都 610039；2.成都汇鸿科技集团有限公司，四川 成都 611230；3.成都市名扬世佳家具有限责任公司，四川 成都 610000；）

摘要： 本文深入研究了在政校企多方共建的背景下，产学研协同创新实践的重要意义和关键因素。通过对当前产学研协同创新的实际情况及存在问题进行剖析，详细阐释了协同创新共建模式的核心要素，并以此为基础提出了保障多方协同创新共建模式顺利实施的策略。最后，结合实际改革，总结了产学研协同创新共建的具体实践措施和未来发展的思考，为其他相关领域的建设提供具有一定价值的参考和借鉴。

关键词： 工业设计；家具设计；产学研协同；创新实践；改革举措

自党的二十大以来，我国在构建以企业为主体、市场为导向、产学研深度融合的创新体系[1]方面取得显著成果，将原有的政产学研合作提升至协同创新层面，深化产教融合，推动政府、高校和行业形成推进产教研用各类资源要素相互转化、相互支撑的优质人才培养联合新体系。同时，新时代下的《关于高等学校加快"双一流"建设的指导意见》指出，要全面提高人才培养水平和创新能力，加强优势学科建设，推动特色发展，构建高质量创新人才培养体系。充分发挥高校、政府、企业等主体在人才、资源、环境、管理等方面的优势，加大技术创新和成果转化力度，促进创新链与产业链精准对接，将高校科研发展主动融入区域发展体系，提高对地方经济社会建设的贡献度。因此，应从多方共赢的角度出发，运用"协同

基金项目：西华大学校级教育教学改革资助项目（xjjg2021087）；西华大学院级课程思政项目"家具文化与设计创意"。

第一作者简介：左怡（1980— ），女，四川西昌人，西华大学讲师，研究方向为产品设计理论与实践、家居文化设计与产业等。

创新"理念，整合政府、高校、科研院所和企业的优质资源，聚焦实际问题，将人才培养与社会实际需求相结合，开展国内高校产学研用教育模式的共建共创探索。从协同创新对象、协同创新资源、协同创新环境等层面，明确"产学研用"合作培养创新型人才的模式，健全"产学研用"创新型人才培养路径，加强多领域师资交流，落实双导师联合培养人才措施，实现高校创新成果与地方产业链的精准对接和成果转化等一系列问题。

1　产学研协同创新现状与问题

在国家政策的引导下，产学研深度融合已成为深化科技体制改革的关键举措，对增强国家战略科技力量具有重要意义。在社会各方的共同努力下，不断探索适应新时代需求的产学研协同创新优化路径。当前的产学研协同创新涵盖了政府、高校、科研院所和企业在政策、战略、组织、资源、平台、环境、知识、人才等方面的多元融合与创新。目前，主要存在以高校为核心和以企业为主导的两种协同创新模式。[2] 以高校为核心的模式注重与企业或行业在平等互利的基础上进行合作，以促进理论研究能力和实践成果转化为目标，双方共同承担科研风险和收益；而以企业为主导的模式则是企业联合高校、院所、政府开展合作，通过资金资助的方式要求高校开展符合企业需求的创新研究。无论哪种模式，都对教育发展和产业发展的深度融合创新提出了更高的要求。

目前，我国高校在产学研融合改革方面主要集中在人才培养、专业发展和实践基地建设等方面，与产学研合作各方的密切程度不高，合作动力不足；与企业的合作主要集中在技术服务和咨询层面，参与行业共性技术及重大攻关研究较少。因此，还存在产学研融合研究深度和广度不足、人才教育培养与社会实际需求脱轨、政校企长效合作运行机制欠缺、课程体系建设与产业发展匹配度低、师资队伍结构单一、多层次人才培养通道缺失、高层次协同科研环境平台缺乏、研究成果转化落地困难、深度融合利益共同体机制难以形成等亟待解决的问题。

2　产学研协同创新共建模式内涵要素

从参与对象、资源配置和实施环境等方面来看，产学研协同创新模式的关键因素在于，协同创新的主体包括政府、高校、院所、企业、协会等多方面机构。为了实现更好的合作目标，主体方在战略、组织、资源、知识、技术、人才等层面相互制约和依存[3]，形成协同研究的合力。

首先，协同创新主体将以互利共赢为建设目标，在创新融合科技知识和产业知识的基础上，实现生产力的有效转化，形成协同对象之间战略目标的一致。这就需要政府加大行政管理力度，在连接、协调、服务各协同创新主体方面发挥更高的主观能动性[1]，以利于高效协同创新机制的形成。

其次，协同创新资源的合理配置能够保障协同组织的良好运行，进而实现创新要素的有序转化。协同创新资源包括知识和关系平台的构建，政校企通过共享平台将知识、技术、资源等要素有机融合，在共赢的目标下实现产业资源的共享和再转化，从而提升产学研多方协同创新的合作意愿。同时，合理的资源配置还可以促使高校的人才、技术、知识与产业需求精准对接，实现跨学科、跨领域的科研技术协同攻关，加快创新成果的落地和产出，促进产学研协同创新系统的良性发展。

最后，通过多方共同努力，营造出包容开放的协同创新环境，实现政府政策、产业结构、人才培养、技术研发和市场优化等层面资源的多向融合，推动在共赢目标下的产学研协同创新高质量发展，同时也为规范各方行为、切实保护主体方权益奠定良好的制度基础。

3 产学研协同创新共建模式保障策略

（1）推动教育与产业的深度融合。以企业需求为导向定位本科人才培养模式，推进"产学研用"一体化教育改革，突破高校单一学科封闭培养的限制，通过行业协同培养，完善"产学研用"人才协同培养机制。

（2）构建政校企合作的长效机制。政校企之间形成以政府为主导、多方协同参与、打破专业边界的长期战略合作机制。政府、高校和企业相互赋能，通过共享产业资源，深入挖掘多方合作拓展领域，形成更加丰富多样的合作关系。组织的聚集效应为构建更加稳固、长效的合作机制和互利共赢的发展格局奠定了良好基础。

（3）提高专业双师队伍建设质量。融合高校专职教师的丰富学科专业知识和企业指导教师的实际职业经验，及时优化和更新课程集群内容，使其与区域发展、产业趋势、技术创新等紧密结合。通过双导师联合培养，不断提高学生的理论素养、实践技能和职业精神，构建高校从知识传授到解决实际问题能力转化的育人新路径。

（4）构建产业导向的课程体系。根据专业发展需求，推进立体化课程体系建设。将专业方向相关课程与学科知识、实践技能、能力素养等核心因素相结合，形成"理论融合思政""实践对接产业""职业素养培育"等系列课程，实现立体化、阶梯式育人，使教学更贴近实际场景，确保所授知识和技能具有实际应用效果。

（5）营造科创利益共同体环境。与地方优质企业签订合作协议，共建实践实习基地，搭建符合产业需求和专业发展的合作平台。发挥专业优势，推进实践性教学环境建设，确保师生能够接触到最符合专业实际的工作场景。此外，还应在基地内设立实践成果展示平台，方便教师队伍在进行专业探索时展示科研成果，进一步促进专业教学与实际工作的深度融合。

（6）因材施教培育分层专能人才。《国务院办公厅关于深化产教融合的若干意见》指出，要"促进人才培养供给和产业需求结构要素全方位融合，推动教育和产业联动发展"。因此，在顺应产业发展需求的前提下，结合高校专业特色和学生自身特点，充分利用现代化教学手段因材施教，创新人才培养途径，分层打造双创型人才、专业技能型人才、科研实践型人才[4]等多层次专能人才培养通道。

4 产学研协同创新共建具体实践举措

（1）通过脱岗走访和行业实地考察，结合西华大学美术与设计学院文旅与家具产品设计专业方向的市场需求，加强产品设计人才培养与成都市重大产业化项目及成都市家具产业集群发展的紧密联系。突破专业限制，将产品设计、环境设计、土木工程、艺术与科学等专业师生纳入协同创新环节，主动与大邑县经信局、发展和改革局等政府部门以及成都市家具行业商会等机构合作，推进与当地知名家具企业的多方产学研协同创新。此外，与广东家居设计谷等国内家具标杆机构签署设计高校联盟协议，挖掘利益驱动力，吸引企业积极参与构建利益共同体，实现高校教育与产业的深度融合。[5]通过政府、高校、企业与协会等多方的紧密协作和共同努力，正逐步落实政策、产业、人才、技术和市场的多元化融合，营造包容开放的协同创新环境，为建立和完善多方长效战略合作机制奠定基础。

（2）组建校企教师发展团队，通过科研、教改、培训、讲座等途径，不断提升教师的科研素养和创新能力。校企双导师团队深入参与家具课程体系建设、系列课程优化、思政课程教学、课程落地实践等环节，推动专业导师队伍建设。同时，结合产学研协同创新需求，以技术研发、社会服务、科研经费、成果转化与应用等多种方式，形成多元化的科研成果类型，既有利于教师团队在专业探索中展示科研成果，也有助于推动校企合作科研成果的落地。[6]西华大学美术与设计学院师生在教学改革、课程建设、专利申报、竞赛获奖、社会评价等方面取得良好成效。

（3）校企双导师团队以教改、科研、项目等为途径，为西华大学美术与设计学院2023版本科人才培养方案课程教学大纲的编制出谋划策。结合未来行业需求，针对文旅与家具产品设计专业方向的系列家具类课程进行讨论，构建起涵盖知识、技能、素养等核心要素的立体化课程体系。学生经过理论学习、项目合作、实践优化、成果落地等环节的培养，完成产业导向课程群的学习，持续满足企业对人才在专业技能、技术创新、推动发展等方面的期望。

（4）西华大学美术与设计学院与优质企业合作，搭建知识与多方关系平台，共建实践实习基地，开辟多元协作路径。通过平台实现项目与课程群的对接，将行业标准、先进技术、实际工作流程分阶段融入教学。[7]同时，在基地内共建创新实践实验室和成果展示窗口，推动专业教学与实际工作的深度融合。定期举办产学研研讨、讲座等活动，争取企业提供技术设备、实验器材和项目支持，加深学校、基地与企业的合作，构建科创利益共同体。引入行业前沿工具与方法，培养学生解决实际问题的能力，以适应行业新趋势的发展需求，最终实现学生高质量就业。

（5）依据西华大学"十四五"规划、"双一流"建设本科人才培养指标及学科发展特点，梳理得出将人才培养融入产学研协同创新，不仅能加速提升其创新能力，还能根据学生自身特性，充分借助现代化教学手段因材施教，创新人才培养模式，分层构建双创型、专业技能型、科研实践型人才的培育通道。例如，通过项目制课程，突破学生与行业对接的"最后一米"，引领学生走出校园、融入社会，全程参与创新创业活动，并踊跃参加创新创业重要赛事，取得显著成效；借助多方关系平台，挖掘市场用户需求并融入实践课程，校企联合开展"创菁装"C2C 设计创新行动，以"艺术美化生活，设计服务人民"为理念的系列家具作品设计，不仅赢得用户与市场的赞誉，也为专业技能型人才开辟了成长路径，提升了设计水平；利用政校企平台和专业工作室的实践教学，鼓励学生投身日常产学研协同创新的科研活动，让学生在理论学习中提高实践能力，在实践过程中凝练理论成果，为下一阶段学位晋升奠定了重要基础。[8] 这些协同创新实践举措契合了不同学生的特点，使其在学习和实践中不断发掘自身能力优势，达成因材施教的目标，为培养出新时代的创新人才提供了有益借鉴。

5 结论

近年来，团队以西华大学美术与设计学院平台为依托，以"双一流"高校建设为愿景，充分发挥学科优势，主动融入成渝经济圈政府战略需求，不断加强产学研协同创新平台建设，打造兼具学术和科技创新素养的教师队伍，汇聚协同创新主体资源，完善多方合作渠道，持续构建具有"基础研究特色、实践应用水平、人才培育显著、成果转化高效"的产学研协同创新模式。

参考文献

[1] 杨忠东 . "共赢"视角下高校政产学研协同创新策略研究 [J]. 成都航空职业技术学院学报，2024，40（1）：8-11，15.

[2] 梁喜，杜嘉倩 . 企业产学研协同创新研究 [J]. 合作经济与科技，2024（10）：108-110.

[3] 张英杰 . 高校产学研协同创新生态系统评价体系的构建及实证研究 [J]. 中国高校科技，2024（2）：63-68.

[4] 刘璇 . 产教研融合背景下的"个性化、差异性"教学培养模式研究：以产品设计专业为例 [J]. 西部皮革，2022，44（3）：60-62.

[5] 刘巧林 . 产教研融合背景下民办高职院校"双师型"教师培育研究 [J]. 老字号品牌营销，2023（24）：165-168.

[6] 招建贞.产学研协同创新背景下企业创新主体地位体现研究 [J].现代企业文化，2022（29）：49-51.

[7] 熊先青，牛怡婷."中国制造 2025"背景下家具设计与工程专业人才培养探讨 [J].家具，2020，41（2）：88-93.

[8] 胡冬艳，张少瑜.协同创新视域下高职院校产学研合作科研的现状、困境与实现路径 [J].中国多媒体与网络教学学报（中旬刊），2023（4）：86-89.

成都至拉萨铁路沿线地域文化检索系统设计研究

赵敏[1]，杨蕾[1]，杨志[2]，向泽锐[1]

（1.西南交通大学 设计艺术学院，四川 成都 611756；2.北京服装学院 艺术设计学院，北京 100029）

摘要： 成都至拉萨铁路沿线具有丰富的地域文化资源，对于国家战略及文化建设具有重要意义。为了提升成都至拉萨铁路沿线地域文化的利用率，研究首先从信息检索与用户体验视角出发，构建信息检索用户评价模型。其次，从用户、信息对象和检索系统三个维度进行设计分析，提出符合用户评价指标的信息设计策略。最后，基于设计策略完成成都至拉萨铁路沿线检索系统方案设计，为地域文化检索系统提供设计理论与案例参考。

关键词： 检索系统；用户体验；交互设计；地域文化

成都至拉萨铁路作为进藏的重要铁路干线之一，是我国正在建设的世纪工程，也是世界上地形最复杂、地质条件最严峻的铁路。作为西部大通道的重要组成部分，该铁路连接四川盆地与青藏高原，东起四川省成都市、西至西藏自治区拉萨市，线路全长 1 567 km，设计速度为 120～200 km/h，经过雅安、泸定、康定等 14 个核心城市，沿线具有充沛的文化和动植物资源、丰富的特色景观，各区民族文化氛围浓厚，地域性特征明显，设计元素众多。如何调研和提取适当的元素融入列车设计当中，更好地传承和保护成都至拉萨铁路特有地域文化是有待解决的问题。文化和旅游部回复的《关于大力加强传统文化资源数字化建设的提案》认为，数字文化资源与矿藏、石油资源同等重要，开展文化数据库建设，实现资源统一检索，

基金项目： 本文为国家社会科学基金艺术学一般项目"设计治理：设计学视角下的社会创新与乡村振兴研究"（项目编号：22BG123）的阶段性成果；2021 年度成都市哲学社会科学规划项目（项目编号：ZY2520210086）。

第一作者简介：赵敏（1998—　），女，云南玉溪人，西南交通大学在读硕士，研究方向为智能产品与交互设计，发表论文 1 篇；

通信作者简介：向泽锐（1980—　），男，四川广汉人，西南交通大学副教授，研究生导师，研究方向为交通工具设计、产品设计与可视化人因综合评价。

避免了重复建设问题，扩大了数字资源的适用范围。

本文以成都至拉萨铁路特有地域文化为研究对象，以信息检索系统为工具，基于用户体验视角分析，探析成都至拉萨铁路沿线地域文化的检索系统交互设计与呈现方式。

1 地域文化检索系统用户体验评价要素模型

1.1 地域文化概述

地域文化是一个复杂的概念，指在相对稳定的地域范围内，经过长期积累而形成的具有地域特色且相对稳定的文化体系，包括但不限于自然生态、行为习惯、风俗传统等文化形态。[1] 文化是人类生存活动中不断积累和延续的智慧产物，是现代设计的灵魂，也是反映时代、地域等特色的文明统一体。[2] 文化以各种形态渗透于人类的发展历程之中，其中地域文化在设计领域的运用尤为突出，已广泛地运用于景观设计、室内设计、列车设计等各个领域，助力于推动现代设计产业的发展。

1.2 信息检索与用户体验

用户体验（User Experience，UE）源于体验经济理论，是指用户在使用产品的过程中所产生的最主观的感受，其中包括情感、行为、认知、心理和生理上的反应，在人机交互领域占据核心地位。信息检索活动是信息用户、检索系统、信息对象三方相互交互的过程[3]，其检索交互机制为用户提出需求，系统对需求进行处理和匹配，将对应信息对象呈现给用户，如图1所示。用户作为信息检索活动的主体，信息对象与检索系统作为满足用户需求的客体，检索客体在检索过程中的交互方式与检索结果的查全率与查准率能直接影响用户体验。[4] 通常情况下，由于用户的检索需求具有多层次性和不确定性，用户需求与信息的匹配呈现出多对多关系，这为信息检索带来复杂性和动态性。因此，从用户体验出发，深入精准用户检索需求，能够为用户提供更有效的信息检索支持，进而提升检索效率，实现信息资源的高效利用。

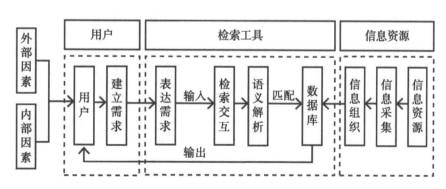

图1　用户与信息检索交互机制

1.3 基于用户体验的信息检索评价模型

　　用户是检索结果的最终判定者和使用者，在构建用户体验信息检索评价模型时必须以用户体验为前提，通过客观、体系化的指标对检索结果进行评价，并以此优化检索工作。国内外对信息检索评价体系的研究正在不断完善，多位研究者从各自的专业角度提出了相应的评价指标和体系。丁敬达[5]、刘燕君等[6]学者从用户先前经验、用户属性、用户动机等指标建立用户检索评价指标。李万星[7]、江彦等[8]从信息形式、内容、质量维度，构建电子信息服务评价指标。黄仕靖等[9]从组织系统、导航系统、服务和用户体验多层面进行细化深入，构建完整的数据库系统评价体系。基于上述评价体系，笔者构建了以用户特征、信息特征、检索工具特征为核心的信息检索用户评价模型，三者相互作用，共同影响用户检索体验，如图2所示。

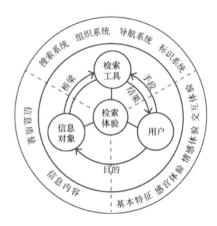

图2　信息检索用户评价模型

　　其中用户作为首要元素，其基本特征、审美偏好和行为模式直接或间接影响检索效果；检索工具则作为用户检索的手段和信息交流的桥梁，其子系统的功能设计和性能直接影响到用户与信息的交互效率；而信息则是用户与检索系统互动的目标与结果，其质量和内容组成直接决定了用户满意度。

2　地域文化的检索系统策略

　　依信息检索用户评价要素结构模型框架，通过对案例网站、用户访谈结果分析，针对不同用户、信息对象、检索系统三个维度制定设计策略，如图3所示。

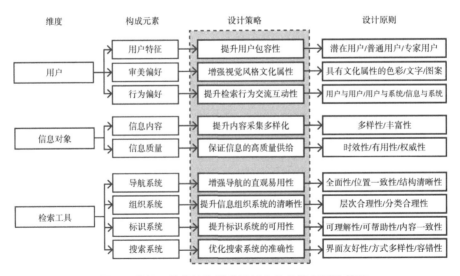

图3　成都至拉萨铁路沿线地域文化的检索系统策略

2.1 提升用户正向的检索反馈

在构建文化检索网站时，提升用户正向的检索体验至关重要。这不仅影响用户对网站的满意度，更是影响用户活跃度与页面留存率的重要因素。因此，从用户定位、视觉审美和检索行为层面出发，通过给用户带来正向的检索反馈，有助于提升用户的检索体验，具体策略如下：

（1）提升用户定位的包容性。包容性设计最早在 1994 年被提出，指设计应兼顾各类用户需求，实现包容性发展。[10]针对成都至拉萨铁路沿线地域文化信息检索用户根据先前经验、年龄、学历等基本特征的不同，可划分为潜在、普通和专家三类用户，不同用户的检索需求与检索目的也有所差异。潜在用户对地域文化了解需求较低，对工具的需求偏向简洁的操作流程与信息排布，容易被新奇互动、高视觉冲击力的内容吸引；普通用户对地域文化知识储备类型较为单一，需求呈现出阶段性、临时性的特征，需求偏向于精美、特征明显的文化内容；专家用户地域文化知识呈现出全面性、多维度、深层次的特征，对内容需求偏向于专业性文化知识、时效性的文化动态与高效性的文化检索功能。

（2）增强视觉风格的文化属性。视觉要素作为检索系统最直观的感官刺激，通过运用不同的色彩、形状、图案、材质组合，可以形成特定的视觉风格，直接影响着设计作品的整体风格和视觉效果。[11]成都至拉萨铁路沿线地域文化作为检索系统的文化主体，是产品设计要素的核心和灵魂，视觉风格与地域文化属性的一致性，有利于提升工具与文化的匹配度，传达设计的核心信息。在设计实践中，可以通过将典型地域特征提取，应用到网页色彩、文字、版式设计中，营造文化意境，增强视觉艺术效果，与用户产生共鸣，增强成都至拉萨铁路沿线地域文化检索系统的文化认同感。

（3）提升检索行为的交流互动性。互动性原则在现代信息检索系统中占据着至关重要的地位，它强调了用户与用户、用户与检索系统以及用户与信息内容之间的动态交流与互动。地域文化作为一种复杂的社会现象，很难通过文字和图片表达其本质。因此，通过增加检索行为的交流互动性，如转发分享、线上咨询、信息反馈、沟通交流等，可以促进用户与用户、用户与检索系统以及用户与信息内容之间的文化交流频次与深度，帮助用户更好地理解文化内容，增强用户检索的内在驱动力，从而提升检索体验。

2.2 增强信息对象与用户需求的匹配率

信息对象作为用户检索的目的与结果，其内容的丰富性与质量的优质性，不仅是满足检索结果准确率和召回率的前提，更是提升用户体验、满足用户多样化需求的重要基石。因此，提升多样化的信息内容采集、高质量的信息供给，有利于为用户提供更加精准、高效的文化信息检索服务，为用户带来更优质的检索体验，具体策略如下：

（1）提升信息内容采集的多样化。文化作为人类表达和交流情感的工具，在其形成过程中受地域特质、经济结构、生态系统等方面因素的影响，导致了信息呈现出多样化表征方式。提升信息内容采集的多样化要求尽可能从多样性角度、丰富性形式向用户呈现各地域文化特色，主要采用文字、图片、视频等相结合的形式对文化信息进行提取与解析。一方面，文字能够突破时间和空间的局限性，直观简洁地阐述思想内涵和晦涩难懂的文化本质；另一方面，图片和视频形式的融入，通过可视化的形式，对文字难以描绘的场景予以补充，避免单一形式造成的用户理解偏差，提高文字语言的说服力和情感的完整性。

（2）保证信息的高质量供给。地域文化由于受历史、人文以及环境等多种因素的影响，使其不同时空的地域文化质量具有动态性和差异性。因此，在文化资源检索过程中，确保信息供给的高质量至关重要，具体形式主要体现在信息的有用性、时效性和权威性三个方面。首先，有用性是指网站提供的信息能够满足用户的实际需求，帮助用户作出决策，并提供有价值的信息深度。其次，时效性原则强调文化信息的价值在传递过程中可能随时间发生变化，网站需要及时更新信息，确保用户获取到的是最新、最准确的内容。最后，权威性原则是建立用户对信息信任的基础，在系统设计和运营中，应注重展示系统的权威性和专业性，如通过介绍系统的建立机制、依托的权威机构或核心成员的专业背景等方式，来提高用户对系统信息的信赖感。

2.3 确保用户使用检索工具的高效性

在信息爆炸的时代，用户对于检索工具的需求愈发强烈，高效性成为衡量检索工具优劣的关键指标。为了满足用户检索的高效性与流畅感，基于信息检索用户评价模型中检索工具构成要素，从导航系统、信息组织系统、标识系统以及搜索系统进行分析总结，进而提炼出以下针对性的设计策略：

（1）增强导航系统直观易用性。导航系统是网络用户检索信息的帮助形式之一，是用户自发解决检索问题的最主要途径。因此，增强导航系统直观易用性有利于提升检索高效性，进而提升用户体验，具体原则包括全面性、结构清晰性和位置一致性。全面性原则是指在导航系统设计过程中要尽量包含全局导航、局部导航、语境导航和补充导航四种类型，在设计过程中，根据页面内容需要决定具体形式。结构清晰性原则是根据页面内容，选择合适的导航结构和导航布局方式。例如，当页面内容较少且要突出重点时，适合采用水平式布局；若页面内容较多且层级复杂，则适合采用竖直式布局。位置一致性原则要求同一导航在页面上的位置保持稳定，有利于提升用户对检索工具的熟悉度，增强用户使用产品的信心。

（2）提升信息组织系统的清晰性。信息组织是运用科学有效的措施，将无序杂乱的信息数据，按照用户需求和信息层级进行有序组织的设计过程。为确保用户检索过程的流畅性，设计师在规划信息架构时需要遵循清晰性原则，充分考虑用户的认知特点和检索习惯，将信息进行合理的分类与排序。通过对成都至拉萨铁路沿线地域文化组织特点分析，可将信息组织按照地理位置和文化类型两种形式划分，分别对应组织系统信息体系分类方法中的地序法和类目法进行排序，以此来增加信息层级的清晰性，辅助用户快速检索，如图4所示。

（3）提升标识系统的可用性。信息标识系统不仅是网站的品牌形象，更是信息传达的桥梁，主要通过文本和图形两种形式展现。在成都至拉萨铁路沿线地域文化检索系统中的标识系统设计中，标识系统应以可用性为设计原则，强调标识的可理解性、帮助性和内容一致性。可理解性要求设计应使用简单

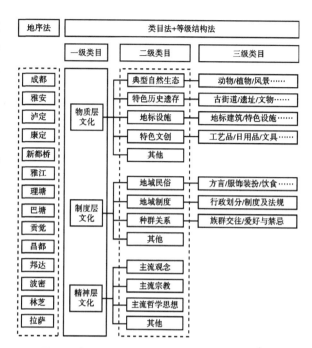

图4　成都至拉萨铁路沿线地域文化信息组织

易懂，采用非专业性的词汇，确保广泛用户群体能够理解。内容一致性原则确保标识系统页面布局统一，标识主题与组织系统主题、内容相符，同层级标志位置也相同。帮助性原则强调标识系统应优化页面空间利用，减少用户认知负荷。通过简化图形和文本，提高页面空间利用价值，确保用户轻松理解并使用标识系统。

（4）优化搜索系统的准确性。信息搜索能力是决定文化检索系统使用价值的关键因素，除了提升服务层的算法精度外，其准确性的提升也可以从交互层面进行优化，主要内容包括界面友好性原则、方式多样性原则与容错性原则。界面友好性原则涉及检索界面和检索结果展示界面，通过简单易学的检索过程与高效的检索结果的排列方式提升用户的检索行为与结果质量。方式多样性原则指检索方式的多样性，即包括简单检索和限定检索两种方式，用户可以通过灵活组合这些方式，从而最大限度地提升检索结果的准确性。容错性原则是指搜索系统的纠错能力，当用户提供含义相近或错误的关键词时，系统提供相关检索结果或检索意见的能力，弥补用户因操作失误带来的负面体验。

3　地域文化检索系统设计实践

3.1　易识别的信息架构设计

成都至拉萨铁路沿线地域文化检索系统面向用户群体广泛，因此在设计中需要选择更加普适化和大众化的表达形式。为了构建易用、易识别的标识系统，在网站基本功能确定之后，邀请10位专家用户对功能卡片分类并命名，并运用SPSS软件对数据进行分类结果聚类分析。

基于聚类分析结果与用户命名的数据，检索网站整体架构分为"首页""发现""我的"三个模块，如图5所示。其中"首页"模块包含与网站形象宣传、资源检索等相关的主要功能；"发现"模块主要包括与检索系统主体相关的时事资讯、动态热点等互动功能；"我的"模块主要包括与个人资源管理和偏好设置的功能。

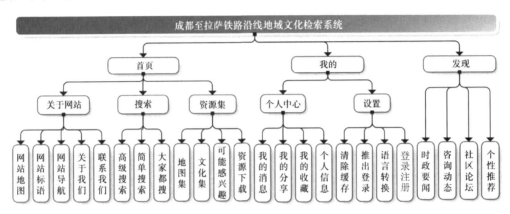

图5 成都至拉萨铁路沿线地域文化的检索系统信息架构

3.2 清晰的文化资源导航设计

根据成都至拉萨铁路沿线地域文化特性，采用全局性导航、局部导航、地图补充导航将地域文化进行分类，为用户提供更加详尽信息索引方式。首页根据用户检索需求的不同，为用户地域集和文化集选项导航，如图6a）所示。成都至拉萨铁路从平原到高原，从汉族聚居到藏族聚居，其沿线城市之间文化有过渡性。为了突出地理位置的先后顺序，展示不同城市文化之间的关联性，采用横向全局导航，对14个城市文化进行索引。在"文化集"页面，则采用侧面局部导航从物质层、制度层、精神层进行资源索引，更全面地展示城市下地域文化分类，如图6b）所示。为提升用户检索互动性，在"地图集"页面增加地图辅助导航，通过地图选点形式完成资源检索，如图6c）所示。

a）首页

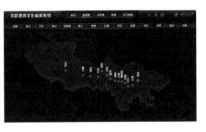
b）文化集　　　　c）地域集

图6 导航设计

3.3 符合用户认知的检索功能设计

成都至拉萨铁路沿线地域文化检索系统最核心的竞争力便是文化资源的检索能力，为优化用户检索体验，将检索任务分解为三部分：搜索文化、获取资源、分享资源。针对不同检索目的与检索能力的用户，系统提供简单检索和高级检索两种方式。简单检索由"关键字搜索"功能和"大家都在搜"板块组成，使用难度较低，适合检索目的不强的普通用户和潜在用户，如图7所示。高级搜索需要用户通过一定逻辑，将多个文化关键词一定的运算顺序组合起来形成复杂的筛选条件，从而找到精准目标数据，适合专家用户使用，如图8所示。

图7 简单搜索

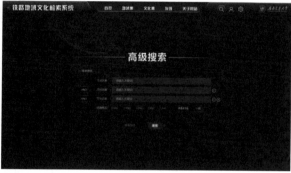
图8 高级搜索

当用户遇到感兴趣的内容，登录后便可在"资源详情"页面选择格式并下载资源，系统也会为用户历史下载数据，为用户推荐相似资讯，提升用户忠诚度，如图9所示。除此之外，用户可以在"发现"页面浏览时事资讯和社区论坛，与其他用户沟通交流，了解更多文化细节和故事，提升用户使用体验，如图10所示。

图9 资源详情页

图10 发现页

4 结语

随着数字化技术的发展，地域文化的保护已经进入新阶段。成都至拉萨铁路沿线地域文化检索系统的设计在保护沿线地域文化的同时，也扩大了文化的传播途径和创新渠道，有利于传承和弘扬我国川藏地区民族文化、增加民族文化认同感和自豪感。基于用户体验视角，深入探索影响地域文化检索系统设计要素与设计策略，是提升用户检索效率和体验的关键所在，也为地域文化相关保护工作提供有力支持。

参考文献

[1] 雍际春 . 地域文化研究及其时代价值 [J]. 宁夏大学学报（人文社会科学版），2008（3）：52-57.

[2] 张伟明，王松华，许威波 . 地域文化是设计艺术的灵魂 [J]. 装饰，2008（10）：75-77.

[3] Hölscher C，Strube G . Web search behavior of Internet experts and newbies[J]. Computer Networks，2000（33）：1-6.

[4] 马费成，望俊成，吴克文，等 . 国外搜索引擎检索效能研究述评 [J]. 中国图书馆学报，2009，35（4）：72-79.

[5] 丁敬达，王新明 . 网络搜索学术信息的评价影响因素研究 [J]. 图书馆学研究，2018（2）：54-60.

[6] 刘燕君，马红宇，刘腾飞，等 . 用户认知导向的网络信息搜索模型研究述评 [J]. 图书情报工作，2013，57（17）：139-146.

[7] 李万星，卢全梅，王琳 . 数字化科教评价平台信息服务质量评价体系构建研究 [J]. 情报理论与实践，2022，45（6）：164-169.

[8] 江彦，李进华 . 老年网站信息服务质量评价研究 [J]. 现代情报，2017，37（6）：43-47.

[9] 黄仕靖，吴川徽，陈国华，等. 基于信息构建的科研项目数据库评价体系研究[J]. 现代情报，2019，39（9）：84-91.

[10] 陈汗青，韩少华 . 基于可持续发展的包容性设计思考 [J]. 包装工程，2014，35（20）：1-3，113.

[11] 杨敬飞 . 传统风格网页设计及其视觉审美性研究 [J]. 设计，2014（4）：113-114.